Elemente der Mathematik

**Sachsen
7. Schuljahr**

Herausgegeben von
Heinz Griesel
Helmut Postel
Friedrich Suhr
Werner Ladenthin

Sachsen 7

Herausgegeben von
Prof. Dr. Heinz Griesel, Prof. Helmut Postel, Friedrich Suhr, Werner Ladenthin

Bearbeitet von
Lutz Breidert, Gabriele Dybowski, Christine Fiedler, Dr. Beate Goetz, Reinhard Kind, Werner Ladenthin, Matthias Lösche, Kerstin Schäfer, Thomas Sperlich, Friedrich Suhr, Prof. Dr. Hans-Georg Weigand, Ulrike Willms

Für Sachsen bearbeitet von
Angelika Barth, Arno Bierwirth, Christine Fiedler, Dr. Roland Hagen, Annika Kiwatt, Matthias Lösche, Sylvia Noack, Ute Petlinski, Ines Petzschler, Jens Spiegelhauer

Der Schülerband ist auch als digitales Schulbuch erhältlich: Best.-Nr. 87598
Für dieses Unterrichtswerk sind umfangreiche Unterrichtsmaterialien entwickelt worden:
Lösungen: Best.-Nr. 87495
Arbeitsheft: Best.-Nr. 87517
Digitales Übungsmaterial erhältlich unter www.edm-online-trainer.de

westermann GRUPPE

© 2014 Bildungshaus Schulbuchverlage Westermann Schroedel Diesterweg Schöningh Winklers GmbH, Georg-Westermann-Allee 66, 38104 Braunschweig
www.westermann.de

Das Werk und seine Teile sind urheberrechtlich geschützt. Jede Nutzung in anderen als den gesetzlich zugelassenen bzw. vertraglich zugestandenen Fällen bedarf der vorherigen schriftlichen Einwilligung des Verlages. Nähere Informationen zur vertraglich gestatteten Anzahl von Kopien finden Sie auf www.schulbuchkopie.de.

Für Verweise (Links) auf Internet-Adressen gilt folgender Haftungshinweis: Trotz sorgfältiger inhaltlicher Kontrolle wird die Haftung für die Inhalte der externen Seiten ausgeschlossen. Für den Inhalt dieser externen Seiten sind ausschließlich deren Betreiber verantwortlich. Sollten Sie daher auf kostenpflichtige, illegale oder anstößige Inhalte treffen, so bedauern wir dies ausdrücklich und bitten Sie, uns umgehend per E-Mail davon in Kenntnis zu setzen, damit beim Nachdruck der Verweis gelöscht wird.

Druck A^5 / Jahr 2022
Alle Drucke der Serie A sind im Unterricht parallel verwendbar.

Redaktion: Lena Schenk, Claus Peter Witt
Herstellung: Reinhard Hörner
Umschlagentwurf: LIO Design GmbH, Braunschweig
Innenlayout: JANSSEN KAHLERT Design & Kommunikation GmbH, Hannover
Illustrationen: Dietmar Griese, Laatzen
Zeichnungen: Schlierf, Type & Design, Lachendorf; Langner & Partner, Hemmingen
Satz: imprint, Zusmarshausen
Druck und Bindung: Westermann Druck GmbH, Georg-Westermann-Allee 66, 38104 Braunschweig

ISBN 978-3-507-**87494**-7

Inhaltsverzeichnis

Über dieses Buch 6

1. Geometrie in der Ebene 9
Lernfeld Abstand halten – Nicht zu dicht dran, nicht zu weit weg! 10
1.1 Kreis und Geraden – Kreistangenten 11
1.2 Besondere Punkte und Linien eines Dreiecks 14
    1.2.1 Eigenschaften von Mittelsenkrechten und Winkelhalbierenden 14
    1.2.2 Umkreis und Inkreis eines Dreiecks 16
1.3 Satz des Thales 21
    ◉ Thales von Milet 26
1.4 Sätze über Peripheriewinkel und Zentriwinkel 27
1.5 **Zum Selbstlernen** Sehnenvierecke 31
    ◉ Beweisen mathematischer Sätze 34
1.6 Konstruktion von Dreiecken 36
    1.6.1 Konstruktion von Dreiecken unter Verwendung geometrischer Sätze 36
    1.6.2 Konstruktion von Dreiecken aus Teildreiecken 38
1.7 Konstruktion von Vierecken 41
    1.7.1 Konstruktion von Vierecken unter Verwendung geometrischer Sätze 41
    1.7.2 Konstruktion von Vierecken mithilfe von Teildreiecken ... 42
1.8 Vermischte Übungen 45
Das Wichtigste auf einen Blick / Bist du fit? 48

Wahlthema: Maßstäbe und ihre Anwendungen 50

2. Rationale Zahlen 57
Lernfeld Zahlen unter Null 58
2.1 Rationale Zahlen – Anordnung und Betrag 59
2.2 Vergleichen und Ordnen 64
2.3 **Zum Selbstlernen** Koordinatensystem 67
2.4 Beschreiben von Änderungen mit rationalen Zahlen ... 69
2.5 Addieren rationaler Zahlen 72
    2.5.1 Einführung der Addition – Additionsregel 72
    2.5.2 Rechengesetze für die Addition rationaler Zahlen ... 77
    ◉ Ebbe und Flut 80
2.6 Subtrahieren rationaler Zahlen 82
    2.6.1 Einführung der Subtraktion – Subtraktionsregel .. 82
    2.6.2 Auflösen von Zahlklammern – Vereinfachen eines Terms ... 84
2.7 Multiplizieren rationaler Zahlen 87
    2.7.1 Einführung der Multiplikation – Multiplikationsregel ... 87
    2.7.2 Rechengesetze der Multiplikation 92
2.8 Dividieren rationaler Zahlen 94
    ◉ Mindmaps 98
2.9 Vermischte Übungen zu den Grundrechenarten 99

◉ Auf den Punkt gebracht   ◉ Im Blickpunkt

2.10	Terme – Distributivgesetz	101
	2.10.1 Regeln für das Berechnen von Termen	101
	2.10.2 Distributivgesetz	103
	◎ Problemlösestrategien - „Beispiele finden", „Überprüfen durch Probieren"	106
2.11	Vergleich der Zahlbereiche $\mathbb{N}$, $\mathbb{Q}$, $\mathbb{Q}_+$ und $\mathbb{Z}$	108
2.12	Quadratwurzeln	109
2.13	Aufgaben zur Vertiefung	112
	Das Wichtigste auf einen Blick/ Bist du fit?	113

3. Gleichungen mit einer Variablen ... 115

	Lernfeld Zahlen gesucht	116
3.1	Lösen von Gleichungen durch Probieren	117
3.2	Lösen von Gleichungen durch Umformen	119
	3.2.1 Lösen von Gleichungen des Typs $a \cdot x + b = c$ – Umformungsregeln	119
	3.2.2 **Zum Selbstlernen** Lösen einfacher Gleichungen des Typs $ax = bx + c$	124
	3.2.3 Lösen von Gleichungen mit Zusammenfassen von Vielfachen einer Variablen	126
	3.2.4 Sonderfälle bei der Lösungsmenge	130
	● Lösen von Gleichungen mit einem Computer-Algebra-System (CAS)	132
3.3	Modellieren – Anwenden von Gleichungen	133
3.4	Umformen von Formeln	136
3.5	Rechnerisches Lösen von Betragsgleichungen	138
3.6	Gleichungen vom Typ $T_1 \cdot T_2 = 0$	139
3.7	Vermischte Übungen	141
3.8	Aufgaben zur Vertiefung	142
	Das Wichtigste auf einen Blick/ Bist du fit?	143

4. Prozentrechnung ... 145

	Lernfeld Rechnen mit Prozenten	146
4.1	Grundaufgaben der Prozentrechnung	147
	4.1.1 Berechnen des Prozentsatzes – Anteil am Ganzen	147
	4.1.2 Berechnen des Prozentwertes – Vom Ganzen zum Teil	150
	4.1.3 Berechnen des Grundwertes – Vom Teil zum Ganzen	153
	● Diagramme mit dem Computer	156
4.2	Vermischte Übungen zu den Grundaufgaben	158
	● Promille – nicht nur im Straßenverkehr	160
4.3	Prozentuale Änderung	161
	4.3.1 Prozentuale Erhöhung – Prozentsätze über 100 %	161
	4.3.2 Prozentuale Abnahme	164
	● Tabellenkalkulation – Relative und absolute Adressierung	167
	● Prozent oder Prozentpunkte – was ist hier gemeint?	169
4.4	Vermischte Übungen zur Prozentrechnung	170

◎ Auf den Punkt gebracht   ● Im Blickpunkt

Inhaltsverzeichnis

4.5	**Zum Selbstlernen** Zinsrechnung	172
4.6	Aufgaben zur Vertiefung	174
	Das Wichtigste auf einen Blick/ Bist du fit?	175
	Bleib fit im Umgang mit Prismen	177

5. Prismen und Pyramiden ... 181

	Lernfeld Wie groß ist...?	182
5.1	Zweitafelbild eines Prismas	183
5.2	Netz und Oberflächeninhalt einer Pyramide	187
5.3	**Zum Selbstlernen** Schrägbild einer Pyramide	191
5.4	Zweitafelbild einer Pyramide	193
	◉ Dreitafelprojektion	197
5.5	Volumen einer Pyramide	199
5.6	Zusammengesetzte Körper	201
5.7	Vermischte Übungen	204
	◉ Technische Zeichnungen und Bauzeichnungen	206
	Das Wichtigste auf einen Blick/ Bist du fit?	207
	Wahlthema: Platonische Körper	209

6. Daten ... 217

	Lernfeld Daten, Daten, Daten	218
6.1	Daten darstellen und auswerten	219
6.2	Wirkung von Diagrammen auf einen Betrachter	224
6.3	Anwendung: Afrika	228

Bist du topfit? – Test 1	230
Bist du topfit? – Test 2	231
Bist du topfit? – Test 3	232
Bist du topfit? – Test 4	233

Anhang ... 234

Lösungen zu Bist du fit?	234
Lösungen zu Bist du topfit?	241
Einheiten und ihre Umrechnungen	245
Verzeichnis mathematischer Symbole	246
Stichwortverzeichnis	247
Bildquellenverzeichnis	248

◎ Auf den Punkt gebracht ◉ Im Blickpunkt

Über dieses Buch

Elemente der Mathematik ist auf der Basis des Mathematik-Lehrplans für das Gymnasium in Sachsen konzipiert. Die zentralen Kompetenzen, die die Schülerinnen und Schüler erwerben sollen, werden deutlich herausgestellt, aber auch vielfältige Erweiterungsmöglichkeiten für thematische Profilbildungen angegeben. Die über den Lehrplan hinausgehenden Anforderungen werden durch blaue Überschriften gekennzeichnet, die auch schon im Inhaltsverzeichnis erkennbar sind; dasselbe gilt auch für die dazugehörigen Aufgaben.

Bei der Darstellung der **Lerninhalte** werden im Rahmen der **inhaltsbezogenen Kompetenzen** alle Aspekte von Mathematik (als Anwendung, als Struktur sowie als kreatives und intellektuelles Handlungsfeld) ausgewogen berücksichtigt.

Für das Erreichen der allgemeinen **fachlichen Ziele (prozessbezogenen Kompetenzen)** ermöglicht **Elemente der Mathematik** eine breite Palette unterschiedlichster schülerorientierter Unterrichtsformen: Beim gemeinsamen Entdecken, Erforschen, Beschreiben und Erklären erfahren die Schüler, dass nicht nur die Lösung eines Problems, sondern auch der Lösungsweg wichtig ist und dass dabei insbesondere die Analyse von Fehlern hilfreich ist. Argumentieren, Kommunizieren, Problemlösen und Modellieren gelangen so in den Vordergrund des unterrichtlichen Geschehens. Stets werden den Unterrichtenden konkrete Hilfen an die Hand gegeben, um solche problem- und handlungsorientierte Lernsituationen zu schaffen, in denen die Schülerinnen und Schüler altersangemessen ihr mathematisches Wissen möglichst eigenständig entwickeln und strukturieren können.

Zu den Lerninhalten

Im Lehrplan der Klassenstufe 7 sind folgende Lernbereiche vorgesehen:

Lernbereich 1: Geometrie in der Ebene
Die Inhalte dieses Lernbereichs bilden das Kapitel 1 des Buches: Sätze zu In- und Umkreis von Dreiecken, Thales-Satz, Peripheriewinkelsatz und der Satz über Sehnenvierecke werden systematisch und in enger Beziehung zueinander gewonnen. An allen geeigneten Stellen werden Möglichkeiten zum Einsatz von Dynamischen Geometrie-Systemen aufgezeigt.

Lernbereich 2: Arbeiten mit rationalen Zahlen
Ausgehend von der Verwendung der rationalen (insbesondere negativen Zahlen) in der Umwelt bei der Beschreibung von Zuständen und Zustandsänderungen werden in Kapitel 2 die rationalen Zahlen und ihre Rechenoperation erarbeitet. Der systematische Aufbau der Algebra wird vorbereitet und im Kapitel 3 beim Lösen von Gleichungen fortgesetzt.
Die Prozentrechnung wird in Kapitel 4 behandelt.

Lernbereich 3: Darstellen und Berechnen von Prismen und Pyramiden
In Kapitel 5 Prismen und Pyramiden werden in Zweitafelprojektion und im Schrägbild dargestellt, Oberflächeninhalt und Volumen werden berechnet. Dabei spielt das Modellieren von Anwendungssituationen eine große Rolle.

Lernbereich 4: Vernetzen: Darstellen von Daten
Daten werden in Kapitel 6 in Kreis-, Linien- und Säulendiagrammen dargestellt. Besonderer Wert wird auf den altersgerechten kritischen Umgang bei der Interpretation von Daten gelegt.

Wahlpflicht 1: Tabellenkalkulation – ein mathematisches Werkzeug
Die Inhalte dieses Lernbereichs werden integriert in Kapitel 4 bei der Prozentrechnung und Kapitel 6 beim Darstellen von Daten behandelt.

Wahlpflicht 2: Maßstäbe und ihre Anwendungen
Die Inhalte dieses Lernbereichs werden im Anschluss an Kapitel 1 in einem eigenen Abschnitt behandelt.

Wahlpflicht 3: Platonische Körper
Die Inhalte dieses Lernbereichs werden im Anschluss an Kapitel 5 in einem eigenen Abschnitt behandelt.

Zum methodischen Aufbau

1. Jedes Kapitel beginnt mit einer **Einstiegsseite**, die an die Erfahrungen der Schülerinnen und Schüler anknüpft und erste Aktivitäten zur Thematik ermöglicht. Diese Seite eignet sich für einen offenen Einstieg und gibt einen Ausblick auf das Thema des Kapitels.
An die Einstiegsseite schließt sich ein **fakultatives Lernfeld** mit verschiedenen offenen und reichhaltigen Lerngelegenheiten an: In unterschiedlichen Problemsituationen können die Schülerinnen und Schüler zentrale Inhalte und Verfahren auf eigenen Lernwegen durch Anknüpfen an Alltags- und Vorerfahrungen selbstständig und häufig handlungsorientiert entdecken. Der Aufbau eigener Vorstellungen und die Bearbeitung einer Vielfalt von Lösungsansätzen werden gefördert durch die Anregung, diese Lernfelder in der Regel in Partner- und Gruppenarbeit zu bearbeiten. Der Austausch über das Problem mit dem Partner bzw. in der Gruppe sowie der Bericht über die Erfahrungen in der ganzen Klasse fördern insbesondere überfachliche und fachliche Kompetenzen wie Problemlösen sowie Argumentieren und Kommunizieren.

2. Die folgenden **Lerneinheiten** bieten eine Möglichkeit zur systematischen Behandlung der Kapitelinhalte – je nach Vorgehen in der Lerngruppe können Teile davon auch in die Bearbeitung der Lernfelder integriert werden. Jede Lerneinheit beginnt mit einem offenen Einstieg (ohne Lösung im Buch), der die Schüler(innen) zu einer eigenständigen Problembearbeitung und -lösung anregt. Danach folgt eine Aufgabe mit Lösung oder eine Einführung, die alternativ oder ergänzend die Thematik bearbeiten. Durch ihre sorgfältige, schülergerechte Darstellung eignen sie sich sowohl zum eigenständigen Erarbeiten als auch zum Herausstellen von Problemlösestrategien. Der übersichtlichen Darstellung wegen folgen hier schon weiterführende Aufgaben, die im Unterricht in aller Regel erst nach einer erfolgten Festigung der zuerst behandelten Inhalte an einigen Übungsaufgaben thematisiert werden sollten. Sie dienen der Abrundung und Weiterführung der Theorie. Ihr Thema wird den Unterrichtenden in einer Überschrift genannt. In aller Regel sollten weiterführende Aufgaben im Unterricht bearbeitet werden und nicht als Hausaufgaben gestellt werden.
Die im Lernprozess erarbeiteten Ergebnisse werden häufig in einer Information zusammengefasst. In ihr werden auch Begriffe eingeführt und Ausblicke gegeben. Wesentliche Inhalte werden dabei optisch deutlich in einem Kasten mit einem roten Rahmen hervorgehoben.
Die folgenden Übungsaufgaben sind unter besonderer Berücksichtigung des Erwerbs sowohl überfachlicher als auch fachlicher Kompetenzen konzipiert worden. Sie dienen zur Festigung des Gelernten, der operativen Durcharbeitung und der Vernetzung der Lerninhalte mit denen früherer Themen; dabei sind überall offene Aufgaben integriert. Zur soliden Durcharbeitung wird konsequent das Analysieren typischer Schülerfehler und entsprechendes Argumentieren gefordert. Auch die Übungsaufgaben ermöglichen Unterricht in vielfältigen schülerbezogenen Aktivitäten, bis hin zu Partnerarbeit und Teamarbeit sowie Spielen.

Einige Aufgaben enthalten in einem blauen Fond Musterbeispiele für Schreibweisen und Lösungswege. Manche Aufgaben enthalten Möglichkeiten zur Selbstkontrolle für die Schülerinnen und Schüler. Aufgaben, die die Selbstständigkeit und Problemlösefähigkeit in besonderer Weise herausfordern, sind durch eine rote Aufgabennummer gekennzeichnet.

3. Abschnitte mit der Überschrift **Vermischte Übungen** finden sich an den Stellen eines Kapitels, an denen eine besonders starke Vermischung der bisher erworbenen Kompetenzen angebracht ist.

4. Eingestreut in die Übungsaufgaben finden sich in regelmäßigen Abständen Fragestellungen unter der Überschrift **Das kann ich noch!** zum Reaktivieren des bisher erworbenen Grundwissens.

5. Den Kapitelabschluss bilden die Abschnitte **Das Wichtigste auf einen Blick** und **Bist du fit?**, in denen in besonderer Weise die erworbenen Grundqualifikationen zusammengestellt und getestet werden. Die Lösungen dieser Aufgaben sind im Anhang des Buches angegeben, sodass sie von Schülerinnen und Schülern zum eigenständigen Üben für eine Klassenarbeit verwendet werden können.

6. Unter der Überschrift **Im Blickpunkt (◉)** werden innermathematische, aber insbesondere auch fachübergreifende, komplexere Themen, die von besonderem Interesse sind und in engem Zusammenhang mit dem Lerninhalt des Kapitels stehen, als Ganzes behandelt. Zur Förderung der fachlichen Kompetenz des Problemlösens sind einige dieser Abschnitte als Forschungsaufträge formuliert. Die Blickpunkte gehen über die obligatorischen Inhalte des Kerncurriculums hinaus; sie eignen sich auch zur Differenzierung und Förderung von eigenständigen Schüleraktivitäten.

7. Um Schülerinnen und Schüler im eigenständigen Erarbeiten mathematischer Themen zu schulen, enthält jedes Kapitel eine Lerneinheit **Zum Selbstlernen**, in der das Thema so aufbereitet ist, dass es von den Lernenden ganz selbstständig bearbeitet werden kann.

8. An geeigneten Stellen werden unter der Überschrift **Auf den Punkt gebracht (◉)** die für diese Klassenstufe vorgesehenen allgemeinen fachlichen Kompetenzen akzentuiert zusammengefasst.

Symbole

1. Dieser Arbeitsauftrag ist für die Bearbeitung in Partnerarbeit konzipiert.
2. Dieser Arbeitsauftrag ist für die Bearbeitung durch eine Gruppe aus mehreren Schüler(innen) konzipiert.
3. Rote Aufgabennummern kennzeichnen Aufgaben, die die Selbstständigkeit und Problemlösefähigkeit der Schülerinnen und Schüler in besonderer Weise herausfordern.
4. Blaue Aufgabennummern (und Überschriften) kennzeichnen Zusatzstoffe.

DGS Hier bietet sich der Einsatz eines dynamischen Geometrie-Systems an.

 In den Einheiten zum Selbstlernen kennzeichnet dieses Symbol einen Auftrag.

1. Geometrie in der Ebene

Geometrische Formen wie Kreise, Geraden und Vielecke werden in der Kunst, Architektur und anderen Situationen im Alltag eingesetzt.

Eine Großgemeinde will einen Park anlegen lassen. Auf dem Gelände stehen bereits drei alte Eichen, die Naturdenkmäler sind. Sie sollen durch einen kreisrunden Naturlehrpfad verbunden werden.

→ Wie findet man den Mittelpunkt des Kreises?

*In diesem Kapitel …
beschäftigst du dich mit geometrischen Problemen, die den Kreis
im Zusammenhang mit Dreiecken und Vierecken betreffen.*

Lernfeld: Abstand halten – Nicht zu dicht dran, nicht zu weit weg!

Gas-Flaring — Der Umweltskandal

Bei der Förderung von Erdöl erhält man auch Erdgas, für das man vor Ort häufig keine Verwendung hat. Daher fackelt man es ab. Weltweit handelt es sich im Jahr 2010 um 130 Milliarden Kubikmeter, das ist etwa 30 % des Energiebedarfs aller Länder in der Europäischen Union.
Ein Zehntel der abgefackelten Menge fällt in Nigeria an. An machen Stellen brennen die Feuer schon seit 40 Jahren Tag und Nacht. Die Flammen sind bis 40 m hoch und verdunkeln mit ihrem Ruß weite Teile des Himmels.

→ Nehmt an, dass man von einer solchen Erdgasfackel einen Sicherheitsabstand von 10 m wahren muss. Fertigt dazu eine maßstabsgetreue Zeichnung an, zeichnet für die Fackel nur einen Punkt. Tragt dann alle Punkte ein, die 10 m von der Fackel entfernt sind.

→ Zeichnet alle Punkte, die von einem gegebenen Punkt P einen Abstand von 3 cm haben.

→ Zeichnet alle Punkte, die von einer gegebenen Geraden g einen Abstand von 2 cm haben.

→ Zeichnet alle Punkte, die zu zwei parallelen Geraden g und h den gleichen Abstand haben.

→ Zeichnet alle Punkte, die zu zwei gegebenen Punkten P, Q den gleichen Abstand haben.

→ Zeichnet alle Punkte, die zu zwei gegebenen, sich schneidenden Geraden a und b den gleichen Abstand haben.

In einer Wüste befinden sich drei Forschungsstationen A, B und C. Für ihre Entfernungen gilt:
$\overline{AB} = 8\,\text{km}$, $\overline{BC} = 6{,}1\,\text{km}$, $\overline{AC} = 9{,}9\,\text{km}$.
Es soll ein Depot angelegt werden, von dem aus die drei Stationen versorgt werden können. Das Depot soll von den Stationen gleich weit entfernt sein. Bestimmt den Standort des Depots und seine Entfernung zu den Forschungsstationen zeichnerisch.

→ Zeichnet alle Punkte, die von drei gegebenen, nicht auf einer Gerade liegenden Punkten den gleichen Abstand haben.

→ **DGS** Probiert mithilfe eines DGS, ob ihr einen Punkt findet, der von vier gegebenen Punkten, die ein Viereck bilden, den gleichen Abstand hat.

→ Drei Strecken bilden ein Dreieck. Zeichnet alle Punkte, die zu allen drei Strecken den gleichen Abstand haben.

→ **DGS** Vier Strecken bilden ein Viereck. Probiert mithilfe eines DGS, ob ihr einen Punkt findet, der zu allen vier Strecken den gleichen Abstand hat.

1.1 Kreis und Geraden – Kreistangenten

Einstieg

Zeichne mit einer kleinen Dose einen Kreis. Konstruiere den Mittelpunkt des Kreises.

Aufgabe 1

Konstruktion des Kreismittelpunkts
Maria hat mit einem Geldstück einen Kreis gezeichnet.
Konstruiere den Mittelpunkt des Kreises.
Erläutere deine Überlegungen.

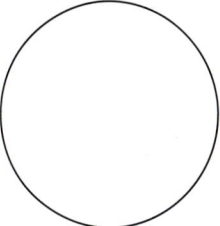

Lösung

Wir wissen, dass jeder Punkt des Kreises vom Mittelpunkt M gleich weit entfernt ist.
Wählen wir zwei Punkte A und B auf dem Kreis, dann ist das Dreieck ABM gleichschenklig. Die Symmetrieachse dieses Dreiecks ist senkrecht zur Basis AB und halbiert sie; sie ist die Mittelsenkrechte von $\overline{AB}$. M muss also auf der Mittelsenkrechten der Strecke $\overline{AB}$ liegen.
Wir markieren nun zwei weitere Punkte C und D auf dem Kreis. Dann liegt M auch auf der Mittelsenkrechten der Strecke $\overline{CD}$. Der Schnittpunkt dieser beiden Mittelsenkrechten ist der Mittelpunkt des Kreises.

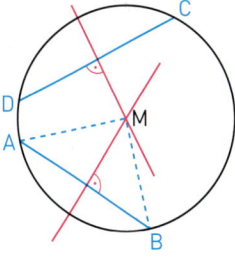

Information

Definition
Jede Verbindungsstrecke zweier Kreispunkte heißt **Sehne** des Kreises.
Eine Sehne durch den Kreismittelpunkt nennt man einen **Durchmesser** des Kreises.

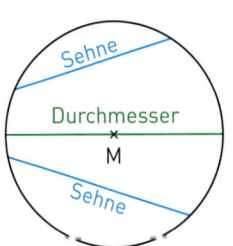

Satz
Die Mittelsenkrechte einer Sehne geht durch den Mittelpunkt des Kreises.

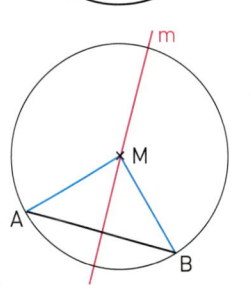

Aufgabe 2 — Kreistangente
Zeichne einen Kreis und eine Gerade t, die nur einen Punkt P mit dem Kreis gemeinsam hat.

Lösung

Denke dir parallele Geraden zur gesuchten Tangente t.
Der Kreis schneidet Sehnen mit den Endpunkten A und B aus diesen Parallelen aus, wenn sie näher am Mittelpunkt liegen als t. Diese Sehnen haben alle dieselbe Gerade m als Mittelsenkrechte; denn ihre Mittelsenkrechten sind alle parallel zueinander und haben den Mittelpunkt M gemeinsam. m ist dann auch senkrecht zu t und geht durch P.

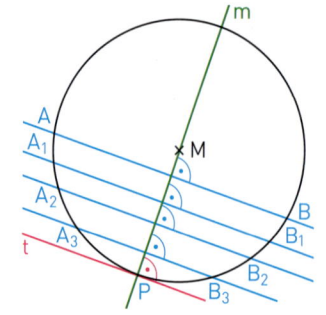

Konstruktion der Tangente:
Verbinde den Punkt P mit dem Kreismittelpunkt M.
Konstruiere dann die Senkrechte zur Geraden MP durch den Punkt P. Sie hat nur den Punkt mit dem Kreis gemeinsam.

Information

Die oben konstruierte Gerade t heißt *Tangente*, die den Kreis in P berührt.

tangere (lat.)
berühren, anrühren

secare (lat.)
schneiden, zer-, abschneiden

passant (franz.)
Vorübergehende(r)

Definition

(1) Eine Gerade heißt **Tangente** des Kreises, wenn sie genau einen Punkt mit dem Kreis gemeinsam hat. Dieser Punkt heißt **Berührungspunkt** der Tangente.

(2) Eine Gerade heißt **Sekante** des Kreises, wenn sie den Kreis in zwei Punkten schneidet.

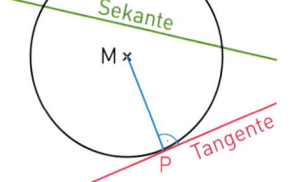

Satz
Die Tangente t, die einen Kreis mit Mittelpunkt M im Punkt P berührt, ist senkrecht zum Berührungsradius $\overline{MP}$.

Eine Gerade, die keinen Punkt mit dem Kreis gemeinsam hat, nennt man auch *Passante*.

Übungsaufgaben

3. Übertrage die Punkte A(2|3), B(6|1) und C(11|6) in dein Heft und zeichne den Kreis durch diese drei Punkte.

4. Gegeben sind die Punkte A(1|3) und B(5|2) sowie die Gerade PQ mit P(1|7) und Q(7|1). Konstruiere den Kreis durch A und B, dessen Mittelpunkt auf der Geraden PQ liegt.

5. Notiere alle Sekanten, Tangenten, Passanten und Durchmesser des Kreises in der Figur rechts.

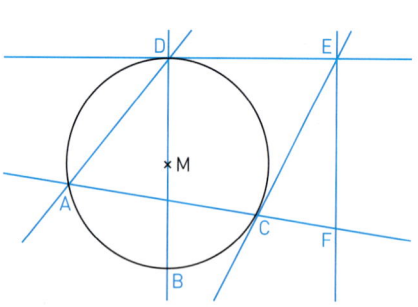

6. Welche Sekanten eines Kreises sind Symmetrieachsen des Kreises?

7. Zeichne einen Kreis mit dem Mittelpunkt M und einen Punkt P auf dem Kreis.
Konstruiere durch P eine Tangente des Kreises. Beschreibe dein Vorgehen.

1.1 Kreis und Geraden – Kreistangenten

8. Zeichne zunächst einen Kreis mit dem Mittelpunkt M und dem Radius r = 3 cm.
   Konstruiere nun eine Gerade g so, dass M von g den Abstand
   (1) 2 cm; (2) 3 cm; (3) 5 cm hat.
   Gib auch an, ob die Gerade g eine Passante, Sekante oder Tangente des Kreises ist.

9. Zeichne in einem Koordinatensystem mit der Einheit 1 cm einen Kreis um M(5|3) mit
   dem Radius r = 5 cm. Die Punkte A(8| ▢), B(9| ▢), C(▢|8), D(▢|3) liegen auf dem Kreis.
   Bestimme die fehlenden Koordinaten.
   Konstruiere die Tangenten in A, B, C und D an den Kreis.

10. Gegeben sind eine Gerade g und ein Punkt M, der nicht auf g liegt. Konstruiere einen
    Kreis, der M als Mittelpunkt und die Gerade g als Tangente hat. Beschreibe dein Vorgehen.

11. Zeichne eine Gerade g, markiere einen Punkt A auf g und einen Punkt B, der nicht auf g
    liegt. Konstruiere einen Kreis, der die Gerade g in A berührt und durch B geht.

12. Zeichne einen Kreis um einen Punkt A mit dem Radius r = 2 cm.
    Konstruiere dann einen Kreis mit dem Radius 3 cm um einen Punkt B, sodass sich beide
    Kreise in einem Punkt berühren.
    Beschreibe die Lage der gemeinsamen Tangente an beide Kreise.
    Suche möglichst viele Lösungen.

13. Zeichne einen Kreis mit dem Radius r = 2,5 cm und eine Sekante g des Kreises.
    Konstruiere nun die Tangenten an den Kreis, die zu der Sekante g
    (1) parallel; (2) senkrecht sind.

14. Zwei Autobahnen kreuzen sich unter einem Winkel von 110°. Die Verbindung der beiden
    Autobahnen soll durch Kreisbögen dargestellt werden. Konstruiere.

15. a) Zeichne eine Gerade g und markiere einen Punkt P auf g. Konstruiere einen Kreis,
       der g im Punkt P berührt. Wo liegen die Mittelpunkte aller Kreise, die eine gegebene
       Gerade in einem gegebenen Punkt berühren? Beschreibe.
    b) Zeichne zwei Geraden g und h. Konstruiere einen Kreis, der beide Geraden berührt.
       Unterscheide die Fälle g ∥ h und g ∦ h.
       Wo liegen die Mittelpunkte aller Kreise, die zwei gegebene Geraden berühren?
    c) Zeichne eine Gerade g. Konstruiere einen Kreis mit dem Radius r = 3,4 cm, der g
       berührt. Wo liegen die Mittelpunkte aller Kreise mit dem Radius r, die g berühren?

16. a) Gegeben ist ein Kreis mit dem Mittelpunkt M. Zeichne zwei Radien $\overline{MA}$ und $\overline{MB}$; miss
       den Winkel bei M zwischen ihnen. Konstruiere die Tangenten in A und B an den Kreis.
       Wie groß ist der Winkel, den die Tangenten einschließen?
       Verallgemeinere das Ergebnis.
    b) Bezeichne den Schnittpunkt der beiden Tangenten mit P. Wie ändert sich der Zentri-
       winkel α, wenn P auf der Geraden PM zum Kreis hin [vom Kreis weg] wandert?
    c) Gegeben ist ein Kreis mit dem Radius r = 4,1 cm.
       Konstruiere Tangenten an den Kreis, die einen 30° großen Winkel einschließen.
       Beschreibe dein Vorgehen.

1.2 Besondere Punkte und Linien eines Dreiecks
1.2.1 Eigenschaften von Mittelsenkrechten und Winkelhalbierenden

Einstieg 1

In einem Koordinatensystem sind die Punkte P(0|5) und Q(5|0) gegeben. Wo liegen alle Punkte, die von P und Q den gleichen Abstand haben? Begründe.

Einstieg 2

Gegeben ist die Strecke $\overline{AB}$. Bestimmt mit einem dynamischen Geometrie-System alle Punkte, die von den beiden Endpunkten dieser Strecke gleich weit entfernt sind.
Zeichnet dazu um A einen Kreis durch einen Punkt P. Zeichnet dann um B einen Kreis mit dem Radius $\overline{AP}$. Erzeugt die Schnittpunkte der beiden Kreise. Lasst dann die Ortslinie der beiden Schnittpunkte aufzeichnen, wenn ihr den Punkt P bewegt. Was stellt ihr fest?

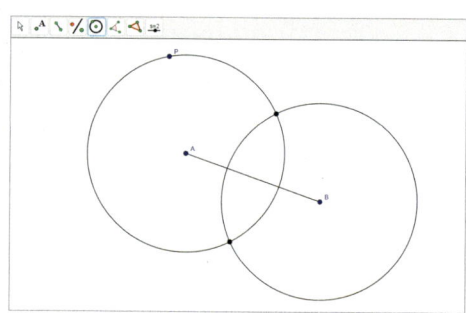

Aufgabe 1

Eigenschaften der Mittelsenkrechten einer Strecke

Es wird eine Neubaustrecke für einen Hochgeschwindigkeitszug im Bereich zwischen Ahausen und Bedorf geplant. Über den Verlauf der Trasse wird heftig diskutiert. Die beiden Ortschaften einigen sich schließlich darauf, dass die Trasse so verlaufen soll, dass sie an jeder Stelle gleich weit von beiden Ortschaften entfernt ist.
Wie muss die neue Trasse verlegt werden?

Lösung

Wir stellen die beiden Ortschaften als Punkte A und B dar.
Wir suchen alle Punkte, die von A und zugleich von B gleich weit entfernt sind.
Diese Punkte liegen offenbar auf der Symmetrieachse g der Strecke $\overline{AB}$, denn:
Die Spiegelachse g ist senkrecht zur Strecke $\overline{AB}$ und halbiert sie; g ist die Mittelsenkrechte zu $\overline{AB}$.
Für einen Punkt P auf g gilt:
Die Strecke $\overline{PB}$ ist das Bild von $\overline{PA}$ und somit gilt:
$\overline{PB} = \overline{PA}$.

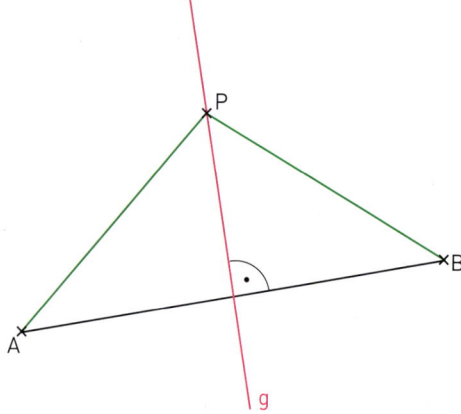

Ergebnis: Wenn die neue Trasse für den Hochgeschwindigkeitszug auf der Mittelsenkrechten zur Verbindungsstrecke $\overline{AB}$ beider Ortschaften verläuft, ist der Zug an jeder Stelle gleich weit von den Ortschaften entfernt.

1.2 Besondere Punkte und Linien eines Dreiecks

Information

Eigenschaften der Mittelsenkrechten

In der Lösung der Aufgabe 1 haben wir folgende Eigenschaft der Mittelsenkrechten erkannt und mithilfe der Symmetrie begündet:

> **Satz**
> Wenn ein Punkt P auf der Mittelsenkrechten einer Strecke $\overline{AB}$ liegt, dann hat er die gleiche Entfernung zu den Punkten A und B.
>
> **Umgekehrt gilt auch:**
> Wenn ein Punkt P von zwei Punkten A und B die gleiche Entfernung hat, dann liegt er auf der Mittelsenkrechten der Strecke $\overline{AB}$.

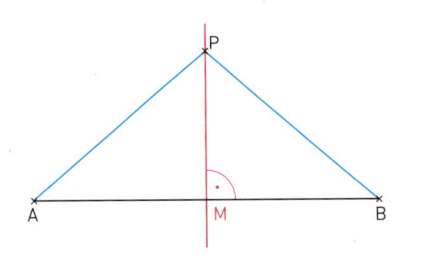

Weiterführende Aufgabe

Eigenschaften der Winkelhalbierenden eines Winkels

2. Zwischen der Gabelung sollen Laternenmasten aufgestellt werden. Um beide Loipen zu beleuchten, sollen die Masten von den beiden sich verzweigenden Loipen gleich weit entfernt sein.
Wo müssen die Masten gesetzt werden?
Du kannst auf Papier oder mit einem DGS zeichnen.

> **Satz: Eigenschaften der Winkelhalbierenden**
> Für Winkel, die höchstens 180° groß sind, gilt:
> Wenn ein Punkt P auf der Winkelhalbierenden liegt, so hat er von den beiden Schenkeln denselben Abstand.
>
> **Umgekehrt gilt auch:**
> Wenn ein Punkt P von den beiden Schenkeln eines Winkels denselben Abstand hat, dann liegt er auf der Winkelhalbierenden.

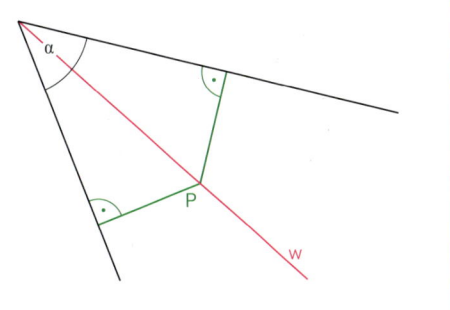

Übungsaufgaben

3. Gegeben sind in einem Koordinatensystem mit der Einheit 1 cm die Punkte P(3|1) und Q(6|2) sowie die Gerade AB mit A(2,5|4) und B(6|7).
Konstruiere einen Punkt auf der Geraden AB, der von P und Q gleich weit entfernt ist.

4. Gegeben sind in einem Koordinatensystem mit der Einheit 1 cm die beiden Punkte P(1,5|4,5) und Q(5,5|6).
   a) Welche Punkte sind von P weiter entfernt als von Q?
   b) Welche Punkte liegen von P höchstens so weit entfernt wie von Q?

5. Zwischen den Ortschaften Altstadt und Neudorf wird eine neue Umgehungsstraße gebaut. Beide Orte sollen eine gemeinsame Anschlussstelle erhalten, die von den jeweiligen Ortszentren gleich weit entfernt ist. Wo kann sie liegen?

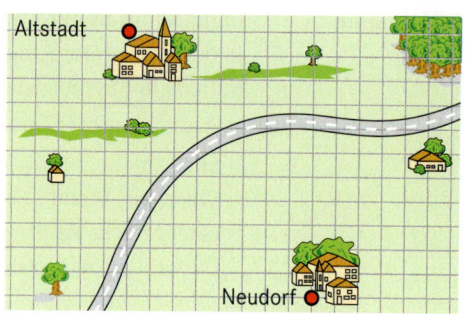

6. Gegeben ist ein spitzer Winkel. Konstruiere die Winkelhalbierende w. Wähle dann einen Punkt P auf w und konstruiere die Senkrechte durch P zu den beiden Schenkeln.

7. Zwischen einer Weggabelung in einem Park soll ein kreisrundes Blumenbeet angelegt werden. Die beiden Wege bilden einen 57° großen Winkel. Aus Symmetriegründen soll der Mittelpunkt des Beetes von den Wegen gleich weit entfernt sein.
Zeichne. Wo kann er liegen?

8. Vor vielen Jahren fanden Piraten eine Schatzkarte. Darauf war auf einer Insel eine Weggabelung zu sehen. Es war beschrieben, dass der Schatz gleich weit von den beiden abzweigenden Wegen entfernt liegt.
Wie müssen die Piraten vorgehen, um den Schatz zu finden?

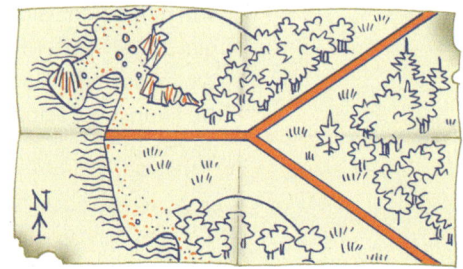

1.2.2 Umkreis und Inkreis eines Dreiecks

Einstieg 1 Zeichnet verschiedene Dreiecke und die Mittelsenkrechten aller drei Seiten.
Was fällt auf?

Einstieg 2 `DGS` Zeichne mit einem dynamischen Geometrie-System ein Dreieck und die drei Mittelsenkrechten zu den Dreiecksseiten. Prüfe mit dem Zugmodus, ob sich die drei Mittelsenkrechten immer in einem Punkt schneiden.
Welchen Abstand hat der Schnittpunkt S von den Eckpunkten des Dreiecks?
Begründe deine Aussage und prüfe sie in geeigneter Form mit dem DGS.
Was fällt dir auf?

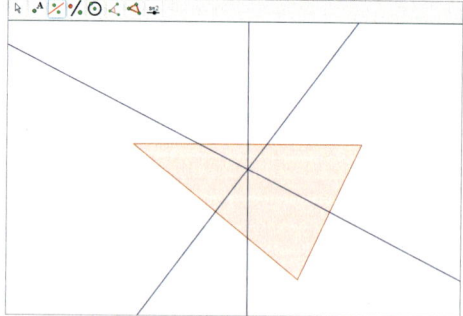

1.2 Besondere Punkte und Linien eines Dreiecks

Aufgabe 1

Umkreis eines Dreiecks
Für die drei Ortschaften A, B und C wird ein gemeinsames Schwimmbad geplant. Es soll ein Ort M gefunden werden, der von allen drei Ortschaften gleich weit entfernt ist.
Für die Entfernungen der drei Ortschaften voneinander gilt:
$\overline{AB}$ = 4,8 km; $\overline{BC}$ = 5,2 km; $\overline{AC}$ = 3,4 km.
Stelle die drei Ortschaften durch drei Punkte A, B, C dar und konstruiere einen solchen Punkt M.
Begründe die Konstruktion.
Gib die Entfernung des geplanten Schwimmbades von den Orten an.

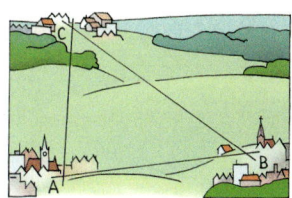

Lösung

Da M von allen Punkten A, B und C gleich weit entfernt sein soll, muss M nach dem Satz von Seite 15 auf den Mittelsenkrechten der Strecken $\overline{AB}$, $\overline{BC}$ und $\overline{AC}$ liegen.
Wir konstruieren das Dreieck ABC aus seinen 3 Seitenlängen (Kongruenzsatz sss). Dazu wählen wir 1 cm für 1 km in der Wirklichkeit (Maßstab: 1 : 100 000).
Dann zeichnen wir die drei Mittelsenkrechten m_a, m_b und m_c.
Der Schnittpunkt M ist der gesuchte Punkt.
Wir entnehmen der Zeichnung $\overline{AM}$ = 2,7 cm.
Ergebnis: Die Entfernung des geplanten Schwimmbades von jedem der Orte beträgt 2,7 km.

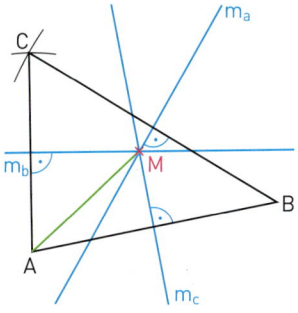

m_a ist die Mittelsenkrechte der Seite a.

Information

(1) Alle drei Mittelsenkrechten eines Dreiecks schneiden sich in einem Punkt
Es hat dich vielleicht verwundert, dass die dritte Mittelsenkrechte bei der Lösung der Aufgabe 1 auch durch den Schnittpunkt M der beiden zuerst gezeichneten Mittelsenkrechten verläuft. Dies lässt sich begründen.
Es sollen m_c und m_a die Mittelsenkrechten von $\overline{AB}$ und $\overline{BC}$ ferner M ihr Schnittpunkt sein. Nach dem Satz von Seite 15 gilt dann: $\overline{MA} = \overline{MB}$ und $\overline{MB} = \overline{MC}$
Folglich gilt auch: $\overline{MA} = \overline{MC}$. Der Punkt M liegt somit ebenfalls auf der Mittelsenkrechten m_b von AC.

(2) Umkreis
Der Punkt M hat von A, B und C die gleiche Entfernung, also liegen A, B und C auf einem Kreis mit dem Mittelpunkt M.

Definition
Der Kreis, der durch die drei Eckpunkte des Dreiecks geht, heißt **Umkreis** des Dreiecks.

Satz
In jedem Dreieck schneiden sich die Mittelsenkrechten der drei Seiten in *einem* Punkt, dem Mittelpunkt des Umkreises.

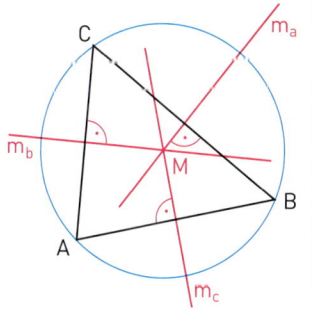

Weiterführende Aufgabe

Inkreis eines Dreiecks

2. Auf einer dreieckigen Rasenfläche in einem Park soll ein möglichst großes kreisförmiges Blumenbeet angelegt werden.
Wo muss der Mittelpunkt des Beetes liegen?
Welchen Abstand hat der Mittelpunkt von den Wegen?

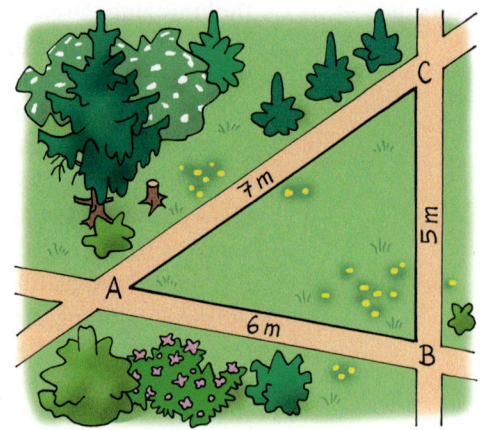

Information

(1) Alle drei Winkelhalbierenden eines Dreiecks schneiden sich in einem Punkt

Es hat dich vielleicht verwundert, dass auch die dritte Winkelhalbierende bei der Lösung der Aufgabe 2 durch den Schnittpunkt W der beiden zuerst gezeichneten Winkelhalbierenden verläuft. Dies lässt sich begründen:
Es sollen w_α und w_β die Winkelhalbierenden von α und β, ferner W ihr Schnittpunkt sein. Dann gilt nach dem Satz von Seite 15:
$\overline{WF} = \overline{WD}$ und $\overline{WD} = \overline{WE}$.
Folglich gilt auch $\overline{WF} = \overline{WE}$.
Der Punkt W liegt somit auf der Winkelhalbierenden w_γ von Winkel γ.

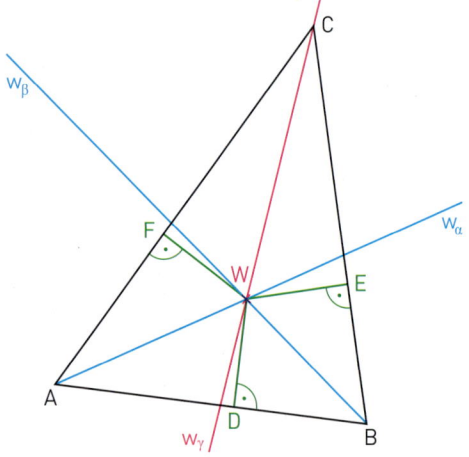

(2) Inkreis

Der Punkt W hat von den Dreieckseiten $\overline{AB}$, $\overline{AC}$ und $\overline{BC}$ den gleichen Abstand.
Also ist W der Mittelpunkt eines Kreises, der die Dreieckseiten berührt.

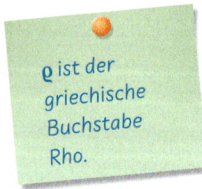

ϱ ist der griechische Buchstabe Rho.

Definition
Man nennt den Kreis, der die drei Seiten eines Dreiecks berührt, den **Inkreis** des Dreiecks. Den Radius bezeichnen wir mit ϱ.

Satz
In jedem Dreieck schneiden sich die Winkelhalbierenden der drei Innenwinkel in *einem* Punkt, dem Mittelpunkt des Inkreises.

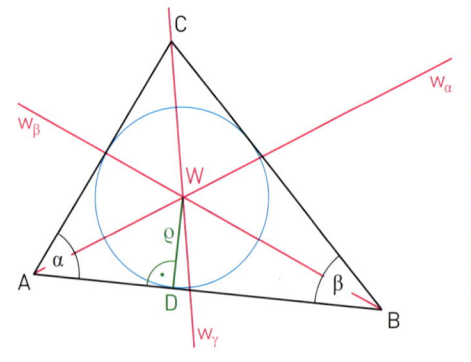

Übungsaufgaben

3. Drei Forschungsstationen A, B, C in der Antarktis sind nicht sehr weit voneinander entfernt: $\overline{AB} = 9$ km, $\overline{BC} = 6$ km, $\overline{AC} = 11$ km. Sie sollen von einem gemeinsamen Depot aus versorgt werden, das von allen drei Forschungsstationen gleich weit entfernt ist. Ermittle den Standort des Depots und seine Entfernung zu den Forschungsstationen.

4. Konstruiere den Umkreis zu dem Dreieck ABC; miss den Radius des Umkreises.
   a) $a = 5{,}7$ cm; $c = 4{,}9$ cm; $\beta = 49°$
   b) $a = 4{,}3$ cm; $c = 6{,}7$ cm; $\gamma = 77°$
   c) $a = 4$ cm; $b = 5$ cm; $c = 7{,}5$ cm
   d) $a = 4{,}7$ cm; $\gamma = 65°$; $\alpha = 53°$

5. Untersucht, ob der Umkreis der kleinste Kreis ist, der das Dreieck enthält.

6. **Bedeutendster Brückenbau in ganz Europa**

   Im Jahr 1598 hat der Baumeister Jakob Wolff der Ältere in Nürnberg die Fleischbrücke über die Pegnitz errichtet.
   Für die damalige Zeit war das der technisch bedeutendste Brückenbau in ganz Europa.
   Der Bogen besteht aus 3000 Keilsteinen und überspannt eine Weite 27 m.

   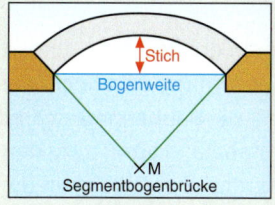

   Bestimme den Stich der Brücke aus dem Foto.
   Ermittle, welchen Radius der Kreisbogen hat.

7. Ein Designer hat dreieckige Spiegel entworfen: Eine Seite ist 14 cm lang, die beiden anliegenden Winkel sind 60° und 50° groß. Diese Spiegelfläche soll auf einer kreisförmigen Holzscheibe befestigt werden. Bestimme deren Durchmesser.

8. Von einem Dreieck ABC sind zwei Stücke und der Umkreisradius r gegeben. Konstruiere es.
   a) $c = 5$ cm; $a = 4{,}5$ cm; $r = 3$ cm
   b) $a = 3{,}5$ cm; $b = 2$ cm; $r = 4{,}5$ cm
   c) $c = 4{,}8$ cm; $\alpha = 48°$; $r = 2{,}7$ cm
   d) $b = 3{,}7$ cm; $\gamma = 55°$; $r = 2{,}5$ cm

9. Der Mittelpunkt des Umkreises eines Dreiecks kann innerhalb, außerhalb oder auf einer Seite des Dreiecks liegen. Untersuche die entsprechende Fragestellung auch für den Mittelpunkt des Inkreises; du kannst dazu auch ein DGS verwenden.

10. Könnt ihr ein Viereck zeichnen, das einen Umkreis besitzt?
    Könnt ihr auch ein Viereck zeichnen, das keinen Umkreis besitzt?

11. Konstruiere das Dreieck ABC. Konstruiere dann den Inkreis und miss dessen Radius.
    a) $a = 5{,}5$ cm; $b = 4{,}5$ cm; $\gamma = 115°$
    b) $a = 7$ cm; $b = 6$ cm; $c = 4$ cm
    c) $\alpha = 40°$; $c = 6{,}5$ cm; $\beta = 60°$
    d) $a = 6{,}5$ cm; $\alpha = 50°$; $b = 4{,}0$ cm

12. Zeichnet drei Geraden, die nicht alle durch einen Punkt gehen. Konstruiert dann Kreise, die jeweils die drei Geraden berühren. (Unterscheidet mehrere Fälle!)

13. Konstruiere den Inkreis des Dreiecks ABC. Gib Mittelpunkt und Radius des Inkreises an.
    a) $A(0|2)$; $B(7|3)$; $C(10|6)$
    b) $A(0|5)$; $B(9|6)$; $C(7|10)$
    c) $A(4|3)$; $B(9|11)$; $C(1|10)$
    d) $A(-2|-1)$; $B(3|1)$; $C(-5|8)$

14. Hanna hat noch eine dreieckige Korkplatte mit den Seitenlängen $a = 17$ cm, $b = 14$ cm und $c = 21$ cm übrig. Sie möchte daraus einen möglichst großen kreisförmigen Untersetzer herstellen. Welchen Durchmesser hat der Untersetzer?

15. Untersuche, bei was für Dreiecken die Mittelpunkte von Um- und Inkreis zusammenfallen.

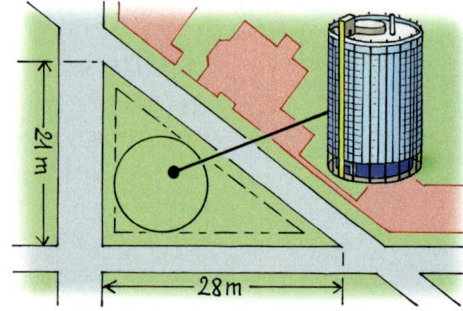
16. Auf einem dreieckigen Grundstück soll ein zylinderförmiges Bürohochhaus errichtet werden. Die Baubehörde schreibt einen Mindestabstand von 3 m zu den Grundstücksgrenzen vor. Welchen Durchmesser kann das Hochhaus höchstens haben?

17. Hobbydrechsler müssen immer wieder exakt den Mittelpunkt von Rundhölzern bestimmen. Dafür verwenden sie einen so genannten Zentrierwinkel. Erläutert, wie man mit diesem Gerät den Mittelpunkt eines Kreises bestimmen kann. Begründet auch.

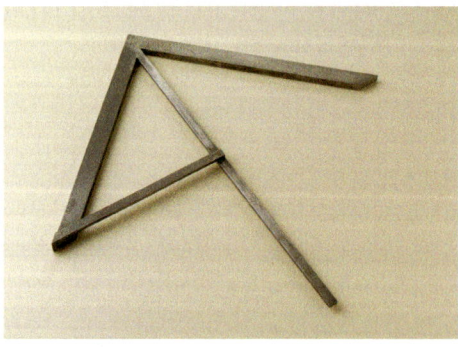

Das kann ich noch!

A) Berechne im Kopf.
1) $0{,}2 + 0{,}95$
2) $1{,}47 - 0{,}83$
3) $0{,}26 \cdot 4$
4) $1{,}96 : 4$
5) $1{,}5 \cdot 0{,}2$
6) $2{,}4 : 0{,}6$
7) $0{,}4 \cdot 0{,}3$
8) $1{,}05 : 0{,}5$

1.3 Satz des Thales

Einstieg 1

Beim Sportunterricht steht eine Gruppe der Klasse 7c zu Beginn der Stunde rund um den Mittelkreis des Sportplatzes. Dabei gibt es zwei besondere Schüler. Sie tragen zur besseren Erkennung rote T-Shirts und stehen genau da, wo sich Mittelkreis und Mittellinie schneiden.
Die Schüler werfen sich einen Ball zu. Dabei gilt als Regel, dass ein Schüler mit einem roten T-Shirt irgendeinem Schüler mit blauem T-Shirt den Ball zuwirft. Dieser muss den Ball zu dem anderen Schüler mit dem roten T-Shirt werfen, usw.
Welcher Schüler mit einem blauen T-Shirt muss sich zwischen Fangen und Werfen am stärksten drehen? Probiert es aus.

Einstieg 2

Zeichnet mit einem dynamischen Geometrie-System einen Kreis mit dem Mittelpunkt M und dem Durchmesser $\overline{AB}$. Platziert auf dem Kreis einen weiteren Punkt C und verbindet ihn mit A und B. Messt jetzt die Größe des Winkels γ am Punkt C. Bewegt anschließend den Punkt C auf dem Kreis. Was stellt ihr fest? Formuliert einen entsprechenden Zusammenhang.

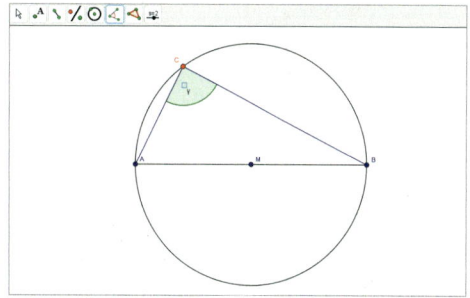

Aufgabe 1

Satz des Thales – Hinführung und Beweis
Zeichne einen Kreis und zwei Durchmesser. Zeichne nun ein Viereck, das die beiden Durchmesser als Diagonalen besitzt. Um was für ein Viereck handelt es sich? Begründe.

Lösung

Die Zeichnung lässt vermuten, dass es sich um ein Rechteck handelt, also ein Viereck mit vier rechten Winkeln.
Wir wissen: Der Punkt C liegt auf dem Halbkreis über $\overline{DB}$.
Wir wollen zeigen: $\gamma = 90°$
Wir notieren unsere Überlegungen übersichtlich in Tabellenform:

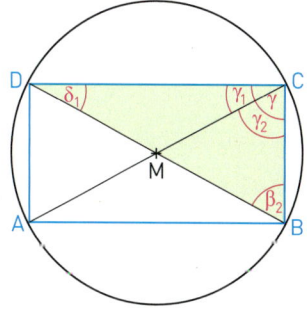

Behauptung		Begründung
$\delta_1 = \gamma_1$	(1)	Da der Punkt C auf dem Kreis mit dem Durchmesser $\overline{BD}$ liegt, gilt $\overline{MD} = \overline{MC}$, also sind im gleichschenkligen Dreieck DMC die Basiswinkel δ_1 und γ_1 gleich groß.
$\beta_2 = \gamma_2$	(2)	Die gleiche Begründung gilt für das Dreieck MBC.
$\delta_1 + \beta_2 + \gamma = 180°$	(3)	Innenwinkelsatz im Dreieck DBC
$\gamma_1 + \gamma_2 + \gamma = 180°$		Aus (1) und (2) folgt, dass man in (3) die Winkel δ_1 und β_2 entsprechend ersetzen kann.
$\gamma + \gamma = 180°$	(4)	Aus der Zeichnung folgt natürlich: $\gamma_1 + \gamma_2 = \gamma$
$\gamma = 90°$		γ ist halb so groß wie 180°

Information

(1) Satz des Thales

Die Lösung der Aufgabe 1 führt uns auf einen Satz, der nach dem griechischen Philosophen, Astronomen und Mathematiker Thales von Milet (um 600 v. Chr.) benannt ist.

> **Definition**
> Zu jeder Strecke $\overline{AB}$ mit dem Mittelpunkt M kann man den Kreis zeichnen, der M als Mittelpunkt hat und durch die Punkte A und B geht.
> Dieser Kreis heißt **Thaleskreis** der Strecke $\overline{AB}$.
>
>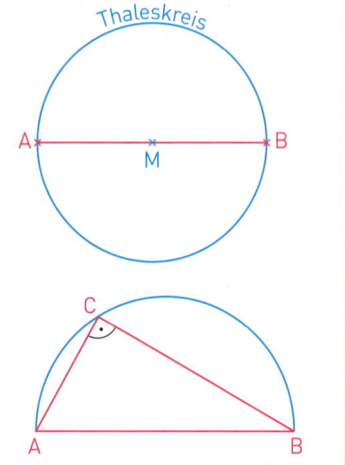
>
> **Satz des Thales**
> Wenn der Punkt C eines Dreiecks ABC auf dem Thaleskreis der Strecke $\overline{AB}$ liegt, dann ist das Dreieck rechtwinklig mit γ als rechtem Winkel.
>
>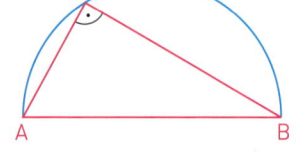

Wegen der Symmetrie des Kreises betrachtet man häufig nur einen Halbkreis.

(2) Umkehrung des Satzes des Thales

Wir zeichnen eine 6 cm lange Strecke $\overline{AB}$ und darüber verschiedene rechtwinklige Dreiecke. Wir vermuten den folgenden Satz:

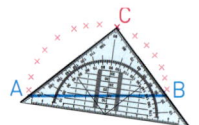

> **Umkehrung des Thalessatzes**
> Wenn ABC ein rechtwinkliges Dreieck mit $\gamma = 90°$ ist, dann liegt C auf dem Thaleskreis über der Seite $\overline{AB}$.
>
>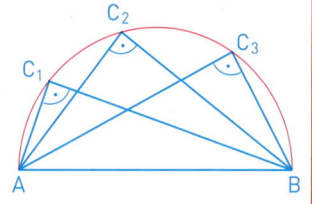

Beweis: Liegt der Punkt C nicht auf dem Halbkreis über $\overline{AB}$, dann gibt es zwei Möglichkeiten:
(1) C liegt innerhalb des Thaleskreises.   (2) C liegt außerhalb des Thaleskreises.

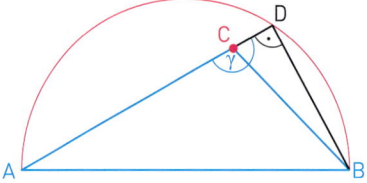 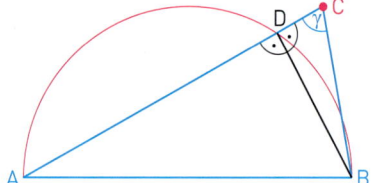

Das Dreieck BDC besitzt bei D einen rechten Winkel, also ist in diesem Dreieck nach dem Winkelsummensatz der Innenwinkel bei C spitz. Dann ist aber der Winkel γ im Dreieck ABC stumpf: $\gamma > 90°$.

Das Dreieck ABD besitzt bei D einen rechten Winkel, ebenso das Dreieck BCD. Somit ist nach dem Winkelsummensatz der Winkel γ bei C spitz: $\gamma < 90°$.

Liegt also der Punkt C *nicht* auf dem Halbkreis über $\overline{AB}$, dann ist das Dreieck ABC *nicht* rechtwinklig. Ist es aber rechtwinklig, dann muss C auf dem Halbkreis liegen.

(3) Umkehrung von Wenn-dann-Sätzen

Wir vergleichen den Satz des Thales mit seiner Umkehrung.

Satz des Thales: Wenn Punkt C auf dem Halbkreis über der Strecke $\overline{AB}$ liegt, dann hat das Dreieck ABC einen rechten Winkel bei C.

Umkehrung des Satzes des Thales: Wenn das Dreieck ABC einen rechten Winkel bei C hat, dann liegt C auf dem Halbkreis über der Strecke $\overline{AB}$.

Wir erkennen daran:

Satz:
Wenn A, dann B
Umkehrung:
Wenn B, dann A.

> Man erhält die Umkehrung eines Wenn-dann-Satzes, indem man Voraussetzung und Behauptung vertauscht.

Die Umkehrung eines wahren Satzes ist nicht in jedem Fall ein wahrer Satz, wie folgendes Beispiel zeigt: Wir betrachten ein Trapez ABCD mit $\overline{AB} \parallel \overline{CD}$.
Satz: Wenn $\alpha = \beta$, dann $\overline{AD} = \overline{BC}$.
Umkehrung des Satzes: Wenn $\overline{AD} = \overline{BC}$, dann $\alpha = \beta$.
Diese Umkehrung ist offensichtlich falsch, wie das Beispiel eines besonderen Trapezes, des Parallelogramms rechts zeigt.

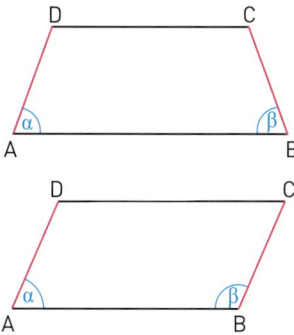

Weiterführende Aufgaben

Konstruktion eines rechtwinkligen Dreiecks mithilfe des Thalessatzes

2. Konstruiere ein Dreieck ABC aus den gegebenen Stücken.
   a) $c = 4{,}8\,\text{cm}$, $a = 2{,}5\,\text{cm}$, $\gamma = 90°$
   b) $c = 4{,}7\,\text{cm}$, $h_c = 1{,}9\,\text{cm}$, $\gamma = 90°$

Konstruktion der Tangenten von einem Punkt außerhalb des Kreises mithilfe des Thalessatzes

3. Gegeben ist ein Kreis mit dem Mittelpunkt M und dem Kreisradius r sowie ein Punkt P außerhalb des Kreises.
   Konstruiere die Tangenten von P an den Kreis.

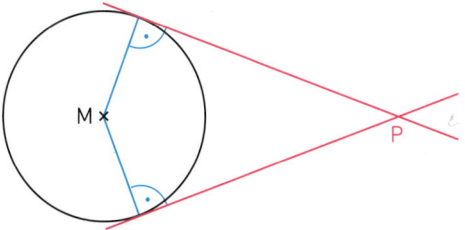

Widerlegen eines Satzes durch ein Gegenbeispiel

4. a) Widerlege den Satz: Wenn in einem Viereck die Diagonalen gleich lang sind, dann ist das Viereck ein Parallelogramm.
   b) Gib die Umkehrung des folgenden wahren Satzes an und widerlege ihn:
      Wenn in einem Viereck zwei Winkel rechte sind, dann besitzt das Viereck keine überstumpfen Winkel.

> Ein Satz ist falsch, wenn man (wenigstens) ein Beispiel finden kann, für das die Voraussetzung zutrifft, nicht aber die Behauptung.
> Ein solches Beispiel heißt *Gegenbeispiel*.

Übungsaufgaben

5. Rechts siehst du eine Zirkusarena mit zwei gegenüberliegenden Ein- bzw. Ausgängen. Julia sitzt an der Stelle C und will den Auftritt des Clowns filmen. Sie erwartet ihn am Eingang A. Doch der Clown betritt die Arena bei B.
Um wie viel Grad muss Julia ihre Filmkamera drehen?
Untersuche das auch für andere Stellen am Rand der Arena.
Formuliere dein Ergebnis.

6. a) Konstruiere aus den gegebenen Stücken ein rechtwinkliges Dreieck ABC.
   (1) $c = 5{,}3$ cm, $b = 4{,}3$ cm, $\gamma = 90°$ (2) $h_b = 8$ cm, $h_c = 5$ cm, $\gamma = 90°$
   b) Stelle deinem Partner weitere Aufgaben wie in Teilaufgabe a) und kontrolliere anschließend seine Lösung.

7. Konstruiere ein rechtwinkliges Dreieck ABC aus den gegebenen Stücken.
   a) $c = 8$ cm, $h_c = 3$ cm, $\gamma = 90°$ b) $b = 6{,}4$ cm, $h_b = 2{,}3$ cm, $\beta = 90°$

8. Gegeben ist eine Gerade g und ein Punkt P, der nicht auf g liegt. Konstruiere mithilfe des Thalessatzes die Senkrechte zu g durch P. Beschreibe dein Vorgehen.

9. Gegeben ist ein Kreis mit dem Radius $r = 3{,}4$ cm. Jeder konstruiert zunächst alleine ein Rechteck, dessen Ecken auf dem Kreis liegen; eine Seite des Rechtecks soll 2,1 cm lang sein. Vergleiche dann deine Vorgehensweise mit der deines Nachbarn.

10. Wenn ein Tischler einen rechtwinkligen Fensterrahmen baut, so braucht er zur Überprüfung der rechten Winkel keinen Winkelmesser. Es reicht, wenn er kontrolliert, ob die Diagonalen gleich lang sind.
    a) Begründe, warum man so feststellen kann, ob rechte Winkel vorliegen.
    b) Untersuche auch, ob eine kleine Abweichung vom rechten Winkel mit diesem Verfahren bemerkt wird. Zeichne dazu ein Parallelogramm mit $a = 9$ cm, $b = 12$ cm und $\alpha = 92°$.

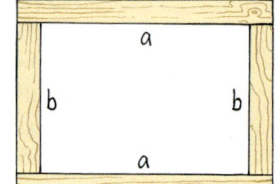

11. Zeichne eine Gerade g und zwei Punkte A und B auf derselben Seite von g. Konstruiere nun einen Punkt C auf g so, dass der Winkel zwischen $\overline{CA}$ und $\overline{CB}$ genau 90° groß ist. Unterscheide hinsichtlich der Lage von A und B verschiedene Fälle.

12. Stellt verschiedene Möglichkeiten zusammen, wie man ohne Geodreieck einen rechten Winkel konstruieren kann und präsentiert eure Ergebnisse in der Klasse.

13. Zeichne ein beliebiges Dreieck ABC und zu den beiden Seiten $\overline{AB}$ und $\overline{BC}$ jeweils den Thaleskreis. Wo schneiden sich die beiden Kreise? Begründe.

1.3 Satz des Thales

14. ABC soll ein rechtwinkliges Dreieck mit γ = 90° sein; M soll der Mittelpunkt der Seite $\overline{AB}$ sein. Konstruiere die Winkelhalbierenden der beiden Winkel δ_1 und δ_2.
Wie groß ist der Winkel, den diese beiden Winkelhalbierenden miteinander bilden? Begründe.

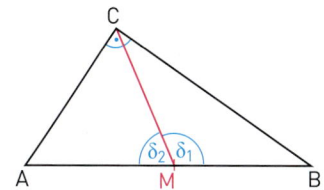

15. Begründe:
In einem rechtwinkligen Dreieck ABC mit γ = 90° gilt:
Wenn α = 30°, dann ist die Seite $\overline{BC}$ halb so lang wie die Seite $\overline{AB}$.

16. Gegeben sind in einem Koordinatensystem mit der Einheit 1 cm zwei Punkte P (1,5 | 2) und Q (6 | 1,5). Konstruiere eine Gerade durch P, die von Q den Abstand 2,5 cm hat.

17. Zeichne eine 4,3 cm lange Strecke $\overline{AB}$. Konstruiere die Gerade durch A, die von B den Abstand 1,8 cm hat. Welche Gerade durch A hat von B den größten Abstand?

18. Zeichne in einem Koordinatensystem mit der Einheit 1 cm einen Kreis um den Punkt M (10 | 6) mit dem Radius r = 3 cm.
Konstruiere von den Punkten
(1) P (4 | 3);   (2) Q (10 | 1);   (3) R (16 | 6);   (4) S (6 | 8)
aus die Tangenten an den Kreis.
Gib näherungsweise die Koordinaten der Berührungspunkte an.

19. Gib zu folgenden Sätzen jeweils die Umkehrung an.
Falls die Umkehrung falsch ist, widerlege sie.
(1) Wenn eine Zahl durch 10 (ohne Rest) teilbar ist, dann ist sie auch durch 5 teilbar.
(2) Wenn eine natürliche Zahl durch 6 (ohne Rest) teilbar ist, dann ist sie auch durch 3 teilbar.
(3) Wenn eine Zahl durch 2 und durch 3 teilbar ist, dann ist sie auch durch 6 teilbar.
(4) Wenn zwei natürliche Zahlen durch 7 (ohne Rest) teilbar sind, dann ist auch die Summe der beiden Zahlen durch 7 teilbar.
(5) Wenn eine Zahl a Teiler einer Zahl b ist, dann ist a ≤ b.
(6) Wenn es regnet, dann ist die Straße nass.
(7) Wenn jemand 18 Jahre alt ist, dann ist er volljährig.
(8) Wenn Sonntag ist, dann ist schulfrei.

20. a) Gib jeden Satz in der Wenn-dann-Formulierung an.
Notiere jeweils zunächst Voraussetzung und Behauptung.
(1) Für jeden Rhombus gilt: Gegenüberliegende Winkel sind gleich groß.
(2) Für jeden Rhombus gilt: Die Diagonalen halbieren die Innenwinkel.
(3) Für jeden Rhombus gilt: Die Diagonalen stehen senkrecht und halbieren einander.
(4) Für jedes Parallelogramm gilt: Die Diagonalen halbieren einander.
(5) Für jedes Parallelogramm gilt: Gegenüberliegende Seiten sind gleich lang.
(6) Für jedes Drachenviereck gilt: Die Diagonalen sind senkrecht zueinander.
(7) Für jedes gleichschenklige Trapez gilt: Die Diagonalen sind gleich lang.
b) Notiere jeweils die Umkehrung der Sätze aus Teilaufgabe a).
Falls die Umkehrung eine falsche Aussage ist, begründe dies.

Im Blickpunkt

Thales von Milet

Thales (von Milet)
* um 624 v. Chr.
† um 547 v. Chr.

Der erste namentlich bekannte griechische Mathematiker ist Thales. Er stammte aus einer Kaufmannsfamilie in der ionischen Handelsstadt Milet und verfügte über Zeit und Mittel, Reisen nach Babylonien, Persien, Ägypten zu unternehmen, um sich das Wissen der damaligen Zeit anzueignen.

1. Es gibt Hinweise darauf, dass Thales den Basiswinkelsatz, den Scheitelwinkelsatz, den Winkelsummensatz für Dreiecke und natürlich den Thalessatz bewiesen hat.
Gib die Aussagen dieser Sätze mit eigenen Worten an.

2. Bei einer Reise nach Ägypten soll Thales auf die Bitte nach einer Schätzung der Pyramidenhöhe geantwortet haben: „Ich will sie nicht schätzen, sondern messen." Dazu soll er sich in den Sand gelegt haben, um einen Abdruck seines Körpers zu erhalten. „Wenn ich mich jetzt an ein Ende des Abdrucks stelle und warte, bis mein Schatten so lang ist wie der Abdruck, dann kann ich auch die Höhe der Pyramide bestimmen".
Wie erhält Thales die Höhe der Pyramide? Welcher geometrische Satz wird dabei benutzt?

3. Thales soll auch ein Gerät entwickelt haben, um die Entfernung zu Schiffen auf See zu bestimmen. Dieses Gerät besteht aus zwei Stäben mit einem gemeinsamen Drehpunkt. Man steigt damit auf einen Turm und hält den einen Stab senkrecht. Der zweite Stab wird so gedreht, dass er genau auf das Schiff zeigt. Der Winkel zwischen beiden Stäben wird nun nicht mehr verändert und man dreht sich um, sodass der zweite Stab auf einen Punkt im Gelände zeigt. Überlege, wie man die Entfernung zum Schiff erhält.

4. Seiner wissenschaftlichen Leistungen wegen zählte Thales zu den „Sieben Weisen". Eine seiner großartigsten Leistungen soll die Vorhersage der Sonnenfinsternis vom 28. Mai 585 v. Chr. gewesen sein, bei der er wohl das Wissen anderer Gelehrter verwendete, die er auf seinen Reisen getroffen hatte. Informiere dich über Sonnenfinsternisse. Weitere Informationen über Thales kannst du auch im Internet erhalten.

1.4 Sätze über Peripheriewinkel und Zentriwinkel

Einstieg 1

a) Rechts seht ihr eine kreisförmige Zirkusarena mit den Eingängen A und B. Marc sitzt an der Stelle C und will den Auftritt des Clowns filmen. Er erwartet ihn am Gang A, doch der Clown kommt durch B.
Um wie viel Grad muss Marc seine Filmkamera drehen?
Untersucht dies auch für andere Stellen am Rand der Arena. Stellt eine Vermutung auf.

b) Untersucht auch andere Radien und andere Eingänge.

Einstieg 2

Zeichnet mit eurem dynamischen Geometrie-System einen Kreis. Erzeugt dann drei Punkte A, B, C auf dem Kreis und verbindet sie zu einem Dreieck. Lasst den Winkel bei C messen.
Verändert die Lage von Punkt C auf dem Kreis und beobachtet, wie sich der Winkel bei C ändert.

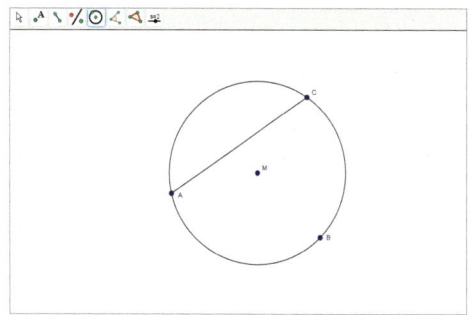

Einführung

Hinführung zum Peripheriewinkelsatz

Der Satz des Thales besagt: Zeichnet man Winkel, deren Scheitel auf einem Kreis liegen und deren Schenkel durch die Endpunkte A und B eines Durchmessers gehen, dann sind diese Winkel alle rechte Winkel.
Gilt etwas Ähnliches, wenn die Schenkel durch die Endpunkte einer Sehne gehen, die nicht unbedingt ein Durchmesser ist?
Wir messen in der Figur rechts die Winkel γ, γ′ und γ″.
Sie heißen *Peripheriewinkel* zur Sehne $\overline{AB}$ des Kreises; ihre Scheitel liegen auf dem Kreis, ihre Schenkel gehen durch die Endpunkte der Sehne $\overline{AB}$. Wir stellen fest: γ = γ′ = γ″
Wir messen nun auch die Peripheriewinkel δ, δ′ auf der anderen Seite der Sehne $\overline{AB}$: δ = δ′

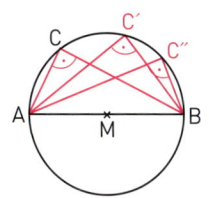

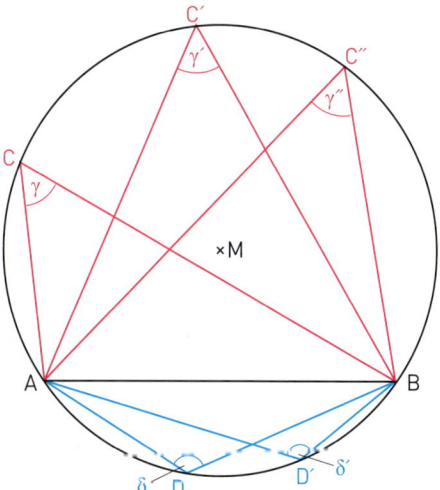

Information

(1) Bezeichnung für Kreisbogen
Zur Angabe eines Bogens auf dem Kreis mithilfe der Kreispunkte A und B nennt man diese Punkte entgegen dem Uhrzeigersinn. Im Bild bezeichnet $\overset{\frown}{AB}$ den blauen Bogen, $\overset{\frown}{BA}$ den roten.

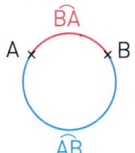

(2) Peripheriewinkel über einem Kreisbogen

In der Einführung haben wir Winkel betrachtet, deren Scheitelpunkte auf einem Kreis liegen und deren Schenkel durch zwei Kreispunkte gehen. Diese Winkel haben einen besonderen Namen.

Peripherie
Umfangslinie; Rand

> **Definition**
> Ein Winkel, dessen Scheitelpunkt auf dem Kreis liegt und dessen Schenkel durch die Kreispunkte A und B gehen, heißt **Peripheriewinkel** (auch *Umfangswinkel*) über dem Bogen $\widehat{AB}$.

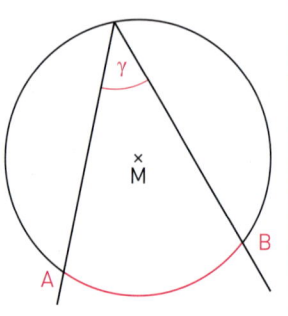

(3) Peripheriewinkelsatz

Betrachte die Figur in der Einführung auf Seite 27. Die Gleichheit der Winkel γ, γ′ und γ″ einerseits sowie der Winkel δ und δ′ andererseits lässt folgenden Satz vermuten:

> **Peripheriewinkelsatz**
> Wenn zwei Peripheriewinkel über *demselbem* Bogen liegen, dann sind diese Winkel gleich groß.

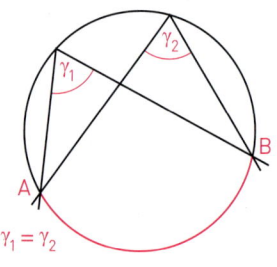

$\gamma_1 = \gamma_2$

Beweis:
Wie beim Beweis des Thalessatzes verbinden wir den Punkt C mit dem Kreismittelpunkt M sowie M mit den Endpunkten A und B der Sehne. Wir zeigen nun, dass für jede beliebige Lage des Punktes C die Winkelgröße von γ bzw. $\gamma_1 + \gamma_2$ gleich bleibt.
Es entstehen wegen $\overline{MA} = \overline{MB} = \overline{MC}$ die beiden gleichschenkligen Dreiecke AMC und MBC. Deshalb gilt nach dem Basiswinkelsatz:
$\alpha_1 = \gamma_1$ und $\beta_2 = \gamma_2$.
Lässt man nun den Punkt C auf dem Kreis zwischen A und B „wandern", dann ändert sich zwar die Größe der Winkel $\gamma_1, \alpha_1, \varphi_1$ bzw. $\gamma_2, \beta_2, \varphi_2$ in den beiden Dreiecken, jedoch bleibt die Summe $\varphi_1 + \varphi_2$ immer gleich groß, da das Dreieck ABM und damit auch sein Innenwinkel bei M unverändert bleibt.

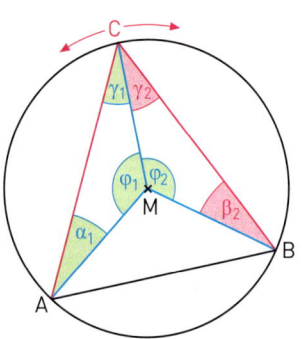

Wegen $\varphi_1 = 180° - 2 \cdot \gamma_1$ und $\varphi_2 = 180° - 2 \cdot \gamma_2$ und somit
$\gamma_1 = 90° - \frac{1}{2} \cdot \varphi_1$ und $\gamma_2 = 90° - \frac{1}{2} \cdot \varphi_2$ gilt:

$\gamma = \gamma_1 + \gamma_2$
$ = (90° - \frac{1}{2} \cdot \varphi_1) + (90° - \frac{1}{2} \cdot \varphi_2)$
$ = 180° - \frac{1}{2} \cdot (\varphi_1 + \varphi_2)$

Da $\varphi_1 + \varphi_2$ immer gleich groß bleibt, gilt dies auch für den Winkel γ.

1.4 Sätze über Peripheriewinkel und Zentriwinkel

Weiterführende Aufgaben

Vollständiger Beweis des Peripheriewinkelsatzes

1. In der Information auf Seite 28 haben wir nur den Fall bewiesen, dass der Mittelpunkt M des Kreises innerhalb des Dreiecks liegt.
   Zum vollständigen Beweis müssen wir noch zwei weitere Fälle unterscheiden:
   (1) M liegt auf der Seite $\overline{BC}$ oder $\overline{AC}$.
   (2) M liegt außerhalb des Dreiecks ABC.

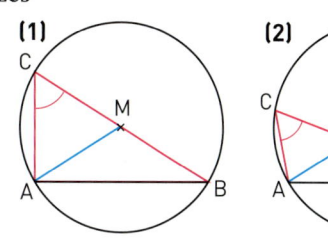
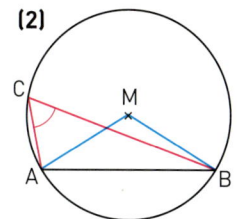

Peripherie-Zentriwinkelsatz

2. Verbindet man den Mittelpunkt M eines Kreises mit zwei Punkten A und B auf der Kreislinie, so entstehen zwei Zentriwinkel.
   a) Stelle einen Zusammenhang zwischen den Zentriwinkeln und den Peripheriewinkeln zur Sehne $\overline{AB}$ her.
   b) Welchen Satz erhältst du für den Spezialfall $\varepsilon = 180°$?

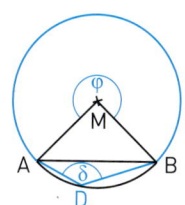

Information

Dreht man den Radius $\overline{MA}$ des Bogens $\widehat{AB}$ gegen den Uhrzeigersinn auf Radius $\overline{MB}$, so wird dabei der zugehörige **Zentriwinkel** überstrichen.

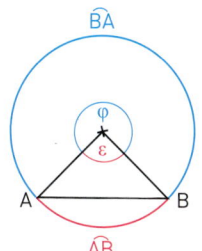

ε ist Zentriwinkel zu $\widehat{AB}$

φ ist Zentriwinkel zu $\widehat{BA}$

Peripherie-Zentriwinkelsatz

Der Zentriwinkel über dem Bogen $\widehat{AB}$ ist doppelt so groß wie der zugehörige Peripheriewinkel über $\widehat{AB}$.

$\varepsilon = 2 \cdot \gamma$ und $\varphi = 2 \cdot \delta$

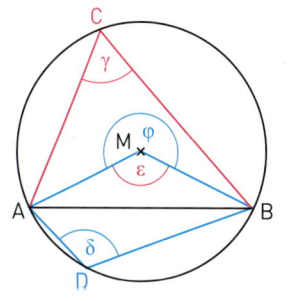

Aus dem Peripherie-Zentriwinkelsatz ergibt sich sofort:
Liegen zwei Peripheriewinkel auf verschiedenen Seiten einer Sehne, so ergeben die beiden Winkel zusammen 180°: $\gamma + \delta = 180°$

Übungsaufgaben

3. Zeichne einen Kreis $r = 3\,\text{cm}$. Konstruiere eine Sehne $\overline{AB}$ des Kreises, sodass für den Peripheriewinkel γ über dem Bogen $\widehat{AB}$ gilt:
   a) $\gamma = 80°$
   b) $\gamma = 100°$
   c) $\gamma = 25°$
   d) $\gamma = 145°$

4. Zeichne eine Strecke $\overline{AB}$ der angegebenen Länge. Konstruiere dann einen Kreis mit $\overline{AB}$ als Sehne so, dass die Peripheriewinkel über dem Bogen $\overparen{AB}$ die Größe γ besitzen.
   a) $\overline{AB}$ = 3,6 cm; γ = 35°
   b) $\overline{AB}$ = 4,8 cm; γ = 70°
   c) $\overline{AB}$ = 2,9 cm; γ = 110°
   d) $\overline{AB}$ = 5,8 cm; γ = 135°
   e) $\overline{AB}$ = 7,3 cm; γ = 90°
   f) $\overline{AB}$ = 6,1 cm; γ = 60°

5. Der Zentriwinkel über dem Bogen $\overparen{AB}$ hat die Größe (1) ε = 110°; (2) ε = 58°.
   Wie groß ist ein Peripheriewinkel über demselben Bogen?

6. Die Wandtafel ist 4 m lang.
   Ermittle durch Konstruktion alle Punkte, von denen aus man die Tafel unter einem Sehwinkel von 30° sieht.

7. Ein Haus ist 25 m lang. Im Abstand von 20 m verläuft eine Straße.
   Von welchen Punkten der Straße aus sieht man die Hausfront unter einem Sehwinkel von (1) 20°; (2) 40°; (3) 50°?

8. a) Gegeben ist
   (1) α = 35°; (2) β = 78°; (3) γ = 126°.
   Berechne jeweils die übrigen Winkel.
   b) Gegeben ist
   (1) α = 42°; (3) β = 78°;
   (2) γ = 134°; (4) δ = 248°.
   Berechne jeweils die übrigen Winkel.

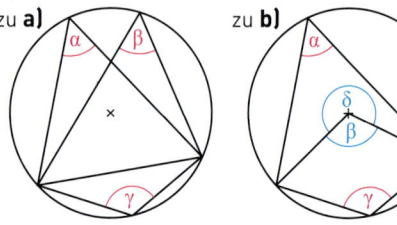

9. Konstruiere ein Dreieck ABC aus c = 5 cm; b = 3,5 cm; a = 2,7 cm. Von welchen Punkten aus sieht man die Seite $\overline{AC}$ unter einem Winkel von 40° und die Seite $\overline{AB}$ unter einem Winkel von 30°?
   Gibt es einen Punkt, von dem aus man alle Dreiecksseiten unter demselben Winkel sieht?

10. Ein Kreis ist (wie beim Zifferblatt einer Uhr) in 12 gleiche Teile unterteilt.
    Die beiden Kreissehnen bilden den Schnittwinkel α. Berechne den Winkel α.

a) 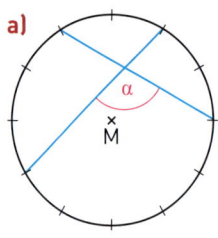 b) 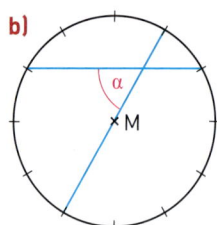 c) 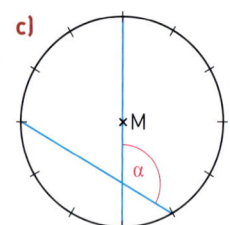 d)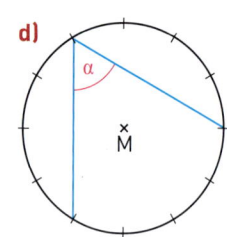

Das kann ich noch!

A) Berechne.
1) $\frac{1}{2} + \frac{2}{3}$
2) $\frac{2}{3} - \frac{1}{2}$
3) $\frac{1}{2} \cdot \frac{2}{3}$
4) $\frac{1}{2} : \frac{2}{3}$
5) $\left(\frac{2}{3}\right)^4$
6) $1\frac{1}{2} + \frac{3}{4}$
7) $1\frac{1}{2} - \frac{3}{4}$
8) $1\frac{1}{2} \cdot \frac{3}{4}$

1.5 Sehnenvierecke

Ziel

Wir wissen: Jedes Dreieck besitzt einen Umkreis.
Wir wollen im Folgenden untersuchen, inwieweit dies auch bei Vierecken zutrifft.

Du weißt, dass jedes Dreieck einen Umkreis hat. Untersuche zunächst besondere Vierecke darauf, ob sie einen Umkreis besitzen. Du kannst auch ein DGS benutzen.

→ Der Mittelpunkt eines Kreises, der durch die beiden Eckpunkte einer Strecke verläuft, liegt auf der Mittelsenkrechten dieser Strecke. Daher zeichnen wir die Mittelsenkrechten aller vier Seiten des Vierecks. Beim Quadrat schneiden sich die vier Mittelsenkrechten im Symmetriezentrum dem Diagonalenschnittpunkt.
Da die Diagonalen einander halbieren, sind alle vier Eckpunkte vom Symmetriezentrum gleich weit entfernt; das Quadrat besitzt somit einen Umkreis.

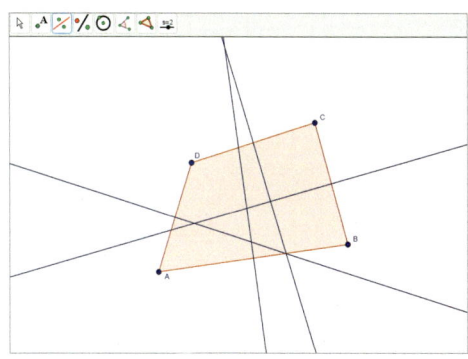

Wir untersuchen nun die weiteren besonderen Vierecke.

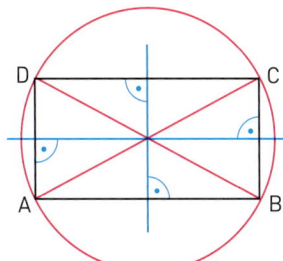 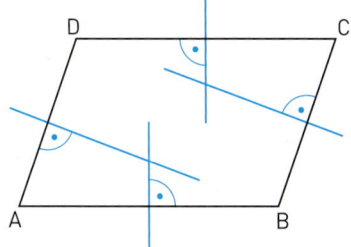 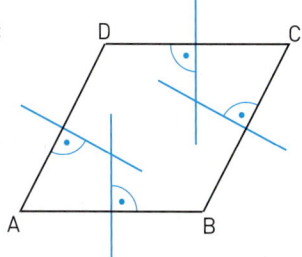

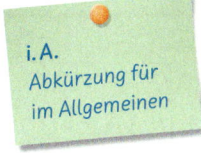

i. A. Abkürzung für im Allgemeinen

Das *Rechteck* besitzt einen Umkreis mit dem Schnittpunkt der Diagonalen als Mittelpunkt, da diese einander halbieren.

Das *Parallelogramm* besitzt i. A. keinen Umkreis, da sich die vier Mittelsenkrechten nicht in *einem* gemeinsamen Punkt schneiden.

Der *Rhombus* (die *Raute*) besitzt i. A. keinen Umkreis.

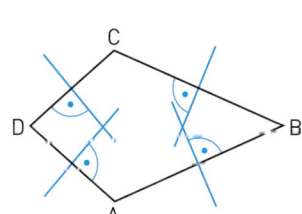 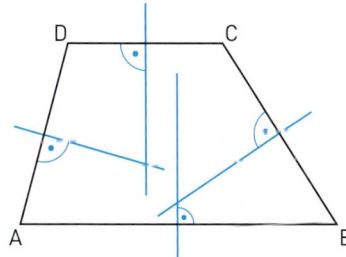 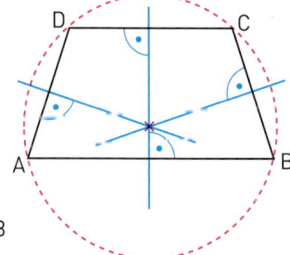

Das *Drachenviereck* besitzt i. A. keinen Umkreis.

Das *allgemeine Trapez* besitzt keinen Umkreis.

Besitzt das *gleichschenklige Trapez* einen Umkreis?

Offenbar besitzen Parallelogramme und Rhomben (Rauten), sofern sie keine Rechtecke bzw. Quadrate sind, keinen Umkreis, ebenso Drachenvierecke und allgemeine Trapeze. Die Zeichnung lässt aber vermuten: Gleichschenklige Trapeze besitzen einen Umkreis.

Information

(1) Begriff des Sehnenvierecks
Wir haben gesehen, dass nicht jedes Viereck einen Umkreis besitzt.
Bei Vierecken, die einen Umkreis haben, sind die Seiten zugleich Sehnen des Vierecks. Man nennt solche Vierecke deshalb *Sehnenvierecke*.

> **Definition**
> Ein Viereck, dessen Seiten zugleich Sehnen eines Kreises sind, heißt **Sehnenviereck**.

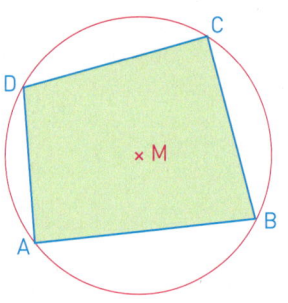

Miss die Innenwinkel in verschiedenen Sehnenvierecken. Was fällt auf?

→ Hier findest du die Ergebnisse für fünf Sehnenvierecke:

	α	β	γ	δ
(1)	75°	60°	105°	120°
(2)	35°	130°	145°	50°
(3)	100°	30°	80°	150°
(4)	57°	71°	123°	109°
(5)	124°	99°	56°	81°

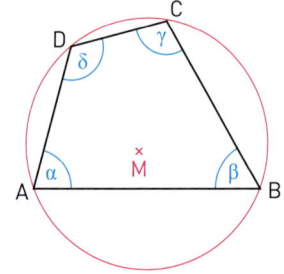

Wir vermuten:
Die gegenüberliegenden Winkel α und γ sowie β und δ sind jeweils zusammen 180° groß.
Das gilt auch für die besonderen Sehnenvierecke Rechteck und Quadrat.

Information

> **Satz über gegenüberliegende Winkel im Sehnenviereck**
> Wenn ein Viereck ein Sehnenviereck ist, dann sind die gegenüberliegenden Innenwinkel zusammen 180° groß.

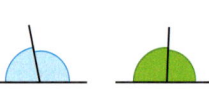
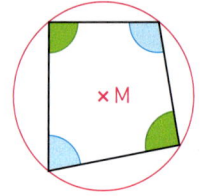

Beweis: Nach dem Peripherie-Zentriwinkelsatz ist der Innenwinkel α des Sehnenvierecks halb so groß wie der Zentriwinkel ε des Bogens $\widehat{BD}$.
Der dem Winkel α gegenüberliegende Innenwinkel γ ist halb so groß wie der Zentriwinkel φ des Bogens $\widehat{DB}$.
ε und φ sind zusammen 360° groß, folglich sind α und γ zusammen halb so groß, also 180°.
Entsprechendes gilt für β und δ: β + δ = 180°

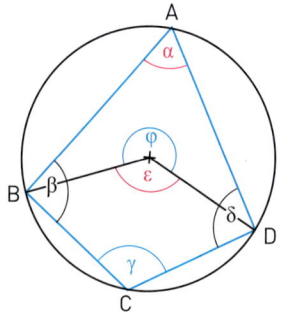

1.5 Sehnenvierecke

Zum Üben

1. Zeichne einen Kreis mit r = 4,0 cm.
   (1) Zeichne hierzu ein Sehnenviereck ABCD mit $\overline{AB} = \overline{AD} = 4,5$ cm.
   (2) Zeichne hierzu ein Sehnenviereck ABCD mit $\overline{AB} = 3,0$ cm; $\overline{BC} = 3,5$ cm; $\overline{CD} = 4,0$ cm.
   Untersuche jeweils, ob es mehrere solche Sehnenvierecke gibt.
   Begründe deine Feststellung.

2. Zeichne einen Kreis mit r = 3,5 cm.
   (1) Zeichne hierzu ein Sehnenviereck ABCD mit $\overline{AB} = 4,2$ cm; α = 100°.
   (2) Zeichne hierzu ein Sehnenviereck ABCD mit $\overline{AB} = 4,5$ cm; α = 105°; β = 55°.
   Untersuche jeweils, ob es mehrere solche Sehnenvierecke gibt. Begründe.

3. Hier findest du einige Schüleräußerungen. Untersuche, ob sie wahr oder falsch sind. Begründe deine Aussage.
   Tim: Jedes Sehnenviereck, bei dem zwei Seiten parallel zueinander sind, ist ein Rechteck.
   Julia: Es gibt ein Sehnenviereck, bei dem zwei Seiten parallel zueinander sind.
   Paul: Es gibt Drachenvierecke, die Sehnenvierecke sind.
   Anna: In jedem Drachenviereck, das zugleich ein Sehnenviereck ist, ist eine Diagonale zugleich ein Durchmesser des Kreises.

4. Begründe: Jedes Viereck, in dem sich die Mittelsenkrechten in einem Punkt schneiden, ist ein Sehnenviereck.

5. Berechne die übrigen Winkel eines Sehnenvierecks ABCD.
   a) α = 72°; β = 114°   b) α = 42°; δ = 19°   c) γ = 45°; δ = 112°   d) β = 90°; γ = 53°

6. a) Zeichne in einen Kreis mit dem Radius 3 cm ein Sehnenviereck ABCD mit a = 5 cm, α = 100° und β = 60°. Wie groß sind γ und δ?
   b) Zeichne in einen Kreis mit dem Radius 3 cm ein Sehnenviereck ABCD mit b = 4 cm, β = 76° und γ = 85°.
   Wie groß sind α und δ?

DGS 7. Zeichne mit einem Dynamischen Geometrie-System verschiedene Vierecke, bei denen die gegenüberliegenden Winkel zusammen 180° groß sind.
   Überprüfe, ob es sich jeweils um ein Sehnenviereck handelt.

8. Entscheide, ob die Aussage wahr oder falsch ist. Begründe.
   (1) Es gibt Rhomben, die Sehnenvierecke sind.
   (2) Es gibt Sehnenvierecke mit nur einem rechten Winkel.
   (3) Jedes Drachenviereck ist ein Sehnenviereck.

9. Gib folgende Sätze in der Wenn-dann-Formulierung an.
   (1) In jedem gleichschenkligen Dreieck sind die Basiswinkel gleich groß.
   (2) In jedem gleichseitigen Dreieck sind alle Winkel gleich groß.

10. Zeichne ein beliebiges Viereck und die vier Winkelhalbierenden der Innenwinkel.
    Beweise: Die vier Schnittpunkte von je zwei benachbart liegenden Winkelhalbierenden sind die Eckpunkte eines Sehnenvierecks.

Auf den Punkt gebracht

Beweisen mathematischer Sätze

In diesem Abschnitt erfährst du, wie man beim Beweisen mathematischer Behauptungen vorgehen kann. Als Beispiel wählen wir den Sehnen-Tangentenwinkel-Satz.

> **Sehnen-Tangentenwinkel-Satz**
> Gegeben ist ein Kreis mit einer Sehne $\overline{AB}$ und der Tangente durch den Endpunkt A der Sehne.
> Der Winkel τ zwischen der Sehne $\overline{AB}$ und der Tangente ist genauso groß wie jeder Peripheriewinkel γ über dieser Sehne.

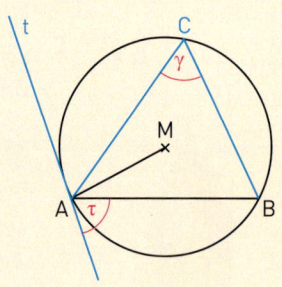

τ griechischer Buchstabe, gelesen: tau

Beweisidee:
Wir wollen beweisen, dass γ = τ gilt. Der Sehnen-Tangenten-Winkel τ ist nicht direkt mit dem Peripheriewinkel γ verbunden. Nach dem Zentri-Peripheriewinkel-Satz ist der Peripheriewinkel γ halb so groß ist wie der Zentriwinkel ε zur Sehne $\overline{AB}$:
2 · γ = ε.
Zu der Behauptung γ = τ könnten wir gelangen, wenn wir zeigen könnten: 2 · τ = ε.
Auf die Idee 2 · τ = ε sind wir durch Rückwärtsschließen von der zu zeigenden Behauptung γ = τ aus gekommen.

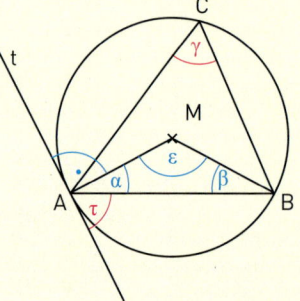

Wir ergänzen dazu Winkel α am Punkt A. α ist Basiswinkel im gleichschenkligen Dreieck ABM. Weiter steht die Tangente senkrecht zum Berührungsradius, d.h. beide bilden einen rechten Winkel miteinander. Somit gilt α + τ = 90°, also τ = 90° − α. Daraus folgt:
2 · τ = 2 · (90° − α) = 2 · 90° − 2 · α = 180° − 2 · α
Im Dreieck ABM gilt α + β + ε = 180°. Da Dreieck ABM gleichschenklig ist, ist α = β. Wir können also auch schreiben: 2 · α + ε = 180°
Folglich gilt: ε = 180° − 2 · α
Da auch 2 · τ = 180° − 2 · α gilt, folgt 2 · τ = ε.
Vom Zusammenhang zwischen Peripheriewinkel und Zentriwinkel sind wir durch Vorwärtsarbeiten zu dieser Gleichung gelangt. Wir haben damit eine Idee für den Beweis des Satzes gefunden, die wir nun übersichtlich in Tabellenform so notieren, dass sich jeder Schritt aus dem vorherigen ergibt.

Behauptung		Begründung
τ = 90° − α	(1)	Die Tangente steht senkrecht auf dem Radius $\overline{MA}$.
α = β	(2)	Das Dreieck ABM ist gleichschenklig, daher sind die Basiswinkel gleich groß.
ε = 180° − α − β	(3)	Das folgt aus dem Innenwinkelsatz für Dreiecke.
ε = 180° − 2 · α	(4)	Das folgt aus (2) und (3).
$\frac{ε}{2}$ = 90° − α	(5)	Halbieren der Gleichung (4)
$\frac{ε}{2}$ = τ	(6)	Das folgt aus (1) und (5).
$\frac{ε}{2}$ = γ	(7)	Das gilt wegen des Zentri-Peripheriewinkelsatzes.
τ = γ		Das folgt aus (6) und (7).

Auf den Punkt gebracht

Der Beweis ist streng logisch aufgebaut. Wir gehen von den Voraussetzungen aus und leiten daraus die Behauptung $\tau = \gamma$ ab.

Aber sicherlich stellst du dir eine Frage: Wie kommt man darauf?

Du hast an der Beweisidee gesehen: Mithilfe von Rückwärtsarbeiten, von Vermutungen und durch Anknüpfen an Bekannten baut man sich schrittweise einen Beweis zusammen.

Die meisten Beweise werden so gefunden. Danach werden sie systematisiert und in der zweiten Form aufgeschrieben und veröffentlicht.

1. Für den vollständigen Beweis des Sehnen-Tangentenwinkelsatzes sind noch zwei Sonderfälle für die Lage von Sehne und Tangente zueinander zu betrachten. Führe auch für diese den Beweis durch.

   (1) M liegt auf AB. (2) M liegt außerhalb von ABC.

   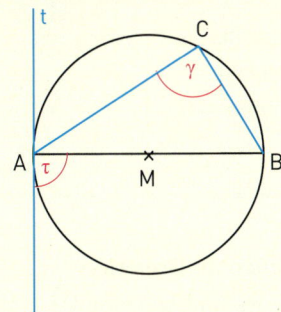 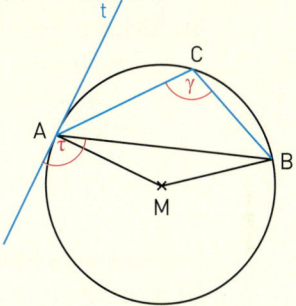

2. Beweise:
   a) Wenn ein Punkt P auf der Mittelsenkrechten der Strecke $\overline{AB}$ liegt, dann gilt $\overline{PA} = \overline{PB}$.
   b) Wenn für einen Punkt P $\overline{PA} = \overline{PB}$ gilt, dann liegt P auf der Mittelsenkrechten der Strecke $\overline{AB}$.

3. Beweise:
   a) Wenn ein Punkt P auf der Winkelhalbierenden eines gegebenen Winkels liegt, dann hat P zu beiden Schenkeln des Winkels den gleichen Abstand.
   b) Wenn ein Punkt P zu beiden Schenkeln eines gegebenen Winkels den gleichen Abstand besitzt, dann liegt P auf der Winkelhalbierenden dieses Winkels.

4. Zeichne ein beliebiges Dreieck. Konstruiere die Höhen durch die beiden Eckpunkte A und B. Die Fußpunkte der Höhen sollen D und E sein. Zeichne das Viereck ABDE. Beweise: Das Viereck ABDE ist einen Sehnenviereck.

5. Beweise: Im Sehnenviereck schneiden die Winkelhalbierenden zweier Gegenwinkel den Umkreis in zwei Endpunkten eines Durchmessers. Dieser ist senkrecht zur Diagonalen durch die beiden anderen Viereckswinkel.

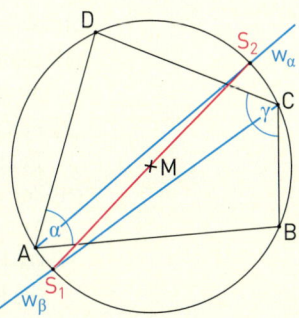

1.6 Konstruktion von Dreiecken

1.6.1 Konstruktion von Dreiecken unter Verwendung geometrischer Sätze

Einstieg 1   Konstruiert ein rechtwinkliges Dreieck mit $c = 6\,\text{cm}$, $\alpha = 44°$ und $\gamma = 90°$.

Einstieg 2

a) Konstruiert mithilfe eines dynamischen Geometrie-Systems ein Dreieck ABC mit $a = 8\,\text{cm}$ und $b = 3\,\text{cm}$, dessen Umkreis einen Radius von 5 cm hat. Beendet die rechts begonnene Konstruktion.
Wie viele verschiedene, nicht zueinander kongruente Dreiecke erhaltet ihr?

b) Ändert in Teilaufgabe a) eine Seitenlänge ab, sodass die Konstruktionsaufgabe – abgesehen von Kongruenz – nur ein einziges Lösungsdreieck hat.

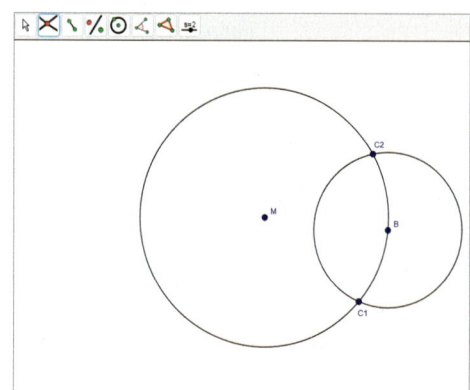

Information

Bezeichnung von Längen besonderer Linien im Dreieck

(1) h_a, h_b und h_c bezeichnen die Längen der drei *Höhen* im Dreieck.
Beachte: Eine Höhe kann auch außerhalb des Dreiecks liegen.

(2) w_α, w_β und w_γ bezeichnen die Längen der drei Strecken auf den *Winkelhalbierenden* der Innenwinkel α, β bzw. γ im Dreieck.

(3) s_a, s_b und s_c bezeichnen die Längen der drei *Seitenhalbierenden* im Dreieck.

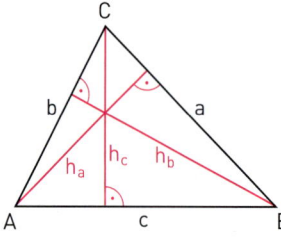 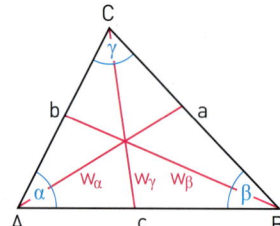 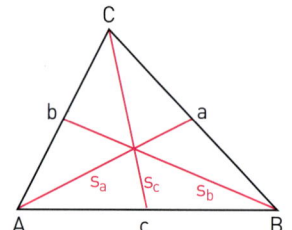

Aufgabe 1

Konstruktion eines Dreiecks mithilfe der Umkehrung des Thalessatzes
Konstruiere ein rechtwinkliges Dreieck ABC mit $c = 5\,\text{cm}$, $h_c = 2\,\text{cm}$ und $\gamma = 90°$.
Beschreibe die Konstruktion.

Lösung

Vorüberlegung: Da $\gamma = 90°$ ist, liegt C auf dem Thaleskreis (Umkehrung des Thalessatzes).

(1) Zeichne die Seite $c = 5\,\text{cm}$ mit den Endpunkten A und B.
(2) Zeichne den oberen Halbkreis des Thaleskreises über $\overline{AB}$.
(3) Zeichne zu $\overline{AB}$ eine Parallele im Abstand von 2 cm, die den Halbkreis schneidet.
Da $h_c = 2\,\text{cm}$ ist, liegt C auf dieser Parallelen.
Die Parallele schneidet den Halbkreis in zwei Punkten C_1 und C_2.
Du erhältst somit zwei Lösungsdreiecke, die kongruent zueinander sind.

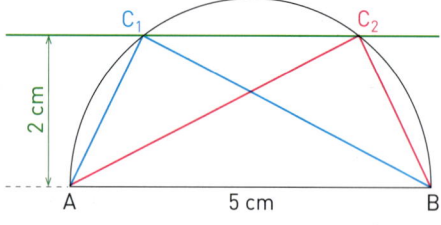

1.6 Konstruktion von Dreiecken

Weiterführende Aufgaben

Konstruktion eines Dreiecks mithilfe von Umkreis bzw. Inkreis

2. Von einem Dreieck ABC sind zwei Stücke und der Umkreisradius r oder Inkreisradius ρ gegeben. Konstruiere das Dreieck.
   a) c = 5,7 cm; b = 3,8 cm; r = 4,3 cm
   b) α = 37°; γ = 64°; ρ = 3,4 cm
   Beschreibe die Konstruktion.

Konstruktion eines Dreiecks mithilfe des Peripheriewinkel-Satzes

3. Konstruiere ein Dreieck ABC aus a = 5,6 cm; b = 4,2 cm; c = 7,4 cm.
   Konstruiere nun das Dreieck ABC* mit γ* = γ und a* = 6,5 cm.
   Beschreibe die Konstruktion.

Übungsaufgaben

4. Konstruiere ein rechtwinkliges Dreieck ABC mit den angegebenen Größen. Beschreibe die Konstruktion.
   a) c = 5,4 cm
      β = 37°
      γ = 90°
   b) a = 4,7 cm
      γ = 63°
      α = 90°
   c) b = 5,2 cm
      β = 90°
      α = 52°
   d) b = 6,3 cm
      γ = 37°
      β = 90°

5. Konstruiere ein rechtwinkliges Dreieck ABC mit den angegebenen Größen. Beschreibe die Konstruktion.
   a) c = 6,0 cm
      h_c = 2,5 cm
      γ = 90°
   b) c = 8 cm
      h_c = 3 cm
      γ = 90°
   c) b = 6,4 cm
      h_b = 2,3 cm
      β = 52°
   d) a = 4,7 cm
      h_a = 1,9 cm
      α = 90°

6. Konstruiere ein rechtwinklig-gleichschenkliges Dreieck ABC mit der Basis
   a) c = 4,7 cm;
   b) a = 5,1 cm;
   c) b = 6,4 cm.

7. Von einem Dreieck ABC sind zwei Stücke und der Umkreisradius r gegeben. Konstruiere das Dreieck ABC. Beschreibe die Konstruktion.
   a) c = 4,0 cm; a = 3,6 cm; r = 2,4 cm
   b) a = 3,5 cm; b = 2 cm; r = 4,5 cm
   c) c = 9,6 cm; α = 48°; r = 5,4 cm
   d) b = 3,7 cm; γ = 55°; r = 2,5 cm

8. Konstruiere ein Dreieck ABC aus den gegebenen Stücken, wobei ρ der Inkreisradius ist.
   a) γ = 36°; β = 75°; ρ = 1,2 cm
   b) α = 28°; γ = 108°; ρ = 2,5 cm

9. Konstruiere ein Dreieck ABC aus c = 5,5 cm; b = 3,9 cm; a = 3,0 cm.
   a) Von welchen Punkten aus sieht man die Seite $\overline{AC}$ unter einem Winkel von 40° und die Seite $\overline{AB}$ unter einem Winkel von 30°?
   b) Gibt es einen Punkt, von dem aus man alle drei Seiten unter demselben Winkel sieht?

10. Konstruiere, ohne fehlende Stücke zu berechnen, ein Dreieck ABC mit den angegebenen Größen. Beschreibe die Konstruktion.
    a) c = 4,5 cm; γ = 65°; α = 49°
    b) a = 5,4 cm; α = 75°; γ = 35°
    c) b = 3,9 cm; β = 54°; α = 44°
    d) c = 5,1 cm; γ = 135°; β = 24°

11. Konstruiere ein Dreieck ABC aus den gegebenen Stücken. Beschreibe dein Vorgehen.
    a) c = 5 cm; h_c = 3 cm; γ = 50°
    b) a = 4 cm; α = 70°; h_a = 2,7 cm
    c) c = 6 cm; h_c = 1,5 cm; γ = 110°
    d) a = 4,5 cm; α = 120°; h_a = 1,5 cm

1.6.2 Konstruktion von Dreiecken aus Teildreiecken

Einstieg   Zeichnet ein Dreieck ABC aus $a = 8\,\text{cm}$, $h_a = 3\,\text{cm}$, $b = 5\,\text{cm}$.
Beschreibt die Konstruktion.

Aufgabe 1 Zeichne ein Dreieck ABC und beschreibe die Konstruktion.
a) $a = 6\,\text{cm}$; $c = 5{,}5\,\text{cm}$; $h_c = 5\,\text{cm}$ c) $a = 7\,\text{cm}$; $b = 6\,\text{cm}$; $s_b = 6\,\text{cm}$
b) $a = 5{,}5\,\text{cm}$; $w_\beta = 6\,\text{cm}$; $\gamma = 100°$
Anleitung: Lege eine Planfigur an und markiere gegebene Stücke farbig.
Überlege, welches Teildreieck des gesuchten Dreiecks du aus den gegebenen Stücken konstruieren kannst.

Lösung a) *Vorüberlegung:*
Man kann zunächst das bei D rechtwinklige Teildreieck DBC mit $h_c = 5\,\text{cm}$ und $a = 6\,\text{cm}$ zeichnen (Kongruenzsatz Ssw).

Planfigur
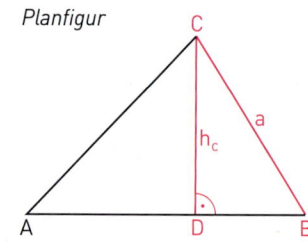

Konstruktion:

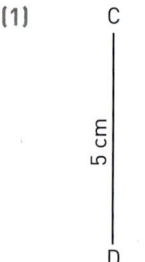   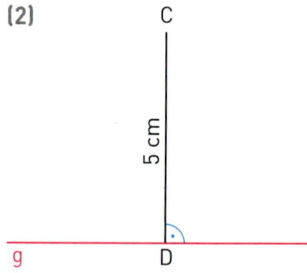   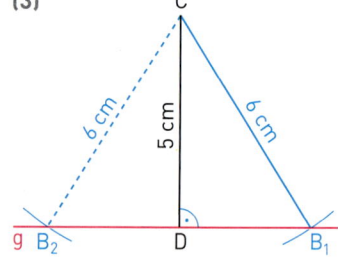

(1) Zeichne die Strecke $\overline{DC}$ mit $h_c = 5\,\text{cm}$.

(2) Zeichne durch D die zu DC senkrechte Gerade g.

(3) Zeichne um C den Kreis mit dem Radius 6 cm. Der Kreis schneidet die Gerade g in den beiden Punkten B_1 und B_2.

Man erhält also zwei Dreiecke, bei denen die Höhe h_c einmal innerhalb und einmal außerhalb des Dreiecks liegt.

1. Fall:
Die Höhe liegt innerhalb des Dreiecks.

2. Fall:
Die Höhe liegt außerhalb des Dreiecks.

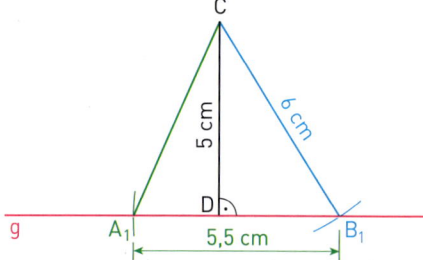   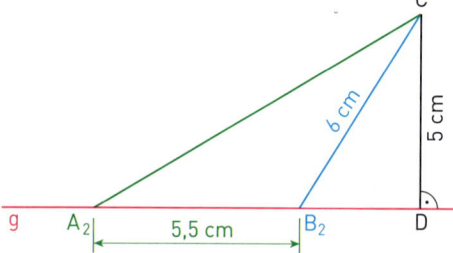

Verlängere die Strecke $\overline{B_1 D}$ über D hinaus und trage auf ihr von B_1 aus die Strecke $\overline{A_1 B_1}$ mit $c = 5{,}5\,\text{cm}$ ab.

Verlängere die Strecke $\overline{DB_2}$ über B_2 hinaus und trage auf ihr von B_2 aus die Strecke $\overline{A_2 B_2}$ mit $c = 5{,}5\,\text{cm}$ ab.

1.6 Konstruktion von Dreiecken

b) *Vorüberlegung:*
Man kann zunächst das Teildreieck DBC mit $w_\beta = 6$ cm, $a = 5{,}5$ cm und $\gamma = 100°$ zeichnen (Kongruenzsatz Ssw).

Planfigur
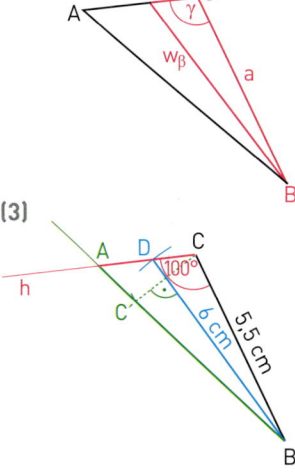

Konstruktion (Längen hier auf die Hälfte verkleinert):

(1)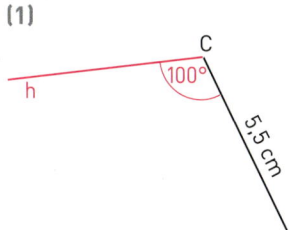

(2)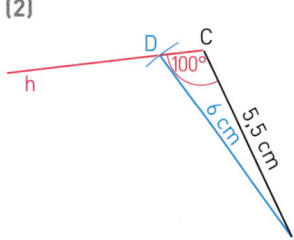

(3)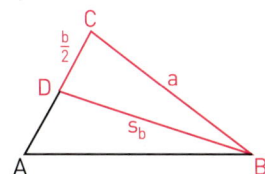

(1) Zeichne die Seite $\overline{BC}$ mit $a = 5{,}5$ cm; trage C in den Winkel γ mit $\gamma = 100°$ an. h ist der freie Schenkel des Winkels γ.

(2) Zeichne um B den Kreis mit dem Radius 6 cm. Markiere den Schnittpunkt des Kreises mit h; nenne ihn D.

(3) Verdopple den Winkel β_1 z. B. durch Spiegeln des Punktes C an der Geraden BD. Zeichne die Gerade BC'; ihr Schnittpunkt mit h ist der Punkt A.

c) *Vorüberlegung:*
Da mit b auch $\frac{b}{2}$ gegeben ist, kann man zunächst das Teildreieck BCD mit $a = 7$ cm, $\frac{b}{2} = 3$ cm und $s_b = 6$ cm nach dem Kongruenzsatz sss konstruieren.

Planfigur

Konstruktion:

(1)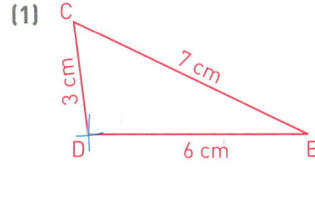

(2)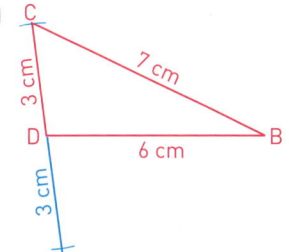

(3)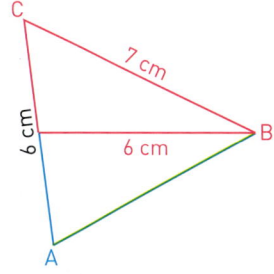

(1) Zeichne Dreieck BCD mit $a = 7$ cm, $\frac{b}{2} = 3$ cm und $s_b = 6$ cm.

(2) Verlängere $\overline{CD}$ über D hinaus. Zeichne den Punkt A so, dass $\overline{DA}$ 3 cm lang ist.

(3) Zeichne die Seite $\overline{AB}$.

Information

Bei der Lösung haben wir folgende Strategie verwandt:
(1) Markiere in einem Dreieck ABC als Planfigur die gegebenen Größen.
(2) Suche ein Teildreieck, welches du aus den gegebenen Größen konstruieren kannst.
(3) Ergänze dieses Teildreieck zu dem gesuchten Dreieck.

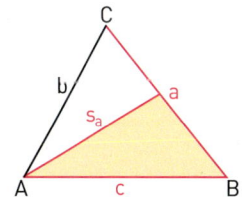

Übungsaufgaben

2. Konstruiere ein Dreieck ABC aus den gegebenen Stücken. Beschreibe die Konstruktion.
   a) $b = 9\,cm$; $a = 5\,cm$; $h_b = 4\,cm$
   b) $a = 4\,cm$; $b = 5\,cm$; $h_c = 3\,cm$
   c) $a = 5{,}4\,cm$; $\gamma = 54°$; $h_a = 3{,}7\,cm$
   d) $b = 8{,}1\,cm$; $\gamma = 100°$; $h_c = 2{,}2\,cm$
   e) $\alpha = 54°$; $\gamma = 68°$; $h_b = 3{,}4\,cm$
   f) $b = 6{,}3\,cm$; $h_a = 4{,}1\,cm$; $\beta = 82°$

3. Konstruiere ein Dreieck ABC aus den gegebenen Stücken. Beschreibe die Konstruktion.
   a) $a = 6{,}2\,cm$; $\gamma = 125°$; $w_\gamma = 2{,}4\,cm$
   b) $b = 3{,}1\,cm$; $\alpha = 80°$; $w_\alpha = 3{,}4\,cm$
   c) $a = 4{,}6\,cm$; $\beta = 76°$; $w_\gamma = 4{,}9\,cm$
   d) $b = 6{,}5\,cm$; $\gamma = 49°$; $w_\alpha = 5{,}1\,cm$
   e) $\alpha = 35°$; $\beta = 75°$; $w_\alpha = 6{,}1\,cm$
   f) $\beta = 120°$; $\gamma = 25°$; $w_\beta = 3\,cm$

4. Konstruiere ein Dreieck ABC aus den gegebenen Stücken. Beschreibe die Konstruktion.
   a) $a = 6\,cm$; $c = 7\,cm$; $s_a = 5\,cm$
   b) $a = 4{,}8\,cm$; $b = 3\,cm$; $s_a = 3{,}2\,cm$
   c) $c = 7\,cm$; $\alpha = 114°$; $s_c = 4{,}1\,cm$
   d) $c = 6{,}3\,cm$; $\alpha = 33°$; $s_b = 4\,cm$

5. Konstruiere ein gleichschenkliges Dreieck ABC mit der Basis $\overline{AB}$.
   Beschreibe die Konstruktion.
   a) $a = 6\,cm$; $h_a = 4{,}5\,cm$
   b) $c = 4{,}8\,cm$; $h_b = 3{,}8\,cm$
   c) $\alpha = 40°$; $h_a = 4{,}2\,cm$
   d) $c = 8{,}4\,cm$; $h_c = 4{,}2\,cm$
   e) $h_c = 6\,cm$; $\beta = 47°$
   f) $w_\alpha = 5\,cm$; $\alpha = 46°$
   g) $w_\gamma = 4{,}3\,cm$; $\gamma = 52°$
   h) $a = 4{,}1\,cm$; $s_c = 3{,}2\,cm$
   i) $a = 5{,}4\,cm$; $s_a = 4{,}2\,cm$

6. Konstruiere ein gleichseitiges Dreieck mit $h_c = 4{,}2\,cm$. Beschreibe die Konstruktion.

7. Konstruiere ein rechtwinkliges Dreieck ABC mit $\gamma = 90°$ aus: $a = 3{,}7\,cm$; $h_c = 2{,}1\,cm$

8. Konstruiere ein Dreieck ABC aus den gegebenen Stücken.
   a) $a = 8\,cm$; $h_a = 3\,cm$; $\alpha = 90°$
   b) $b = 6{,}4\,cm$; $h_b = 2{,}3\,cm$; $\beta = 90°$
   c) $c = 6{,}8\,cm$; $\gamma = 105°$; $h_c = 1{,}8\,cm$
   d) $b = 4\,cm$; $\beta = 46°$; $h_b = 2{,}1\,cm$

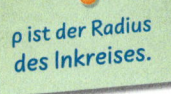
ρ ist der Radius des Inkreises.

9. Konstruiere ein Dreieck ABC aus den angegebenen Größen. Beschreibe die Konstruktion.
   a) $h_a = 4{,}2\,cm$; $w_\alpha = 4{,}6\,cm$; $\rho = 1{,}4\,cm$
   b) $c = 6{,}8\,cm$; $\beta = 58°$; $\rho = 1{,}7\,cm$
   c) $\beta = 80°$; $h_c = 4{,}8\,cm$; $\rho = 1{,}6\,cm$
   d) $\alpha = 54°$; $w_\alpha = 4\,cm$; $\rho = 1{,}2\,cm$

10. Ein Architekturbüro plant den Bau einer Fabrikhalle, die ein verglastes Sägezahn-dach (Sheddach) wie rechts erhalten soll. Für die Dachkonstruktion werden dreieckige Metallrahmen benötigt.
    Die Neigungswinkel des Daches sollen 65° und 25° betragen.
    Das Dach soll 2,40 m hoch werden.
    Bestimme die Länge der einzelnen Teile, aus dem der Rahmen zusammengebaut wird.

11. Ein Haus mit Satteldach ist 8,60 m breit; ein Neigungswinkel des Daches soll 30° betragen. Der Dachraum soll in der Spitze 3,20 m hoch sein.
    Wie groß muss der andere Neigungswinkel sein? Wie lang müssen die Dachsparren sein, wenn 30 cm Überstand vorgesehen ist?

1.7 Konstruktion von Vierecken

1.7.1 Konstruktion von Vierecken unter Verwendung geometrischer Sätze

Einstieg
a) Konstruiert ein Sehnenviereck ABCD mit a = 5 cm, c = 3 cm, d = 4 cm und α = 100°. Beendet die rechts begonnene Konstruktion.
b) Könnt ihr die Seitenlänge c so abändern, dass die Konstruktionsaufgabe unlösbar wird?

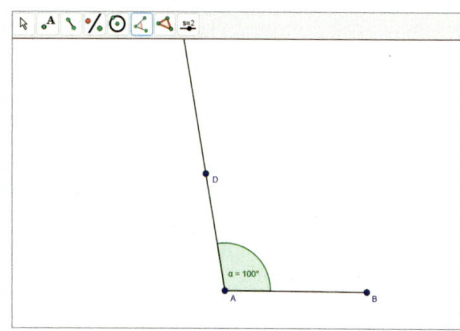

Aufgabe 1 Konstruiere ein Sehnenviereck ABCD mit c = 4,8 cm; d = 3,6 cm; δ = 123°; α = 78°. Beschreibe die Konstruktion.

Lösung

Vorüberlegung:
Aus den Stücken c, d und δ kann man das Dreieck ACD gemäß Kongruenzsatz sws konstruieren. Der Umkreis dieses Dreiecks ist auch der Umkreis des gesuchten Sehnenvierecks ABCD. Der Punkt B ist durch den freien Schenkel des Winkels α bestimmt.

Planfigur

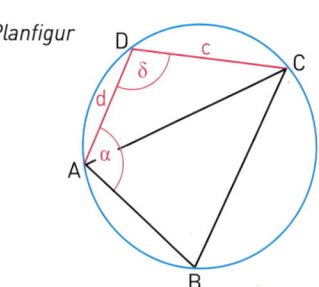

Konstruktionsbeschreibung:
(1) Konstruiere das Dreieck ACD aus c = 4,8 cm, d = 3,6 cm und δ = 123°.
(2) Konstruiere die Mittelsenkrechten zu $\overline{DC}$ und $\overline{AD}$; ihr Schnittpunkt ist M.
(3) Zeichne um M den Umkreis des Dreiecks ACD.
(4) Trage an die Seite $\overline{AD}$ im Punkt A den Winkel α an.
(5) Der freie Schenkel von α schneidet den Umkreis in B.
Verbinde A mit B und C mit B.

Konstruktion

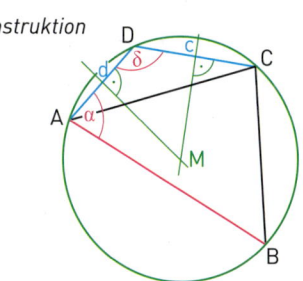

ABCD ist das gesuchte Sehnenviereck.

Übungsaufgaben

2. Konstruiere ein Sehnenviereck ABCD. Beschreibe die Konstruktion.

a) a = 7 cm
   b = 5 cm
   α = 70°
   β = 80°

b) a = 4,0 cm
   b = 3,5 cm
   c = 5,0 cm
   α = 115°

c) a = 3,5 cm
   b = 4,7 cm
   c = 2,9 cm
   β = 80°

d) a = 5,2 cm
   b = 3,7 cm
   γ = 55°
   δ = 75°

e) a = 4 cm
   b = 5 cm
   c = 7 cm
   e = 8 cm

f) a = 4,9 cm
   b = 3,4 cm
   f = 6,2 cm
   α = 105°

g) b = 4,5 cm
   d = 4,0 cm
   γ = 99°
   r = 3,0 cm

h) a = 4,0 cm
   b = 3,5 cm
   c = 4,5 cm
   r = 2,8 cm

i) c = 3 cm
   β = 75°
   f = 5 cm
   r = 4 cm

j) a = 4,2 cm
   e = 6,8 cm
   γ = 62°
   r = 3,5 cm

1.7.2 Konstruktion von Vierecken mithilfe von Teildreiecken

Einstieg   Untersucht die drei Meinungen.

Aufgabe 1

Konstruktion eines allgemeinen Vierecks

Drei Schülergruppen haben an einem viereckigen Grundstück unterschiedliche Stücke gemessen:
- Die erste Schülergruppe hat drei Grundstücksgrenzen und zwei Winkel gemessen:
  a = 42 m; b = 29 m; c = 21 m; β = 55°; γ = 99°.
- Die zweite Gruppe hat statt eines Winkels eine weitere Strecke gemessen:
  a = 42 m; b = 29 m; c = 21 m; d = 16 m; β = 55°.
- Die dritte Gruppe versucht sogar, gänzlich ohne Winkelmessungen auszukommen:
  a = 42 m; b = 29 m; c = 21 m; d = 16 m; $\overline{AC}$ = 35 m.

Versuche mithilfe einer Zeichnung die Größe der übrigen Stücke zu bestimmen. Beschreibe die Konstruktion.

Lösung

1. Schülergruppe:
Wir wählen in der Zeichnung 1 mm für 1 m in der Wirklichkeit (Maßstab 1:1000).
(1) Zeichne die Strecke $\overline{AB}$ der Länge a = 4,2 cm.
(2) Trage an die Strecke $\overline{AB}$ in B den Winkel β der Größe 55° an.
(3) Zeichne um B den Kreis mit dem Radius b = 2,9 cm. Er schneidet den freien Schenkel des Winkels β in C.
(4) Trage in C an die Strecke $\overline{BC}$ den Winkel γ der Größe 99° an.
(5) Zeichne um C den Kreis mit dem Radius c = 2,1 cm. Er schneidet den freien Schenkel des Winkels γ in D.

ABCD ist das gesuchte Viereck. Es gibt nur eine Lösung.
Wir messen: $\overline{AD}$ = d = 1,6 cm (also in Wirklichkeit 16 m); α = 67°; δ = 139°.

Konstruktion

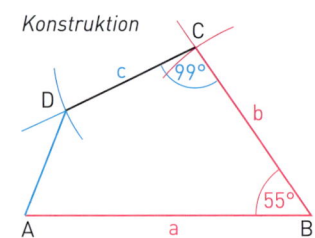

1.7 Konstruktion von Vierecken

2. Schülergruppe:

(1) Zeichne die Strecke $\overline{AB}$ der Länge $a = 4,2$ cm.
(2) Trage an die Strecke $\overline{AB}$ in B den Winkel β der Größe 55° an.
(3) Zeichne um B den Kreis mit dem Radius $b = 2,9$ cm.
 Er schneidet den freien Schenkel des Winkels β in C.
(4) Zeichne um C den Kreis mit dem Radius $c = 2,1$ cm und um A den Kreis mit dem Radius $d = 1,7$ cm.
 Beide Kreise schneiden sich in D_1 und D_2.

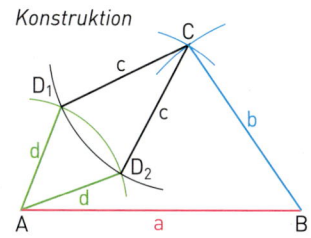

Konstruktion

Wir erhalten hier zwei nicht zueinander kongruente Lösungsvierecke $ABCD_1$ und $ABCD_2$. Die genaue Form des viereckigen Grundstücks ist also durch die gegebenen Maße nicht eindeutig bestimmt. Bei den gesuchten Größen von α, γ und δ erhalten wir jeweils zwei Lösungen, und zwar im Viereck $ABCD_1$: $\quad \alpha_1 = 67°$; $\gamma_1 = 99°$; $\delta_1 = 139°$
und im Viereck $ABCD_2$: $\quad \alpha_2 = 20°$; $\gamma_2 = 64°$; $\delta_2 = 221°$

3. Schülergruppe:

(1) Zeichne eine Strecke $\overline{AB}$ der Länge $a = 4,2$ cm.
(2) Zeichne um den Punkt A einen Kreis mit dem Radius $e = \overline{AC} = 3,5$ cm.
(3) Zeichne um B einen Kreis mit dem Radius $b = 2,9$ cm.
 Er schneidet den anderen Kreis im Punkt C.
(4) Zeichne um C den Kreis mit dem Radius $c = 2,1$ cm und um A den Kreis mit dem Radius $d = 1,7$ cm.
 Die Schnittpunkte der beiden Kreise sind D_1 und D_2.

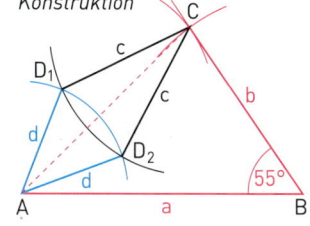

Konstruktion

Wie bei der 2. Schülergruppe erhalten wir die zwei nicht zueinander kongruenten Vierecke $ABCD_1$ und $ABCD_2$ mit $β = 55°$ und den dort angegebenen Winkelgrößen.

Information

Sind von einem Dreieck alle Seitenlängen gegeben, so ist es nach dem Kongruenzsatz sss eindeutig konstruierbar.

Das Foto rechts zeigt:
Sind von einem Viereck alle vier Seitenlängen bekannt, liegt es noch nicht eindeutig fest.
Eine fünfte Angabe, z.B. ein Winkel, kann dazu führen, dass das Viereck eindeutig konstruierbar ist, muss es aber nicht.

Das Konstruieren eines Vierecks kann man auf das Konstruieren von Teildreiecken zurückführen.

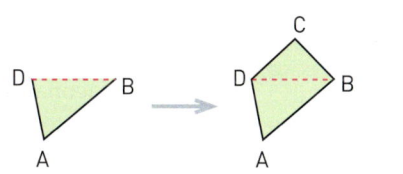

Weiterführende Aufgabe

Konstruktion spezieller Vierecke

2. Du kennst die Vierecke Quadrat, Reckteck, Rhombus, Parallelogramm, gleichschenkliges Trapez und Drachenviereck. Wie viele Stücke benötigst du jeweils, um diese Vierecke konstruieren zu können? Welche Rolle spielt die Symmetrie?

Übungsaufgaben
DGS

3. Du weißt, dass ein Dreieck aus drei geeigneten Stücken bis auf Kongruenz eindeutig konstruierbar ist.
Wie viele Stücke benötigt man für ein Viereck?
Zeichne dazu mit einem dynamischen Geometrie-System ein Viereck ABCD mit $\overline{AB} = 5\,\text{cm}$, $\overline{BC} = 3\,\text{cm}$, $\overline{CD} = 7\,\text{cm}$ und $\overline{AD} = 2\,\text{cm}$.
Stelle fest, ob die Form eindeutig festliegt, indem du an einzelnen Punkten ziehst.

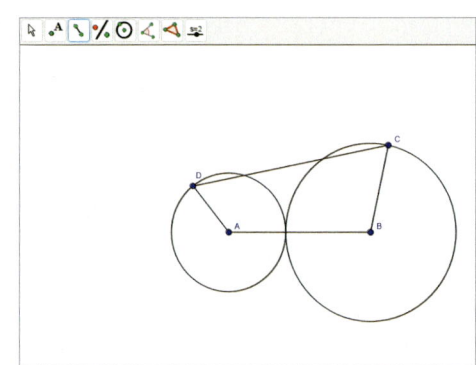

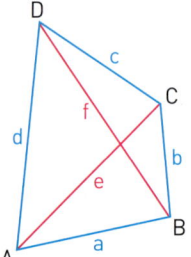

4. Konstruiere ein Viereck ABCD aus den angegebenen Stücken.

a)	b)	c)	d)	e)	f)
a = 6 cm	a = 6,5 cm	a = 5,6 cm	b = 6 cm	c = 3,5 cm	c = 4 cm
b = 3,5 cm	d = 2,5 cm	b = 2,5 cm	c = 4,2 cm	d = 6,7 cm	γ = 75°
e = 4,5 cm	b = 4 cm	c = 3 cm	d = 5,5 cm	α = 110°	δ = 135°
d = 3 cm	α = 50°	d = 6,7 cm	β = 60°	β = 80°	e = 7 cm
α = 53°	β = 35°	e = 4 cm	γ = 50°	γ = 120°	f = 5 cm

Beschreibe die Konstruktion. Gib die Größe der übrigen Stücke durch Messen an.

5. Hier gibt es nicht nur ein Lösungsviereck. Konstruiere; miss die übrigen Stücke.
   a) b = 5,3 cm; c = 3,1 cm; d = 4,4 cm; f = 6,4 cm; β = 64°
   b) a = 5,6 cm; b = 4,0 cm; c = 2,3 cm; d = 3,8 cm; α = 74°
   c) a = 6,2 cm; b = 3,3 cm; c = 2,7 cm; α = 58°; β = 42°

6. Das Waldstück rechts soll aufgeforstet werden. Damit die jungen Pflanzen nicht beschädigt werden, soll die Schonung eingezäunt werden.
   a) Wie lang wird der Zaun?
   b) Bestimme die Größe des Waldstücks.

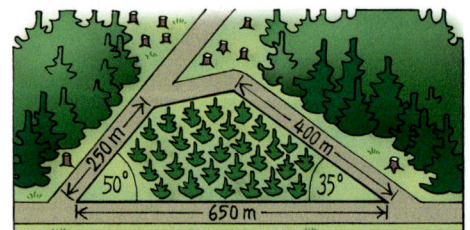

7. Ein Viereck ABCD ist durch die Stücke a, b, c, d und e gegeben.
Unter welcher Bedingung für diese Stücke gibt es genau ein, kein, zwei Lösungsvierecke?

8. Gib dir fünf Stücke in einem Viereck vor und zeichne damit zwei nicht zueinander kongruente Vierecke.

9. a) Zeichnet verschiedene Vierecke. Bestimmt deren Umfang und die Summe der Diagonalenlängen.
Was stellt ihr fest? (Ihr könnt auch ein Dynamisches Geometrie-System benutzen.)
   b) Beweist eure Vermutung. *Anleitung:* Wendet mehrmals die Dreiecksungleichung an.

1.8 Vermischte Übungen

1. Gegeben ist eine 3,4 cm lange Strecke $\overline{AB}$. Konstruiere Kreise mit r = 2,0 cm [r = 1,7 cm] und $\overline{AB}$ als Sehne. Konstruiere die Tangenten an die Kreise in den Punkten A und B.

2. Zeichne einen Kreis mit dem Radius r = 3,7 cm und einen Punkt P im Abstand 6,0 cm vom Kreismittelpunkt. Konstruiere von P aus die Tangenten an den Kreis.

3. Die Strecken $\overline{AP}$ und $\overline{BP}$ heißen *Tangentenabschnitte*.
   Zeichne einen Kreis mit dem Mittelpunkt M und dem Radius r = 3 cm.
   Konstruiere nun einen Punkt P außerhalb des Kreises so, dass die Länge der Tangentenabschnitte 4 cm beträgt.

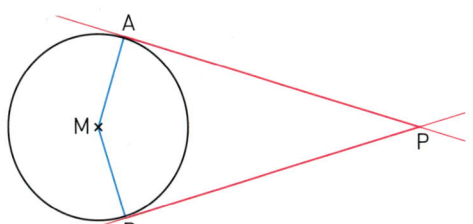

4. Betrachte die Figur rechts: Die beiden Tangenten t_1 und t_2 heißen *äußere Tangenten* an die beiden Kreise, die beiden Tangenten t_3 und t_4 *innere Tangenten*.
   Zeichne zwei Kreise k_1 und k_2 mit $r_1 = 2,1$ cm und $r_2 = 1,3$ cm.
   Der Abstand der beiden Mittelpunkte soll 5,2 cm betragen.

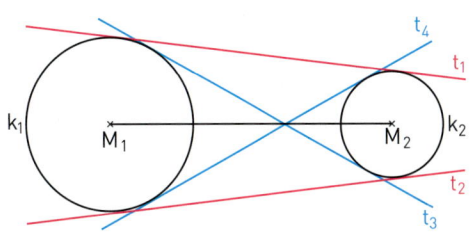

   a) Konstruiere die äußeren Tangenten t_1 und t_2.
      Anleitung: Zeichne zunächst einen Hilfskreis um M_1 mit dem Radius $r_1 - r_2$ und konstruiere die Tangenten von M_2 an diesen Kreis.
   b) Konstruiere die inneren Tangenten t_3 und t_4.
      Anleitung: Zeichne zunächst einen Hilfskreis um M_2 mit dem Radius $r_1 + r_2$ und konstruiere dann die Tangenten von M_1 an diesen Kreis.

5. a) Gegeben sind die Punkte A(4|6) und B(1|0). Konstruiere einen Kreis mit dem Radius r = 4,5 cm durch A und B.
   b) Gegeben sind die Punkte A(0,5|3), B(6|1) und C(3,5|5).
      Konstruiere einen Kreis durch A, B und C.
   c) Gegeben sind die Punkte A(0|2), B(5|0,5), C(1|5,5) und D(6,5|6). Der Mittelpunkt M des Kreises soll auf der Geraden CD liegen und durch die Punkte A und B gehen.

6. Zeichne einen Kreis und markiere einen Punkt P
   a) außerhalb des Kreises;   b) innerhalb des Kreises;   c) auf dem Kreis.
   Konstruiere nun einen zweiten Kreis, der durch den Punkt P geht und den ersten Kreis berührt.

7. Zeichne in ein Koordinatensystem mit der Einheit 1 cm einen Kreis um den Punkt M(7|3) mit dem Radius r = 3 cm.
   Konstruiere von P(1|0) [Q(13|3)] aus die Tangenten an den Kreis.
   Gib näherungsweise die Koordinaten der Berührpunkte an.

8. Gegeben ist das Dreieck ABC mit A(2|4), B(7|6) und C(5|8). Miss den Radius des
   a) Umkreises;
   b) Inkreises.

9. Konstruiere ein Dreieck ABC aus den angegebenen Größen r bezeichnet den Radius des Umkreises; ρ den Radius des Inkreises.
   a) b = 4,3 cm; c = 2,7 cm; r = 3,4 cm
   b) α = 37°; γ = 64°; ρ = 1,4 cm
   c) c = 5,2 cm; β = 58°; r = 3,2 cm
   d) α = 56°; β = 70°; ρ = 1,2 cm

10. Durch eine punktförmige Lichtquelle L wird von einer Kugel mit dem Radius r = 10 cm ein Schatten auf dem Schirm S erzeugt. Welchen Durchmesser hat der Schatten?

11. Zeichne einen Kreis mit dem Radius r = 3,2 cm und eine Passante g. Konstruiere Tangenten an den Kreis, die mit g einen Winkel von 30° bilden.

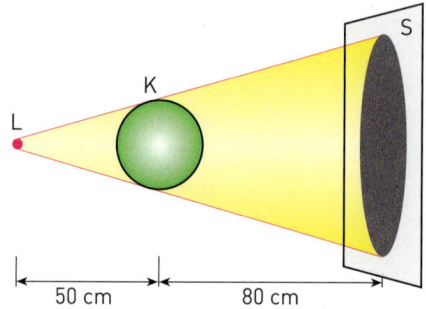

12. Untersuche, bei welchen Dreiecksarten die Mittelpunkte von Um- und Inkreis zusammenfallen.

13. Julian behauptet: Ich kann einen Punkt C auf dem Halbkreis über der Strecke $\overline{AB}$ finden, bei dem die Winkelsumme α + β möglichst groß ist.
    Was meinst du dazu?

14. Im Dreieck ABC soll W der Mittelpunkt des Inkreises sein. Die Punkte D, E und F sollen die Berührpunkte der Seiten des Dreiecks ABC und des Inkreises sein.
    Beweise: Die Vierecke ADWF, BEWD und CFWE sind Sehnenvierecke.

15. Gegeben sind in einem Koordinatensystem die Punkte A(6|9), B(8|6), C(10|3), D(0|5). Von welchen Punkten auf der Geraden CD sieht man die Strecke $\overline{AB}$ unter einem Winkel von 48°?

16. Gegeben ist ein gleichseitiges Dreieck.
    Von welchem Punkt aus sieht man alle drei Seiten unter dem gleichen Winkel?

17. Löse durch Konstruktion:
    Eine 90 cm hohe Figur steht auf einem Podest, das selbst 1,70 m hoch ist.
    a) Die Statue soll bildfüllend mit einer Kamera (Öffnungswinkel 45°) aus einer Augenhöhe von 1,80 m fotografiert werden.
       Welchen Abstand zur Figur muss man dazu wählen?
    b) Für eine Stativaufnahme (Augenhöhe 1,60 m) soll die Statue bildfüllend unter einem möglichst großen Öffnungswinkel fotografiert werden. Welchen Abstand zur Figur muss man dazu wählen und wie groß ist dieser Öffnungswinkel?

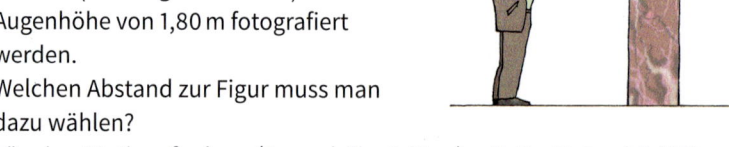

1.8 Vermischte Übungen

18.

Beim Hallenhandball gibt es vor den Toren die Torraumlinie und die Freiwurflinie. Sie bestehen aus Kreisteilen und Strecken.
   a) Beschreibe den Verlauf der Linien. Fertige eine Zeichnung an. (1 m entspricht 1 cm).
   b) Ist der Torwurf von allen Stellen der Torraumlinie gleich günstig?
   c) Wo liegen alle Punkte, die denselben Wurfwinkel wie beim Siebenmeterwurf haben? Zeichne.

19. Berechne jeweils die markierten Winkel. Begründe dein Vorgehen.

   a) 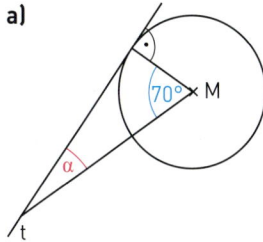 b) 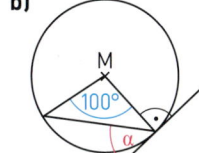 c)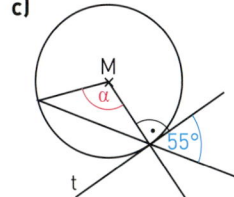

   d) 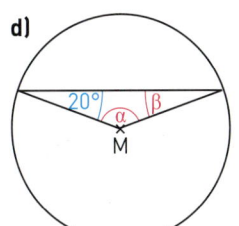 e) 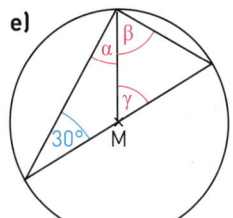 f)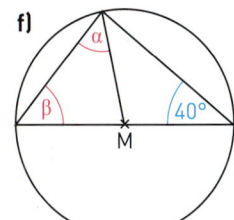

20. In den griechischen Theatern waren die Sitzreihen auf einem Kreis angeordnet. Jan und Tim besuchen eine Aufführung in einem solchen Theater.
    Jan sagt: „Wir setzen uns in die Mitte; da sieht man das Geschehen auf der Bühne besser."
    Tim entgegnet: „Wir können uns auch an die Seite setzen. Man sieht das Geschehen auf allen Plätzen der Sitzreihe gleich gut."
    Was meinst du dazu?

21. Beweise, dass in jedem gleichschenkligen Trapez die gegenüberliegenden Winkel zusammen 180° groß sind.

Das Wichtigste auf einen Blick

Kreise und Geraden

Die Verbindungsstrecke zweier Kreispunkte heißt *Sehne* des Kreises. Eine Sehne durch den Mittelpunkt des Kreises nennt man *Durchmesser* des Kreises.
Eine *Tangente* ist eine Gerade, die mit dem Kreis genau einen Punkt gemeinsam hat, dieser heißt *Berührungspunkt* der Tangente. Jede Tangente steht auf ihrem *Berührungsradius* senkrecht. Eine *Sekante* ist eine Gerade, die einen Kreis in zwei Punkten schneidet.

Umkreis eines Dreiecks

Der Kreis, der durch die drei Eckpunkte eines Dreiecks geht, heißt *Umkreis des Dreiecks*.
In jedem Dreieck schneiden sich die *Mittelsenkrechten* der drei Seiten in *einem* Punkt, dem Mittelpunkt des Umkreises.

Inkreis eines Dreiecks

Der Kreis, der die drei Seiten eines Dreiecks berührt, heißt *Inkreis des Dreiecks*.
In jedem Dreieck schneiden sich die *Winkelhalbierenden* der drei Innenwinkel in *einem* Punkt, dem Mittelpunkt des Inkreises.

Satz des Thales

Wenn der Punkt C eines Dreiecks ABC auf dem Kreis mit der Seite $\overline{AB}$ als Durchmesser (dem sogenannten Thaleskreis) liegt, dann ist das Dreieck rechtwinklig mit γ als rechtem Winkel.

Kehrsatz des Thalessatzes

Wenn ABC ein rechtwinkliges Dreieck mit $\gamma = 90°$ ist, dann liegt C auf dem Thaleskreis über der Seite $\overline{AB}$.

Peripheriewinkel und Zentriwinkel

Peripheriewinkelsatz
Peripheriewinkel über demselben Bogen sind gleich groß.
$\gamma_1 = \gamma_2 = \gamma$

Peripherie-Zentriwinkelsatz
Der Zentriwinkel über dem Bogen $\overset{\frown}{AB}$ ist doppelt so groß wie jeder Peripheriewinkel über $\overset{\frown}{AB}$.
$\varepsilon = 2\gamma$

Sehnenviereck

Ein Viereck, in dem alle Seiten Sehnen eines Kreises sind, heißt *Sehnenviereck*. In jedem Sehnenviereck sind die *gegenüberliegenden* Innenwinkel zusammen *180°* groß.

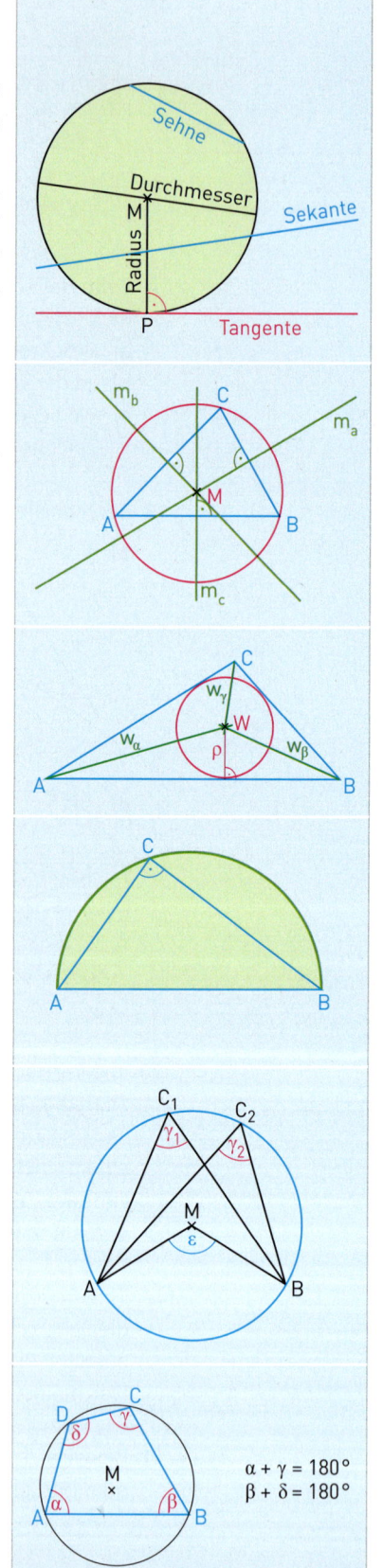

$\alpha + \gamma = 180°$
$\beta + \delta = 180°$

Bist du fit?

1. Gegeben ist in einem Koordinatensystem mit der Einheit 1 cm ein Kreis um den Punkt M (5|4) mit dem Radius r = 2,5 cm.
   a) Konstruiere die Tangente an den Kreis im Punkt P (7|5,5).
   b) Konstruiere die Tangenten an den Kreis, die zu der Geraden AB durch die Punkte A (0|2) und B (7|0)   **(1)** parallel;   **(2)** senkrecht sind.
   c) Konstruiere vom Punkt O (0|0) die Tangenten an den Kreis.

2. Zeichne einen Kreis und eine Passante g des Kreises. Konstruiere einen zweiten Kreis, der denselben Mittelpunkt wie der erste Kreis hat und die Gerade g als Tangente besitzt.

3. Gegeben ist das Dreieck ABC mit A (1|1), B (8|3) und C (5|8).
   Konstruiere den Inkreis und den Umkreis des Dreiecks ABC.
   Gib jeweils den Mittelpunkt und den Radius an.

4. Konstruiere ein Dreieck ABC. Beschreibe die Konstruktion.
   a) c = 4,2 cm
      $\alpha = 67°$
      r = 3,1 cm
   b) b = 6,3 cm
      $\gamma = 97°$
      $\rho = 1,4$ cm
   c) a = 4,7 cm
      $\gamma = 63°$
      $\alpha = 90°$
   d) c = 6,0 cm
      $h_c = 2,5$ cm
      $\gamma = 90°$

5. Von einem Sehnenviereck ABCD sind gegeben: $\beta = 59°$; $\gamma = 108°$.
   Berechne die Winkel α und δ.

6. Zeichne eine 2,5 cm lange Strecke $\overline{AB}$.
   a) Konstruiere einen Kreis so, dass der zur Sehne $\overline{AB}$ gehörende Zentriwinkel 120° [150°; 90°] beträgt.
   b) Konstruiere einen Kreis mit $\overline{AB}$ als Sehne, sodass für einen Peripheriewinkel γ über dem Bogen $\overset{\frown}{AB}$ gilt: $\gamma = 65°$ [$\gamma = 125°$].

7. Gegeben ist eine 2,7 cm lange Strecke $\overline{AB}$. Konstruiere alle Punkte, von denen man diese Strecke unter einem Winkel von 90° [30°] sieht.

8. Konstruiere ohne zu rechnen das Dreieck ABC aus c = 6,1 cm, $\alpha = 58°$ und $\gamma = 35°$.
   Beschreibe die Konstruktion.

9. Konstruiere ein Sehnenviereck ABCD aus:
   a) a = 4,2 cm; b = 3,8 cm; c = 2,9 cm; $\beta = 75°$
   b) c = 4 cm; f = 5 cm; $\beta = 70°$; r = 4,5 cm
   Beschreibe die Konstruktion.

10. Konstruiere ein Dreieck ABC aus:
    a) c = 6,3 cm; b = 3,9 cm; $h_a = 3,2$ cm
    b) a = 6,4 cm; $\beta = 118°$; $s_c = 7,8$ cm
    c) a = 3,8 cm; $\beta = 112°$; $w_\gamma = 4,9$ cm
    d) a = 3,9 cm; $\beta = 135°$; $h_a = 2,4$ cm

11. Ein Gebäude ist 19,50 m lang und 8,40 m breit.
    Von welchem Punkt sieht man beide Gebäudeseiten unter einem Winkel von 30°?
    Beschreibe dein Vorgehen.

Wahlthema: Maßstäbe und ihre Anwendungen

Maßstäbe

Viele Gegenstände können nicht in ihrer wirklichen Größe dargestellt werden, weil sie entweder, wie z. B. Türme, Bäume, Lkws, …, zu groß oder, wie z. B. Bakterien, Viren und andere Mikroorganismen, zu klein sind.

Das Ausflugsboot auf dem Foto ist 54 m lang.

Das Pantoffeltierchen auf dem Foto ist 0,25 mm lang.

Auf dem Bild hat das Boot eine Länge von 6 cm.

Auf dem Bild hat das Pantoffeltierchen eine Länge von 5 cm.

Das Bild verhält sich zum Original wie
6 cm : 5 400 cm = 1 : 900

Das Bild verhält sich zum Original wie
50 mm : 0,25 mm = 200 : 1

Man sagt:
Das Bild hat einen Maßstab von 1 : 900.

Das Bild hat einen Maßstab von 200 : 1.

Der **Maßstab** gibt das Längenverhältnis einer Strecke im Bild zur Länge dieser Strecke im Original an.

Maßstab 1 : 900 (gelesen: eins zu neunhundert) bedeutet:
1 cm im Bild entspricht 900 cm = 9 m in der Wirklichkeit.
Im Bild hat also jede Strecke nur $\frac{1}{900}$ der Länge der Originalstrecke bzw. die Originalstrecke ist 900mal so lang wie die Strecke im Bild.
Das Original wurde mit dem Faktor $\frac{1}{900}$ verkleinert.

Maßstab 200 : 1 (gelesen: zweihundert zu eins) bedeutet:
200 mm im Bild entspricht 1 mm in der Wirklichkeit.
Im Bild ist jede Strecke 200mal so lang wie in der Wirklichkeit bzw. in der Wirklichkeit hat jede Strecke nur ein zweihundertstel der Länge im Bild.
Das Original wurde mit dem Faktor $\frac{200}{1}$, also 200 vergrößert.

Wahlthema: Maßstäbe und ihre Anwendungen

Landkarten

Aufgabe 1

Bei der Herstellung von Landkarten werden immer maßstäbliche Verkleinerungen genutzt. Auf dem abgebildeten Kartenausschnitt ist die Entfernung (Luftlinie) von Dresden und Zittau 5 cm. In Wirklichkeit beträgt sie 75 km.
a) Bestimme den Maßstab der Landkarte.
b) Wie groß wäre der Abstand auf einer Landkarte mit dem Maßstab
(1) 1 : 200 000;   (2) 1 : 50 000?

Lösung

a) 5 cm entsprechen in der Wirklichkeit 75 km,
1 cm entspricht also 15 km, das sind 15 000 m = 1 500 000 cm,
d. h., die Landkarte hat einen Maßstab von 1 : 1 500 000.

b) (1) 1 cm entspricht auf der Karte 200 000 cm = 2 000 m = 2 km.
Dann sind 75 km auf der Landkarte 37,5 cm lang.
(2) 1 cm auf dem Bild entsprechen 50 000 cm in der Wirklichkeit,
d. h. 1 cm auf der Landkarte sind 0,5 km in der Realität.
Die Entfernung Zittau–Dresden wäre dann also 150 cm = 1,50 m lang.

Übungsaufgaben

2. Ein Stadtplan hat einen Maßstab von 1 : 15 000.
Berechne die Entfernung zweier Orte voneinander, wenn die entsprechende Strecke auf dem Stadtplan folgende Länge hat:
a) 6 cm   b) 2,5 cm   c) 12,4 cm   d) 6,8 cm   e) 25,3 cm

3. Die Abbildung zeigt einen Ausschnitt des Stadtplanes von Dresden im Maßstab 1 : 50 000. Miss die Länge der folgenden Wege auf dem Stadtplan und berechne deren wirkliche Länge:
(1) Hauptbahnhof – Semperoper
(2) Glücksgas Stadion – Eissporthalle
(3) Bahnhof Neustadt – Frauenkirche
(4) Hauptbahnhof-Kreuzkirche-Zwinger-Landtag – Bahnhof Neustadt

4. Eine topographische Karte des Spree-Radweges im Maßstab 1 : 75 000 wird verwendet. Wie lang ist die Strecke mit folgender Länge auf dieser Karte?
a) 60 km   c) 0,6 km   e) 750 m
b) 12,5 km   d) 80 km   f) 156 km

5. Im Handel werden verschiedene Kartenformate angeboten: Stadtpläne; Wanderkarten; Freizeitkarten; Radwanderkarten; Autoatlaskarten; Autobahnübersichtskarten; Weltkarten. Informiere dich, welche Maßstäbe dafür verwendet werden.

6. Übertrage die Tabelle in dein Heft.
   Berechne die fehlenden Werte in der Tabelle.

Original	Bild	Maßstab
	7,5 cm	1 : 20 000
2 400 m		1 : 50 000
360 km	1,44 m	
600 m	12 mm	
	2,8 cm	1 : 2 000 000

7. In Zittau wird eine Gruppe aus der Partnerschule erwartet. Zu diesem Anlass wird eine „Stadtrallye" mit verschiedenen Stationen entlang des Innenstadtringes vorbereitet.
   Den Stadtplan haben die Schüler im Internet gefunden, auf dem aber kein Maßstab angegeben ist. Bekannt ist den Schülern die Entfernung zwischen Gymnasium (G) und Markt: 300 m.
   Bestimme den Maßstab des Stadtplanes und berechne dann die Länge des Innenstadtringes.

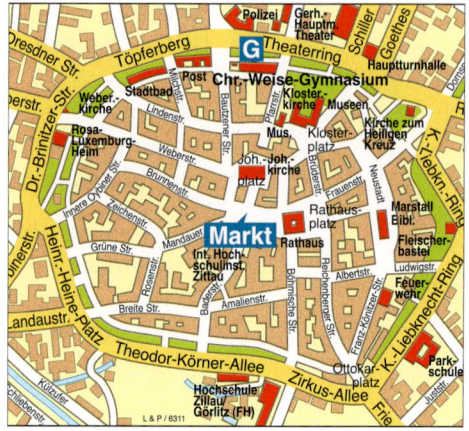

8. Die Klasse 7 b plant eine Wanderung zum geografischen Mittelpunkt Sachsens.
   Zur Vorbereitung verwenden sie eine Wanderkarte mit dem Maßstab 1 : 30 000.
   Mit dem Zug wollen sie zum Bahnhof Klingenberg fahren und von dort aus laufen.
   Die einzelnen Abschnitte für die Wanderung wurden gemessen.
   Die Gesamtlänge beträgt 16 cm.
   Peter meint: „Das ist viel zu viel für eine Wanderung – denn wir müssen ja auch den Rückweg einplanen und haben nur 6 Stunden Zeit bis zur Rückfahrt mit dem Zug."
   a) Rechne nach. Was meinst du zu Peters Aussage?
      Welche Überlegungen sollten bei der Planung einer Wanderung außerdem eine Rolle spielen?
   b) Berechne den Maßstab, den die abgebildete Karte hat.
   c) Informiere dich über den geografischen Mittelpunkt Sachsens.
      Wie wurde er bestimmt?

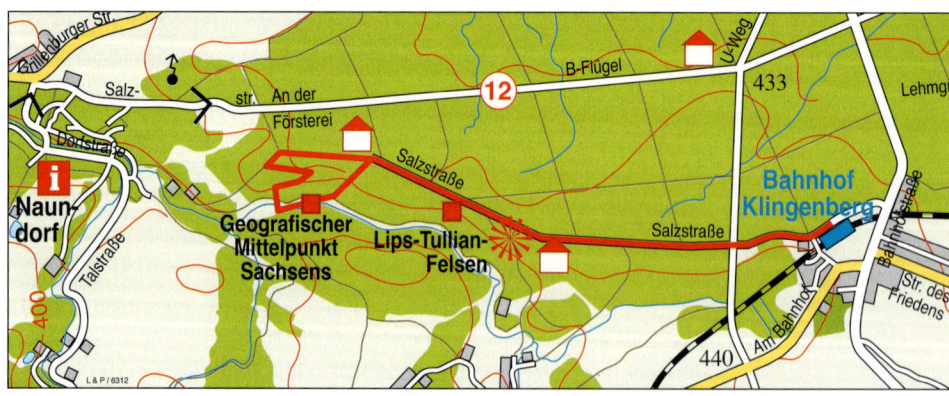

Wahlthema: Maßstäbe und ihre Anwendungen

Zeichnungen und Baupläne

1. Paula bekommt nach dem Umzug ein eigenes Zimmer. Sie hat das neue Zimmer und die vorhandenen Möbel gemessen und alle Werte in einer Skizze eingetragen. Bevor das Zimmer eingeräumt wird, will sie sich genau überlegen, wohin die Möbel gestellt werden. Hilf ihr dabei.

   a) Zeichne den Grundriss im Maßstab 1 : 20 auf Millimeterpapier. Zeichne die vorhandenen Möbelstücke im gleichen Maßstab und schneide sie aus. Fertige einen Vorschlag für die Einrichtung an.

   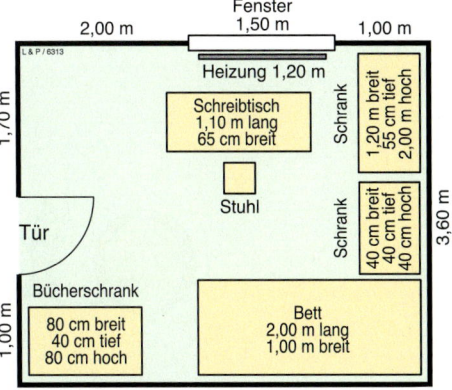

   b) Paula darf sich zur Ergänzung noch Möbel aussuchen. Sie hat sich für eine Couch, einen kleinen Tisch, ein Regal und eine große Grünpflanze entschieden. Informiere dich über mögliche Maße dieser Teile, zeichne sie dann und vervollständige den Einrichtungsvorschlag.

2. Der Wohnungsgrundriss ist im Maßstab 1 : 100 gezeichnet. Entnimm der Zeichnung die Maße und berechne die Wohnfläche.

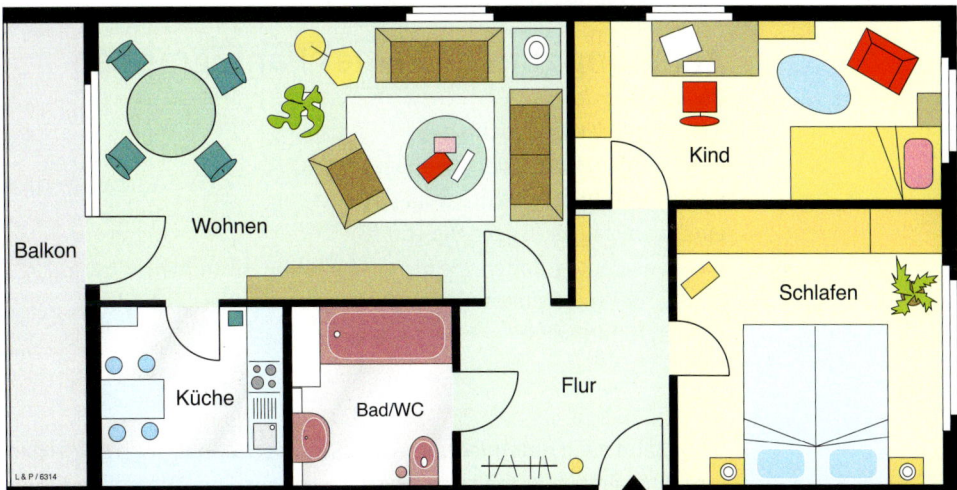

3. Die Zeichnung zeigt den Plan eines Gartens. Man weiß, dass der Garten 30 m lang ist und die größte Breite 18 m beträgt.

   a) Bestimme den Maßstab, in dem die Zeichnung angefertigt wurde.
   b) Ermittle die Größe der einzelnen Flächen: Haus, Schuppen und Terrasse, Parkplatz, Wiese, Beete, Wege.
   c) Welcher Teil des Gartens wird für Beete genutzt?

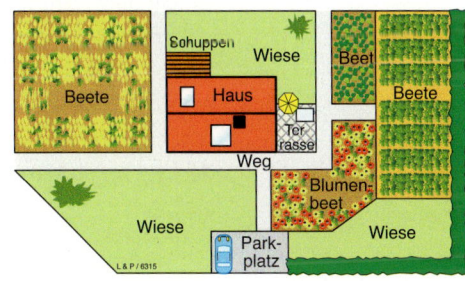

Vergrößern und Verkleinern

1. Das Logo in Bild 1 wurde für ein Spiel- und Sportfest entworfen. Es soll auf Einladungen, Aushängen, Urkunden, … erscheinen. Dazu wird es in verschiedenen Größen benötigt.

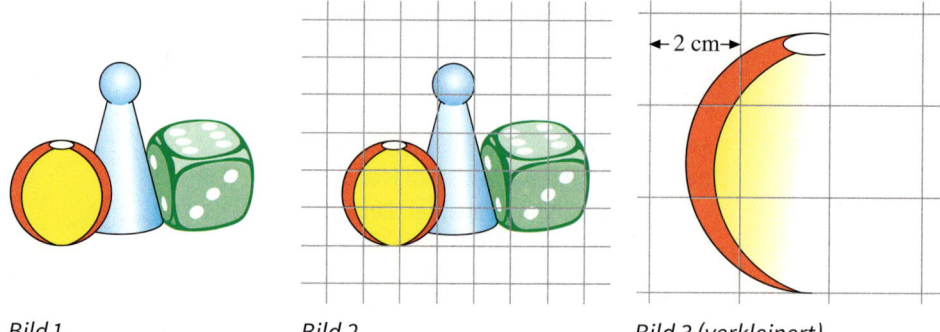

Bild 1   Bild 2   Bild 3 (verkleinert)

   a) Welche Möglichkeiten gibt es, die Vorlage zu vergrößern oder zu verkleinern?
   b) Übertrage das Logo mithilfe von Transparentpapier auf ein kariertes Blatt (Bild 2). Verwende nun wie in Bild 3 ein Blatt, auf dem die Quadrate des Rasters eine Seitenlänge von 2 cm haben. Vergrößere das Logo so wie es die Abbildung zeigt.

2. Ein bekanntes Hilfsmittel zum Vergrößern und Verkleinern von Zeichnungen ist der **Storchschnabel** *(Pantograph)*.

Anleitung zum Bau eines Pantographen
Benötigt werden:
4 lange und 2 kurze Lochleisten
(z. B. aus dem Holz- oder Metallbaukasten)
passende Schrauben (S), ein Nagel (N)
ein Gummisauger (G), ein Bleistift (B)
Baue den Pantographen wie in der Abbildung zusammen.
Bewege den Nagel auf den Linien der Vorlage, der Bleistift zeichnet das vergrößerte Bild.

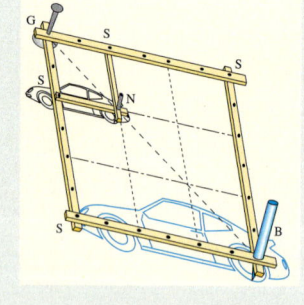

   a) Baue nach der Anleitung einen Storchschnabel. Vergrößere das Logo aus Aufgabe 1.
   b) In welchem Verhältnis stehen die Längen von Original und Bild zueinander?
   c) Wie kann man die Größe des Bildes durch „Umbau" des Storchschnabels verändern?
   d) Mit dem Pantograph kann eine Zeichnung auch verkleinert werden. Überlege, wie du dazu vorgehen musst. Probiere es dann aus.

3. Am einfachsten ist es, die Vorlage mithilfe des Computers oder des Kopierers zu bearbeiten. Kopierer haben verschiedene Einstellungen. Probiere aus, wie sich dein Bild verändert, wenn du 120 %, 141 % oder 200 % bzw. 71 % oder 85 % einstellst. Berechne jeweils den Maßstab.

4. Das Logo aus Aufgabe 1 soll für ein Hinweisschild auch stark vergrößert auf eine Leinwand gemalt werden. Erläutere eine Möglichkeit, wie diese Idee umgesetzt werden kann.

Wahlthema: Maßstäbe und ihre Anwendungen

Modelle

Um eine bessere Vorstellung zu gewährleisten, reichen Zeichnungen nicht immer aus. Sehr häufig werden dann maßstabsgerechte Modelle angefertigt. Diese sind heute nicht nur in Museen und bei Stadtplanungen zu finden, sondern auch in vielen Freizeiteinrichtungen.
So ist zum Beispiel in der Miniwelt in Lichtenstein bei Zwickau eine große Auswahl bekannter Bauwerke zu betrachten.

1. a) Der Eiffelturm war ohne Aufbauten 300 m hoch, in der Miniwelt hat er eine Höhe von 12 m.
   In welchem Maßstab ist er angefertigt worden?
   b) Im gleichen Maßstab wie in Teilaufgabe a) wurde das Modell vom Gewandhaus Zwickau gebaut.
   Es hat eine Länge von 2,27 m, eine Breite von 0,82 m und ist 1,75 m hoch.
   Wie groß ist das Gebäude in der Wirklichkeit?
   c) Wie hoch sind in diesem Park die Modelle des Völkerschlachtdenkmals und der Dresdner Frauenkirche?

2. Die Sehenswürdigkeiten der Sächsischen Schweiz wurden aus Sandstein in einer Anlage im Dorf Wehlen nachgebaut.
   Dort findet man auch ein Modell der berühmten Basteibrücke.
   Es wurde im Maßstab 1 : 175 gebaut.
   Informiere dich über die Größe der Basteibrücke und berechne die Maße des Modells.
   Informiere dich über weitere dort ausgestellte Attraktionen.

3. Die beliebtesten Modelle sind für viele die Modelleisenbahnen. Die am weitesten verbreitete Größe wird mit H0 bezeichnet und entspricht einem Maßstab von 1 : 87.
   Gebräuchliche Größen für Modelleisenbahnen sind auch TT und N.
   a) Informiere dich, welchem Maßstab diese Bezeichnungen entsprechen.
   b) Ein moderner ICE hat eine Länge von 200,32 m.
   Berechne die Größe des entsprechenden Modells für H0-, TT- und N-Anlagen.
   c) Peter ist ein großer Modelleisenbahnfan. Gemeinsam mit seinem Vater bastelt er oft an der H0-Anlage. Von seinem Großvater bekommt Peter ein besonders wertvolles Geschenk: ein Modell der ersten deutschen Dampflok „Adler". Das Modell ist 86,2 mm lang.
   Wie lang war diese Dampflok in Wirklichkeit?
   d) Zu einer Modelleisenbahnanlage gehören nicht nur Züge; oft sind sie in besonders schönen Landschaften unterwegs.
   In einer H0-Anlage fahren die Züge über ein Modell der Göltzschtal-Brücke.
   Berechne die Höhe des Modells.

Projektvorschläge

1. Neben den Eisenbahnen werden im Format H0 (Maßstab 1:87) auch Straßenbahnen, Busse und Mini-Trucks angeboten. Außerdem gibt es eine ganze Reihe von Gebäuden und Anlagen, die eine Modelleisenbahnanlage komplettieren.
Fertigt ein Modell deines Wohnhauses in H0 an, komplettiert durch Außenanlagen, Straßen … Baut aus den einzelnen Teilen eure Wunschanlage.

2. Baut ein Modell der Schule und ihrer Umgebung im Maßstab 1:87 (H0) und vervollständigt es durch Fahrzeuge u. ä. in gleichem Format.
(Vielleicht lasst ihr ja auch eurer Phantasie freien Lauf und eine Straßenbahn bis vor die Schule fahren…?)

3. In Sachsen gibt es viele Einrichtungen, in denen Modelle von bekannten Bauwerken, Tiere u. ä. gezeigt werden, z. B. der Saurierpark in Kleinwelka oder das „Klein-Erzgebirge" in Oederan.
Bildet Gruppen und erstellt eine Übersicht über diese Einrichtungen:
   - wo befinden sie sich
   - was wird gezeigt
   - Besonderheiten, Empfehlungen
   - Öffnungszeiten und Eintrittspreise
   - Veranstaltungen

4. Fertigt für den nächsten „Tag der offenen Tür" einen Bastelbogen eurer Schule oder einzelner Räume oder des Schulhofes an. Sammelt mithilfe der Modelle gute Ideen für die Verschönerung und Umgestaltung des Schulhofes oder die Umgestaltung des Speise- oder Clubraumes.

5. Mithilfe von Mikroskopen können die kleinsten Bausteine unseres Körpers – die Zellen – sichtbar gemacht werden.
Ebenso gelingt es, Bakterien, Viren, Einzeller, … darzustellen.
Mikroskopische Zeichnungen helfen dabei, den Aufbau und die Funktionsweise besser zu verstehen.
Noch anschaulicher sind Modelle.
Wählt geeignete Materialien aus und baut ein Modell für eine Zelle.

2. Rationale Zahlen

Aus dem Alltag weißt du, dass man für manche Größen bei den Angaben durch Zahlen auch Minus- und Pluszeichen verwendet.

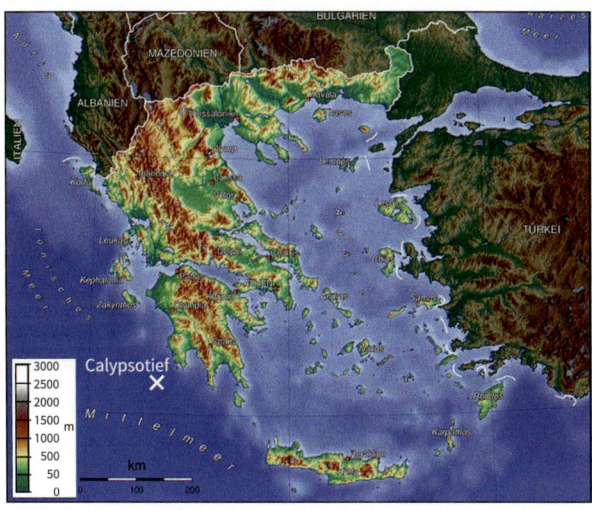
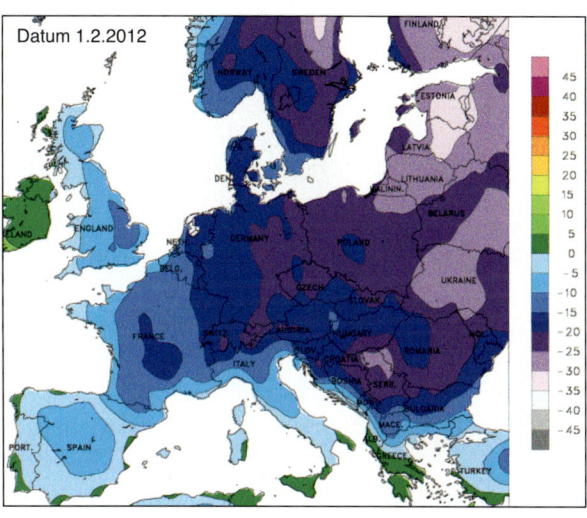

→ Lies die Höhenangaben des Calypsotiefs, des Golfs von Korinth und einiger Berge ab.

→ Lies die Temperaturen einiger europäischer Hauptstädte bei einem starken Kälteeinbruch ab.

*In diesem Kapitel ...
lernst du, wie man negative Zahlen zum Beschreiben
von Sachsituationen verwenden kann und wie man mit ihnen rechnet.*

Lernfeld: Zahlen unter Null

Zeitleiste

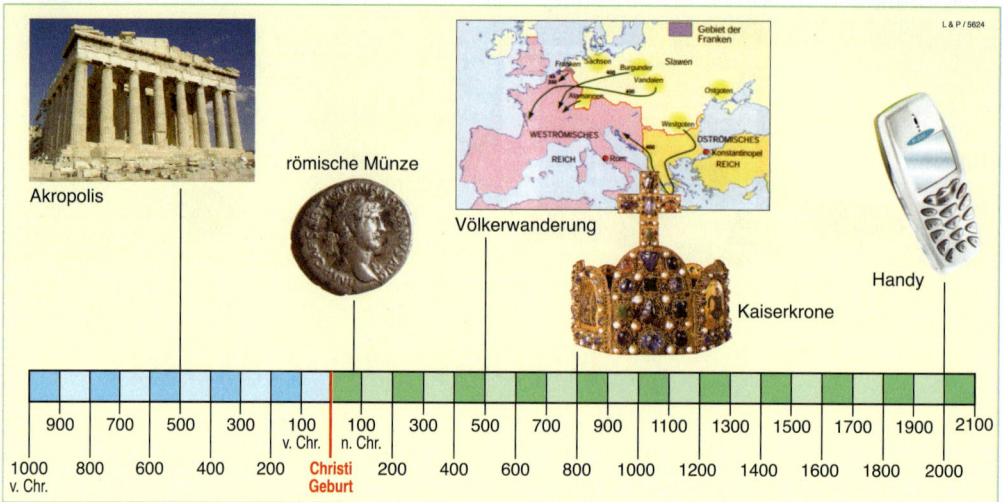

Die Darstellung von geschichtlichen Daten erfolgt oft in Zeitleisten, damit man einen schnellen Überblick über den zeitlichen Verlauf verschiedener Ereignisse hat.

→ Erstelle selbst eine solche Zeitleiste. Trage zum Beispiel berühmte Mathematiker, Herrscher im Römischen Reich oder andere Daten ein.

→ Nach dem 2. Weltkrieg im Jahr 1945 musste in Deutschland vieles neu aufgebaut werden. Man bezeichnet diesen Zeitpunkt auch als Stunde Null in der deutschen Geschichte. Zeichne eine Zeitleiste mit 1945 als Jahr Null und trage verschiedene Ereignisse ein.

→ Erstellt gemeinsam eine große Zeitleiste aus mehreren Blättern und hängt sie im Klassenraum aus.

Auf und ab mit dem Fahrstuhl

Vielleicht habt ihr schon in einem Hochhaus mit mehreren Kellergeschossen gesehen, dass die Geschosse mit natürlichen Zahlen und mit Zahlen mit einem Minuszeichen davor beschriftet sind. Hier sollt ihr ein Spiel dazu herstellen und spielen.

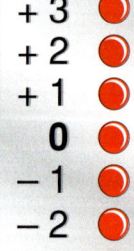

Zeichnet als Spielfeld das Bedienfeld eines Liftes mit Geschossen von −6 bis +15.
Stellt Karten mit den Geschossnummern von −6 bis +15 her.
Stellt einen Würfel her, der mit −2, −1, 0, +1, +2, +3 beschriftet ist.

→ Am Spielanfang stellt jeder Spieler seine Spielfigur in das Erdgeschoss und zieht verdeckt vier Geschosskarten. Seine Spielfigur muss dann die angegebenen Geschosse besuchen. Die Spieler würfeln reihum. Bei +1, +2 und +3 darf die Figur die gewürfelte Augenzahl aufwärts gehen, bei −1 und −2 abwärts. Bei 0 bleibt die Spielfigur stehen. Hat ein Spieler ein gezogenes Stockwerk erreicht, gibt er die entsprechende Geschosskarte zurück. Sieger ist, wer als erster alle gezogenen Stockwerke erreicht hat.

→ Von anderen Spielen kennt ihr Ereigniskarten. Erweitert das Spiel noch, in dem ihr zusätzliche Ereigniskarten herstellt. Die angegebenen Ereignisse treten dann beim Werfen einer 0 ein.

2.1 Rationale Zahlen – Anordnung und Betrag

Einstieg

Für eine Fahrradtour in den Niederlanden haben Lena und Florian ein Höhenprofil erstellt.
a) Was könnt ihr aus dem Diagramm ablesen?
b) Lest am Diagramm ab, wie hoch die beiden nach 5 km, 15 km, 25 km und 35 km sind.
c) Wie weit sind Lena und Florian vom Ausgangsort entfernt, wenn sie sich 2 m über NN bzw. wenn sie sich 2 m unter NN befinden?
d) Zu Hause angekommen wollen sie die Höhen einiger Orte ihrer Fahrradtour festhalten. Sie haben folgende Werte notiert: Naarden +4 m; Weesp −1 m; Amstelveen −2 m; Aalsmeer −2 m; Hoofddorp −5 m; Heemstede +4 m. Zeichne auf Milimeterpapier eine Skala für die Höhe von −5 m bis +5 m. Wähle 1 cm für 1 m. Markiere anschließend die Höhenangaben. Notiere auch die Orte.
e) Maria sagt: „Die Steigungen, die ihr gezeichnet habt, sehen steiler aus als Gebirgsstraßen. Da kommt man doch nicht mit dem Fahrrad hoch." Was meinst du dazu?

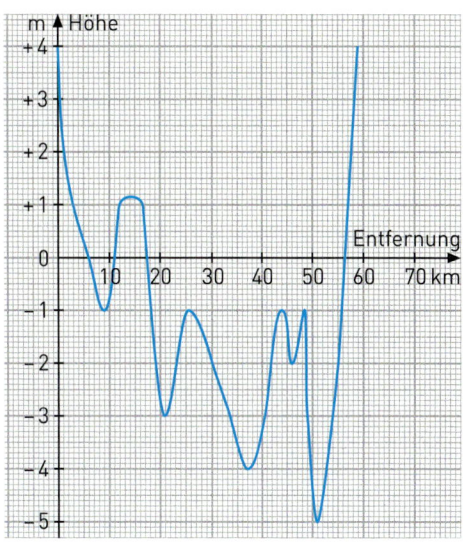

Aufgabe 1

Rationale Zahlen und ihre Anordnung

Die Schüler der Klasse 7 b haben in einem Projekt zum Thema Wetter die Temperatur über einen Tag hinweg gemessen. Dafür stand ihnen ein Temperaturschreiber zur Verfügung.

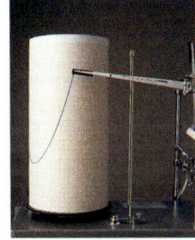
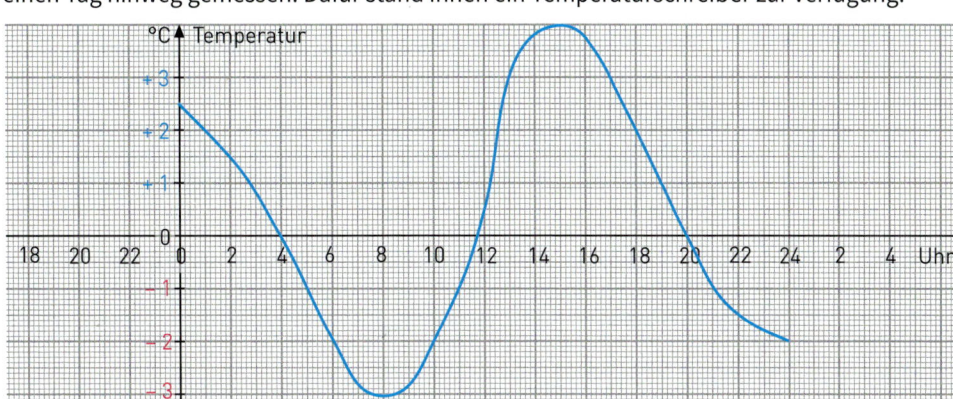

a) Was kannst du aus dem Diagramm ablesen? Gib verschiedene gebräuchliche Sprech- und Schreibweisen bei den Temperaturen an.
b) Lies am Diagramm zu den Zeitpunkten 0 Uhr, 4 Uhr, 8 Uhr, 12 Uhr, 16 Uhr, 20 Uhr, 24 Uhr die zugehörige Temperatur ab und trage sie in eine Tabelle ein.
c) Wann betrug die Temperatur (1) −1 °C; (2) +1,5 °C?
d) Um 10 Uhr wurde in einer Radiomeldung die Temperatur an verschiedenen Orten genannt:

Ort	Freiburg	Köln	Hannover	Berlin	Dresden
Temperatur (in °C)	−5,5	−1,0	+1,4	+0,7	+3,5

Zeichne auf Millimeterpapier eine Temperaturskala von −7 °C bis +7 °C. Wähle 1 cm für 1 °C. Markiere anschließend die angegebenen Temperaturen. Notiere auch die Orte.

Lösung

a) Von Mitternacht bis 8 Uhr morgens sank die Temperatur. Die niedrigste Temperatur betrug –3 °C; man sagt auch 3 °C unter null oder 3 Grad minus.
Danach stieg die Temperatur bis 15 Uhr wieder an. Die höchste Temperatur betrug +4 °C.
Man sagt auch: 4 °C über null oder 4 Grad plus. Schließlich wurde es wieder kälter.

b)
Zeitpunkt der Messung	0 Uhr	4 Uhr	8 Uhr	12 Uhr	16 Uhr	20 Uhr	24 Uhr
Temperatur (in °C)	+2,5	0,0	–3,0	+0,5	+3,8	0,0	–2,0

c) (1) Um 5 Uhr, um 11 Uhr und um 21 Uhr betrug die Temperatur –1 °C.
(2) Um 2 Uhr, um 12.30 Uhr und um 18.30 Uhr betrug die Temperatur +1,5 °C.

d)
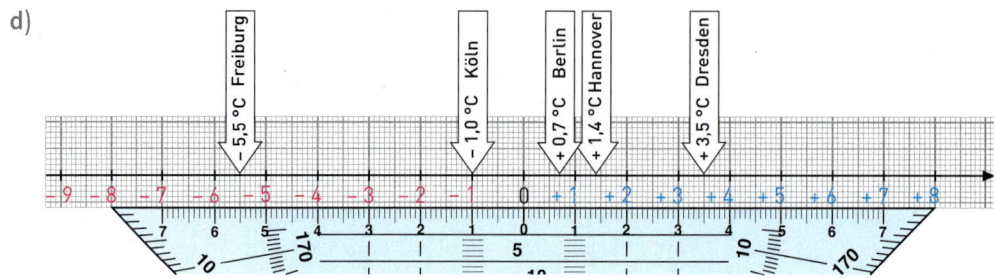

Information

Normalnull (NN)
mittlere Höhe des Meeresspiegels (in Amsterdam).

Haben
Der Kontoinhaber hat Geld auf dem Konto.

Soll
Der Kontoinhaber schuldet dem Geldinstitut Geld.

(1) Rationale Zahlen

Bei der Aufgabe 1 kommen Angaben vor, die wir mit den bisher bekannten gebrochenen Zahlen nicht vollständig beschreiben können. Wir mussten eine zusätzliche Angabe hinzufügen, nämlich ob die Temperatur über null oder unter null liegt. Im täglichen Leben gibt es mehrere Beispiele, bei denen ähnliche Zusatzinformationen gegeben werden müssen:

- Temperaturen (über oder unter dem Gefrierpunkt von Wasser)
- Höhenangaben (über NN (Normalnull) oder darunter)
- Geldangaben auf Bankkonten (Haben oder Soll)

In der Mathematik unterscheidet man solche Zustände über und unter einem festgelegten Normalzustand (dem Nullpunkt) durch das **Vorzeichen** + (plus) oder – (minus).

Wir erweitern den *Zahlenstrahl der gebrochenen Zahlen*

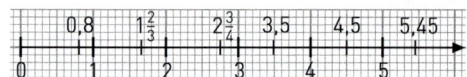

zur *Zahlengeraden*:

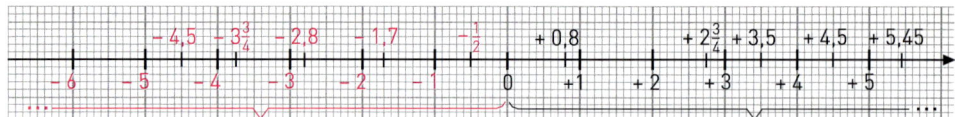

Zahlen mit dem Vorzeichen –   Zahlen mit dem Vorzeichen +

Für die Zahl 0 vereinbaren wir: + 0 = – 0 = 0

Zahlen wie $-\frac{1}{2}$; $-3\frac{3}{4}$; $+\frac{3}{4}$; –4,5; +3,5; 0; –7; +11 heißen **rationale Zahlen**.

Die Zahlen mit dem Vorzeichen + nennt man **positiv**, die Zahlen mit dem Vorzeichen – **negativ**. Die Zahl 0 ist weder positiv noch negativ.

Natürliche Zahlen und gebrochene Zahlen sind besondere rationale Zahlen: Sie sind positiv oder null.

Das Vorzeichen + wird oft weggelassen.

2.1 Rationale Zahlen – Anordnung und Betrag

(2) Besondere Zahlenmengen

Du kennst bereits die Menge der **natürlichen Zahlen**:

ℕ = {0; 1; 2; 3; 4; …}.

Eine weitere Zahlenmenge ist die Menge der **ganzen Zahlen**:

ℤ = {…; −2; −1; 0; 1; 2; …}.

Die natürlichen Zahlen sind eine Teilmenge der ganzen Zahlen.

Die Menge aller **rationalen Zahlen** wird mit ℚ bezeichnet. ℤ ist eine Teilmenge von ℚ.

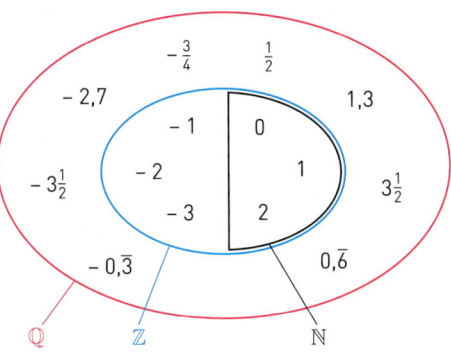

Weiterführende Aufgabe

Betrag einer rationalen Zahl – Entgegengesetzte Zahl einer rationalen Zahl

2. Markiere die Zahlen +4,5 und −4,5 auf der Zahlengeraden. Beschreibe ihre Lage zueinander.

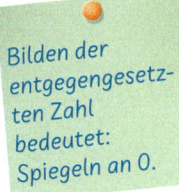

Bilden der entgegengesetzten Zahl bedeutet: Spiegeln an 0.

Definition

(1) Ändert man bei einer Zahl das Vorzeichen, so erhält man ihre **entgegengesetzte Zahl**.
Die entgegengesetzte Zahl von 0 ist 0 selbst.
Beispiele:
Die Zahl −3 ist die entgegengesetzte Zahl zu der Zahl +3.
Ebenso ist +3 die entgegengesetzte Zahl zu −3.

(2) Der Abstand einer Zahl von 0 heißt **Betrag** dieser Zahl. Wir bezeichnen den Betrag einer rationalen Zahl mit |r| (gelesen: *Betrag von r*).
Beispiele: |+3| = 3; |−3| = 3; |0| = 0

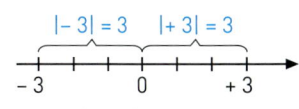

Übungsaufgaben

3. a) Was bedeuten die Zahlen +8; −8; −5; 0; −2; +2; −3,5 bei
   (1) einem Thermometer;   (2) Höhenangaben;   (3) einem Kontoauszug?
   b) Drücke mithilfe von Vorzeichen aus:
   (1) 180 m über Normalnull   (3) 12 °C unter null   (5) 180,05 € Soll
   (2) 270 m unter Normalnull   (4) 23 °C über null   (6) 270,73 € Haben

4. Ordne die Zahlen aus der Lösungskiste den richtigen Stellen an der Zahlengeraden zu.

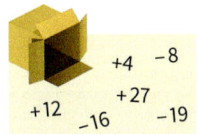

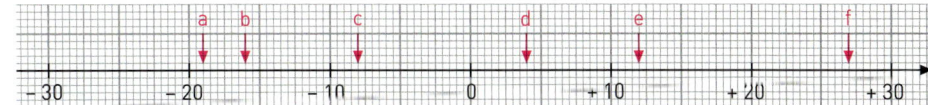

5. Auf der Zahlengeraden sind Zahlen durch Pfeile markiert. Notiere diese Zahlen.

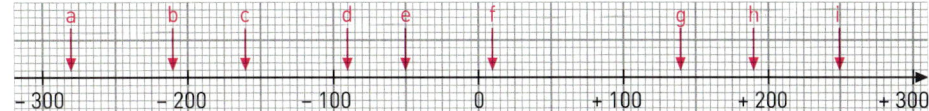

6. Auf der Zahlengeraden sind Zahlen durch Pfeile markiert. Notiere diese Zahlen.
   a)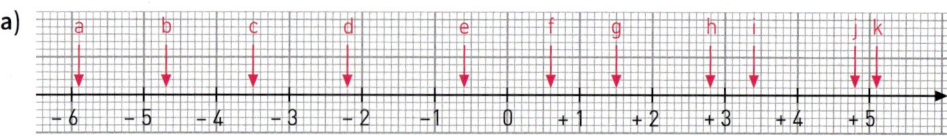
   b)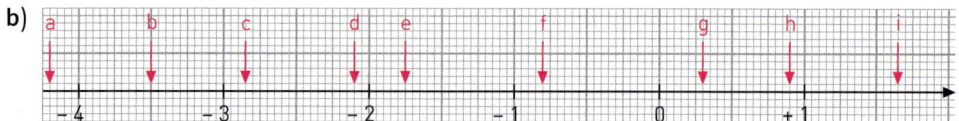

7. a) Wer knackt die Botschaft? Zu jeder Zahl gehört ein Buchstabe.
   +0,5; −5,1; +3,7; −3,6; +1,8; −2,9; −3,4; +6,6; −0,3; +5,4; +4,2; −4,1; −2,3

   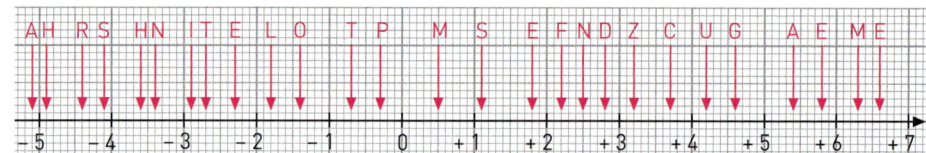

   b) Verschlüssele deinem Nachbarn auf diese Art eine Botschaft. Er entschlüsselt deine Botschaft und du seine.

8. Markiere auf einer Zahlengeraden die rationalen Zahlen.
   a) +1,8; −3,4; −2,8; +4,1; 0; −0,7
   b) −25; +13; −3; +18; −8; −17
   c) +50; +220; −130; −20; −290
   d) +4; −0,4; +2,5; +1$\frac{1}{4}$; −2$\frac{1}{10}$; −3,75

9. Anna hat Zahlen auf der Geraden markiert und ihre Freundin Mia gebeten, das Blatt zu korrigieren. Die gibt es Anna zurück mit den Worten: „Du hast drei Fehler gemacht". Suche die Fehler und überlege, wie du Anna erklären könntest, was sie falsch gemacht hat.

   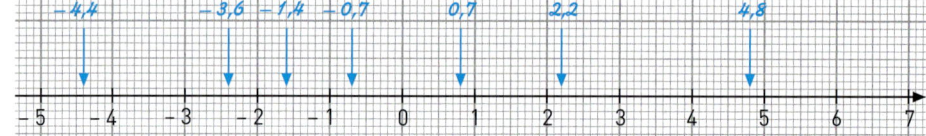

10. a) Unterscheide Angaben für Berge und Tiefseegräben durch Vorzeichen voneinander. Trage sie dazu auf einer gemeinsamen Skala ein.
    b) Stellt euch gegenseitig geeignete Fragen und beantwortet sie.

Höhe einiger Berge	
Mount Everest	8 846 m
Kilimandscharo	5 892 m
Montblanc	4 807 m
Matterhorn	4 478 m
Zugspitze	2 962 m
Tiefe einiger Tiefseegräben	
Marianengraben	11 034 m
Philippinengraben	10 540 m
Puerto-Rico-Graben	9 219 m
Caymangraben	7 680 m
Perugraben	6 262 m

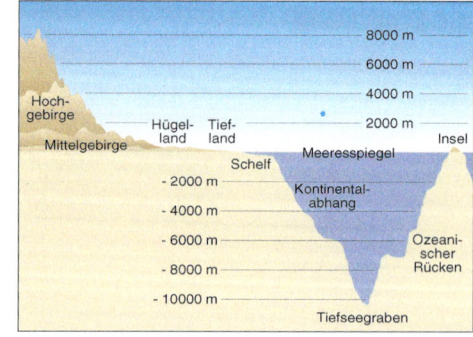

2.1 Rationale Zahlen – Anordnung und Betrag

11. Schreibt eine kleine Zusammenfassung:
    Wo kommen negative, positive, ganze, rationale Zahlen im Alltag vor?

12. Nenne drei
    a) rationale Zahlen;
    b) positive Zahlen;
    c) negative Zahlen;
    d) natürliche Zahlen;
    e) ganze Zahlen;
    f) gebrochene Zahlen.

13. Zu welchen der Mengen $\mathbb{N}$, $\mathbb{Z}$, $\mathbb{Q}$ gehören folgende Zahlen?
    Gib jeweils alle Möglichkeiten an.
    -7; $+\frac{2}{3}$; $-\frac{18}{13}$; 0; -12; 43; $+\frac{121}{11}$; $-\frac{300}{15}$

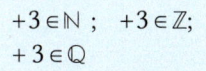

$+3 \in \mathbb{N}$; $+3 \in \mathbb{Z}$; $+3 \in \mathbb{Q}$

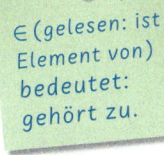

∈ (gelesen: ist Element von) bedeutet: gehört zu.

14. Was ist mit den folgenden Zeitungsausschnitten gemeint?

Firma FLOTTIVA schreibt wieder schwarze Zahlen

Verein Waldeslust kommt aus den roten Zahlen nicht heraus

15. a) Welche Zahl liegt von 0 ebenso weit entfernt wie -4; $+1\,000$; $-7{,}84$; $+8\frac{2}{3}$; $-5\frac{3}{7}$?
    b) Bestimme $|-7|$; $|+13|$; $|-13|$; $|+8{,}3|$; $|-14{,}8|$; $|-2\frac{3}{20}|$; $|+5\frac{4}{15}|$; $|-123|$.
    c) Welche Zahlen haben den Betrag 11; 7,25; $4\frac{1}{2}$; 0; 1 000; -3?

16. a) Bestimme die entgegengesetzte Zahl zu: $-1\,000$; $+82$; $+25{,}7$; $-15{,}34$; $-7\frac{5}{8}$; $+12\frac{2}{3}$
    b) Wie liegen Zahl und entgegengesetzte Zahl an der Zahlengeraden zueinander?
    c) Für welche rationalen Zahlen ist die entgegengesetzt Zahl
        (1) negativ
        (2) positiv
        (3) null?

17. Begründe an der Zahlengeraden oder widerlege durch ein Beispiel.
    a) Die entgegengesetzte Zahl einer rationalen Zahl ist immer negativ.
    b) Zahl und entgegengesetzte Zahl sind stets verschieden.
    c) Zahl und entgegengesetzte Zahl haben denselben Betrag.
    d) Bildet man die entgegengesetzte Zahl der entgegengesetzte Zahl einer Zahl r, so erhält man wieder die Zahl r.

18. Untersuche bei deinem Taschenrechner:
    (1) Wie gibt man negative Zahlen ein?
    (2) Wie erhält man die entgegengesetzte Zahl einer Zahl?
    (3) Gibt es eine Taste für die Bildung des Betrages?

Das kann ich noch!

A) Schreibe die Anteile sowohl als Bruch als auch als Prozentsatz.
   1) jeder Fünfte
   2) zwei von 25
   3) jeder Achte
   4) drei von 200

B) Berechne. Kürze das Ergebnis so weit wie möglich.
   1) $\frac{1}{2} + \frac{1}{3}$
   2) $\frac{4}{5} - \frac{3}{8}$
   3) $\frac{1}{9} \cdot \frac{3}{4}$
   4) $\frac{3}{2} : \frac{1}{4}$
   5) $\frac{7}{10} - \frac{1}{5}$
   6) $\frac{25}{8} \cdot \frac{4}{5}$

2.2 Vergleichen und Ordnen

Einstieg

In den Niederlanden liegen einige Orte sehr niedrig, zum Teil sogar unter dem Meeresspiegel NN.
Ordne die Orte nach der Höhe; beginne dabei mit dem am niedrigsten gelegenen Ort.

Aufgabe 1

Die Abbildung rechts zeigt die mittlere Januar-Temperatur einiger Städte.
a) Zeichne eine Temperaturskala in dein Heft und trage die Temperaturen ein.
b) Ordne die Temperaturen, beginne mit der niedrigsten.
Verwende das Zeichen <.

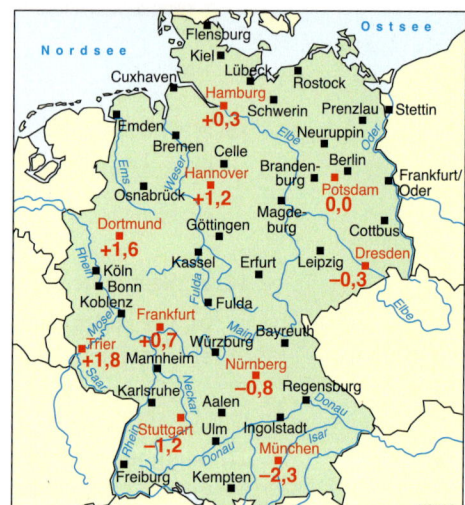

Lösung

a)

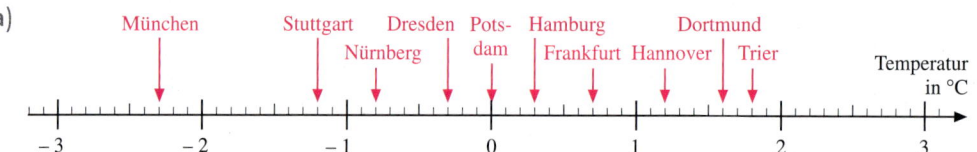

b) An der Temperaturskala kannst du unmittelbar die Ordnung ablesen: Der Ort ganz links auf der Skala hat die niedrigste, der Ort ganz rechts hat die höchste Temperatur.
−2,3 °C < −1,2 °C < −0,8 °C < −0,3 °C < 0,0 °C < +0,3 °C < +0,7 °C < +1,2 °C < +1,6 °C < +1,8 °C

Information

Temperaturen kann man mit „ist niedriger als" vergleichen. Auf einer waagerechten Skala liegt die niedrigere Temperatur links von der höheren. Für gebrochene Zahlen weißt du bereits, dass „ist

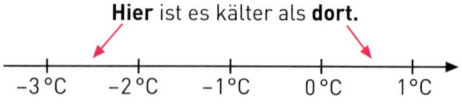

kleiner als" auf einem waagerechten Zahlenstrahl **„liegt links von"** bedeutet. Die Temperaturskala zeigt, dass dies auch für negative Zahlen eine sinnvolle Festlegung ist.

2.2 Vergleichen und Ordnen

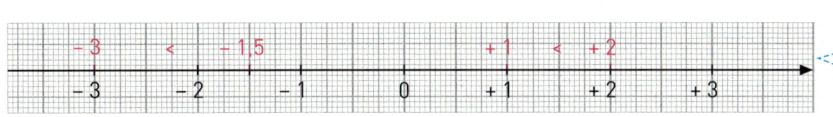

Positive und negative Zahlen kann man nach „ist kleiner als" ordnen.
In Richtung der Pfeilspitze des Zahlenstrahls werden die Zahlen größer. Auf der (waagerechten) Zahlengeraden liegt die kleinere von zwei Zahlen stets links, die größere von zwei Zahlen stets rechts.
Beachte: Die positiven Zahlen liegen dabei rechts von 0.
Beispiele: -3 liegt links von $-1{,}5$, also $-3 < -1{,}5$
$\quad\quad\quad$ 1 liegt links von $2\frac{1}{4}$, also $1 < 2\frac{1}{4}$
$\quad\quad\quad$ $-1{,}5$ liegt links von $\;1$, also $-1{,}5 < 1$

Nur eine Pfeilspitze in Richtung größerer Zahlen!

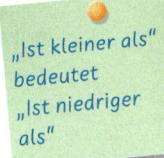

„Ist kleiner als" bedeutet „Ist niedriger als"

Beachte: Man kann Zahlen auch mit „ist größer als" vergleichen. Auf einer waagerechten Skala liegt die größere Zahl weiter rechts.
Entsprechend gilt z. B.: -1 liegt rechts von -3, also $-1 > -3$.

Übungsaufgaben

2. Ordne nach *ist niedriger als*.
   a) Temperaturen: $-3\,°C$; $-4{,}2\,°C$; $0\,°C$; $+2{,}7\,°C$; $-5{,}0\,°C$; $+4{,}2\,°C$
   b) Höhenangaben: $-2{,}5\,m$; $+3{,}1\,m$; $+0{,}31\,m$; $-3{,}1\,m$; $-4{,}0\,m$; $-0{,}5\,m$
   c) Kontostände: $+2{,}30\,€$; $-7{,}80\,€$; $-7\,€$; $+14{,}80\,€$; $+0{,}50\,€$; $-11{,}30\,€$

3. Trage die Zahlen auf einer Zahlengeraden ein. Ordne auf diese Weise nach *ist kleiner als*. Notiere dein Ergebnis als Kette mithilfe des Zeichens <.
   a) -5; $+4$; -8; 0; -3; $+2$; -1 $\quad$ Zeichne die Zahlengerade waagerecht.
   b) $-3{,}7$; $+2{,}5$; $-1\frac{1}{4}$; $+2{,}8$; $-3{,}5$ $\quad$ Zeichne die Zahlengerade senkrecht.

4. Setze < oder > im Heft ein. Du kannst z. B. an Temperaturen oder Höhenangaben denken.
   a) $-7\;\square\;-9$; $\quad -13\;\square\;-11$; $\quad -8\;\square\;+2$; $\quad +9\;\square\;-7$; $\quad +14\;\square\;+5$
   b) $-7{,}4\;\square\;-7{,}1$; $\quad -4{,}9\;\square\;+0{,}9$; $\quad -0{,}6\;\square\;+0{,}8$; $\quad +9{,}8\;\square\;+9{,}1$; $\quad +4{,}3\;\square\;-2{,}8$
   c) $-\frac{1}{2}\;\square\;+\frac{1}{3}$; $\quad -\frac{1}{3}\;\square\;-\frac{1}{2}$; $\quad +\frac{1}{8}\;\square\;+\frac{2}{3}$; $\quad 0\;\square\;-\frac{1}{4}$; $\quad -5\;\square\;-\frac{4}{5}$
   d) $-1{,}8\;\square\;2{,}3$; $\quad 0\;\square\;-0{,}1$; $\quad -5{,}7\;\square\;0$; $\quad +2\frac{1}{2}\;\square\;+2\frac{1}{4}$; $\quad -2\frac{1}{2}\;\square\;-2\frac{1}{4}$

5. Nimm Stellung zu folgenden Schüleräußerungen:

Patrick: Minus 1 Trilliarde ist die größte negative Zahl.

Kai: Nein, minus 100 Trilliarden ist viel größer.

Nina: Beides ist falsch, minus 1 ist eine ziemlich große negative Zahl.

6. Kontrolliere Lenas Hausaufgaben. Berichtige gegebenenfalls.

   a) $-1{,}5 < -2$; b) $3{,}5 < -4$; c) $-5{,}5 > -4{,}5$; d) $-3{,}5 > 2{,}5$; e) $0 < -7{,}5$

7. a) Liegt -3 oder $+4$ näher an 0?
   b) Liegt $-2{,}75$ oder $+2{,}75$ näher an 0?
   c) Liegt $-2{,}7$ näher an -2 oder an -3?
   d) Liegt $+3\tfrac{2}{7}$ näher an $-3{,}1$ oder an $+3{,}2$?
   e) Liegt $-0{,}35$ näher an $-1{,}2$ oder an $-0{,}53$?

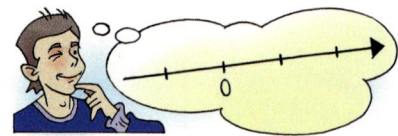

8. Gib zu jeder der Zahlen $-3{,}7$; $-7{,}1$; $+7{,}1$; $-5{,}9$ die nächstkleinere und die nächstgrößere ganze Zahl an.

   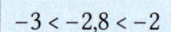
   $-3 < -2{,}8 < -2$

9. Kontrolliere Lenas Hausaufgaben.

   a) $|-7| < |-2|$ b) $-7 < -2$ c) $+8 < -8$ d) $|+8| < |-8|$ e) $5 < |-9|$ f) $|-4| < 0$

10. Vergleiche; setze anstelle von ▪ das richtige Zeichen (<, >, =) im Heft ein.
    a) $|-3|$ ▪ 5 b) -2 ▪ $|-2|$ c) $|-5|$ ▪ $|+5|$ d) $|-3|$ ▪ -2

11. Ordne die Zahlen nach der Größe. Überlege, wie sich die Reihenfolge ändert, wenn du statt nach der Größe der Zahlen nach der Größe der entgegengesetzte Zahl oder nach der Größe der Beträge ordnest. Überprüfe deine Vermutungen an den folgenden Beispielen.
    a) -5; -7; 0; -2; $+4$; -8; $+1$
    b) $-34{,}2$; $-34{,}9$; $+7{,}3$; $+7{,}1$; $-39{,}4$
    c) $+\tfrac{3}{4}$; $-4\tfrac{3}{10}$; $-5\tfrac{1}{4}$; $-2\tfrac{3}{5}$; $-2\tfrac{4}{5}$; $+2\tfrac{7}{10}$
    d) $-6{,}3$; $+3{,}8$; $-6\tfrac{1}{3}$; $+3\tfrac{3}{4}$; $-6\tfrac{1}{4}$

12. Gib fünf Zahlen an, für die Folgendes gilt:
    a) Sie sind kleiner als 2.
    b) Sie sind größer als -3.
    c) Ihre Beträge sind kleiner als 2.
    d) Sie sind größer als -8, aber kleiner als -5.
    e) Ihre Beträge sind größer als 5.
    f) Ihre Beträge sind größer als 2, aber kleiner als 5.
    Tausche die Ergebnisse mit deinem Nachbarn aus. Korrigiert euch gegenseitig.

13. Welchen Abstand haben die beiden Zahlen auf der Zahlengeraden? Welche rationale Zahl liegt genau in der Mitte zwischen ihnen?
    a) -4 und 6
    b) -2 und -12
    c) $-4{,}5$ und $+0{,}5$
    d) $-5{,}5$ und $-2{,}7$
    e) $-2{,}25$ und $+0{,}25$
    f) $-\tfrac{2}{3}$ und $+\tfrac{5}{6}$

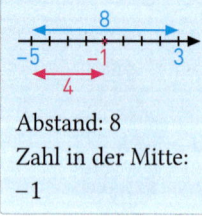

Abstand: 8
Zahl in der Mitte: -1

14. Begründe an der Zahlengeraden oder widerlege mit einem Gegenbeispiel.
    a) Jede negative Zahl ist kleiner als jede positive Zahl.
    b) Von zwei positiven Zahlen ist diejenige die kleinere, die den größeren Betrag hat.
    c) Von zwei negativen Zahlen ist diejenige die kleinere, die den größeren Betrag hat.
    d) Wenn eine Zahl r kleiner ist als eine Zahl s, dann ist |r| kleiner als |s|.
    e) Wenn eine Zahl r kleiner ist als eine Zahl s, dann ist die entgegengesetzte Zahl von r größer als die entgegengesetzte Zahl von s.

Zum Selbstlernen 2.3 Koordinatensystem

2.3 Koordinatensystem

Ziel

In Klasse 5 hast du das Koordinatensystem für Punkte, deren Koordinaten natürliche Zahlen sind, kennen gelernt. Hier lernst du, wie man auch andere Punkte angeben kann.

Zum Erarbeiten

Erweitern des Koordinatensystems

Im Koordinatensystem ist das Dreieck mit den Eckpunkten A (1 | 3), B (7 | 1), C (6 | 5) gezeichnet.
(1) Zeichne ein zum Dreieck ABC symmetrisch zur x-Achse liegendes Dreieck $A_1B_1C_1$. Bestimme die Koordinaten der Eckpunkte A_1, B_1 und C_1.
(2) Zeichne ein zum Dreieck ABC symmetrisch zur y-Achse liegendes Dreieck $A_2B_2C_2$. Bestimme die Koordinaten der Eckpunkte A_2, B_2 und C_2.
(3) Zeichne ein zum Dreieck $A_2B_2C_2$ symmetrisch zur x-Achse liegendes Dreieck $A_3B_3C_3$. Bestimme die Koordinaten der Eckpunkte A_3, B_3 und C_3.

→ Für die Lösung der Aufgaben (1), (2) und (3) müssen wir das Koordinatensystem erweitern. Die x-Achse und die y-Achse sind nicht mehr Zahlenstrahlen, sondern Zahlengeraden.
(1) Die Eckpunkte des Bilddreiecks haben die Koordinaten $A_1(1|-3)$, $B_1(7|-1)$ und $C_1(6|-5)$.
(2) Die Eckpunkte des Bilddreiecks haben die Koordinaten $A_2(-1|3)$, $B_2(-7|1)$ und $C_2(-6|5)$.
(3) Die Eckpunkte des Bilddreiecks haben die Koordinaten $A_3(-1|-3)$, $B_3(-7|-1)$ und $C_3(-6|-5)$.

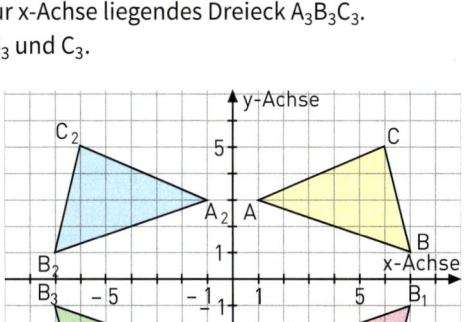

Information

Verwechsle nicht die Punkte A(-2,5 | 0,5) und B (0,5 | -2,5).

Quadrant (lat.) der vierte Teil

Bei der Lösung der obigen Aufgabe entsteht ein vollständiges **Koordinatensystem**.
Es besteht aus zwei Zahlengeraden, der x-Achse und der y-Achse. Sie schneiden sich senkrecht im Punkt O(0|0), dem Koordinatenursprung.
Wie die Koordinaten eines Punktes bestimmt werden, siehst du rechts. Der Punkt A hat die erste Koordinate −2,5 auf der x-Achse und die zweite Koordinate 0,5 auf der y-Achse.
Wir schreiben A(−2,5 | 0,5) (gelesen: Punkt A mit den Koordinaten −2,5 und 0,5).
Die Koordinatenachsen zerlegen die Ebene in vier Bereiche, die man die vier Quadranten nennt. Die

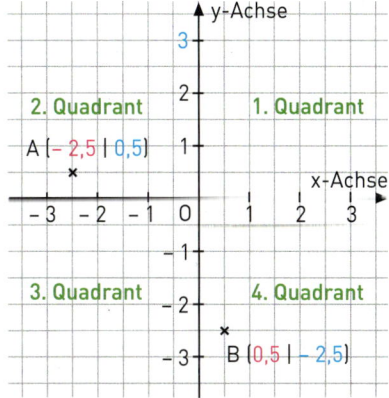

Nummerierung der Quadranten entnimmst du der obigen Zeichnung. Jeder Punkt, der nicht auf einer der beiden Koordinatenachsen liegt, gehört genau einem Quadranten an.

Zum Üben

1. Auf Michaels Geburtstag sollen bei einem Spiel vier Aufgaben gelöst werden. Die Zettel mit den Aufgabenlösungen sollen nacheinander in die Kästen mit den Standorten A, B, C und D geworfen werden. Jede Gruppe besitzt einen Kompass. Die Anweisungen für den Weg findest du rechts. Für die Auswertung sollen die ausgefüllten Zettel aus den Kästen geholt werden.
   a) Fertige eine Skizze an.
   b) Wie kommst du vom Start aus direkt zu den Standorten B, C und D?

   Gehe folgenden Weg:
   - vom Start: 100 m nach Osten und 150 m nach Norden (Kasten A)
   - dann von A aus: 400 m nach Westen (Kasten B)
   - dann von B aus: 500 m nach Süden (Kasten C)
   - dann von C aus: 550 m nach Osten (Kasten D)

2. Lies die Koordinaten der Punkte ab und notiere sie, z. B. P(–2,5 | 1,8).

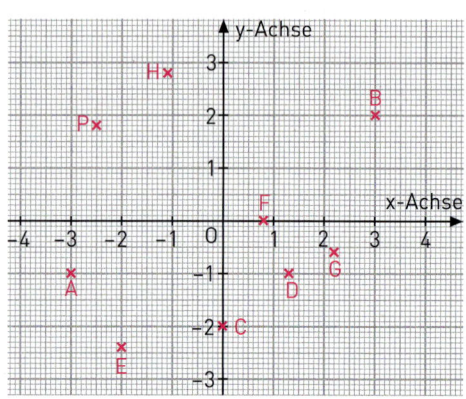

3. Zeichne ein Koordinatensystem mit der Einheit 1 cm und trage die Punkte ein. In welchem Quadranten liegen sie?
   A(–4 | –2), B(3 | 7), C(4 | –2), D(2 | 5), E(–3 | 7), F(–1 | –1), G(0 | –7), H(–7 | 9), K(7 | –9), L(–1,3 | 3,6), M(–2,7 | 3,4), N(1,9 | –2,9), P(3,6 | 1,2).

4. a) Trage in ein Koordinatensystem die Punkte A(5 | –3), B(6 | 4), C(–6 | 9) und D(–7 | 2) ein. Verbinde sie der Reihe nach mit einem Lineal. Was für eine Figur entsteht?
   b) Zeichne die Punkte A(–2 | –7), B(0 | –7), C(–1 | –5), D(1 | 0) und E(–3 | 0) in ein Koordinatensystem. Verbinde A mit B, B mit C, C mit D und D mit E jeweils geradlinig. Ergänze das Bild mit einer Strecke zu einer sinnvollen Figur.
   c) Zeichne in ein Koordinatensystem eine schöne Figur, z.B. eine Maske oder ein Schiff. Teile deinem Nachbarn die Koordinaten mit, sodass er die Figur nachzeichnen kann.

5. Ergänze zu einer symmetrischen Figur. Gib die Koordinaten der Punkte an. Beginne bei A.

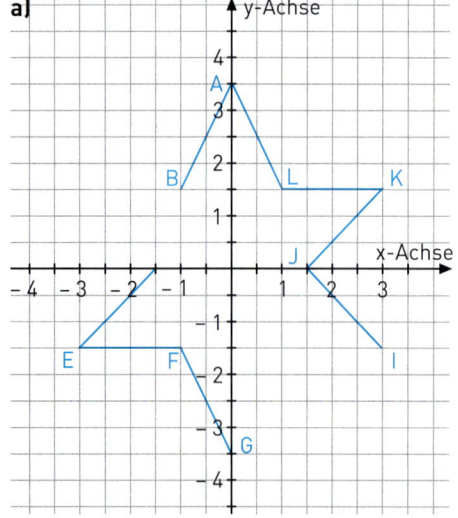 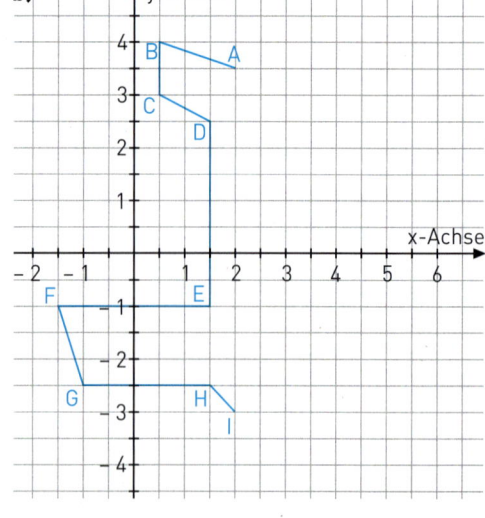

2.4 Beschreiben von Änderungen mit rationalen Zahlen

Einstieg

Pegel
Wasserstandsmesser

Der Wasserstand der Elbe betrug am 08.09.2013 in Dresden um 16:00 Uhr 113 cm. Messungen an den darauffolgenden Tagen ergaben folgende Veränderungen (gemessen jeweils 16:00 Uhr):

Datum	09.09.	10.09.	11.09.	12.09.
Veränderung	um 6 cm gestiegen	um 25 cm gestiegen	um 74 cm gestiegen	um 65 cm gestiegen

Der Pegelstand von Flüssen kann durch große Niederschlagsmengen, durch längere Trockenheit beeinflusst werden. Auch der Mensch kann teilweise auf die Pegelstände Einfluss nehmen. Informiere dich, wie dies geschehen kann.
Zeichne eine Wasserstandsskala. Trage die Wasserstandsänderungen ein. Gib dann die an diesem Tag um 16:00 Uhr gemessenen Wasserstände an.

Aufgabe 1

Zustandsänderungen beschreiben

Anna hat an einem Tag im Winter alle 2 Stunden die Temperatur gemessen:

Zeitpunkt der Messung	8 Uhr	10 Uhr	12 Uhr	14 Uhr	16 Uhr	18 Uhr	20 Uhr
Temperatur	−4 °C	−1 °C	+4 °C	+6 °C	+2 °C	−2 °C	−5 °C

Stelle die Temperaturänderungen zwischen benachbarten Messungen als Pfeile an der Zahlengeraden dar.

Lösung

Eine Möglichkeit ist folgende:

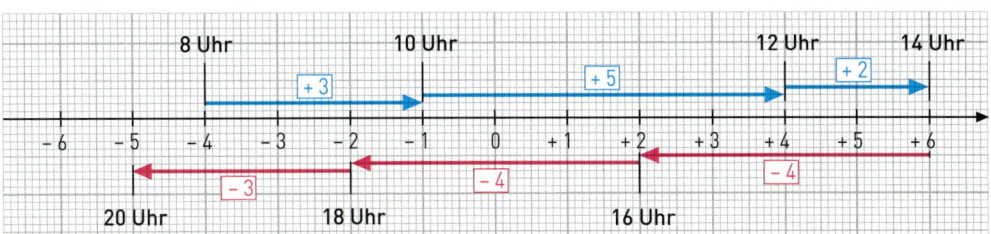

Information

Bisher haben wir mit den positiven und negativen Zahlen *Zustände* wie Temperaturen auf dem Thermometer, Soll und Haben beim Kontoauszug oder Höhenangaben in der Geografie bezeichnet. Mit positiven und negativen Zahlen kann man aber auch *Zustandsänderungen* wie z.B. das Steigen und Fallen der Temperatur (Temperaturänderungen), das Steigen und Fallen des Wasserstandes (Wasserstandsänderungen) oder das Buchen von Gutschrift und Lastschrift auf einem Konto (Kontostandsänderungen) beschreiben.

Das Vorzeichen + bedeutet Übergang zu einem höheren Zustand (Steigen), das Vorzeichen − bedeutet Übergang zu einem niedrigeren Zustand (Fallen). An der Zahlengeraden bedeutet:

(1) Zustandsänderung +3:
Gehe 3 nach rechts, z.B.
$-2 \xrightarrow{+3} +1$

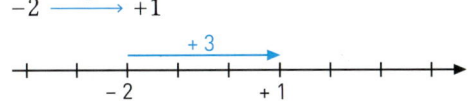

(2) Zustandsänderung −4:
Gehe 4 nach links, z.B.
$+3 \xrightarrow{-4} -1$

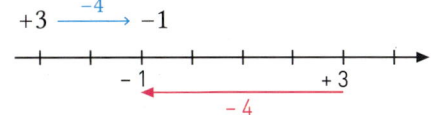

Der Betrag der rationalen Zahlen gibt die Größe der Änderung an.

Weiterführende Aufgabe

Drei Grundtypen zu Aufgaben mit Zustandsänderungen

2. Trage die gegebenen Angaben in das Schema ein und ermittle die fehlende Angabe.

   a) Die Temperatur fällt von −3,5 °C um 5 Grad.
   b) Nach einer Buchung auf einem Konto sind aus 20 € Guthaben 30,40 € Soll geworden.
   c) Nach dem Aufsteigen um 4 m befindet sich ein Tauchboot noch 6,5 m unter dem Meeresspiegel.

Übungsaufgaben

3. Gib den neuen Zustand an.
   a) Ein Thermometer zeigt 2 °C unter null an. Die Temperatur steigt um 6 Grad.
   b) Ein Thermometer zeigt 3 °C unter null an. Die Temperatur fällt um 5 Grad.
   c) Ein Bankkonto weist 82 € Guthaben aus. 100 € werden bar abgehoben. Später trifft eine Gutschrift über 43 € ein.
   d) Ein Bankkonto weist 15 € Soll aus. Es werden 160 € eingezahlt. Später werden noch 32 € abgebucht.

4. Bestimme jeweils die Zustandsänderung und notiere sie mithilfe einer rationalen Zahl.

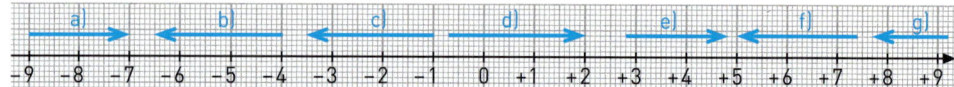

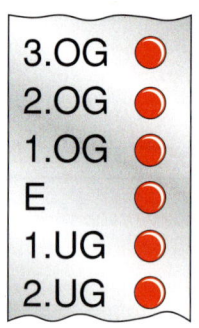

5. Ein Hochhaus hat 14 Obergeschosse und 4 Untergeschosse. Aus welchem Stockwerk kommt Julia, wenn sie
   a) 4 Stockwerke nach unten gefahren ist und im 1. UG aussteigt;
   b) im 4. OG aussteigt und 7 Stockwerke nach oben gefahren ist?

6. Gökhan gewinnt oder verliert bei einem Würfelspiel in jeder Runde einige Punkte. Er notiert aber nicht die in der jeweiligen Runde gewonnene bzw. verlorene Punktanzahl, sondern verrechnet diese sofort mit seinem Punktestand bis zu dieser Runde. Rechts siehst du seinen Spielzettel. Welche Punktzahl hat er in jeder einzelnen Spielrunde bekommen?

GLÜCKSWÜRFEL	Gökhan
1. Spiel	+14
2. Spiel	−2
3. Spiel	−18
4. Spiel	+3
5. Spiel	+8
6. Spiel	−17
7. Spiel	+1

7. Stellt Fragen und beantwortet sie.
   a) Ein Thermometer zeigt 3 °C unter null an. Die Temperatur steigt [fällt] um 9,5 Grad.
   b) Über Nacht ist die Temperatur um 8,5 Grad gefallen. Morgens sind es −3 °C [+8 °C].
   c) Nach einer Gutschrift von 28 € [Lastschrift von 33 €] betrug der Kontostand 52 €.
   d) Ein Tauchboot sank [stieg] um 156 m auf nun 233 m unter dem Meeresspiegel.
   e) Nach einem Hochwasser ist der Pegelstand von +150 cm auf −10 cm gesunken.

8. Ein Konto hat ein Guthaben von 30,50 €. Der Kontostand ändert sich zunächst um 35,50 € und dann um 80 €. Welchen Endstand kann das Konto haben? Gib alle Möglichkeiten an.

2.4 Beschreiben von Änderungen mit rationalen Zahlen

9. Ein Hubschrauber schwebt 480 m über dem Mittelmeer (ü. M.).
   Wie hat er seine Höhe insgesamt geändert, wenn er nach dem Flug gelandet ist
   a) in Jerusalem;
   b) in Nazareth;
   c) am See Genezareth;
   d) am Toten Meer?

10. a) Maiks Opa hat noch einen Videorecorder. Die Bandanzeige ändert sich von 0:30:00 auf −0:20:10. Was ist passiert?
    b) Die Anzeige steht auf −0:25:30. Maik spult um 1 h 30 min 10 s vor [zurück].

11. In dem Schema ist die Änderung eines Zustandes dargestellt. Fülle die Lücken aus.
    Du kannst die Zahlengerade benutzen und z. B. auch an Temperaturen denken.

    a) ▢ $\xrightarrow{+8}$ +5
    b) ▢ $\xrightarrow{-6}$ −2
    c) +7,1 $\xrightarrow{}$ +3,1
    d) −4,1 $\xrightarrow{}$ −7,3
    e) ▢ $\xrightarrow{+3,7}$ −8,4
    f) ▢ $\xrightarrow{-2,8}$ −5,2
    g) −6,3 $\xrightarrow{+8,4}$ ▢
    h) $-3\frac{1}{4}$ $\xrightarrow{+8}$ ▢
    i) −24 $\xrightarrow{-30,4}$ ▢
    j) 5,7 $\xrightarrow{}$ −1,4
    k) ▢ $\xrightarrow{-4,9}$ 13,2
    l) −8,8 $\xrightarrow{-2,7}$ ▢

12. Die Position des Förderkorbs auf Straßenhöhe soll mit 0 m angegeben werden.
    Positionen in der Grube sind negativ, Positionen oberhalb der Straße positiv.
    a) Welche Positionsänderung muss jeweils vorgenommen werden?
       (1) von −4 m auf +6 m
       (2) von +8 m auf −3 m
       (3) von −2 m auf −5 m
       (4) von −5 m auf −1,30 m
       (5) von +6 m auf +2,60 m
       (6) von −3 m auf +3,10 m
    b) Welche Endposition erreicht der Förderkorb jeweils?
       (1) von +3 m um −7 m
       (2) von −4 m um +6 m
       (3) von +7 m um −4 m
       (4) von −2 m um −4,70 m
       (5) von −8 m um +3,50 m
       (6) von +4,70 m um −4 m

13. Eine Transportfirma hat im letzten Jahr folgende Gewinne und Verluste erwirtschaftet.
    a) Welche Änderungen traten zwischen den einzelnen 3-Monats-Abschnitten (sogenannten Quartalen) auf?
    b) Wann war der Gewinnzuwachs am größten [kleinsten]?

Jan. – März	2 000 € Gewinn
April – Juni	4 000 € Verlust
Juli – Sept.	15 000 € Gewinn
Okt. – Dez.	3 000 € Verlust

14. a) Ein Bankkonto hat ein Guthaben von 72,50 €. Wie lautet der Kontostand, wenn eine Überweisung zum Bezahlen einer Rechnung über 91,25 € ausgeführt wurde?
    b) Der Wasserstand in einem Stausee liegt 2,4 dm unter dem Richtwert. Welche Änderung ist nötig, damit der Wasserstand 0,5 dm über dem Richtwert erreicht?

15. Du hast an verschiedenen Stellen unterschiedliche Verwendungsmöglichkeiten für positive und negative Zahlen kennen gelernt. Schreibe eine kleine Zusammenfassung.

2.5 Addieren rationaler Zahlen

2.5.1 Einführung der Addition – Additionsregel

Einstieg

a) An den folgenden Aufgaben könnt ihr erarbeiten, wie man rationale Zahlen addiert.

(1) $(+2) + (+2) =$ (2) $(+2) + (+2) =$ (3) $(+2) + (-1) =$
$(+2) + (+1) =$ $(+1) + (+2) =$ $(+1) + (-1) =$
$(+2) + 0 =$ $0 + (+2) =$ $0 + (-1) =$
$(+2) + (-1) =$ $(-1) + (+2) =$ $(-1) + (-1) =$
$(+2) + (-2) =$ $(-2) + (+2) =$ $(-2) + (-1) =$
$(+2) + (-3) =$ $(-3) + (+2) =$ $(-3) + (-1) =$

Berechnet zunächst in dem ersten Block die blauen Aufgaben. Welche Gesetzmäßigkeiten erkennt ihr von einer Aufgabe zur nächsten? Wendet diese Gesetzmäßigkeit zur Berechnung der roten Aufgaben an. Verfahrt entsprechend bei den anderen Blöcken.

b) Bildet selbst Beispiele für solche Blöcke.

Aufgabe 1

Additionsregel

Die Änderung des Wasserstandes eines Stausees wird täglich gemessen. Fasse die Wasserstandsänderungen zweier aufeinander folgender Tage zu *einer* Gesamtänderung von einem zum übernächsten Tag zusammen. Zeichne und rechne.

a) Der Wasserstand fällt am ersten Tag um 2 cm, am zweiten Tag um 6,5 cm.
b) Der Wasserstand steigt am ersten Tag um 4,5 cm, am zweiten Tag um 3 cm an.
c) Der Wasserstand fällt am ersten Tag um 8 cm und steigt am zweiten Tag um 3,5 cm an.
d) Der Wasserstand steigt am ersten Tag um 8,5 cm und fällt am zweiten Tag um 6 cm.

Lösung

Die Wasserstandsänderungen lassen sich durch Pfeile darstellen. Diese werden so aneinander gelegt, dass der zweite dort beginnt, wo der erste endet. Bei den gebrochenen Zahlen veranschaulicht die Aneinanderlegung von *Strecken* die Addition. Auch bei den rationalen Zahlen wollen wir das Aneinanderlegen von *Pfeilen* als Addition auffassen.

Hier kommt das Pluszeichen in doppelter Bedeutung vor:
- als Vorzeichen positiver Zahlen
- als Rechenzeichen für das Addieren.

a) Der Wasserstand fällt am ersten Tag um 2 cm, am zweiten Tag um 6,5 cm.

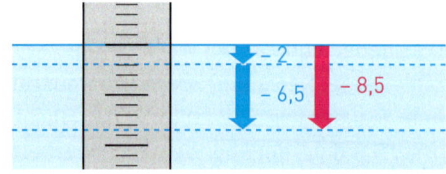

Additionsaufgabe: $(-2) + (-6,5) = -8,5$
Die Gesamtänderung beträgt $-8,5$ cm.

b) Der Wasserstand steigt am ersten Tag um 4,5 cm, am zweiten Tag um 3 cm.

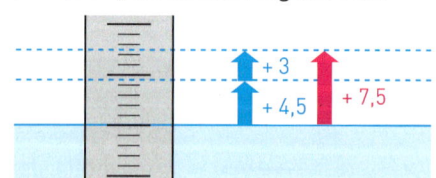

Additionsaufgabe: $(+4,5) + (+3) = +7,5$
Die Gesamtänderung beträgt $+7,5$ cm.

c) Der Wasserstand fällt am ersten Tag um 8 cm und steigt am zweiten Tag um 3,5 cm an.

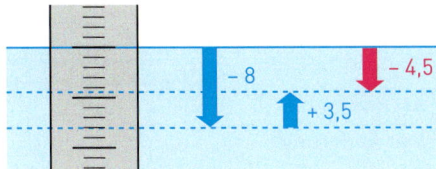

Additionsaufgabe: $(-8) + (+3,5) = -4,5$
Die Gesamtänderung beträgt $-4,5$ cm.

d) Der Wasserstand steigt am ersten Tag um 8,5 cm und fällt am zweiten Tag um 6 cm.

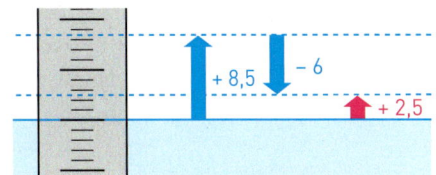

Additionsaufgabe: $(+8,5) + (-6) = +2,5$
Die Gesamtänderung beträgt $+2,5$ cm.

Beachte: Um Vorzeichen und Rechenzeichen voneinander zu trennen, haben wir Klammern um die Zahlen gesetzt.

Information

In Aufgabe 1 hast du gesehen, dass man beim Zusammenfassen von Wasserstandsänderungen darauf achten muss, ob beide gleich gerichtet sind oder nicht. Daher muss man beim Addieren rationaler Zahlen zwei Fälle unterscheiden:

(1) **Additionsregel für rationale Zahlen bei gleichem Vorzeichen**
Haben die Summanden *gleiche* Vorzeichen, so addiert man wie folgt:
Man setzt das gemeinsame Vorzeichen und man addiert die Beträge.

Beispiel:
$(-2,5) + (-6) = -8,5 \quad (+4) + (+3,5) = +7,5$

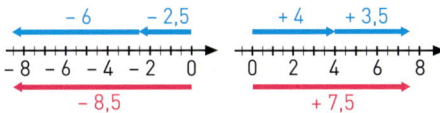

(2) **Additionsregel für rationale Zahlen bei verschiedenen Vorzeichen**
Haben die Summanden *verschiedene* Vorzeichen und *verschiedene* Beträge, so addiert man wie folgt:
Man setzt das Vorzeichen, das bei dem größeren Betrag steht. Dann subtrahiert man den kleineren Betrag von dem größeren Betrag.

Beispiel:
$(-6,5) + (+3) = -3,5 \quad (+7,5) + (-6) = +1,5$

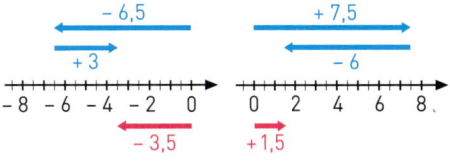

Beachte:
(1) Haben die Summanden *verschiedene* Vorzeichen, aber *gleiche* Beträge, so ist die Summe 0.

$(+2,6) + (-2,6) = 0$

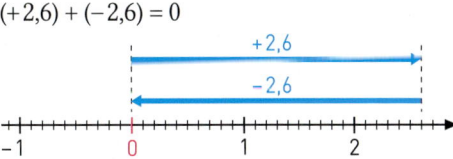

(2) Ist ein Summand 0, so ist die Summe gleich dem anderen Summanden:
$0 + (-3) = -3;$
Entsprechend gilt z. B.
$(-7) + 0 = -7; \quad 0 + 0 = 0$

Weiterführende Aufgaben

Unterschiedliche Deutung der Addition rationaler Zahlen

2. Frau König eröffnet ein Konto und zahlt 500 € ein. Danach erteilt sie einen Überweisungsauftrag von 650 €, um eine Rechnung zu bezahlen. Die 650 € gehen zulasten ihres Kontos.

   (1) Fasse die Gutschrift (Einzahlung) und die Lastschrift (Überweisung) zu *einer* Buchung zusammen.
   Beachte: Hier werden zwei Kontostandsänderungen zu *einer* Änderung zusammengefasst.

   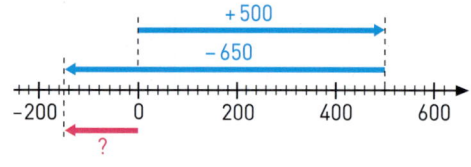

   (2) Der Kontostand nach der Einzahlung wird durch die Lastschrift verändert. Berechne den neuen Kontostand.
   Beachte: Hier berechnest du aus einem Kontostand und einer Änderung einen neuen Kontostand.

   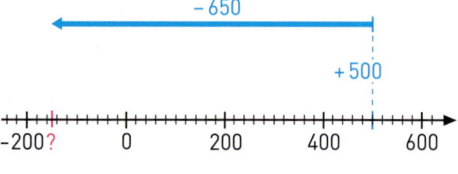

   Notiere in beiden Fällen eine Summe mit rationalen Zahlen. Was stellst du fest?

Anschauliche Deutung der Addition rationaler Zahlen

Das Addieren rationaler Zahlen kann man auf zweifache Weise deuten:

a) *Zwei Zustandsänderungen werden zu einer Änderung zusammengefasst.*

   $(+3) + (-7{,}5) = -4{,}5$

b) *Auf einen Zustand wird eine Änderung angewandt; man erhält einen neuen Zustand.*

   $(+3) + (-7{,}5) = -4{,}5$

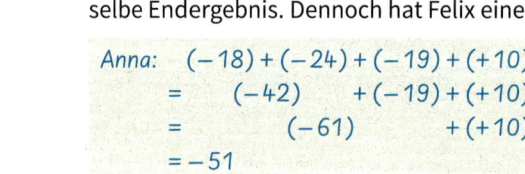

Richtiger Gebrauch des Gleichheitszeichens

3. Anna und Sarah haben ihre Hausaufgabe von Felix kontrollieren lassen. Beide haben dasselbe Endergebnis. Dennoch hat Felix eine Aufgabe als falsch durchgestrichen. Warum?

   Anna:
   $(-18) + (-24) + (-19) + (+10)$
   $= \quad (-42) \quad + (-19) + (+10)$
   $= \quad\quad\quad (-61) \quad\quad + (+10)$
   $= -51$

   Sarah:
   $(-18) + (-24) + (-19) + (+10)$
   $= \quad (-42) \quad + (-19)$
   $= \quad\quad\quad (-61) \quad\quad + (+10)$
   $= -51$

Richtiger Gebrauch des Gleichheitszeichens

Beim Berechnen eines Terms muss man darauf achten, dass das Gleichheitszeichen richtig gebraucht wird.
Beim richtigen Gebrauch des Gleichheitszeichens stehen vor und hinter dem Gleichheitszeichen Terme mit demselben Wert.

Beispiel:

$(+317) + (-67) + (+24) + (-19)$ ⟵ Wert: +255

$= \quad (+250) \quad + (+24) + (-19)$ ⟵ Wert: +255

$= \quad\quad (+274) \quad\quad + (-19)$ ⟵ Wert: +255

$= \quad\quad\quad\quad +255$

2.5 Addieren rationaler Zahlen

Übungsaufgaben

4. Eine Klima-Arbeitsgemeinschaft misst an verschiedenen Tagen die Temperaturänderung nachts (von 18 Uhr bis 8 Uhr) und die Temperaturänderung tagsüber (von 8 Uhr bis 18 Uhr).

Tag	Montag	Dienstag	Mittwoch	Donnerstag	Freitag
Temperaturänderung nachts	−2,5 °C	+1 °C	−2,5 °C	+0,5 °C	±0 °C
Temperaturänderung tagsüber	−1 °C	+4,5 °C	+3,5 °C	−1,5 °C	+4,5 °C

Fasse für jeden Tag die Temperaturänderungen nachts und tagsüber zu einer Änderung von einem zum nächsten Tag zusammen. Zeichne dazu für jeden Tag eine Temperaturskala mit den Pfeilen für die einzelnen Temperaturänderungen und die Gesamtänderung.

5. Fasse die Buchungen zusammen und notiere dazu eine Additionsaufgabe:
   a) eine Lastschrift über 4,20 € und eine Lastschrift über 10,90 €;
   b) eine Lastschrift über 3,70 € und eine Gutschrift über 12,40 €;

6. Hier ist eine Additionsaufgabe dargestellt. Notiere sie und gib das Ergebnis an.

a)    c) 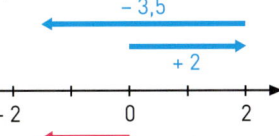   e)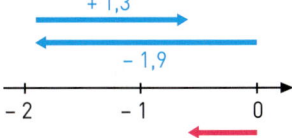

b) 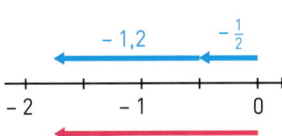   d) 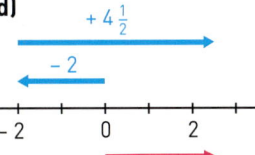   f)

7. Rechne im Kopf.
   a) $(+13)+(+7)$ e) $(+12)+(+9)$ i) $(-12)+(+9)$ m) $(-14)+(-4)$
   b) $(-9)+(-6)$ f) $(+8)+(-10)$ j) $(-7)+(+10)$ n) $(-4)+(+8)$
   c) $(-4)+(+3)$ g) $(-9)+(+6)$ k) $(-3)+(-11)$ o) $(-6)+(-4)$
   d) $(+7)+(-11)$ h) $(-8)+(-13)$ l) $(+5)+(+16)$ p) $(+7)+(-19)$

8. Rechne im Kopf.
   a) $(-53)+(-31)$ e) $(-360)+(-150)$ i) $(+6,5)+(+4,6)$ m) $(-11,8)+(+9,9)$
   b) $(-22)+(+65)$ f) $(+170)+(-450)$ j) $(-8,9)+(-3,4)$ n) $(+8,7)+(-5,8)$
   c) $(-32)+(-55)$ g) $0+(-290)$ k) $(+2,7)+(-9,4)$ o) $(-6,3)+(+6,3)$
   d) $(+43)+(+28)$ h) $(+321)+0$ l) $(-7,6)+(+3,9)$ p) $(+5,4)+(-9,8)$

9. Untersuche, ob richtig gerechnet wurde. Korrigiere jedes falsche Ergebnis.
   a) $(-9)+(+4)=-5$ d) $(+1,6)+(-2,1)=+0,5$ g) $\left(-\frac{1}{4}\right)+\left(+\frac{1}{5}\right)=-\frac{1}{20}$
   b) $(-9)+(-2)=+11$ e) $(-4,4)+(+5,4)=+0,1$
   c) $(+8)+(-15)=-23$ f) $(-6,6)+(-6,6)=-12,12$ h) $\left(+\frac{1}{3}\right)+\left(-\frac{1}{2}\right)=+\frac{1}{6}$

10. Setze im Heft für ■ das passende Zeichen >, < bzw. =.
    a) $(+23)+(-19)$ ■ $+23$
    b) $(-2,8)+(-0,7)$ ■ $-2,8$
    c) 0 ■ $(-22)+(-22)$
    d) 0 ■ $(-4,8)+(-4,8)$
    e) $(-0,9)+(+8,3)$ ■ $+8,3$
    f) 0 ■ $(+0,3)+\left(-\frac{1}{3}\right)$

11. a) $\left(-\frac{2}{9}\right)+\left(+\frac{7}{9}\right)$
    b) $\left(-\frac{2}{9}\right)+\left(-\frac{7}{9}\right)$
    c) $\left(-\frac{3}{8}\right)+\left(+\frac{1}{4}\right)$
    d) $\left(+\frac{2}{3}\right)+\left(+\frac{1}{6}\right)$
    e) $\left(-\frac{5}{4}\right)+\left(-\frac{5}{6}\right)$
    f) $\left(+\frac{4}{5}\right)+\left(-\frac{2}{7}\right)$
    g) $\left(-\frac{9}{10}\right)+\left(+\frac{4}{15}\right)$
    h) $\left(-\frac{5}{12}\right)+\left(-\frac{14}{15}\right)$
    i) $\left(+\frac{3}{4}\right)+\left(-\frac{5}{8}\right)$
    j) $\left(-2\frac{3}{5}\right)+\left(+3\frac{4}{5}\right)$
    k) $\left(+4\frac{1}{5}\right)+(-4,2)$
    l) $(-14,25)+\left(3\frac{1}{4}\right)$

12. a) Von einem Konto mit 437,75 € Guthaben wurden 750,00 € abgehoben. Gib den Kontostand an.
    b) Auf einem Bankkonto werden nacheinander eine Lastschrift von 36,78 € und eine Gutschrift von 203,50 € verbucht. Fasse beide Buchungen zusammen.
    c) Lies noch einmal den roten Kasten auf Seite 74 oben. Zu welchem Typ gehört die Teilaufgabe a), zu welchem die Teilaufgabe b)?

13. Rechts wurden mit dem Schwamm ein paar Zahlen weggewischt. Wie lauten sie? Notiere die vollständigen Aufgaben im Heft.

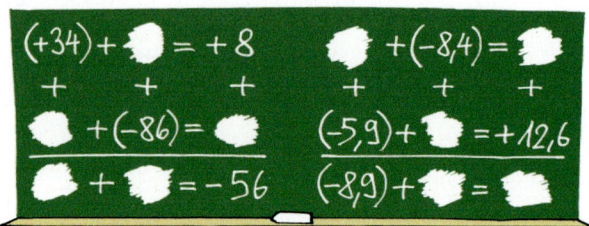

14. Löse mit einem Taschenrechner. Mache zunächst einen Überschlag.
    a) $127,3+(-218,7)$
    b) $-231,68+111,32$
    c) $1020,03+(-2316,8)$
    d) $-175,38+(-418,36)$
    e) $(-15,38)+(-23,72)+(-19,9)$
    f) $280,3+21,84+(-23,76)$
    Wenn du richtig gerechnet hast, erhältst du ein Lösungswort.

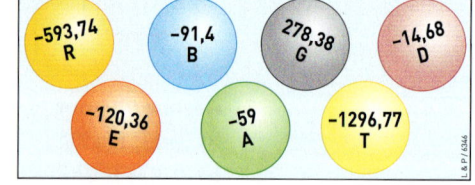

15. Versuche, die Zahl −1 so als Summe zweier rationaler Zahlen zu schreiben, dass
    a) ein Summand positiv und einer negativ ist;
    b) beide Summanden negativ sind;
    c) beide Summanden positiv sind.

16. Formuliere jeweils eine sinnvolle Frage und schreibe zur Antwort eine Rechenaufgabe auf.
    a) Die heutige Sturmflut hat zum höchsten Wasserstand in diesem Jahr geführt: 3,80 m über Normalnull. Man rechnet damit, dass das Wasser noch um weitere 50 cm ansteigt.
    b) Nachdem der Wasserstand heute Nacht um 60 cm gefallen war, stieg er heute im Laufe des Tages wieder um 20 cm.
    c) Von Frau Siedes Konto werden zum Monatsersten die Miete von 675 € abgebucht und als Nachschlagszahlung für Strom und Wasser 58,30 €.
    d) Erst als Herrn Wiemanns Konto schon 358,23 € im Soll steht, trifft die Überweisung des Gehaltes von 2 491,78 € ein.

2.5 Addieren rationaler Zahlen

17. In den Bildern ist die Zusammenfassung zweier Zustandsänderungen oder die Änderung eines Zustands dargestellt.

a) Schreibe zu jedem Bild eine Summe und gib den Wert der Summe an.
b) Schreibe zu jedem Bild eine Rechengeschichte. Denke dabei z. B. an Temperaturen, Buchungen, Kontostände, Wasserstände und Höhenangaben. Lasse sie von deinem Nachbarn kontrollieren. Vergleicht anschließend eure Rechengeschichten.

18. Achte auf richtigen Gebrauch des Gleichheitszeichens beim Notieren des Rechenweges.
a) $(-67)+(+58)+(-96)$
b) $(+93)+(-68)+(-47)$
c) $(-0,7)+(-0,5)+(+3,2)$
d) $\left(-\frac{3}{5}\right)+\left(+\frac{1}{2}\right)+(+0,1)$
e) $(-20)+(+40)+(-50)+(-10)$
f) $(-27)+(-50)+(-46)+(+72)$
g) $(-1,2)+(+1,8)+(-4,2)+(-4)$
h) $\left(-\frac{1}{2}\right)+\left(-\frac{1}{4}\right)+(+1)+(-0,7)$

19. Addiert man zwei gebrochene Zahlen, so ist das Ergebnis größer als beide Summanden. Überprüfe an Beispielen, ob das auch für rationale Zahlen so ist.

20. Ist die Behauptung richtig? Begründe die Antwort.
a) Die Summe zweier negativer Zahlen ist kleiner als jeder der Summanden.
b) Damit die Summe positiv ist, muss mindestens ein Summand positiv sein.
c) Wenn keiner der Summanden null ist, kann auch die Summe nicht gleich null sein.

21. a) Eine Summe besteht aus drei Summanden und hat den Wert null. Der erste Summand ist die entgegengesetzte Zahl des dritten Summanden. Wie groß ist der zweite Summand?
b) Der erste Summand ist +12,5. Die Summe hat den Wert −12,5. Wie groß ist der zweite Summand?
c) Die Summe ist so groß wie jeder der beiden Summanden. Bestimme die Summanden.

22. In welchem Bereich kann null liegen?

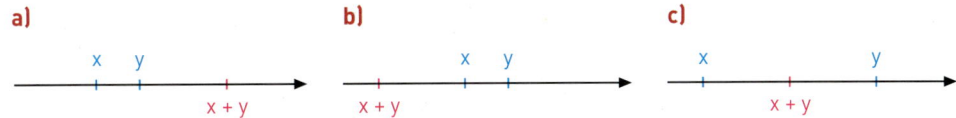

2.5.2 Rechengesetze für die Addition rationaler Zahlen

Einstieg Hier seht ihr einen Weg zur Berechnung von $(+3,8)+(-7,6)+(+2,2)$.
Erläutert, wie vorgegangen wurde.

Aufgabe 1   Wie kannst du die Aufgaben rechts vorteilhaft im Kopf lösen?
Welche Rechengesetze verwendest du dabei?

(1) $(-6{,}39) + (+4{,}82) + (+7{,}39)$
(2) $(+12{,}93) + (-3{,}25) + (-6{,}75)$

Lösung

(1) *Vertausche erst den 2. und 3. Summanden*

$(-6{,}39) + (+4{,}82) + (+7{,}39)$
$= (-6{,}39) + (+7{,}39) + (+4{,}82)$
$= \quad\quad +1 \quad\quad + (+4{,}82)$
$= +5{,}82$

Es wurde das *Kommutativgesetz (Vertauschungsgesetz)* der Addition angewandt.

(2) *Rechne nicht von links nach rechts, sondern verbinde die beiden letzten Summanden*

$(+12{,}93) + (-3{,}25) + (-6{,}75)$
$= (+12{,}93) + [(-3{,}25) + (-6{,}75)]$
$= (+12{,}93) + \quad\quad (-10)$
$= +2{,}93$

Es wurde das *Assoziativgesetz (Verbindungsgesetz)* der Addition angewandt.

Information

(1) Zahlklammern und Rechenklammern

Bei Termen verwenden wir zwei Arten von Klammern:
- *Zahlklammern* stehen um eine rationale Zahl mit ihrem Vorzeichen. Dadurch folgen nicht mehrere Plus- oder Minuszeichen aufeinander. Man kann dann den Aufbau des Terms klarer erkennen.
- *Rechenklammern* schreiben die Reihenfolge der Berechnungen im Term vor.

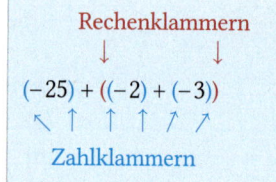

Um einen Term besser überblicken zu können, verwendet man für die Rechenklammern häufig auch eckige Klammern, z.B. schreibt man dann $(-25) + [(-2) + (-3)]$.

> *Vereinbarung:* Was in (Rechen-)Klammern steht, wird zuerst ausgerechnet.

(2) Einsparen von Zahlklammern bei positiven Zahlen

Wir wissen: Bei einer positiven Zahl darf man das Vorzeichen weglassen. Dann dürfen wir auch die (Zahl-)Klammern um diese Zahl weglassen.
Beispiel: $(+7{,}6) + (-4{,}5) + (+2{,}9) = 7{,}6 + (-4{,}5) + 2{,}9 = 6$

(3) Assoziativgesetz und Kommutativgesetz

Das Assoziativgesetz für die Addition und das Kommutativgesetz für die Addition gelten auch für rationale Zahlen. Man verwendet die Gesetze häufig zum vorteilhaften Rechnen.

kommutativ (lat.)
vertauschbar

> **Kommutativgesetz (Vertauschungsgesetz) für die Addition**
> In einer Summe darf man die Summanden vertauschen. Dabei ändert sich der Wert der Summe nicht.
> Denke dir rationale Zahlen anstelle von a, b.
> Stets gilt: $\mathbf{a + b = b + a}$
> *Beispiel:*
> $(-2) + (+3) = (+3) + (-2)$

2.5 Addieren rationaler Zahlen

Begründung des Kommutativgesetzes (mithilfe eines Sachverhalts)
Wir deuten das Addieren rationaler Zahlen als ein Zusammenfassen von Buchungen auf einem Konto: Wenn zwei Buchungen auf einem Konto hintereinander ausgeführt werden sollen, dann hängt die gesamte Änderung des Kontostandes nicht davon ab, in welcher Reihenfolge die Buchungen ausgeführt werden (Kommutativgesetz).

assoziativ (lat.)
verbindend

> **Assoziativgesetz (Verbindungsgesetz) für die Addition**
> In einer Summe aus drei Summanden darf man Klammern beliebig setzen. Dabei ändert sich der Wert der Summe nicht. Denke dir rationale Zahlen anstelle von a, b, c.
> Stets gilt:
> **(a + b) + c = a + (b + c)**
> Daher kann man die Klammern auch weglassen: **a + b + c**
> *Beispiel:*
> [(−5) + (+7)] + (−4) = (−5) + [(+7) + (−4)] = (−5) + (+7) + (−4)

Übungsaufgaben

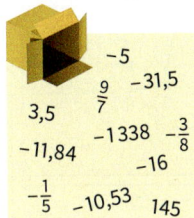

2. Rechne vorteilhaft.
a) (+697) + (−355) + (−197)
b) (−499) + (−538) + (−301)
c) (−2,35) + (−9,84) + (+0,35)
d) (−8,91) + (+2,91) + (−4,53)
e) (+4,63) + (−1,5) + (+0,37)
f) (−19,5) + (−8,4) + (−3,6)
g) $\left(-\frac{1}{2}\right) + \left(+\frac{4}{5}\right) + \left(-\frac{1}{2}\right)$
h) $\left(-\frac{2}{3}\right) + \left(-\frac{3}{9}\right) + \left(+\frac{5}{8}\right)$
i) $(+1{,}25) + \left(+\frac{2}{7}\right) + \left(-\frac{1}{4}\right)$
j) (−12,04) + (−0,83) + (−7,96) + (+4,83)
k) (+6,55) + (−7,55) + (+2,26) + (−6,26)

3. Vereinfache die Schreibweise durch Weglassen von Klammern. Begründe. Berechne dann.
a) (+2) + (−4) + (+7)
b) (−4) + (+2) + (+9)
c) (−9) + (−3) + (+11)
d) [(−3) + (+2)] + (+5)
e) (−5) + [(−3) + (+6)]
f) (+9) + [(−3) + (+4)]
g) [(−2) + (+3)] + [(+3) + (+2)]
h) [(−1) + (+2)] + [(−3) + (+5)]
i) [(+7) + (−2) + (−4)] + (+3)

4. a) 195 + (−37) + (−63)
b) (−571) + (−271) + 571
c) 4,7 + (−1,8) + 6,8 + (−4,7)
d) (−3,1) + 1,4 + (−9,4) + 6,1
e) $\left(-\frac{1}{3}\right) + \frac{1}{2} + \left(-\frac{6}{9}\right)$
f) $\frac{3}{4} + \left(-\frac{5}{8}\right) + \left(-\frac{1}{2}\right)$
g) $\left(-\frac{4}{5}\right) + \frac{1}{4} + \left(-\frac{7}{10}\right)$
h) $\frac{3}{5} + (-3{,}1) + 1\frac{1}{2}$
i) $(-0{,}125) + (-0{,}75) + \frac{7}{8}$
j) $0{,}5 + \frac{2}{3} + (-1{,}5)$

5. Welche Zahl musst du für ■ einsetzen, damit die Aussage richtig ist? Begründe.
a) $(-9{,}846) + ■ = 16{,}07 + (-9{,}846)$
b) $(-4{,}9) + ■ + 8\frac{1}{2} = 8\frac{1}{2} + (-4{,}9) + \left(-\frac{1}{3}\right)$

6. Versuche, das Assoziativgesetz an einem Sachverhalt zu begründen.

Das kann ich noch!

A) Berechne.
1) $\frac{1}{2} + \frac{2}{3}$
2) $\frac{2}{3} - \frac{1}{2}$
3) $\frac{1}{2} \cdot \frac{2}{3}$
4) $\frac{1}{2} : \frac{2}{3}$
5) $\left(\frac{2}{3}\right)^4$
6) $1\frac{1}{2} + \frac{3}{4}$
7) $1\frac{1}{2} - \frac{3}{4}$
8) $1\frac{1}{2} \cdot \frac{3}{4}$

Ebbe und Flut

Das Leben an der Nordseeküste wird von den Gezeiten bestimmt, wobei sich Hoch- und Niedrigwasser regelmäßig abwechseln. Das Ansteigen des Wassers heißt Flut, das Ablaufen Ebbe. Die Differenz zwischen den Wasserständen bei Hoch- und Niedrigwasser bezeichnet man als Tidenhub. Entlang der Küsten werden die Wasserstände an vielen Pegelanlagen kontinuierlich gemessen und aufgezeichnet.

1. Für den Pegel Pellworm gilt: Das mittlere Hochwasser liegt 6,40 m über dem Pegelnullpunkt (PNP).

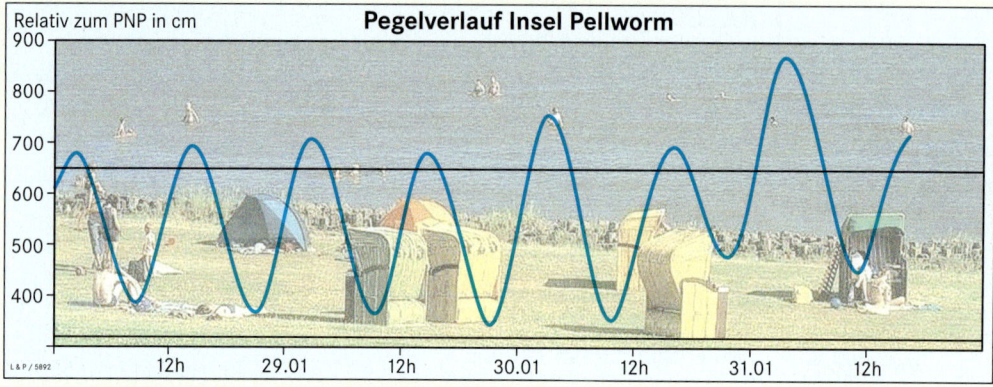

   a) Vergleiche das mittlere Hochwasser mit den hier aufgezeichneten Wasserständen.
   b) Was lässt sich darüber hinaus über den Verlauf der Gezeiten aus der hier abgebildeten Pegelaufzeichnung ablesen? (Zum Beispiel: mittlerer Wasserstand, Tidenhub, Dauer von Ebbe und Flut, …)

2. Für die Bewohner von Halligen sind die Gezeiten von besonderer Bedeutung. Halligen haben nur flache Sommerdeiche und werden deshalb bei besonders starken Fluten (Sturmfluten) überspült. Dann herrscht „Landunter" und nur noch die Häuser schauen aus dem Wasser. Sie stehen alle auf kleinen Hügeln, den Warften. Beschreibe anhand der Fotos, welche Auswirkungen die Gezeiten auf das Leben der Halligbewohner haben. Denke auch an die Schifffahrt.

Im Blickpunkt

3. Auch für die Schifffahrt im Wattenmeer spielen die Gezeiten eine große Rolle, da sich die Wassertiefe mit Ebbe und Flut ständig ändert. Das Wattenmeer ist so flach, dass manche Bereiche nur bei Hochwasser überspült werden; an anderen Stellen liegt der Meeresgrund auch bei Niedrigwasser noch einige Meter unter dem Wasserspiegel. Diese Informationen sind für die Schifffahrt extrem wichtig und deshalb in allen Seekarten eingetragen. Als Bezugspunkt dient bei Seekarten nicht wie bei Landkarten Normalnull (NN), sondern Seekartennull (SKN). Dies ist der niedrigst mögliche Gezeitenstand.

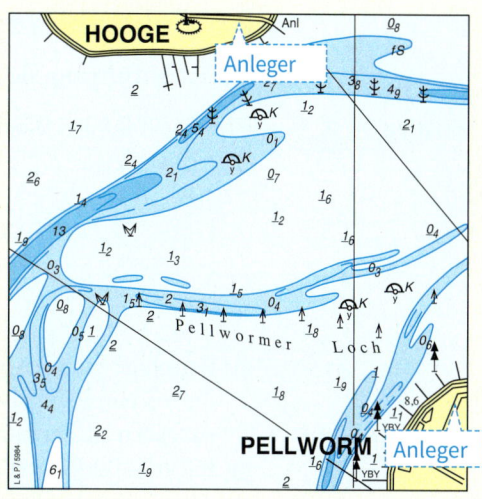

2_1 in der Seekarte bedeutet: Hier liegt der Meeresgrund 2,1 m unter SKN.
Dagegen bedeutet $\underline{2}_1$, der Meeresgrund liegt 2,1 m über SKN.
Um herauszufinden, wie tief das Wasser ist, muss man zusätzlich im Tidenkalender nachschauen, wie hoch der Wasserstand an diesem Ort bei mittlerem Niedrigwasser und bei mittlerem Hochwasser ist.
Die folgende Tabelle zeigt einen Ausschnitt aus dem Tidenkalender.

Ort	MHW		MTH	MNW	
	NN	SKN		NN	SKN
Hooge, Anleger	1,4	3,5	2,8	-1,4	0,7

(MHW: mittleres Hochwasser, MTH: mittlerer Tidenhub, MNW: mittleres Niedrigwasser)

a) Entnimm der Seekarte, welche Bereiche niemals trocken fallen und wo man bei mittlerem Niedrigwasser laufen könnte.
b) Welchen Tiefgang darf ein Boot haben, mit dem man bei Hochwasser auf direktem Wege vom Anleger Pellworm zum Anleger Hooge fahren kann?
c) Eine Gruppe Seekajakfahrer möchte drei Stunden nach Niedrigwasser vom Anleger Pellworm zum Anleger Hooge paddeln. Ein Kajak benötigt einen Wasserstand von etwa 50 cm. Welchen Weg sollte sie nehmen?

4. Da Pellworm und Hooge benachbart sind, sind die Wasserstände dort etwa gleich.
a) Ermittle die Lage der verschiedenen Nullpunkte (SKN, PNP, NN) anhand der Angaben zum mittleren Hochwasser. Zeichne eine geeignete Messlatte und trage die drei Nullpunkte maßstabsgetreu ein.
b) Die Hallig Hooge liegt nur 0,5 – 1 m über NN. Ein Sturmflutpfahl zeigt die Höhe der schwersten Sturmfluten auf der Hallig. Der bisher höchste Wasserstand auf Hooge wurde bei der Sturmflut am 3.1.1976 mit 4,44 m über NN gemessen.
Gib diesen Wasserstand bezüglich Pegelnull und bezüglich Seekartennull an. Um wie viel war er höher als das mittlere Hochwasser?

2.6 Subtrahieren rationaler Zahlen

2.6.1 Einführung der Subtraktion – Subtraktionsregel

Einstieg

Hier findet ihr drei Blöcke von Subtraktionsaufgaben.

(1) $(+3) - (+2) =$
$(+3) - (+1) =$
$(+3) - 0 =$
$(+3) - (-1) =$
$(+3) - (-2) =$
$(+3) - (-3) =$

(2) $(+2) - (+2) =$
$(+1) - (+2) =$
$0 - (+2) =$
$(-1) - (+2) =$
$(-2) - (+2) =$
$(-3) - (+2) =$

(3) $(+2) - (-1) =$
$(+1) - (-1) =$
$0 - (-1) =$
$(-1) - (-1) =$
$(-2) - (-1) =$
$(-3) - (-1) =$

a) Berechnet zunächst in dem ersten Block die blauen Aufgaben. Welche Gesetzmäßigkeit erkennt ihr von einer Aufgabe zur nächsten? Wendet diese Gesetzmäßigkeit zur Berechnung der roten Aufgaben an. Verfahrt entsprechend bei den anderen Blöcken.

b) Bildet selbst Beispiele für solche Blöcke.

c) Welche Regeln erkennt ihr für das Subtrahieren rationaler Zahlen?

Einführung

Für ein Konto liegt bei einer Bank ein Sammelauftrag aus mehreren Buchungsanweisungen vor. Die letzte Anweisung, eine Lastschrift über 20 €, ist irrtümlich ausgestellt worden.
Wie kann man diesen Irrtum bereinigen?

(1) Wenn die Buchung noch nicht ausgeführt ist, wird die Anweisung −20 € einfach von dem Sammelauftrag weggenommen.

(2) Wenn die Fehlanweisung schon gebucht ist, wird die entgegengesetzte Anweisung +20 € dem Sammelauftrag noch hinzugefügt.

Statt die Anweisung −20 € *wegzunehmen*, kann man die Gegenanweisung +20 € *hinzufügen*. Das *Wegnehmen* einer Anweisung deuten wir als *Subtrahieren*, das *Hinzufügen* als *Addieren*.
Wir erkennen: Das Subtrahieren einer Zahl bewirkt dasselbe wie das Addieren ihrer entgegengesetzten Zahl.

Aufgabe 1

Subtraktionsregel
Ein Sammelauftrag lautet insgesamt auf −83 €. In dem Sammelauftrag ist irrtümlich eine Lastschrift über 30 € enthalten. Wie lautet der neue, berichtigte Sammelauftrag?

Lösung

$(-83) - (-30) = (-83) + (+30) = -53$
Ergebnis: Der berichtigte Sammelauftrag lautet −53 €.

Information

Damit das Subtrahieren das Addieren auch für rationale Zahlen rückgangig macht, vereinbaren wir:

> **Subtraktionsregel für rationale Zahlen**
> Eine rationale Zahl subtrahieren heißt, ihre entgegengesetzte Zahl addieren.
> $(+8) - (+2) = (+8) + (-2) = +6$
> $(+3) - (-6) = (+3) + (+6) = +9$
> $(-4) - (+7) = (-4) + (-7) = -11$
> $(-5) - (-3) = (-5) + (+3) = -2$

Hier kommt das Minuszeichen in doppelter Bedeutung vor:
- als *Vorzeichen negativer Zahlen*
- als *Rechenzeichen für die Subtraktion*.

2.6 Subtrahieren rationaler Zahlen

Weiterführende Aufgaben

Zusammenhang zwischen Addition und Subtraktion

2. Beim Rechnen mit natürlichen Zahlen und mit gebrochenen Zahlen wissen wir: Das Subtrahieren einer Zahl wird durch das Addieren der Zahl rückgängig gemacht (und umgekehrt). Prüfe an selbstgewählten Beispielen, ob dies auch für rationale Zahlen und damit auch für negative Zahlen gilt.

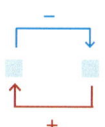

Umwandeln in eine Summe rationaler Zahlen

3. Schreibe als Summe rationaler Zahlen, berechne dann.
   (1) $12 + (-17) - (+3,8)$
   (2) $0,9 - (-1,1) - (+0,3)$
   (3) $(-6,5) - (+4,2) - (-0,9) + (-3,6)$

$$\begin{aligned} & 3 - (-5) - (+4) \\ &= 3 + (+5) + (-4) \\ &= 8 \quad\quad + (-4) \\ &= 4 \end{aligned}$$ Summe rationaler Zahlen

> Ein Term, in dem rationale Zahlen addiert oder subtrahiert werden, kann stets so umgeformt werden, dass nur Additionen vorkommen.

Übungsaufgaben

Storno (lat.)
Rückbuchung
Löschung

4. a) Rechts siehst du zwei Möglichkeiten, einen Kassenbon mit einem fehlerhaft eingetippten Betrag zu korrigieren. Vergleiche die Möglichkeiten. Schreibe auch jeweils eine Rechenaufgabe für die Korrekturmöglichkeit.
   b) Auf dem Kassenbon ist das Rückgeld für Pfand irrtümlich enthalten. Korrigiere auf zwei Weisen im Heft und schreibe jeweils die Rechenaufgabe.

5. Rechne im Kopf.
   a) $(-9) - (-3)$
   b) $(+6) - (-7)$
   c) $(-5) - (+9)$
   d) $(-12) - (+3)$
   e) $(-19) - (-12)$
   f) $(+5) - (+13)$
   g) $(-8) - (-17)$
   h) $(+5) - (+23)$
   i) $(-15) - (+9)$
   j) $(-17) - (-14)$
   k) $(+19) - (+31)$
   l) $(-12) - (-29)$
   m) $(+42) - (+15)$
   n) $(-73) - (-25)$
   o) $(-58) - (+17)$
   p) $(-234) - (+174)$
   q) $(-325) - 0$
   r) $(+218) - (-82)$
   s) $(+8,3) - (-2,5)$
   t) $(-4,3) - (-12,8)$
   u) $(-15,4) - (+18,2)$
   v) $\left(+\frac{2}{5}\right) - \left(-\frac{1}{5}\right)$
   w) $\left(-\frac{7}{8}\right) - \left(+\frac{3}{4}\right)$

> Erinnere dich:
> Bei positiven Zahlen kann man das Vorzeichen und die Zahlklammern weglassen.

6. Wende die Subtraktionsregel an.
   a) $(+765) - (+235)$
   b) $(+254) - (-310)$
   c) $(-561) - (+127)$
   d) $(-876) - (-161)$
   e) $(+56,7) - (-88,6)$
   f) $(-45,9) - (+95,4)$
   g) $(-16,2) - (-62,1)$
   h) $(+30,2) - (-92,8)$
   i) $15,8 - 21,45$
   j) $(-0,306) - (-15,11)$
   k) $300 - (-4,862)$
   l) $43,85 - 85,43$
   m) $\left(+\frac{2}{7}\right) - \left(+\frac{6}{7}\right)$
   n) $\left(-\frac{3}{4}\right) - \left(+\frac{7}{8}\right)$
   o) $\left(-\frac{5}{6}\right) - \left(-\frac{4}{9}\right)$

7. Subtrahiert man eine gebrochene Zahl von einer anderen, so wird diese verkleinert. Prüfe an Zahlenbeispielen, ob das auch bei rationalen Zahlen so ist.

8. Schreibe die Summe als Differenz.
   a) $(+20) + (-14)$
   b) $(-11) + (-30)$
   c) $-8 + 12$
   d) $-11 + 9$
   e) $-27 + 0$
   f) $0 + 29$

   $(+7) + (-3) = (+7) - (+3)$

Spiel

9. Ein Spieler beginnt, indem er eine Zahl nennt, die sich als Differenz oder Summe zweier Zahlen von der Pinnwand rechts bilden lässt. Der Spieler, der die dazu gehörige Aufgabe als Erster findet, erhält einen Punkt und nennt die nächste Zahl.

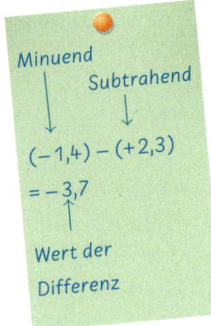

10. a) Der Minuend ist 12,5; die Differenz hat den Wert 8,7. Wie lautet der Subtrahend?
    b) Der Subtrahend ist 4,5; die Differenz hat den Wert −1,9. Wie lautet der Minuend?
    c) Die Summe hat den Wert −9,4; der erste Summand ist 4,9. Wie heißt der zweite Summand?
    d) Die Summe ist 0; einer der beiden Summanden ist $-5\frac{1}{2}$. Wie heißt der andere?

11. a) Beginne mit der Zahl 2,5. Subtrahiere die Zahl 1,7 so lange, bis das Ergebnis eine ganze Zahl ist. Gib diese Zahl an.
    b) Beginne mit der Zahl −9,7. Subtrahiere die Zahl −2,8 so lange, bis das Ergebnis größer als 5 ist. Gib das Ergebnis an.

12. Schreibe als Summe und berechne.
    a) $(-4)-(+12)-(-8)$
    b) $2,5-(-1,3)+(-8,1)$
    c) $4,25-(-2,75)-6,39+(-1,61)$
    d) $\left(-\frac{1}{2}\right)-\left(-\frac{1}{4}\right)-\frac{3}{5}-\left(-\frac{7}{10}\right)$

13. a) Setze bei den Aufgaben rechts das passende Rechenzeichen + oder − ein.
    b) Denke dir dann selbst solche Aufgaben aus und stelle sie deinem Nachbarn.

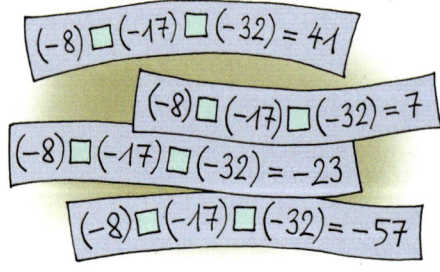

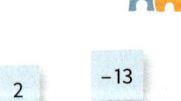

14. Bilde mit den Zahlen links eine Differenz mit möglichst großem Wert und eine mit möglichst kleinem Wert.

15. Gibt es Zahlen r und s, für die gilt: a) $|r|-|s|=|r-s|$; b) $|r-s|>|r|-|s|$?

2.6.2 Auflösen von Zahlklammern – Vereinfachen eines Terms

Einstieg

a) Einige der nebenstehenden Terme haben denselben Wert. Findest du sie, ohne die Terme zu berechnen?
b) Diskutiere mit deinem Nachbarn darüber, ob man jeden Term, in dem nur addiert und subtrahiert wird, so umformen kann, dass man ohne Zahlklammern auskommt. Begründet eure Auffassung.

2.6 Subtrahieren rationaler Zahlen

Aufgabe 1

Auflösen von Zahlklammern

$(+7,5) - (+3,2) = 7,5 - 3,2$

Du weißt: Zahlklammern und Vorzeichen darf man bei positiven Zahlen fortlassen. Dadurch lässt sich ein Term vereinfachen.
Forme die folgenden Terme mit negativen Zahlen so um, dass keine Zahlklammer mehr vorkommt, die Zahlklammer also aufgelöst wird. Begründe dein Vorgehen.
a) $9 - (-5)$
b) $9 + (-5)$

Lösung

$9 - (-5) = 9 + (+5) = 9 + 5$
Begründung: Subtrahieren von -5 bewirkt nach der Subtraktionsregel dasselbe wie das Addieren von $+5$, also von 5.

$9 + (-5) = 9 - (+5) = 9 - 5$
Begründung: Addieren von -5 bewirkt nach der Subtraktionsregel dasselbe wie das Subtrahieren von $+5$, also von 5.

Information

Einsparen von Zahlklammern
Ein Term, in dem rationale Zahlen addiert oder subtrahiert werden, kann so geschrieben werden, dass nur *positive* Zahlen addiert bzw. subtrahiert werden. Dann kann man die Zahlklammern und Vorzeichen der positiven Zahlen weglassen.
Beispiel: $(+7) + (-4,5) - (+2,1) - (-8,6)$
$= (+7) - (+4,5) - (+2,1) + (+8,6)$ ⟵ Nur noch + in den Zahlklammern
$= 7 - 4,5 - 2,1 + 8,6$

Hierbei steht vor einem Betrag jeweils nur eines der Zeichen + oder −.
Das jeweilige Zeichen kann aufgefasst werden als Rechenzeichen vor einer positiven Zahl oder als Vorzeichen einer rationalen Zahl, die addiert wird.

> **Regel über das Auflösen einer Zahlklammer**
> Beim Auflösen einer Zahlklammer setzt man
> - ein Pluszeichen, falls gleiche Zeichen nebeneinander stehen, und
> - ein Minuszeichen, falls verschiedene Zeichen nebeneinander stehen.
>
> Gleiche Zeichen, also +
> $7 + (+4) = 7 + 4$ $7 - (-4) = 7 + 4$
> $7 - (+4) = 7 - 4$ $7 + (-4) = 7 - 4$
> Verschiedene Zeichen, also −

Wir vereinbaren außerdem:
Steht eine negative Zahl am Anfang, so darf man die Klammer um die Zahl fortlassen.
Beispiel: $(-0,8) + (-7,2) + (+3) = -0,8 - 7,2 + 3 = -5$

Weiterführende Aufgaben

Vertauschen von Additions- und Subtraktionsschritten zum vorteilhaften Rechnen

2. Berechne und vergleiche. Welcher der beiden Rechenwege ist günstiger?
   a) $(-12) - (-9) + (-8)$
      $(-12) + (-8) - (-9)$
   b) $4,3 - 9,2 - 5,8 + 6,7$
      $4,3 + 6,7 - 9,2 - 5,8$

Geschickt rangieren!

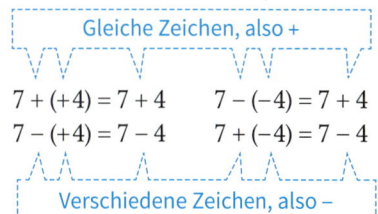

Begründe, warum man die Rechenschritte vertauschen darf. Beachte dazu die Subtraktionsregel für rationale Zahlen. Du kannst die Terme auch als eine Folge von Buchungsanweisungen deuten, die hinzugefügt oder weggenommen werden.

Aufeinander folgende Additions- und Subtraktionsschritte darf man vertauschen. Dabei ändert sich der Wert des Terms nicht.
Denke dir rationale Zahlen anstelle von a, b und c. Stets gilt:

a + b − c = a − c + b   a − b − c = a − c − b

Beispiele: (+2) + (−3) − (−7) = (+2) − (−7) + (−3)
(+7) − (−2) − (+6) = (+7) − (+6) − (−2)
5 − 7 + 3 − 1 = 5 + 3 − 1 − 7

Unterscheidung zwischen Vorzeichen und Rechenzeichen beim Taschenrechner

3. Berechne mit einem Taschenrechner (−3) − (−5).
   Worauf musst du bei der Eingabe achten?

Die meisten Taschenrechner unterscheiden beim Minuszeichen zwischen Vorzeichen und Rechenzeichen. Auf die Eingabe von Zahlklammern kann man daher verzichten. Unterscheidet man bei der Eingabe nicht zwischen Vorzeichen und Rechenzeichen, so erhält man Fehleranzeigen.
Das Vorzeichen + muss bei der Eingabe in den Taschenrechner weggelassen werden.

Übungsaufgaben

4. Löse die Zahlklammern auf und begründe die Umformung. Berechne dann.
   a) 19 − (−4)
   b) −43 − (−18)
   c) 78 + (−84)
   d) −20 + (−31)
   e) 12 − (+19)
   f) −14 − (−12) + (−13)
   g) (−84) + (+9) − (−2)
   h) 31 + (−19) − (+24)
   i) 28 − (+12) + (−42)

5. Schreibe ausführlich als Summe und berechne.
   a) 3 − 5
   b) −11 + 7
   c) −9 − 13
   d) 9 − 13 + 11
   e) −9 + 5 − 3
   f) −6 − 5 − 13
   g) 1 − 2 + 3 − 4
   h) −1 + 2 + 3 − 4

6. Vereinfache die Schreibweise und berechne.
   a) 36 + (−19)
   b) 24 + (−70)
   c) 11 − (+83)
   d) −8,5 + (−4,5)
   e) 12,3 + (−15,4)
   f) 21,8 − (+28,1)
   g) 44 − (+35) − 20
   h) 59 + (−81) + 34
   i) −16 − (−63) − 17
   j) 3,5 − (−7,5) − 14,1
   k) −8,2 − (+9,7) + 17,9
   l) 0 + (−24,6) + 26,4

7. Begründe durch Umwandlung in eine Summe: −8 + 5 − 12 − 13 + 15 = 5 + 15 − 8 − 12 − 13

8. Niklas und Anna kommen zu unterschiedlichen Ergebnissen. Wer hat richtig gerechnet? Erkläre, worin der Fehler besteht.

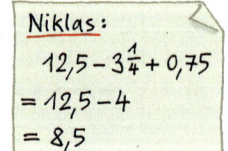

9. Rechne vorteilhaft.
   a) 86 − 39 + 14 − 11
   b) −4,8 + 3,5 − 3,2 + 6,5
   c) 3,12 − 3,38 − 4,52 + 2,78
   d) −12,3 + 8,8 − 5,6 − 3,7 + 1,2 − 4,4
   e) $-\frac{3}{8} + \frac{2}{5} - \frac{5}{8} - \frac{6}{7} + \frac{3}{5}$
   f) $-\frac{1}{2} + \frac{3}{5} + \frac{1}{4} + \frac{6}{15} - \frac{3}{8}$

2.7 Multiplizieren rationaler Zahlen

2.7.1 Einführung der Multiplikation – Multiplikationsregel

Einstieg

An den folgenden Aufgaben könnt ihr erarbeiten, wie man rationale Zahlen multipliziert.

(1) $(+3{,}5) \cdot (+3) =$	(2) $(+3) \cdot (+1{,}5) =$	(3) $(+2{,}5) \cdot (+3) =$	(4) $(-2{,}5) \cdot (+3) =$
$(+2{,}5) \cdot (+3) =$	$(+2) \cdot (+1{,}5) =$	$(+2{,}5) \cdot (+2) =$	$(-2{,}5) \cdot (+2) =$
$(+1{,}5) \cdot (+3) =$	$(+1) \cdot (+1{,}5) =$	$(+2{,}5) \cdot (+1) =$	$(-2{,}5) \cdot (+1) =$
$(+0{,}5) \cdot (+3) =$	$0 \cdot (+1{,}5) =$	$(+2{,}5) \cdot 0 =$	$(-2{,}5) \cdot 0 =$
$(-0{,}5) \cdot (+3) =$	$(-1) \cdot (+1{,}5) =$	$(+2{,}5) \cdot (-1) =$	$(-2{,}5) \cdot (-1) =$
$(-1{,}5) \cdot (+3) =$	$(-2) \cdot (+1{,}5) =$	$(+2{,}5) \cdot (-2) =$	$(-2{,}5) \cdot (-2) =$
$(-2{,}5) \cdot (+3) =$	$(-3) \cdot (+1{,}5) =$	$(+2{,}5) \cdot (-3) =$	$(-2{,}5) \cdot (-3) =$

a) Berechnet zunächst in dem ersten Block die blauen Aufgaben. Welche Gesetzmäßigkeit erkennt ihr von einer Aufgabe zur nächsten? Wendet diese Gesetzmäßigkeit zur Berechnung der roten Aufgaben an. Verfahrt entsprechend bei den anderen Blöcken.
b) Bildet selbst Beispiele für solche Blöcke.
c) Welche Regeln erkennt ihr für das Multiplizieren rationaler Zahlen?

Einführung

(1) Der zweite Faktor ist positiv

Um eine allgemeine Regel für das Multiplizieren rationaler Zahlen zu erarbeiten, unterscheiden wir zwei Fälle. Zunächst betrachten wir nur den Fall, dass der zweite Faktor des Produkts positiv ist. Ramin spendet einem Tierschutzverein vierteljährlich einen Betrag von 2,50 €, der von seinem Konto abgebucht wird. Wie viel Euro werden dafür im Jahr insgesamt von seinem Konto abgebucht?

Wir können auf zwei Weisen rechnen:

durch Addieren: $(-2{,}50) + (-2{,}50) + (-2{,}50) + (-2{,}50) = -10$;
durch Multiplizieren: $(-2{,}5) \cdot 4 = -10$

Beide Rechnungen können wir an der Zahlengeraden veranschaulichen:

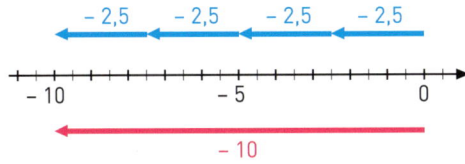

4 Pfeile für −2,5 werden aneinander gelegt.

Die Länge des Pfeils wird vervierfacht. Oder auch: Der Pfeil für −2,5 wird mit dem Faktor 4 gestreckt.

> Der erste Faktor von $(-2{,}5) \cdot 4$ wird als Pfeil dargestellt.

> Der zweite Faktor, die 4, gibt die Veränderung des Pfeiles an.

> **Erster Faktor:** Pfeil
> **Zweiter Faktor:** Veränderung des Pfeils
> Das Strecken mit einem positiven Faktor kleiner als 1 nennt man auch Stauchen.

Anschauliche Deutung des Multiplizierens einer rationalen Zahl mit einer positiven Zahl

Das Multiplizieren einer beliebigen Zahl mit einer *positiven* Zahl entspricht einem Strecken des Pfeils für die beliebige Zahl mit der positiven Zahl.
Beispiel: $(-8) \cdot 2{,}5 = -20$

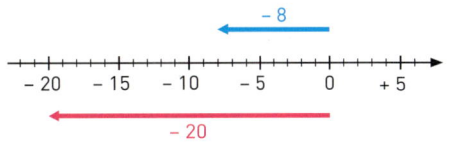

Für $(-8) \cdot \frac{3}{4} = -6$ gilt:
Der Pfeil wird auf drei Viertel seiner Länge verkürzt (gestaucht). Wir sagen auch:
Der Pfeil für −8 wird mit dem Faktor $\frac{3}{4}$ gestreckt.

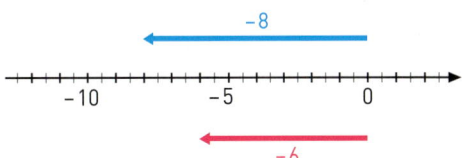

(2) Der zweite Faktor ist negativ

Es gilt: $(-2) \cdot (+3,5) = -7$. Was aber bedeutet $(+3,5) \cdot (-2)$?

Dazu vereinbaren wir: Das Kommutativgesetz soll auch für die Multiplikation rationaler Zahlen gelten: $(+3,5) \cdot (-2) = (-2) \cdot (+3,5) = -7$.

Auch bei der Multiplikationsaufgabe $(+3,5) \cdot (-2)$ wollen wir den ersten Faktor $(+3,5)$ als Pfeil darstellen und den zweiten Faktor (-2) als Veränderung dieses Pfeils.

Wie erhält man dann an der Zahlengeraden aus dem Pfeil für $+3,5$ den Pfeil für -7?

Der Pfeil für $+3,5$ wird zunächst mit dem Faktor 2 gestreckt und dann am Nullpunkt gespiegelt (umgewendet).

Wir sagen kurz: Es wird ein Strecken am Nullpunkt mit Richtungsumkehr durchgeführt.

Wir setzen daher fest:

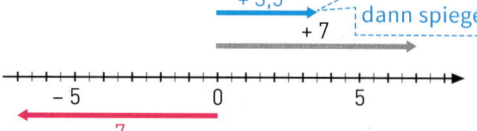

Erst strecken, dann spiegeln.

> **Spiegeln am Nullpunkt bedeutet Richtungsumkehr bzw. Vorzeichenwechsel.**

Anschauliche Deutung des Multiplizierens einer rationalen Zahl mit einer negativen Zahl

Das Multiplizieren einer beliebigen Zahl mit einer negativen Zahl entspricht einem *Strecken mit Richtungsumkehr* des Pfeils für die beliebige Zahl mit dem Betrag der negativen Zahl.

Beispiel: $(+1,5) \cdot (-3) = -4,5$

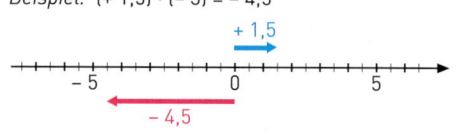

Mit dieser Deutung kann man auch das Produkt von zwei negativen Zahlen erhalten:

$(-1,5) \cdot (-2) = +3$

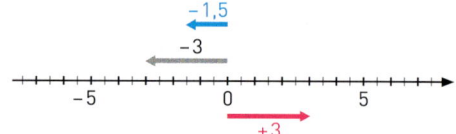

Als Pfeil zeichnen | Strecken mit 2 und Richtungsumkehr

Information

(1) Regel für das Multiplizieren rationaler Zahlen

Man multipliziert zwei rationale Zahlen, indem man ihre Beträge miteinander multipliziert und das Vorzeichen nach folgender Regel setzt:
Bei gleichen Vorzeichen der Faktoren ist das Produkt positiv, bei verschiedenen Vorzeichen ist das Produkt negativ.
Außerdem gilt: Ist ein Faktor 0, dann ist das Produkt 0.
Beispiel: $(-2,5) \cdot 0 = 0$

Beispiele:
$(+2,5) \cdot (+4) = +(2,5 \cdot 4) = +10$
$(-2,5) \cdot (-4) = +(2,5 \cdot 4) = +10$
$(+2,5) \cdot (-4) = -(2,5 \cdot 4) = -10$
$(-2,5) \cdot (+4) = -(2,5 \cdot 4) = -10$

> plus mal plus ergibt plus
> minus mal minus ergibt plus
> plus mal minus ergibt minus
> minus mal plus ergibt minus

(2) Begründung der Multiplikationsregel für rationale Zahlen

- Die Multiplikation der Beträge der beiden Zahlen ergibt sich aus der anschaulichen Bedeutung der Multiplikation als Streckung (gegebenenfalls mit Richtungsumkehr).
- Das Vorzeichen ergibt sich so: Ist der zweite Faktor positiv, so findet nur eine Streckung statt. Das Vorzeichen des ersten Faktors bleibt bestehen.
Ist der zweite Faktor negativ, so findet außerdem noch eine Spiegelung am Nullpunkt statt. Das Vorzeichen des ersten Faktors wird geändert.

2.7 Multiplizieren rationaler Zahlen

Weiterführende Aufgaben

Multiplikation mit (−1)

1. Multipliziere verschiedene rationale Zahlen mit (−1). Was stellst du fest? Begründe auch.

> Die Multiplikation einer rationalen Zahl mit (−1) ergibt deren entgegengesetzte Zahl.
> Es ist üblich, die Multiplikation mit (−1) durch ein vorgesetztes Minuszeichen abzukürzen.
>
> *Beispiele:* −(−7) = (−1) · (−7) = +7 ist die entgegengesetzte Zahl zu −7
> −(+5) = (−1) · (+5) = −5 ist die entgegengesetzte Zahl zu +5

Potenzen mit rationalen Zahlen als Basis

2. Du weißt: Eine Potenz ist ein Produkt aus gleichen Faktoren. Dabei ist die Basis (die Grundzahl) der mehrfach auftretende Faktor.
Der Exponent (die Hochzahl) gibt an, wie oft der gleiche Faktor vorkommt.
Wie für natürliche Zahlen gilt auch für negative Zahlen als Basis:
$(-7)^0 = 1 \quad (-7)^1 = -7$

> $(-2)^4 = (-2) \cdot (-2) \cdot (-2) \cdot (-2) = 16$
>
> Potenz $\quad (-2)^4 \quad = 16$
>
> Basis (Grundzahl) — Exponent (Hochzahl) — Wert der Potenz

a) Schreibe als Produkt und berechne.

(1) $(-2)^5$; $(-6)^2$; $(+5)^4$ (2) $(-0{,}5)^3$; $(-1{,}5)^3$; $(-1)^7$ (3) $(-1)^6$; 0^4; $\left(-\frac{2}{3}\right)^2$; $(-2)^0$

b) Schreibe als Potenz und berechne.

(1) $(-3) \cdot (-3) \cdot (-3) \cdot (-3) \cdot (-3)$ (2) $\left(+\frac{2}{7}\right) \cdot \left(+\frac{2}{7}\right) \cdot \left(+\frac{2}{7}\right)$ (3) $(-1{,}5) \cdot (-1{,}5)$

Übungsaufgaben

3. Deute an der Zahlengeraden. Rechne auch.

a) $(+2{,}5) \cdot (+3)$ b) $(-1{,}5) \cdot (+4)$ c) $(-4) \cdot (+0{,}5)$ d) $(-6) \cdot \left(+\frac{2}{3}\right)$

4. Deute an der Zahlengeraden. Rechne auch.

a) $(+1{,}5) \cdot (-4)$ b) $(+4) \cdot (-1{,}5)$ c) $(-2{,}5) \cdot (-4)$ d) $(-7{,}5) \cdot \left(-\frac{1}{3}\right)$

5. Der blaue Pfeil ist in den roten Pfeil übergegangen. Beschreibe die Veränderung. Notiere dann eine Gleichung.

a)
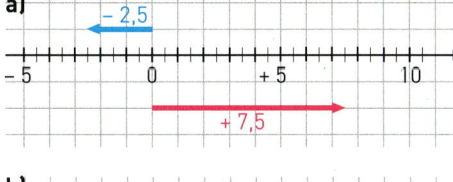

c)
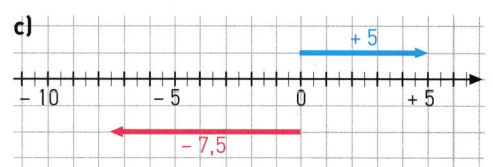

b)
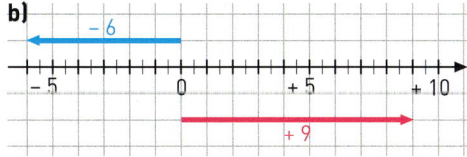

d)
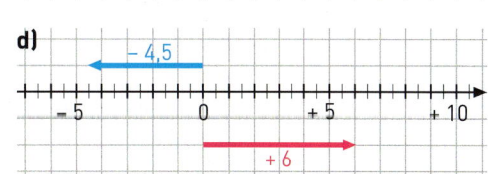

6. a) $(-4)\cdot(+7)$ b) $(-3{,}5)\cdot(-2)$ c) $(-1{,}7)\cdot(+3)$ d) $(+0{,}5)\cdot(+0{,}2)$
   $(+4)\cdot(-7)$ $(+3{,}5)\cdot(+2)$ $(+1{,}7)\cdot(-3)$ $(-0{,}5)\cdot(+0{,}2)$
   $(+4)\cdot(+7)$ $(-3{,}5)\cdot(+2)$ $(-1{,}7)\cdot(-3)$ $(+0{,}5)\cdot(-0{,}2)$
   $(-4)\cdot(-7)$ $(+3{,}5)\cdot(-2)$ $(+1{,}7)\cdot(+3)$ $(-0{,}5)\cdot(-0{,}2)$

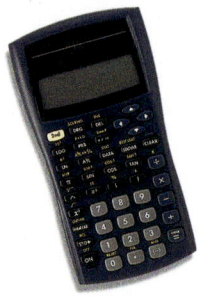

Erinnere dich: Bei positiven Zahlen kann man das Vorzeichen und die Zahlklammern weglassen.

7. a) $\left(-\frac{2}{3}\right)\cdot\left(-\frac{3}{4}\right)$ b) $\left(+\frac{1}{3}\right)\cdot\left(-\frac{2}{7}\right)$ c) $\frac{3}{4}\cdot\left(-\frac{12}{21}\right)$ d) $\left(-\frac{1}{2}\right)\cdot(-2)$
   $\left(+\frac{2}{3}\right)\cdot\left(-\frac{3}{4}\right)$ $\left(+\frac{2}{9}\right)\cdot\left(-\frac{3}{4}\right)$ $\frac{7}{4}\cdot\left(-\frac{20}{49}\right)$ $\frac{1}{3}\cdot(-6)$
   $\left(-\frac{2}{3}\right)\cdot\left(+\frac{3}{4}\right)$ $\left(+\frac{7}{9}\right)\cdot\left(-\frac{1}{2}\right)$ $\frac{14}{33}\cdot\left(-\frac{121}{98}\right)$ $\left(-\frac{4}{7}\right)\cdot(-14)$
   $\left(+\frac{2}{3}\right)\cdot\left(+\frac{3}{4}\right)$ $\left(+\frac{5}{8}\right)\cdot\left(-\frac{2}{15}\right)$ $\frac{24}{65}\cdot\left(-\frac{91}{60}\right)$ $\left(-\frac{3}{4}\right)\cdot 28$

8. a) Führe die Berechnung von $(-1{,}2)\cdot\left(+\frac{3}{4}\right)$ auf den drei angegebenen Wegen durch.
   b) Berechne möglichst geschickt.
   (1) $(-3{,}5)\cdot\left(+\frac{3}{5}\right)$ (5) $\left(-\frac{9}{2}\right)\cdot(-0{,}5)$
   (2) $(+0{,}16)\cdot\left(-\frac{5}{8}\right)$ (6) $\left(-\frac{13}{4}\right)\cdot(-0{,}2)$
   (3) $(-0{,}36)\cdot\left(+\frac{2}{3}\right)$ (7) $\left(-\frac{3}{5}\right)\cdot(-2{,}25)$
   (4) $(-4{,}9)\cdot\left(-\frac{4}{7}\right)$ (8) $\left(-\frac{3}{8}\right)\cdot 0$

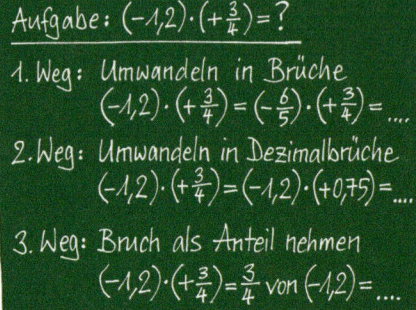

Aufgabe: $(-1{,}2)\cdot\left(+\frac{3}{4}\right) = ?$
1. Weg: Umwandeln in Brüche
$(-1{,}2)\cdot\left(+\frac{3}{4}\right) = \left(-\frac{6}{5}\right)\cdot\left(+\frac{3}{4}\right) = \ldots$
2. Weg: Umwandeln in Dezimalbrüche
$(-1{,}2)\cdot\left(+\frac{3}{4}\right) = (-1{,}2)\cdot(+0{,}75) = \ldots$
3. Weg: Bruch als Anteil nehmen
$(-1{,}2)\cdot\left(+\frac{3}{4}\right) = \frac{3}{4}$ von $(-1{,}2) = \ldots$

c) Erfinde je eine Aufgabe, für die der 1. Weg, der 2. Weg, der 3. Weg am günstigsten ist.

9. Carolina möchte die Aufgabe $3517\cdot(-348)$ mit ihrem Taschenrechner berechnen. Untersuche, welche der folgenden Eingaben bei deinem Taschenrechner korrekt ist.

   `3517*-348`   `3517*(-348)`   `3517* -348`

10. Ein Partner überschlägt die Aufgabe im Kopf, der zweite berechnet sie mit dem Taschenrechner. Vergleicht die Ergebnisse und wechselt euch nach jedem Aufgabenblock ab.
    a) $(-2{,}35)\cdot(-6{,}97)$ d) $(-6{,}73)\cdot(-2{,}1)$ g) $(-374)\cdot 194$ j) $(-3{,}85)\cdot 6{,}67$
    b) $(-7{,}34)\cdot 2{,}8$ e) $(-14{,}9)\cdot 0$ h) $(-354)\cdot(-891)$ k) $(-74{,}3)\cdot 0$
    c) $21{,}5\cdot 1{,}93$ f) $2{,}17\cdot(-3{,}49)$ i) $(-44{,}7)\cdot(-7{,}49)$ l) $7{,}96\cdot(-6{,}95)$

11. In welchem Bereich liegt das Ergebnis? Überlege im Kopf.
    a) $(-3{,}7)\cdot(+0{,}01)$ b) $\left(+10\tfrac{2}{3}\right)\cdot\left(-\tfrac{8}{5}\right)$ c) $\left(-\tfrac{1}{10}\right)\cdot\left(-\tfrac{11}{9}\right)$

    (Zahlenstrahl mit Bereichen A, B, C, D bei -1, 0, $+1$)

12. Schreibe die vorgegebene Zahl auf vier Weisen als Produkt.
    a) 36 b) -36 c) 2 d) -2 e) $\frac{1}{8}$ f) $-\frac{1}{8}$ g) $\frac{1}{3}$ h) $-\frac{1}{3}$

13. a) $-(+2)$ b) $-\left(-\frac{2}{3}\right)$ c) $-(-1)$ d) $-(-0)$ e) $-\left(-\frac{1}{3}\right)$ f) $-(-(-7))$

14. a) $-\big((-23)+(-43)\big)$ c) $-[(-12)\cdot 3]$ e) $-\big[-\big((-2{,}4)+(-1{,}7)\big)\big]$
    b) $-\big((+27)-(-86)\big)$ d) $-[-17\cdot(-4)]$ f) $-(-2{,}3)\cdot\big[(-3{,}5)\cdot(-(-1{,}4))\big]$

2.7 Multiplizieren rationaler Zahlen

15. Jetzt kennst du drei verschiedene Bedeutungen für das Minuszeichen:
- als Vorzeichen einer Zahl
- als Rechenzeichen für die Subtraktion
- als Zeichen für das Bilden der entgegengesetzten Zahl

a) Schreibe für jede Bedeutung einen Term, in dem nur ein Minuszeichen vorkommt.
b) Schreibe einen Term, in dem das Minuszeichen in jeder Bedeutung einmal vorkommt.

16. Schreibe als Potenz. Berechne auch den Wert der Potenz.
a) $(-1) \cdot (-1) \cdot (-1) \cdot (-1) \cdot (-1) \cdot (-1) \cdot (-1) \cdot (-1)$
b) $(-10) \cdot (-10) \cdot (-10) \cdot (-10) \cdot (-10) \cdot (-10) \cdot (-10)$
c) $(-0{,}1) \cdot (-0{,}1) \cdot (-0{,}1) \cdot (-0{,}1) \cdot (-0{,}1)$
d) $(-4) \cdot (-4) \cdot (-4) \cdot (-4) \cdot (-4)$
e) $\left(-\frac{1}{3}\right) \cdot \left(-\frac{1}{3}\right) \cdot \left(-\frac{1}{3}\right)$
f) $\left(+\frac{2}{5}\right) \cdot \left(+\frac{2}{5}\right) \cdot \left(+\frac{2}{5}\right)$

17. Anna und Lukas sind verschiedener Meinung. Erklärt beiden, wer Recht hat.

18.
a) $(-3)^4$
b) -3^4
c) $(+7)^3$
d) $(-2)^7$
e) -2^7
f) $(+2)^0$
g) $(-6)^1$
h) 0^{12}
i) $(-0{,}2)^5$
j) $(-0{,}3)^0$
k) $-2{,}5^2$
l) $\left(-\frac{1}{2}\right)^6$

19. Julian wollte -35 mit 6 potenzieren. Das Ergebnis des Taschenrechners überrascht ihn. Was meinst du dazu?

`-35^6`
`-1838265625`

20. Entscheide, ob die Aussage falsch oder richtig ist. Begründe.
a) $(-9)^{75}$ ist negativ
b) -47^{28} ist positiv
c) $(-91)^{21} > 0$
d) $(-276)^{48} < 0$
e) $(-715)^{39} > 0^5$
f) $(-23)^5 < (-34)^5$
g) $(-12)^6 < (-17)^6$
h) $(-15)^4 < (-15)^6$

21. Entscheide, ob falsch oder richtig. Begründe.
a) Eine Potenz mit ungeradem Exponenten ist stets negativ.
b) Eine Potenz mit geradem Exponenten ist stets positiv.
c) Ist eine Potenz negativ, so ist der Exponent ungerade.
d) Ist eine Potenz positiv, so ist der Exponent gerade.
e) Keine Potenz mit der Basis 0 ist negativ.

22. Multipliziere nebeneinander stehende Zahlen. Schreibe das Ergebnis im Heft in das Feld über den beiden Zahlen.

a)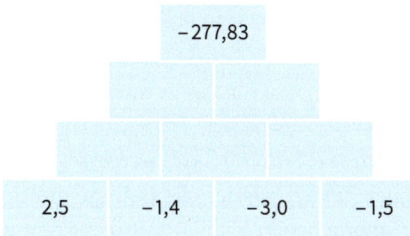

b)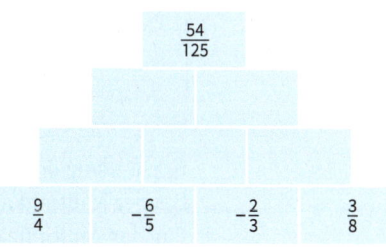

2.7.2 Rechengesetze der Multiplikation

Einstieg Ronja und Robin haben eine Aufgabe gelöst. Vergleicht ihre Wege und erläutert ihr Vorgehen.

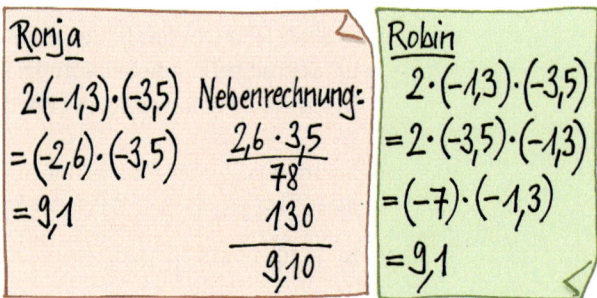

Aufgabe 1 Wie kannst du ohne viel zu rechnen die Aufgaben rechts im Kopf vorteilhaft lösen? Welche Rechengesetze wendest du dabei an?

(1) $\left(-\dfrac{3}{37}\right) \cdot \dfrac{5}{2} \cdot \left(-\dfrac{37}{9}\right)$

(2) $\dfrac{7}{19} \cdot \left(-\dfrac{43}{17}\right) \cdot \left(-\dfrac{34}{43}\right)$

Lösung Eigentlich müsste man die Terme von links nach rechts berechnen. Günstiger ist folgendes Vorgehen:

(1) $\left(-\dfrac{3}{37}\right) \cdot \dfrac{5}{2} \cdot \left(-\dfrac{37}{9}\right)$

$= \left(-\dfrac{3}{37}\right) \cdot \left(-\dfrac{37}{9}\right) \cdot \dfrac{5}{2}$ ⟵ Vertausche den 2. und den 3. Faktor.

$= \dfrac{\cancel{3} \cdot \cancel{37}}{\cancel{37} \cdot \cancel{9}} \cdot \dfrac{5}{2}$

$= \dfrac{5}{3 \cdot 2} = \dfrac{5}{6}$

Es wurde das Kommutativgesetz (Vertauschungsgesetz) der Multiplikation angewandt.

(2) $\dfrac{7}{19} \cdot \left(-\dfrac{43}{17}\right) \cdot \left(-\dfrac{34}{43}\right)$

$= \dfrac{7}{19} \cdot \left[\left(-\dfrac{43}{17}\right) \cdot \left(-\dfrac{34}{43}\right)\right]$ ⟵ Rechne nicht von links nach rechts.

$= \dfrac{7}{19} \cdot \left(+\dfrac{\cancel{43} \cdot \cancel{34}}{\cancel{17} \cdot \cancel{43}}\right)$

$= \dfrac{7}{19} \cdot \dfrac{2}{1} = \dfrac{14}{19}$

Es wurde das Assoziativgesetz (Verbindungsgesetz) der Multiplikation angewandt.

Information Kommutativgesetz und Assoziativgesetz der Multiplikation für rationale Zahlen
Diese Gesetze gelten nicht nur für gebrochene Zahlen, sondern auch für rationale Zahlen.

> **Kommutativgesetz (Vertauschungsgesetz) für die Multiplikation**
> In einem Produkt darf man die Faktoren vertauschen. Der Wert des Produktes ändert sich dabei nicht.
> Denke dir rationale Zahlen anstelle von a und b. Stets gilt:
> **a · b = b · a**
> *Beispiel:* $(-4) \cdot (+6) = (+6) \cdot (-4)$

Begründung des Kommutativgesetzes (Vertauschungsgesetzes)
Bei der Multiplikation rationaler Zahlen werden die Beträge multipliziert.
Für das Multiplizieren dieser gebrochenen Zahlen gilt das Kommutativgesetz.
Außerdem ändert sich beim Vertauschen das Vorzeichen im Ergebnis nicht.

	+	−
+	+	−
−	−	+

2.7 Multiplizieren rationaler Zahlen

> **Assoziativgesetz (Verbindungsgesetz) für die Multiplikation**
> In einem Produkt aus drei Faktoren darf man Klammern beliebig setzen oder auch weglassen.
> Der Wert des Produktes ändert sich dabei nicht.
> Denke dir rationale Zahlen anstelle von a, b, c. Stets gilt:
> **(a · b) · c = a · (b · c)**
> Daher kann man die Klammern auch weglassen: **a · b · c**
> *Beispiel:* $[(+2) \cdot (-3)] \cdot (+5) = +2 \cdot [(-3) \cdot (+5)] = (+2) \cdot (-3) \cdot (+5)$

Begründung des Assoziativgesetzes (Verbindungsgesetzes)
Beim Multiplizieren dreier rationaler Zahlen werden die Beträge multipliziert. Für die Multiplikation dieser gebrochenen Zahlen gilt das Assoziativgesetz. Das Vorzeichen des Produktes hängt nur von den Vorzeichen der Faktoren ab, nicht aber davon, wie die Faktoren durch Klammern verbunden sind.

Übungsaufgaben

2. Berechne möglichst vorteilhaft.
   a) $11 \cdot (-4) \cdot 25$
   b) $(-13) \cdot 25 \cdot (-12)$
   c) $(-125) \cdot (-7) \cdot (-8)$
   d) $2{,}5 \cdot (-1{,}5) \cdot 8$
   e) $(-0{,}8) \cdot (-3{,}7) \cdot 1{,}25$
   f) $(-0{,}1) \cdot (-0{,}02) \cdot (-0{,}05)$
   g) $\left(-\frac{2}{9}\right) \cdot \left(-\frac{3}{8}\right) \cdot \frac{3}{2}$
   h) $\frac{5}{7} \cdot \frac{4}{9} \cdot \left(-\frac{7}{10}\right)$
   i) $\left(-2\frac{1}{2}\right) \cdot \left(-\frac{3}{11}\right) \cdot \frac{4}{5}$

3. Berechne möglichst vorteilhaft. Welche Gesetze wendest du dabei an?
   a) $\left(\frac{17}{37} \cdot \frac{2}{3}\right) \cdot \left(-\frac{37}{17}\right)$
   b) $\left(-\frac{4}{6}\right) \cdot \left(\frac{3}{4} \cdot \frac{1}{7}\right)$
   c) $\frac{8}{11} \cdot \left(\frac{2}{3} \cdot \frac{22}{8}\right)$
   d) $\left(-\frac{2}{3}\right) \cdot \left(\left(\frac{-5}{11}\right) \cdot \left(-\frac{3}{2}\right)\right)$

4. a) $0{,}7 \cdot (-20) \cdot (-0{,}3) \cdot (-5)$
   b) $1{,}2 \cdot (-25) \cdot (-1{,}5) \cdot (-40)$
   c) $4 \cdot (-7) \cdot \frac{1}{14} \cdot (-1)$

Das kann ich noch!

A) Bestimme die Größe der Winkel.

1)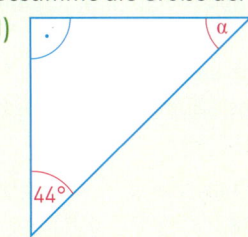
2)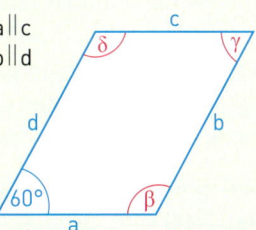
3)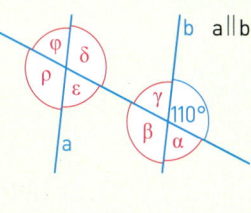
4)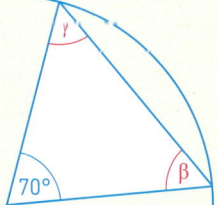
5)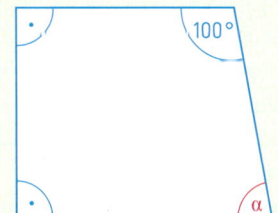
6)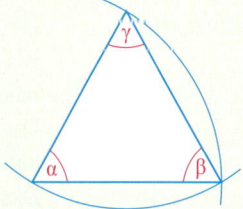

B) Untersuche auf Symmetrie
   1) gleichschenkliges Dreieck
   2) gleichseitiges Dreieck
   3) Rechteck
   4) Parallelogramm
   5) Rhombus
   6) Drachen

2.8 Dividieren rationaler Zahlen

Einstieg

a) Bestimmt die Zahl, die Marie sich gedacht hat. Schreibt eine Rechnung dazu auf. Wie könnt ihr euer Ergebnis überprüfen?
b) Denke dir selbst entsprechende Multiplikationsaufgaben aus, schreibe sie auf und stelle sie deinem Partner. Wechselt euch nach jeder Aufgabe ab.
c) Seht euch eure Aufgaben noch einmal gemeinsam an und versucht, eine Regel für die Division rationaler Zahlen zu formulieren.

Aufgabe 1

Regel für das Dividieren rationaler Zahlen
a) Toms Eltern haben eine Tageszeitung abonniert. Toms Mutter möchte im kommenden Jahr das Abonnement monatlich bezahlen.
Welcher Betrag wird im Monat abgebucht? Rechne mit negativen Zahlen.
Kontrolliere dein Ergebnis mithilfe der entgegengesetzten Rechenart.
b) Welche Ergebnisse vermutest du für
(1) $(+144):(-6)$,   (2) $(-98):(-14)$?
Kontrolliere jeweils mithilfe der entgegengesetzten Rechenart.

Lösung

a) Der Jahresbetrag ist durch Verzwölffachen des Monatsbetrages entstanden.
Also muss jetzt durch 12 dividiert werden: $(-348):12 = -29$
Ergebnis: Monatlich müssen 29 € abgebucht werden.
Kontrolle: Verzwölffacht man die monatliche Abbuchung, so muss sich die jährliche Abbuchung ergeben: $(-29) \cdot 12 = -348$

b) (1) $(+144):(-6) = -24$, denn $(-24) \cdot (-6) = +144$
(2) $(-98):(-14) = +7$, denn $(+7) \cdot (-14) = -98$

Information

(1) Dividieren macht Multiplizieren rückgängig
Bei gebrochenenen Zahlen, also positiven rationalen Zahlen, gilt:
Die Division macht rückgängig, was die Multiplikation bewirkt.
Das soll auch bei negativen Zahlen, also bei allen rationalen Zahlen gelten.

> Das Dividieren durch eine von 0 verschiedene rationale Zahl macht rückgängig, was das Multiplizieren mit derselben rationalen Zahl bewirkt hat.

2.8 Dividieren rationaler Zahlen

(2) Divisionsregel
Die Kontrolle der Beispiele in der Aufgabe zeigt, dass für das Dividieren die entsprechende Vorzeichenregel wie beim Multiplizieren gelten muss.

> **Regel für die Division rationaler Zahlen**
> Man dividiert eine rationale Zahl durch eine von 0 verschiedene rationale Zahl, indem man die Beträge dividiert und das Vorzeichen nach folgender Regel setzt:
> Bei gleichen Vorzeichen von Dividend und Divisor ist der Quotient positiv;
> bei verschiedenen Vorzeichen von Dividend und Divisor ist der Quotient negativ.
>
> plus durch plus ergibt plus
> minus durch minus ergibt plus
> plus durch minus ergibt minus
> minus durch plus ergibt minus
>
> *Beispiele:*
> $(+21):(+3) = +(21:3) = +7$
> $(-21):(-3) = +(21:3) = +7$
> $(-21):(+3) = -(21:3) = -7$
> $(+21):(-3) = -(21:3) = -7$

Weiterführende Aufgaben

Division durch null
2. Untersuche, ob folgende Aufgaben ein eindeutiges Ergebnis haben. Mache dazu stets die Kontrolle durch Multiplikation.
   a) $0:(-5)$ b) $(-5):0$ c) $0:0$

> Durch 0 kann man nicht dividieren.
> $(-3):0$ und $0:0$ bezeichnen keine rationale Zahl.

Division rationaler Zahlen, die mit Brüchen geschrieben sind
3. a) Erläutere die Rechnung rechts.
   b) Rechne ebenso:
   (1) $\left(-\frac{2}{3}\right):\left(-\frac{7}{3}\right)$ (2) $\left(-\frac{4}{9}\right):(+5)$ (3) $\left(-1\frac{1}{2}\right):\left(-\frac{1}{5}\right)$
   c) Du weißt, dass man bei gebrochenen Zahlen anstelle einer Division auch die Multiplikation mit dem Reziproken des Divisors durchführen kann.

   Welche Multiplikationsaufgabe ist gleichbedeutend mit $\left(+\frac{4}{9}\right):\left(-\frac{5}{6}\right)$?

$\left(+\frac{4}{9}\right):\left(-\frac{5}{6}\right) = -\left(\frac{4}{9}:\frac{5}{6}\right)$
$= -\left(\frac{4}{9} \cdot \frac{\overset{2}{\cancel{6}}}{5}\right)$
$\underset{3}{}$
$= -\frac{8}{15}$

Das Reziproke bezeichnet man auch als Kehrwert.

> (1) Man erhält das **Reziproke** einer rationalen Zahl (ungleich 0), indem man Zähler und Nenner vertauscht und das Vorzeichen beibehält.
> *Beispiele:* $-\frac{9}{2}$ ist das Reziproke von $-\frac{2}{9}$; $+\frac{5}{2}$ ist das Reziproke von $+\frac{2}{5}$
> (2) Durch eine (von 0 verschiedene) Zahl wird dividiert, indem man mit dem Reziproken multipliziert.
> *Beispiele:*
>
> $\left(+\frac{2}{5}\right):\left(-\frac{3}{4}\right)$
> $= \left(+\frac{2}{5}\right)\cdot\left(-\frac{4}{3}\right)$
> $= -\frac{8}{15}$
>
> $\left(-\frac{3}{8}\right):\left(+\frac{2}{5}\right)$
> $= \left(-\frac{3}{8}\right)\cdot\left(+\frac{5}{2}\right)$
> $= -\frac{15}{16}$
>
> $6:\left(-1\frac{1}{2}\right)$
> $= 6:\left(-\frac{3}{2}\right)$
> $= 6\cdot\left(-\frac{2}{3}\right)$
> $= -4$
>
> $(-24):(+6)$
> $= (-24)\cdot\left(+\frac{1}{6}\right)$
> $= -4$

Vertauschen von Multiplikations- und Divisionsschritten zum vorteilhaften Rechnen

4. a) Berechne von links nach rechts.
   Kannst du das Ergebnis auch einfacher erhalten?
   (1) $(-46) \cdot 7 : (-23)$ (2) $\left(-20\frac{2}{3}\right) : (-4) : 10\frac{1}{3}$

   b) Begründe die folgende Regel.
   Ersetze dazu jeden Divisionsschritt durch den Multiplikationsschritt mit dem Reziproken.

> Aufeinander folgende Multiplikations- und Divisionsschritte darf man vertauschen.
> Dabei ändert sich der Wert des Terms nicht. Denke dir rationale Zahlen für a, b, c. Stets gilt:
> $a \cdot b : c = a : c \cdot b$ (für $c \neq 0$) $a : b : c = a : c : b$ (für $b \neq 0$; $c \neq 0$)
> Beispiele: $(-8) \cdot (-3) : (+2) = (-8) : (+2) \cdot (-3)$ $36 : (-4) : 3 = 36 : 3 : (-4)$

Übungsaufgaben

5. Berechne die durchschnittliche monatliche Schuldenaufnahme der Gemeinde Neuhausen. Notiere eine Aufgabe mit negativen Zahlen.

   Finanzmisere in Neuhausen
   Zum Jahresbeginn stand die Gemeinde Neuhausen noch schuldenfrei da. Der Ausbau neuer Wohngebiete erforderte in nur einem Vierteljahr eine Verschuldung von 300 000 €.

6. Auf dem höchsten Berg Sachsens, dem Fichtelberg wurden in einer Woche im Januar 2013 an aufeinanderfolgenden Tagen die folgenden Temperaturen gemessen:
   0,8 °C; –0,2 °C; 0,6 °C; 0,1 °C; –2,2 °C; –6,2 °C; –9,7 °C.
   Berechne die durchschnittliche Höchsttemperatur.

7. Jeder Partner berechnet die angegebenen Quotienten und lässt sich die Ergebnisse von seinem Partner mit der entgegengesetzten Rechenart kontrollieren.

Partner A	Partner B	Partner A	Partner B
$(+32):(-4)$	$(-21):(-3)$	$(-56):(-7)$	$(-72):(+6)$
$(+32):(+4)$	$(+21):(-3)$	$(+56):(-7)$	$(-72):(-6)$
$(-32):(+4)$	$(+21):(+3)$	$(+56):(+7)$	$(+72):(+6)$
$(-32):(-4)$	$(-21):(+3)$	$(-56):(+7)$	$(+72):(-6)$

8. Berechne.
   a) $(-45):(-9)$ e) $(-280):(-4)$ i) $(-270):(-90)$ m) $(-96):(-12)$
   b) $(+77):(-7)$ f) $(+360):(+2)$ j) $(-240):(+60)$ n) $(-169):(+13)$
   c) $(-96):(-3)$ g) $(+480):(-8)$ k) $(+480):(-60)$ o) $(+144):(-8)$
   d) $(+54):(+6)$ h) $(-360):(+3)$ l) $(+630):(+70)$ p) $(+121):(+11)$

9. a) $(-3):8$ e) $(-1,5):3$ i) $(-1,5):(-0,5)$ m) $12:(-0,5)$
   b) $(-4):(-1)$ f) $(-0,72):(-6)$ j) $4,2:2,1$ n) $(-6):(-0,1)$
   c) $6:(-6)$ g) $6:(-0,3)$ k) $(-3,6):0,9$ o) $5:0,2$
   d) $(-6):8$ h) $(-4):(-0,75)$ l) $6,8:(-1,7)$ p) $(-9):0,3$

Erinnere dich:
Bei positiven Zahlen kann man das Vorzeichen und die Zahlklammern weglassen.

2.8 Dividieren rationaler Zahlen

Verwechsle nicht Reziprokes und entgegengesetzte Zahl.

10. Fülle folgende Tabelle in deinem Heft aus.

Zahl a	$-\frac{2}{3}$	$+\frac{3}{4}$			$+4$	$-\frac{1}{4}$	$+\frac{1}{4}$	$+0{,}5$	
Reziprokes von a	$-\frac{3}{2}$						$+3$		$-1{,}5$
entgegengesetzte Zahl von a	$+\frac{2}{3}$		$-\frac{7}{9}$	$+3$					

11.
a) $\left(-\frac{3}{4}\right) : \frac{2}{7}$
b) $\left(-\frac{2}{9}\right) : \frac{8}{5}$
c) $\left(-\frac{1}{2}\right) : \frac{3}{2}$
d) $\frac{7}{8} : \left(-\frac{2}{3}\right)$
e) $\frac{5}{9} \cdot \frac{8}{3}$
f) $\left(-\frac{5}{9}\right) : \frac{25}{18}$
g) $\frac{2}{3} : \left(-\frac{5}{2}\right)$
h) $\left(-\frac{2}{3}\right) : \frac{5}{3}$
i) $\left(-\frac{2}{3}\right) : \left(-\frac{5}{2}\right)$
j) $\left(-1\frac{1}{2}\right) : 2\frac{3}{5}$
k) $\left(-3\frac{2}{3}\right) : 1\frac{3}{4}$
l) $\left(-2\frac{2}{3}\right) : \left(-1\frac{1}{2}\right)$

12. Berechne, wenn möglich. Gib den Grund an, wenn du nicht weiterrechnen kannst.
a) $0 : (-5)$
b) $(-7) : 0$
c) $0 : 0$
d) $0 : \left(-\frac{2}{3}\right)$
e) $\left(-\frac{2}{3}\right) : 0$

13. Merle wollte -518 durch $\frac{1}{2}$ dividieren.
Das Ergebnis überrascht sie. Was meinst du dazu?

14. Berechne mit dem Taschenrechner. Runde das Ergebnis auf zwei Nachkommastellen.
a) $(-4{,}753) : (-7{,}25)$
b) $(-3{,}49) : 2{,}85$
c) $(-4{,}75) : 3{,}25$
d) $(-34{,}795) : (-21{,}76)$
e) $(-42{,}76) : 12{,}47$
f) $(-78{,}21) : (-36{,}25)$
g) $194{,}764 : (-13{,}85)$
h) $18{,}734 : 73{,}66$
i) $24{,}145 : (-62{,}14)$

Bruch in Dezimalbruch umwandeln oder umgekehrt?

15.
a) $(-0{,}6) : \frac{1}{2}$
b) $\frac{7}{8} : (-0{,}25)$
c) $\left(-2\frac{1}{4}\right) : (-0{,}75)$
d) $1{,}75 : \left(-\frac{3}{4}\right)$
e) $\left(-\frac{2}{3}\right) : 0{,}5$
f) $\left(-\frac{1}{3}\right) : (-0{,}2)$
g) $\frac{2}{3} : (-0{,}6)$
h) $(-0{,}4) : \left(-1\frac{2}{3}\right)$
i) $-\frac{4}{7} : 0{,}8$
j) $0{,}9 : \left(-\frac{2}{7}\right)$
k) $1\frac{1}{7} : (-1{,}2)$
l) $(-2{,}5) : \left(-\frac{5}{7}\right)$

16. Entscheide, ob falsch oder richtig. Begründe.
a) Wenn man in einem Quotienten zum Dividenden $+1$ und zum Divisor -1 addiert, ändert sich der Wert des Quotienten nicht.
b) Wenn man in einem Quotienten den Dividenden mit -1 multipliziert und den Divisor durch -1 dividiert, ändert sich der Wert des Quotienten nicht.
c) Wenn man in einem Quotienten rationaler Zahlen die Vorzeichen von Dividend und Divisor austauscht, ändert sich der Wert des Quotienten nicht.
d) Wenn man in einem Quotienten den Divisor mit -2 multipliziert, verdoppelt sich der Wert des Quotienten und wechselt sein Vorzeichen.

17. Berechne möglichst vorteilhaft.
a) $(-8{,}4) \cdot 1{,}5 : 2{,}1$
b) $6{,}4 : (-3) : 0{,}8$
c) $(-2{,}5) : 0{,}8 \cdot (-4)$
d) $165 : (-0{,}3) : (-5)$
e) $17\frac{1}{4} \cdot \left(-1\frac{1}{6}\right) : 5\frac{3}{4}$
f) $8\frac{4}{5} : 4\frac{1}{8} : \left(-3\frac{2}{3}\right)$

18. Kontrolliere Hendriks Hausaufgaben. Welche Fehler hat er gemacht?
a) $(-10) : 2 = 2 \cdot (-10)$
b) $(-16) \cdot (-2) : 8 = (-16) \cdot 8 \cdot (-2)$
c) $-\frac{15}{8} : 5 = -(15 : 5 : 8)$
d) $(-3) \cdot 4 + 5 = (-3) \cdot 5 + 4$

 Auf den Punkt gebracht

Mindmaps

Übersichtliches kann man besser lernen

Kevin stöhnt: „Jetzt haben wir schon so vieles über rationale Zahlen gelernt. Das soll man sich alles merken und nicht durcheinander bringen. Wie kann man da nur den Überblick behalten?" Seine große Schwester Lina entgegnet: „Ich ordne meine Gedanken immer mit einer Mindmap – das ist so etwas wie eine Gedächtnis-Landkarte. Da werden Zusammenhänge deutlich – und wenn ich mir ein bisschen Mühe gebe, sieht es so gut aus, dass ich mich sofort über das Aussehen an die Inhalte erinnere." Gemeinsam entwickeln sie eine solche Mindmap:

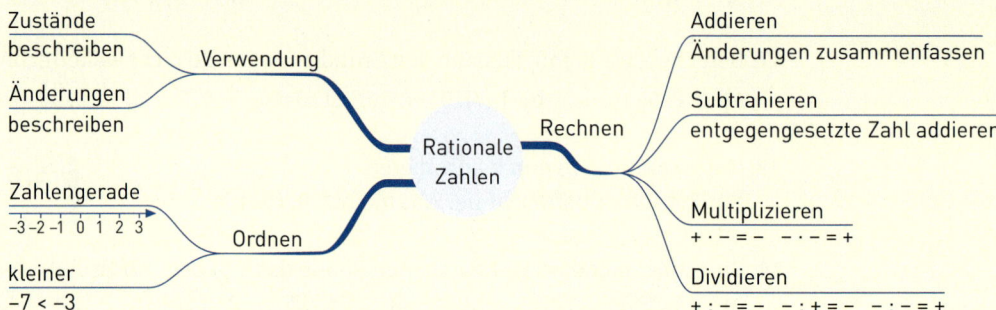

Mindmaps
Mindmaps können helfen, Ideen zu sammeln und Wissen strukturiert zusammenzufassen.

Regeln für das Anfertigen einer Mindmap:
1. Verwende ein weißes Blatt im Querformat.
2. Schreibe in die Mitte das Thema oder das Problem in einen Kreis, eine Wolke o. ä.
3. Von diesem Kreis führen Linien (Hauptäste) ab, auf denen jeweils ein Begriff in Druckbuchstaben notiert wird.
4. Von diesen Hauptästen können Nebenäste abzweigen.
5. Farben, Symbole und Bilder können die Struktur optisch unterstützen.

---

1. Vergleiche die folgende Mindmap mit der obigen.
   Wäge Vor- und Nachteile gegeneinander ab.

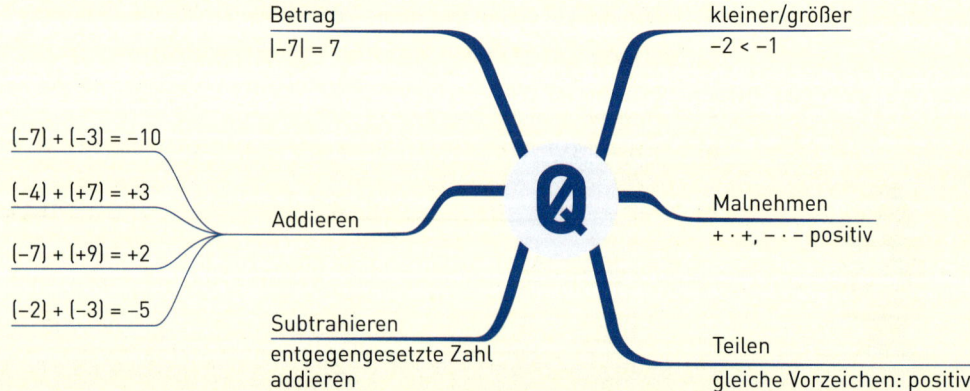

2.9 Vermischte Übungen zu den Grundrechenarten

1. a) $(-48)+(-12)$ b) $36+(-9)$ c) $(-21)+7$ d) $(-4,5)+(-5)$
   $(-48)-(-12)$ $36-(-9)$ $(-21)-7$ $(-4,5)-(-5)$
   $(-48)\cdot(-12)$ $36\cdot(-9)$ $(-21)\cdot 7$ $(-4,5)\cdot(-5)$
   $(-48):(-12)$ $36:(-9)$ $(-21):7$ $(-4,5):(-5)$

2. Die Buchstaben ergeben in der Reihenfolge der Ergebnisse ein Wort.
   a) $5\cdot(-7)$ c) $7+(-5)$ e) $(-4)\cdot(-6)$ g) $(-18):3$
   b) $(-8)\cdot 4$ d) $12:(-3)$ f) $-7+4$ h) $-2-14$

3. a) $(-3):8$ d) $(-1,5)-(-0,5)$ g) $\left(-\dfrac{3}{4}\right)\cdot\dfrac{2}{7}$ j) $\dfrac{5}{9}+\dfrac{8}{3}$
   b) $(-4)\cdot(-1)$ e) $4,2:2,1$ h) $\left(-\dfrac{2}{9}\right)-\dfrac{8}{5}$ k) $\left(-\dfrac{3}{2}\right)-\dfrac{5}{2}$
   c) $(+6)+(-6)$ f) $\left(-1\dfrac{1}{2}\right)\cdot 2\dfrac{3}{5}$ i) $\dfrac{7}{8}:\dfrac{2}{3}$ l) $\left(-\dfrac{3}{2}\right):\left(-\dfrac{5}{2}\right)$

4. Übertrage die Rechenmauer zunächst in dein Heft.
   a) Dividiere.
        $5\dfrac{25}{27}$
        $-\dfrac{5}{3}$
        $\dfrac{1}{2}$ $-\dfrac{1}{4}$ $\dfrac{1}{3}$

   c) Multipliziere.
        -7680
        80
        12
        -3

   b) Addiere.
        $\dfrac{1}{20}$
        $-\dfrac{1}{30}$
        $-\dfrac{1}{12}$
        $\dfrac{1}{2}$

   d) Subtrahiere.
        -11
        9
        -5
        -3

5. a) $|8-12|$ c) $|-8+12|$ e) $|-2+5|-|-2|$ $|7-9|=|-2|=2$
   b) $|-8-12|$ d) $|8+12|$ f) $|5-7|-|7-5|$

6. Formuliere eine Frage und beantworte mithilfe einer Aufgabe mit negativen Zahlen.
   a) Nachdem der Wasserstand um 1,40 m gefallen war, stieg er wieder um 0,50 m an.
   b) Die Tiefsttemperatur nachts betrug –15,5 °C, am Tag war es höchstens um 8 °C wärmer.
   c) Eine Tiefenbohrung beginnt bei Normalnull. Jeden Tag werden 15 m gebohrt. Nach 14 Tagen sollen die Bohrungen beendet sein.
   d) Heute wurden viele Buchungen auf Herrn Meiers Konto durchgeführt. Insgesamt wurden 367,20 € abgebucht. Dabei ist auch eine Fehlbuchung: eine Lastschrift von 33,10 €.
   e) Maries Beitrag zum Pferdesportverein wird einmal im Jahr abgebucht: 96 €. Sarah möchte auch in den Verein eintreten, aber vierteljährlich zahlen.
   f) Marc möchte seinem amerikanischen Brieffreund schreiben, dass es zurzeit in Deutschland sehr kalt ist: –13,5 °C. In Amerika wird die Temperatur in Grad Fahrenheit (°F) gemessen.

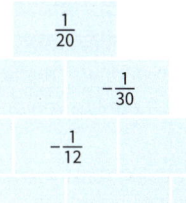

Umrechnen von °C in °F:
Multipliziere mit $\dfrac{9}{5}$ und addiere dann 32.

7. Jeder füllt zunächst das Rechengitter rechts im Heft aus. Danach erstellt jeder zwei solche Aufgaben für seinen Partner.

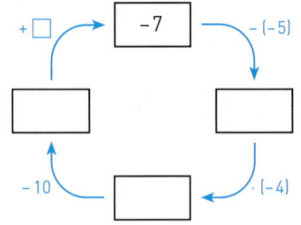

8. Was für eine Zahl erhält man, wenn man eine Zahl a durch (−1) dividiert?

9. Berechne, wenn möglich. Gib den Grund an, wenn du nicht weiterrechnen kannst.
   a) $0 : (-2)$ c) $(-3) \cdot 0$ e) $0 : 0$ g) $0 \cdot 0$ i) $(-9,5) - 0$
   b) $0 \cdot (-4,2)$ d) $0 - (-1,5)$ f) $(-3) + 0$ h) $(-7,2) : 0$ j) $0 - 0$

10. a) Addiere zu 75 die Zahl −14,4. Addiere zu dem Ergebnis wieder −14,4. Fahre so fort, bis das Ergebnis negativ ist. Wie heißt dann das letzte Ergebnis?
    b) Multipliziere 75 mit −0,4. Multipliziere das Ergebnis wieder mit −0,4. Fahre so fort, bis der Betrag des Ergebnisses kleiner als 1 ist. Wie heißt dann das letzte Ergebnis?
    c) Subtrahiere von −100 die Zahl −13,5. Subtrahiere von dem Ergebnis wieder −13,5. Fahre so fort, bis das Ergebnis positiv ist. Wie heißt dann das letzte Ergebnis?
    d) Dividiere −1 durch −0,25. Dividiere das Ergebnis wieder durch −0,25. Fahre so fort, bis der Betrag des Ergebnisses größer als 100 ist. Wie heißt dann das letzte Ergebnis?

11. ## Konstruktionspunkt

    Jede Sprungschanze hat einen Konstruktionspunkt. Bei der Vogtlandarena liegt dieser K-Punkt bei 125 m. Der K-Punkt markiert den Übergang vom Aufsprunghang in den Auslauf. Erreicht ein Springer diesen Punkt, so erhält er dafür 60 Weitenpunkte. Ist der Sprung kürzer, werden pro Meter 1,8 Punkte von den 60 Punkten abgezogen.
    Für Sprünge über den K-Punkt hinaus werden für jeden Meter 1,8 Punkte zu den 60 Punkten hinzuaddiert.

    Beim Weltcupspringen in der Vogtlandarena Klingenthal am 13.2.2013 erreichte Richard Freitag mit einer Weite von 141,5 m seinen ersten Heimsieg. Severin Freund kam bei verkürztem Anlauf auf 107,5 m.
    Notiere einen Term zur Ermittlung der Weitenpunkte für beide Springer und berechne die Weitenpunkte.

Spiel

12. Das Bild rechts zeigt zwei verschieden farbige Ikosaeder (Zwanzigflächner) für positive und negative Zahlen.
    a) Die gewürfelten Zahlen werden addiert. Gewonnen hat, wer zuerst z. B. die Summe −19 schafft.
    b) Die Zahl des roten Ikosaeders wird von der Zahl des weißen subtrahiert. Vereinbart selbst die Gewinnzahl.
    c) Ihr könnt auch multiplizieren und dividieren. Vereinbart jeweils eine geeignete Gewinnzahl.

2.10 Terme – Distributivgesetz

2.10.1 Regeln für das Berechnen von Termen

Einstieg

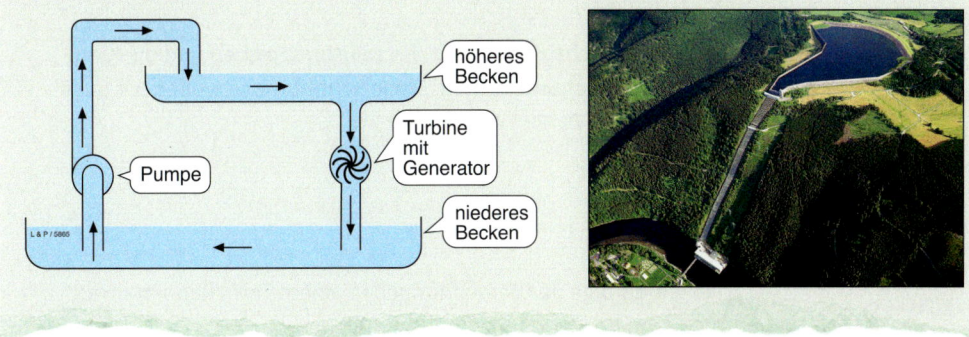

Pumpspeicherwerk
In Pumpspeicherwerken wird nachts mithilfe überschüssiger elektrischer Energie Wasser in ein höheres Becken gepumpt. In der Mittagszeit wird wegen des hohen Bedarfs Wasser zur Stromerzeugung in das untere Becken abgelassen. Dabei wird eine Turbine angetrieben und elektrische Energie in das Stromnetz eingespeist.

An einem bestimmten Tag betrug der Wasserstand im höheren Becken 18,5 m über dem Beckenboden. Am folgenden Tag wurde nachts Wasser hochgepumpt, sodass der Wasserstand um 5,5 m anstieg. Abgelassen wurden tagsüber 7,5 m. An den nächsten beiden Tagen wurden genau dieselben Veränderungen des Wasserstandes vorgenommen.
Wie hoch war der Wasserstand nach den drei Tagen? Schreibt den Rechenweg als einen Term.

Aufgabe 1

Punkt- vor Strichrechnung
Notiere zu den folgenden Wortformen eines Terms den Rechenbaum und den Term.
Berechne ihn auch.
(1) Addiere (–3) und 5 und multipliziere das Ergebnis mit (–2).
(2) Addiere zu –3 das Produkt von 5 und (–2).

Lösung

Wir zeichnen zunächst die Rechenbäume zu den Wort-Formen.

(1) 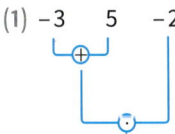   (2)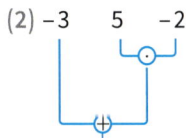

Aus den Rechenbäumen kann man sofort die Terme ablesen:

(1) $[(-3) + 5] \cdot (-2) = 2 \cdot (-2) = -4$
Damit erst die Summe aus (–3) und 5 gebildet wird, müssen Klammern darum gesetzt werden.

(2) $(-3) + 5 \cdot (-2) = -3 + (-10) = -13$
Bei diesem Term wird erst das Produkt aus 5 und (–2) gebildet, bevor addiert wird.
Man könnte daher das Produkt $5 \cdot (-2)$ in Klammern setzen.
Das ist aber nicht nötig, da man vereinbart hat, dass Punktrechnungen vor Strichrechnungen ausgeführt werden sollen.

Weiterführende Aufgaben

Terme mit Potenzen, verschachtelten Klammern sowie gleichberechtigten Rechenarten

2. a) $4{,}5 - 7 + 8 \cdot (-0{,}5)^3$ b) $0{,}5 : [-4 - (2{,}5 + 3{,}5)]$ c) $6 : (-4) : (-2)$

     ⌞Potenz zuerst⌟   ⌞innere Klammer zuerst⌟   ⌞von links nach rechts⌟

Quotient als Bruch geschrieben

3. Du hast gelernt, dass man den Quotienten zweier Terme auch als Bruch schreiben kann, z.B.: $\dfrac{4 + \frac{1}{2}}{3 \cdot 0{,}5}$ anstelle von $\left(4 + \frac{1}{2}\right) : (3 \cdot 0{,}5)$.

Der Hauptbruchstrich ersetzt das Divisionszeichen und die Klammern um Zähler und Nenner. Diese Schreibweise wollen wir auch bei rationalen Zahlen verwenden.

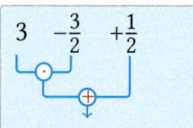

Hauptbruchstrich

Berechne:

a) $\dfrac{3 - 8}{-2 \cdot (-3)}$ b) $\dfrac{-\frac{2}{5} \cdot \frac{3}{10}}{-1 + \frac{1}{3}}$ c) $\dfrac{\left(-\frac{1}{2}\right)}{-0{,}5 \cdot 3}$

Rechenbaum

4. Die Reihenfolge der Berechnungen in einem Term kann man gut mit einem Rechenbaum veranschaulichen.

   a) Erstelle den Term zum Rechenbaum rechts.

   b) Zeichne den Rechenbaum für den Term $-5 - (-4 + 1) \cdot \frac{1}{2}$.

Information

Vorrangregeln für das Berechnen von Termen

Für das Berechnen von Termen hast du Regeln kennen gelernt, die auf Vereinbarungen beruhen (z. B. Punktrechnung geht vor Strichrechnung). Diese Vereinbarungen für die Reihenfolge des Berechnens wollen wir auch für das Rechnen mit rationalen Zahlen beibehalten.

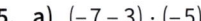

> **Vorrangregeln für das Berechnen von Termen**
> - Das Innere einer Rechenklammer wird zuerst berechnet.
> - Bei verschachtelten Rechenklammern wird die innerste Rechenklammer zuerst berechnet.
> - Wo keine Rechenklammer steht, geht Punktrechnung vor Strichrechnung.
> - Das Berechnen einer Potenz geht noch vor Punkt- und Strichrechnung.
> - Sonst wird von links nach rechts gerechnet.

Terme enthalten einen Rechenweg zu ihrer Berechnung, den man auf einen Blick erkennen kann.

Übungsaufgaben

5. a) $(-7 - 3) \cdot (-5)$ d) $(-2)^4 - 24$ g) $(-12) \cdot (-5) \cdot (-9) \cdot (-1)$
   b) $(-4) : (3 - 11)$ e) $-6 + (-4)^3$ h) $200 : (-40) : 5$
   c) $12 + 8 : (-2)$ f) $14 - 4 \cdot (-2)^5$ i) $-7 + 48 - 100 + 50 - 99$

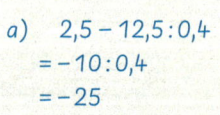

6. Carolins Rechnung ist fehlerhaft. Finde den Fehler und korrigiere die Rechnung.

a) $\begin{aligned} & 2{,}5 - 12{,}5 : 0{,}4 \\ &= -10 : 0{,}4 \\ &= -25 \end{aligned}$ b) $\begin{aligned} & -\tfrac{1}{3} - 2 + \tfrac{1}{6} \\ &= -\tfrac{1}{3} - 2\tfrac{1}{6} \\ &= -2\tfrac{1}{2} \end{aligned}$ c) $\begin{aligned} & 1 - 1{,}2 \cdot 0{,}5^2 \\ &= 1 - 0{,}6^2 \\ &= 1 - 0{,}36 \\ &= 0{,}64 \end{aligned}$

2.10 Terme – Distributivgesetz

7.
a) $(-2,4 + 1,4) : (-0,1)$
b) $(-0,25) \cdot (7 - 9,2 - 4,8)$
c) $1 - \frac{1}{2} \cdot \frac{14}{5} - \frac{4}{5}$
d) $-\frac{1}{2} + \left(-\frac{2}{3}\right) : \left(-\frac{8}{9}\right)$
e) $\left(-\frac{1}{6}\right) \cdot \frac{6}{7} + \frac{1}{4} \cdot \left(-\frac{4}{7}\right)$
f) $\left(-3\frac{3}{4} + 4,5 - 1\frac{3}{4}\right)^2$
g) $\left(\frac{1}{2} - 0,8\right)^2 - \frac{4}{5} : 10$
h) $8 \cdot \left(-\frac{3}{4}\right)^2 - 4 \cdot 1,5^3$
i) $(-15) \cdot [-4 - (1 - 3)] + 1$
j) $[-80 + (-7 - 3) \cdot 2] : (-5)$
k) $-\frac{1}{24} - \left[\frac{1}{18} + \left(\frac{3}{4} \cdot \frac{2}{9}\right)^2\right]$
l) $\left(\frac{1}{3} - \frac{7}{9}\right) : \left(-\frac{2}{5} \cdot \frac{3}{10}\right)$

Spiel

8. Ein Spieler gibt einen Rechenbaum mit Platzhaltern für die Zahlen vor. Die übrigen Spieler versuchen, die Lücken so mit den Zahlen von den Kärtchen links zu füllen, dass sich ein
(1) möglichst großer; (2) möglichst kleiner Wert ergibt.
Der Gewinner erhält einen Punkt und gibt den nächsten Rechenbaum vor.

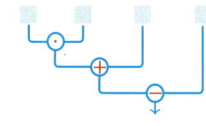

9. Notiere in Wortform und zeichne den Rechenbaum. Berechne auch.
a) $5 \cdot (-7,2) + 14$
b) $6,4 - (3,2 + 2,3)$
c) $(1,3 - 9,5) : 4,1$
d) $\left(-\frac{2}{3} + \frac{1}{2}\right) \cdot \left(-\frac{2}{3}\right)$

10.
a) $\dfrac{\frac{3}{4} + 1}{\frac{3}{4} - 1}$
b) $\dfrac{-0,5 + \frac{2}{5}}{(-0,5) \cdot \frac{3}{5}}$
c) $\dfrac{\frac{5}{12} - \frac{5}{8}}{\frac{5}{9} \cdot \frac{5}{6}}$
d) $\dfrac{3 \cdot \left(-\frac{1}{2}\right) + 1}{3 \cdot \left(-\frac{1}{2} + 1\right)}$
e) $\dfrac{7 \cdot \left(-\frac{3}{7}\right) + 7,6}{\frac{3}{7} - 7}$
f) $\dfrac{-\frac{2}{5} : \left(-\frac{5}{2}\right)}{\frac{2}{5} : \left(-\frac{5}{2} + 3\right)}$

11. Der Term $\dfrac{-32 \cdot 18}{8 - 4}$ soll mit einem Taschenrechner berechnet werden. Entscheide, welche der folgenden Eingaben richtig ist.

| `-32*18/8-4` | `((-32)*18)/(8-4)` | `-32*18/(8-4)` |

2.10.2 Distributivgesetz

Einstieg

Fabian erhält auf sein Konto monatlich 15€ Taschengeld überwiesen. Er hebt jeden Monat 8€ ab, um sie auszugeben. Den Rest spart er auf dem Konto.
Wie ändert sich sein Kontostand innerhalb eines Jahres?
Gebt mehrere mögliche Terme dazu an.

Aufgabe 1

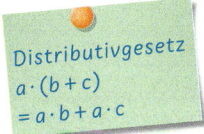

Distributivgesetz
$a \cdot (b + c)$
$= a \cdot b + a \cdot c$

Distributivgesetz für die Multiplikation und Addition
Für natürliche Zahlen und für gebrochene Zahlen kennst du schon das Distributivgesetz.
Prüfe, ob dieses Gesetz auch für rationale Zahlen gilt.
Berechne dazu $(-3) \cdot [(+5) + (-9)]$ und $(-3) \cdot (+5) + (-3) \cdot (-9)$.
Vergleiche anschließend die Ergebnisse.

Lösung

$(-3) \cdot [(+5) + (-9)]$
$= (-3) \cdot (-4)$ *Klammer zuerst*
$= +12$

$(-3) \cdot (+5) + (-3) \cdot (-9)$
$= (-15) + (+27)$ *Punkt- vor Strichrechnung*
$= +12$

Die Ergebnisse stimmen überein. Also gilt: $(-3) \cdot [(+5) + (-9)] = (-3) \cdot (+5) + (-3) \cdot (-9)$

Information

(1) Distributivgesetz

Die Beispiele aus der obigen Aufgabe zeigen:

> **Distributivgesetz (Verteilungsgesetz) für die Multiplikation und Addition**
> Es ist gleichgültig, ob man eine Summe von Zahlen mit einer Zahl multipliziert oder ob man jeden Summanden einzeln mit der Zahl multipliziert und dann die Teilprodukte addiert. Denke dir rationale Zahlen anstelle von a, b, c. Stets gilt:
> **a · (b + c) = a · b + a · c**
> Da man die Faktoren eines Produktes vertauschen darf, gilt auch:
> **(a + b) · c = a · c + b · c**
> Beispiel: $(-3) \cdot \left[4 + \left(-\frac{1}{3}\right)\right] = (-3) \cdot 4 + (-3) \cdot \left(-\frac{1}{3}\right)$

(2) Anschauliche Begründung für das Distributivgesetz

Wir deuten das Addieren als Aneinanderlegen von Pfeilen, das Multiplizieren als Strecken von Pfeilen (mit Richtungsumkehr gegebenenfalls). Hierbei ist es günstiger, die Summe als ersten Faktor zu haben. Das ist nach dem Kommutativgesetz für das Multiplizieren möglich.

Beispiel: $[(+5) + (-3)] \cdot (-2) = (+5) \cdot (-2) + (-3) \cdot (-2)$

Auch nach dem Strecken und Spiegeln passen die Pfeile genau aneinander. Daher ist es gleichgültig, ob man erst addiert und dann streckt (und gegebenenfalls spiegelt) oder in umgekehrter Reihenfolge vorgeht.

Weiterführende Aufgabe

Weitere Formen des Distributivgesetzes

2. Rechne günstig.

a) $(-6) \cdot \left[\frac{1}{2} - \left(-\frac{1}{3}\right)\right]$

b) $[393 + (-186)] : (-3)$

c) $[(-484) - (-248)] : (-4)$

Information

(3) Weitere Formen des Distributivgesetztes

Da jede Subtraktion auch als Addition geschrieben werden kann und jede Division als Multiplikation, ergibt sich aus dem Distributivgesetz auch:

> Denke dir rationale Zahlen anstelle von a, b, c. Stets gilt:
> **a · (b – c) = a · b – a · c**
> **(a + b) : c = a : c + b : c** falls c ≠ 0
> **(a – b) : c = a : c – b : c** falls c ≠ 0

(4) Anwenden eines Rechengesetzes zum Berechnen eines Terms

Manchmal ist es vorteilhafter, zur Berechnung eines Terms ein Rechengesetz anzuwenden (siehe Beispiel rechts). Man weicht dann von dem Rechenweg ab, den der Term beschreibt.

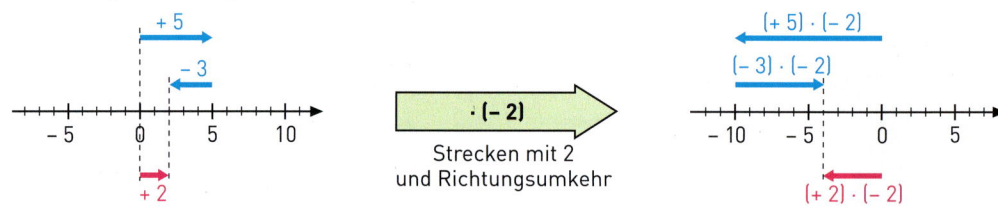

$(-35) \cdot \left(\frac{1}{5} + \frac{1}{7}\right) = (-35) \cdot \frac{1}{5} + (-35) \cdot \frac{1}{7}$
$= -7 + (-5)$ Distributivgeset
$= -12$

2.10 Terme – Distributivgesetz

Übungsaufgaben

3. Rechne und vergleiche.
a) $-2,5 \cdot (-7,2 + 17,2)$
   $-2,5 \cdot (-7,2) + (-2,5) \cdot 17,2$
b) $(2,2 - 7,7) : 1,1$
   $2,2 : 1,1 - 7,7 : 1,1$
c) $(-6,9 + 3,1) : (-5)$
   $-6,9 : (-5) + 3,1 : (-5)$

4. Max und Marie haben eine Aufgabe gelöst. Erläutert und vergleicht ihr Vorgehen.

Max:
$\frac{1}{3} \cdot (-\frac{4}{7}) + \frac{1}{3} \cdot \frac{1}{7}$
$= \frac{1}{3} \cdot (-\frac{4}{7} + \frac{1}{7})$
$= \frac{1}{3} \cdot (-\frac{3}{7})$
$= -\frac{1}{7}$

Marie:
$\frac{1}{3} \cdot (-\frac{4}{7}) + \frac{1}{3} \cdot \frac{1}{7}$
$= -\frac{4}{21} + \frac{1}{21}$
$= -\frac{3}{21}$
$= -\frac{1}{7}$

5. Rechne günstig.
a) $(-100 + 4) \cdot 0,2$
b) $1,5 \cdot (-10 - 0,1)$
c) $(-42 + 0,7) : 0,7$
d) $(0,09 - 0,35) : (-0,01)$
e) $-1,9 \cdot 3,3 + 1,9 \cdot 8,3$
f) $-4,13 \cdot 9 - 1,87 \cdot 9$
g) $-1,12 : 3 + 1,3 : 3$
h) $-8,72 : 1,2 - 3,28 : 1,2$
i) $-24 \cdot (\frac{7}{8} + \frac{5}{6})$
j) $(\frac{1}{3} - \frac{1}{2}) : (-\frac{1}{6})$
k) $14 \cdot \frac{5}{6} - 14 \cdot \frac{4}{3}$
l) $-1,4 : \frac{2}{5} + 7,4 : \frac{2}{5}$

6. Nicks Rechnung ist fehlerhaft. Finde Fehler und korrigiere.

a) $(\frac{3}{5} - \frac{4}{3}) : (-30) = -18 - 40 = -58$
b) $(-14,1 + 1,3) : (-0,1) = 141 - 13 = 118$
c) $(45 - 35) : (-5) = -9 + 35 = -44$
d) $(\frac{2}{3} - 4) : \frac{1}{3} = 2 - \frac{4}{3} = \frac{2}{3}$

7. Setze eine Klammer mithilfe eines Distributivgesetzes. Berechne dann den Term.

a) $-\frac{3}{11} \cdot 4,9 + \frac{14}{11} \cdot 4,9$
b) $\frac{14}{9} : (-\frac{1}{25}) + \frac{4}{9} : (-\frac{1}{25})$
c) $-7,13 \cdot (-\frac{5}{6}) - 4,87 \cdot (-\frac{5}{6})$
d) $2,21 \cdot (-3,42) + 2,79 \cdot (-3,42)$
e) $1,39 : 0,25 - 6,39 : 0,25$
f) $1,9 : 1,5 + 2,6 : 1,5$

$4\frac{1}{7} \cdot (-\frac{3}{5}) + 5\frac{6}{7} \cdot (-\frac{3}{5})$
$= [4\frac{1}{7} + 5\frac{6}{7}] \cdot (-\frac{3}{5})$
$= 10 \cdot (-\frac{3}{5})$
$= -6$

Das kann ich noch!

A) Rechts siehst du einen Würfel, bei dem eine Ecke gefärbt ist. Skizziere die gezeichneten Netze in dein Heft und markiere alle Quadratecken, die an der gefärbten Ecke zusammenstoßen.

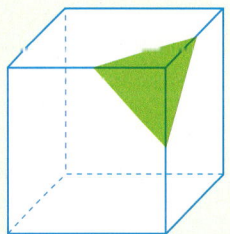

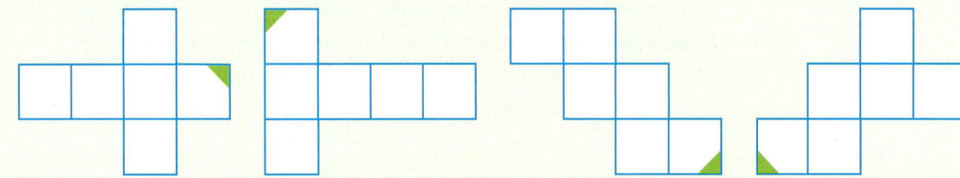

 Auf den Punkt gebracht

Problemlösestrategien
„Beispiele finden", „Überprüfen durch Probieren"

Probleme erfassen, erkunden und lösen
Du hast im Mathematikunterricht schon an vielen Stellen Probleme gelöst. Hier soll dir bewusst werden, über welche möglichen Strategien du dabei verfügst.

1. Lars und Yannic treffen sich an einem Sonntag beim Joggen im Park. Lars erzählt, dass er immer zwei Tage Pause zwischen zwei Laufterminen macht. Yannic legt immer vier Tage Pause ein. Wann treffen sich die beiden frühestens wieder beim Joggen im Park?
Dieses Problem kann man auf verschiedene Weisen lösen:

    (1) Du könntest z. B. in einem Kalender oder einer Tabelle die Tage markieren, an denen Lars bzw. Yannic joggen. Ergänze dazu die folgende Tabelle:

Tag	Sonntag	Montag	Dienstag	Mittwoch	Donnerstag	Freitag
Lars	x			x		
Yannic	x					x

    (2) Du könntest die Treffzeitpunkte auch mit Zahlen beschreiben: Nach dem Sonntag joggt Lars an jedem 3. Tag, Yannic an jedem 5. Tag. Zählst du den Montag nach dem Sonntag als ersten Tag, so kannst du für jeden Läufer die Nummern der Tage angeben, an denen er joggt. Ergänze folgende Übersicht:
    Lars: 3,   6,   9, …
    Yannic: 5,   10, …

    (3) Beschreibe das Problem mit dem Begriff „Vielfaches". Welche Vielfachen werden zur Lösung des Problems benötigt?

2. Löse mit einer Strategie, die dir am besten zusagt, folgendes Problem:

    Wie viele Tage vergehen mindestens, bis sich Lars und Yannic wieder an einem Sonntag beim Joggen im Stadtpark treffen?

3. Ragobert Ruck hat schon viele Goldtaler gesammelt, will aber nicht verraten, wie viele er genau hat. Er antwortet daher mit einem Rätsel:
„Es sind leider noch weniger als 400. Wollte ich sie an zwei Enkel verteilen, so würde ein Taler übrig bleiben. Beim Verteilen an drei, vier, fünf und sechs Enkel wäre es genauso. Nur wenn ich sieben Enkel hätte, könnte ich die Taler gleichmäßig ohne Rest verteilen. Da das leider nicht der Fall ist, muss ich noch weiter sparen."
Versuche herauszufinden, wie viele Münzen Ragobert Ruck schon gesammelt hat.

Auf den Punkt gebracht

4. a) Du hast das Distributivgesetz kennen gelernt: **a · (b + c) = a · b + a · c**
   Eine informative Figur zu diesem Gesetz ist die folgende. Begründe an ihr das Distributivgesetz.

   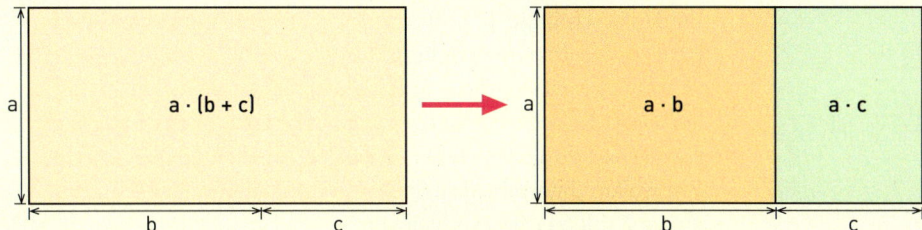

   b) Ein anderes Distributivgesetz ist: **(a + b) : c = a : c + b : c**
   Zeige an Zahlenbeispielen, dass es gilt. Begründe dann mithilfe einer informativen Figur.

   c) Wähle auch andere Rechenzeichen als + und –. Stelle zum Distributivgesetz verwandte Regeln auf und überprüfe, ob sie gelten. Begründe gegebenenfalls auch mit einer informativen Figur.

5. Erläutere die folgende Zusammenfassung an den obigen Beispielen.

   > **Einige Problemlösestrategien**
   > 1. Oft hilft das *Anfertigen einer informativen Figur*, die den wesentlichen Kern des Problems veranschaulicht.
   > 2. Hilfreich ist auch das *Auffinden von Beispielen* für Lösungen des Problems, aus denen man dann Gesetzmäßigkeiten für die allgemeine Lösung ablesen kann.
   >   Um solche Beispiele zu finden, muss man vermutete mögliche Lösungen durch *Probieren* überprüfen.

6. Der alte Scheich Abh el Chare beklagt sich: „Allah hat mich bestraft mit der Anzahl meiner Kamele: Verteile ich sie an meine beiden Lieblingssöhne, bleibt eines übrig. Verteile ich sie an meine drei liebsten Söhne, bleiben zwei übrig. Verteile ich sie sogar gleichmäßig an alle vier Söhne, so bleiben sogar drei übrig."
   Wie viele Kamele kann der Scheich haben? Welche Problemlösestrategie hast du verwendet?

7. Nora, Malte und Jonas unterhalten sich über das Dividieren von Brüchen. Was meinst du zu Maltes Vorschlag? Welche Problemlösestrategie hast du verwendet?

2.11 Vergleich der Zahlbereiche $\mathbb{N}$, $\mathbb{Q}_+$, $\mathbb{Q}$ und $\mathbb{Z}$

Einführung

Bis zur Klasse 5 hast du dich mit dem Zahlbereich der natürlichen Zahlen beschäftigt: $\mathbb{N} = \{0; 1; 2; 3; ...\}$. Danach haben wir diesen Bereich schrittweise erweitert.

Zunächst hast du in Klasse 5 und in Klasse 6 die gebrochenen Zahlen sowie danach die negativen Zahlen kennengelernt. In diesem Kapitel hast du die Menge der rationalen Zahlen $\mathbb{Q}$ kennen gelernt. Wir wollen Unterschiede und Gemeinsamkeiten beim Rechnen in diesen Zahlbereichen vergleichen.

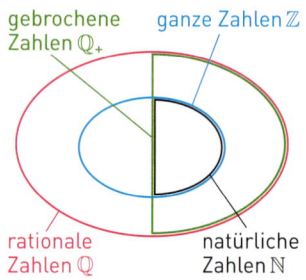

1. Zahlbereich $\mathbb{N}$ der natürlichen Zahlen

Wenn man zwei natürliche Zahlen addiert oder multipliziert, erhält man immer wieder eine natürliche Zahl. Man sagt auch:

Das Addieren und Multiplizieren ist im Bereich der natürlichen Zahlen immer ausführbar.

Beim Subtrahieren und Dividieren erhältst du *nicht immer* eine natürliche Zahl.
$3 - 7$ und $2 : 5$ ergeben zum Beispiel keine natürlichen Zahlen.

2. Zahlbereich $\mathbb{Q}_+$ der gebrochenen Zahlen

Das Addieren, Multiplizieren und Dividieren (durch eine Zahl ungleich 0) ist im Bereich der gebrochenen Zahlen immer ausführbar.

Beim Subtrahieren erhältst du nicht immer eine gebrochene Zahl. Nenne ein Beispiel.

3. Zahlbereich $\mathbb{Q}$ der rationalen Zahlen

Das Addieren, Multiplizieren, Subtrahieren und Dividieren (durch eine Zahl ungleich 0) ist im Bereich der rationalen Zahlen immer ausführbar.

4. Eigenschaften für alle Zahlbereiche

Es gibt auch Eigenschaften, die für alle vier Zahlbereiche gelten: Die Kommutativgesetze der Addition und Multiplikation, die Assoziativgesetze der Addition und Multiplikation und das Distributivgesetz gelten in allen vier Zahlbereichen.

Übungsaufgaben

1. Betrachte den Zahlbereich der ganzen Zahlen: $\mathbb{Z} = \{...; -3; -2; -1; 0; 1; 2; 3; ...\}$. Welche Rechenarten sind im Zahlbereich der ganzen Zahlen immer ausführbar, welche nicht?

2. In welchen der Zahlbereiche $\mathbb{N}$, $\mathbb{Q}_+$, $\mathbb{Z}$ und $\mathbb{Q}$ gilt folgende Eigenschaft?
   a) Zu jeder Zahl findet man die entgegengesetzte Zahl im gleichen Zahlbereich.
   b) Zu jeder Zahl außer null findet man das Reziproke im gleichen Zahlbereich.
   c) Die Summe zweier Zahlen ist mindestens so groß wie jeder einzelne Summand.

3. In welchen der Zahlbereiche $\mathbb{N}$, $\mathbb{Q}_+$, $\mathbb{Z}$ und $\mathbb{Q}$ findest du
   a) zu jeder Zahl den (unmittelbaren) Nachfolger [Vorgänger];
   b) zu je zwei Zahlen die genau in der Mitte zwischen ihnen liegende Zahl?

4. Aus dem Mengendiagramm oben kannst du ablesen: Jede natürliche Zahl ist auch eine ganze Zahl.
   Formuliere möglichst viele weitere solcher Beziehungen.

2.12 Quadratwurzeln

Einstieg Ein quadratischer Bauplatz ist 361 m² groß. Er soll mit einem Bauzaun umgeben werden. Für die Einfahrt sollen 4 m frei bleiben. Wie viel m Zaun benötigt man?

Aufgabe 1

Bestimmen der Seitenlänge eines Quadrats aus dem Flächeninhalt
Berechne die Seitenlängen a und b der beiden quadratischen Grundstücke.

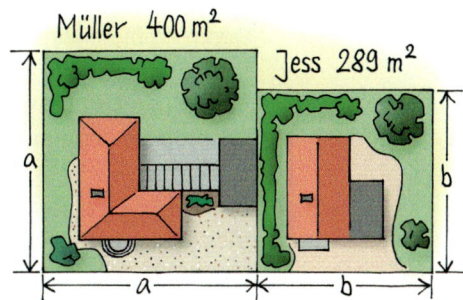

Lösung

Für die quadratischen Grundstücke der Familien Müller und Jess muss gelten:

Grundstück der Familie Müller
$A_M = a \cdot a = 400$
Wir finden: a = 20, denn 20 · 20 = 400

Grundstück der Familie Jess
$A_J = b \cdot b = 289$
Wir finden: b = 17, denn 17 · 17 = 289

Ergebnis: Das quadratische Grundstück von Familie Müller hat die Seitenlänge 20 m, das der Familie Jess 17 m.

Information

(1) Quadrat einer Zahl – Quadrieren
In Aufgabe 1 haben wir die Zahl 400 in ein Produkt aus zwei gleichen Faktoren zerlegt:
$400 = 20 \cdot 20 = 20^2$. 20^2 ist das Quadrat der Zahl 20.

$11^2 = 121$
$12^2 = 144$
$13^2 = 169$
$14^2 = 196$
$15^2 = 225$
$16^2 = 256$
$17^2 = 289$
$18^2 = 324$
$19^2 = 361$
$20^2 = 400$
$25^2 = 625$
$30^2 = 900$

a^2 ist das **Quadrat** der Zahl a. Es gilt: $a^2 = a \cdot a$ Das Berechnen des Quadrates einer Zahl heißt **Quadrieren**. Das Quadrat einer positiven oder negativen Zahl ist stets positiv.	*Beispiele:* Quadriere 7: $7^2 = 7 \cdot 7 = 49$ Quadriere –7: $(-7)^2 = (-7) \cdot (-7) = 49$ Quadriere 0: $0^2 = 0 \cdot 0 = 0$

(2) Wurzelziehen als Umkehrung des Quadrierens
In Aufgabe 1 haben wir umgekehrt zum Quadrieren zur Zahl 400 eine positive Zahl a gesucht, deren Quadrat gleich 400 ist: $a^2 = 400$. Wir fanden: a = 20.
Diese Umkehrung des Quadrierens heißt *Wurzelziehen* (Radizieren). Man schreibt $\sqrt{400} = 20$,
gelesen: *Wurzel (Quadratwurzel) aus 400 ist gleich 20*.

$$20 \; \underset{\text{Wurzelziehen}}{\overset{\text{Quadrieren}}{\longleftrightarrow}} \; 400$$

statt Wurzel sagt man auch Quadratwurzel

Es soll x eine *positive* Zahl sein. Mit $\sqrt{x}$ (gelesen: **Wurzel** aus x) bezeichnen wir diejenige positive Zahl, deren Quadrat gleich x ist.
Beispiele: $\sqrt{49} = 7$, denn 7 · 7 = 49
$\sqrt{81} = 9$, denn 9 · 9 = 81
Für den Sonderfall x = 0 gilt: $\sqrt{0} = 0$, denn 0 · 0 = 0.
Man hat festgelegt, dass $\sqrt{x}$ niemals negativ ist.

Aufgabe 2 Näherungsweises Bestimmen einer Quadratwurzel
Ein quadratisches Zimmer ist 40 m² groß.
Bestimme seine Länge bzw. Breite durch Probieren.

Lösung Wir suchen die Zahl $a = \sqrt{40}$, es muss also gelten:
$a \cdot a = 40$
Durch Probieren finden wir:
Die gesuchte Länge a muss zwischen 6 m und 7 m liegen,
denn $6^2 = 36 < 40$ und $7^2 = 49 > 40$.
Wir probieren es nun mit den Maßzahlen 6,1; 6,2 usw.
$6{,}1^2 = 37{,}21$; $6{,}2^2 = 38{,}44$; $6{,}3^2 = 39{,}69$; $6{,}4^2 = 40{,}96$.
Also liegt die gesuchte Seitenlänge zwischen 6,3 m und 6,4 m.
Dies notieren wir in einer Tabelle und rechnen eine weitere Stelle aus.

Anzahl der Stellen nach dem Komma	untere Näherungszahl	hoch 2	Probe	hoch 2	obere Näherungszahl
0	6	36	< 40 <	49	7
1	6,3	39,69	< 40 <	40,96	6,4
2	6,32	39,924	< 40 <	40,0689	6,33

Die untere Näherungszahlen wählen wir so groß wie möglich, die obere so klein wie möglich.
Ergebnis: Die Seitenlänge des Zimmers liegt zwischen 6,32 m und 6,33 m

Information $\sqrt{40}$ lässt sich beliebig genau durch einen Dezimalbruch darstellen: $\sqrt{40} = 6{,}32455532034...$
Die Dezimalbruchdarstellung der Zahl $\sqrt{40}$ endet nie und ist auch nicht perodisch.
Solche Zahlen nennt der Mathematiker irrationale Zahlen.
Weitere Beispiele sind: $\sqrt{2}$, $\sqrt{3}$, $\sqrt{5}$

Übungsaufgaben

3. Berechne die Wurzeln im Kopf, wenn es sie gibt:
   a) $\sqrt{49}$ e) $\sqrt{0}$ i) $\sqrt{121}$ m) $\sqrt{169}$ q) $\sqrt{6400}$ u) $\sqrt{1225}$
   b) $\sqrt{225}$ f) $\sqrt{484}$ j) $\sqrt{1}$ n) $\sqrt{576}$ r) $\sqrt{14400}$ v) $\sqrt{400}$
   c) $\sqrt{144}$ g) $\sqrt{-64}$ k) $\sqrt{-196}$ o) $\sqrt{-900}$ s) $\sqrt{22500}$ w) $\sqrt{40000}$
   d) $\sqrt{81}$ h) $\sqrt{289}$ l) $\sqrt{361}$ p) $\sqrt{10000}$ t) $\sqrt{1000000}$ x) $\sqrt{4000000}$

4. a) $\sqrt{\frac{1}{4}}$ c) $\sqrt{\frac{16}{100}}$ e) $\sqrt{\frac{81}{100}}$ g) $\sqrt{\frac{169}{196}}$ i) $\sqrt{\frac{361}{324}}$ k) $\sqrt{-\frac{4}{256}}$ m) $\sqrt{\frac{400}{441}}$
   b) $\sqrt{\frac{1}{9}}$ d) $\sqrt{\frac{81}{225}}$ f) $\sqrt{\frac{25}{144}}$ h) $\sqrt{\frac{49}{225}}$ j) $\sqrt{\frac{36}{289}}$ l) $\sqrt{\frac{324}{121}}$ n) $\sqrt{\frac{484}{64}}$

5. Nimm Stellung zu den Behauptungen rechts.

6. a) $\sqrt{0{,}25}$ e) $\sqrt{2{,}56}$ i) $\sqrt{0{,}0049}$
   b) $\sqrt{0{,}16}$ f) $\sqrt{6{,}25}$ j) $\sqrt{0{,}0004}$
   c) $\sqrt{0{,}01}$ g) $\sqrt{-3{,}24}$ k) $\sqrt{0{,}0576}$
   d) $\sqrt{0{,}09}$ h) $\sqrt{0{,}0225}$ l) $\sqrt{0{,}0289}$

7. Berechne. Was fällt dir auf?
   a) $\sqrt{144}$; $\sqrt{14400}$; $\sqrt{1{,}44}$; $\sqrt{0{,}0144}$
   b) $\sqrt{324}$; $\sqrt{3{,}24}$; $\sqrt{32400}$; $\sqrt{0{,}0324}$

8. Ergänze die Tabellen in deinem Heft. Was fällt dir auf?

   (1) x^2 $\sqrt{x}$

9		
15		
11		
0		
−1		

   (2) $\sqrt{x}$ x^2

144		
400		
900		
324		
256		

9. Bestimme die Seitenlänge eines Quadrats mit dem Flächeninhalt 256 m².

10. a) Welche Wurzel ist größer: $\sqrt{25}$ oder $\sqrt{36}$?
    b) Begründe an der Figur rechts:
       (1) Wenn a größer wird, wird $\sqrt{a}$ auch größer.
           Wenn a kleiner wird, wird $\sqrt{a}$ auch kleiner.
       (2) Wenn $\sqrt{a}$ größer wird, wird a auch größer.
           Wenn $\sqrt{a}$ kleiner wird, wird a auch kleiner.

11. Kontrolliere die Hausaufgaben.

    a) $\sqrt{256} = 16$ c) $\sqrt{1024} = 32$ e) $\sqrt{0{,}04} = -0{,}2$
    b) $\sqrt{-1024} = 32$ d) $\sqrt{1000} = 33{,}4$ f) $\sqrt{64} = \pm 8$

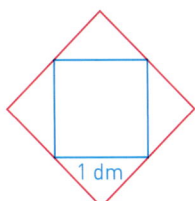

12. Zeichne ein Quadrat mit der Seitenlänge 1 dm. Zeichne ein Quadrat mit einem doppelt so großen Flächeninhalt 2 dm² (siehe links). Miss die Seitenlänge des neuen Quadrats. Versuche, diese Seitenlänge noch genauer anzugeben.

13. Bestimme im Kopf, zwischen welchen natürlichen Zahlen die Quadratwurzel liegt.

    $4 < \sqrt{20} < 5$

    a) $\sqrt{10}$ b) $\sqrt{40}$ c) $\sqrt{60}$ d) $\sqrt{200}$ e) $\sqrt{102}$ f) $\sqrt{29}$ g) $\sqrt{143}$ h) $\sqrt{390}$

14. Bestimme wie im Beispiel rechts ohne Benutzung der Wurzeltaste des Taschenrechners die Quadratwurzel auf eine Stelle nach dem Komma.

    $6 < \sqrt{40} < 7$
    $6{,}1^2 = 37{,}21;\ 6{,}2^2 = 38{,}44;$
    $6{,}3^2 = 39{,}69;\ 6{,}4^2 = 40{,}96,$
    also $\sqrt{40} = 6{,}3\ldots$

    a) $\sqrt{20}$ b) $\sqrt{60}$ c) $\sqrt{70}$ d) $\sqrt{80}$ e) $\sqrt{110}$

15. Bei Taschenrechnern verschiedenen Typs gibt es unterschiedliche Tastenfolge zum Wurzelziehen. Probiere mit deinem Taschenrechner, wie du Quadratwurzeln ermitteln kannst. Kontrolliere deine Ergebnisse durch Quadrieren.

16. Bestimme mit der Wurzeltaste die Quadratwurzeln.
    Runde auf drei Stellen nach dem Komma.

    $\sqrt{53};\ \sqrt{105};\ \sqrt{363};\ \sqrt{66{,}4};\ \sqrt{5{,}396};\ \sqrt{\dfrac{56}{13}};\ \sqrt{82\dfrac{4}{7}};\ \sqrt{\dfrac{6-\frac{1}{3}}{5}}$

17. Bestimme mithilfe des Taschenrechners $\sqrt{2000}$.
    Begründe, warum der angezeigte Wert nicht der exakte Wert sein kann.

2.13 Aufgaben zur Vertiefung

1. Berechne die nächsten 10 Zahlen der Folge.
   a) Startwert: 4   Vorschrift: $\xrightarrow{-5}$
   b) Startwert: −3   Vorschrift: $\xrightarrow{\cdot(-2)}$
   c) Startwert: −1024   Vorschrift: $\xrightarrow{:2}$

   $+5 \xrightarrow{\cdot(-3)} (-15) \xrightarrow{\cdot(-3)} (+45) \xrightarrow{\cdot(-3)} \ldots$

2. Bestimme die nächsten 5 Zahlen der Folge. Gib auch die Vorschrift an.
   a) −7; −3; 1; 5; 9; …
   b) 3; −4; −11; −18; −25; …
   c) −4; 8; −16; 32; −64; …
   d) $\frac{7}{16}$; $-\frac{7}{8}$; $\frac{7}{4}$; $-\frac{7}{2}$; 7; …
   e) $\frac{5}{4}$; $\frac{3}{4}$; $\frac{1}{4}$; $-\frac{1}{4}$; $-\frac{3}{4}$; …
   f) $-\frac{4}{27}$; $\frac{4}{9}$; $-\frac{4}{3}$; 4; −12; …

3. Eine im Koordinatensystem durchgeführte Verschiebung kann man bequem mithilfe rationaler Zahlen beschreiben:
   Z. B. schreibt man für die Verschiebung um 6 Einheiten nach rechts und 5 Einheiten nach unten kurz $\binom{6}{-5}$.

   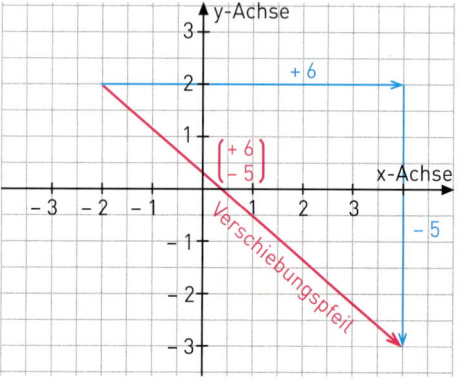

   a) Ein Dreieck ABC hat die Eckpunkte A(−2 | −1), B(3 | 0) und C(−3 | 3). Führe die Verschiebung $\binom{6}{-5}$ durch. Lies die Koordinaten der Eckpunkte des Bilddreiecks A′B′C′ aus der Zeichnung ab.
   Überlege, wie man sie aus den Koordinaten der Punkte und der Verschiebung berechnen kann.
   b) Das Bilddreieck A′B′C′ wird mit $\binom{-3}{4}$ verschoben. Bestimme die Koordinaten des Bilddreiecks A″B″C″ zunächst rechnerisch. Kontrolliere dann zeichnerisch.
   c) Bestimme die Verschiebung, mit der man das Dreieck ABC in einem Schritt auf das Bilddreieck A″B″C″ abbilden kann. Wie kann man diese Verschiebung aus den beiden zuerst durchgeführten berechnen?

4. Eine Molkerei kontrolliert ihre Abfüllmaschinen und wiegt 10 Milchtüten, die 1 ℓ Milch enthalten sollen:
   1,005 ℓ; 0,997 ℓ; 1,010 ℓ; 0,999 ℓ; 1,003 ℓ;
   1,007 ℓ; 0,995 ℓ; 0,998 ℓ; 1,003 ℓ; 1,009 ℓ
   (1) Bestimme die Abweichung der Füllung vom Sollwert 1 ℓ mithilfe rationaler Zahlen. Rechne Abweichungen nach oben positiv, solche nach unten negativ.
   (2) Bestimme daraus das arithmetische Mittel der Abweichungen.
   (3) Ermittle daraus das arithmetische Mittel des Inhalts der untersuchten Milchtüten.

Das Wichtigste auf einen Blick

Rationale Zahlen	Zahlen wie $-\frac{5}{6}$; $+4{,}5$; $-1\frac{2}{3}$; $-0{,}6$; 0 sind *rationale Zahlen*. Es gibt positive und negative rationale Zahlen. Die Menge der *rationalen Zahlen* wird mit $\mathbb{Q}$ bezeichnet. Die natürlichen Zahlen $\mathbb{N}$ und die Menge der ganzen Zahlen $\mathbb{Z}$ sind Teilmengen von $\mathbb{Q}$.	*Beispiele:* $+5$; $+6{,}25$; $+\frac{2}{3}$ sind positiv. -7; $-0{,}5$; $-1\frac{1}{2}$ sind negativ. 0 ist weder positiv noch negativ
Entgegengesetzte Zahl und Betrag	Wird bei einer Zahl das Vorzeichen geändert, so erhält man die *entgegengesetzte Zahl*. Der Abstand einer Zahl a von 0 heißt *Betrag* $\|a\|$ dieser Zahl.	*Beispiele:* Zahl: $-4{,}5$, entgegengesetzte Zahl: $+4{,}5$ $\|-4{,}5\| = \|+4{,}5\| = 4{,}5$
Vergleichen und Ordnen	Rationale Zahlen kann man nach „ist kleiner als" ordnen. Auf der nach rechts gerichteten Zahlengeraden liegt die kleinere Zahl links von der größeren.	$-25 < -16 \quad -4 < +4$ $-30 \quad -20 \quad -10 \quad 0 \quad +10$
Addieren	(1) Gleiche Vorzeichen: Setze das gemeinsame Vorzeichen und addiere die Beträge der Zahlen. (2) Verschiedene Vorzeichen: Setze das Vorzeichen der betragsmäßig größeren Zahl und subtrahiere den kleineren Betrag vom größeren.	*Beispiele:* $(+6{,}3) + (+8) = +14{,}3$ $(-11{,}5) + (-7) = -18{,}5$ $(+2{,}2) + (-7) = -4{,}8$ $(+9) + (-5{,}4) = +3{,}6$
Subtrahieren	Eine rationale Zahl wird *subtrahiert*, indem man ihre *entgegengesetzte Zahl addiert*.	*Beispiel:* $(-6{,}2) - (-3) = (-6{,}2) + (+3) = -3{,}2$
Multiplizieren	Multipliziere die Beträge der Faktoren. Sind die Vorzeichen der beiden Faktoren: – *gleich*, so ist das Produkt *positiv*; – *verschieden*, so ist das Produkt *negativ*.	*Beispiele:* $(+4{,}2) \cdot (+5) = +21;\quad (-3{,}5) \cdot (-8) = +28$ $(+4{,}2) \cdot (-5) = -21;\quad (-3{,}5) \cdot (+8) = -28$
Dividieren	Dividiere die Beträge. Sind die Vorzeichen von Dividend und Divisor: – *gleich*, so ist der Quotient *positiv*; – *verschieden*, so ist der Quotient *negativ*.	*Beispiele:* $(+4{,}8):(+4) = +1{,}2;\quad (-5{,}6):(-7) = +0{,}8$ $(+4{,}8):(-4) = -1{,}2;\quad (-5{,}6):(+7) = -0{,}8$ $(-4):0$ ist nicht definiert!
Reziprokes	Das *Reziproke* einer rationalen Zahl (ungleich 0) erhält man durch Vertauschen von Zähler und Nenner. Durch eine Zahl (ungleich 0) *dividiert* man, indem man mit dem Reziproken multipliziert.	*Beispiele:* Zahl: $-\frac{6}{7}$, Reziprokes: $-\frac{7}{6}$ $\frac{4}{9}:\left(-\frac{6}{7}\right) = \frac{4}{9} \cdot \left(-\frac{7}{6}\right) = -\frac{14}{27}$
Rechengesetze	Auch bei der *Addition* und *Multiplikation* rationaler Zahlen gelten die **Kommutativ-**, **Assoziativ-** und **Distributivgesetze**.	$a + b = b + a;\quad (a + b) + c = a + (b + c)$ $a \cdot b = b \cdot a;\quad (a \cdot b) \cdot c = a \cdot (b \cdot c)$ $a \cdot (b + c) = a \cdot b + a \cdot c$
Berechnen von Termen	Berechne zuerst, was in Klammern steht. Ohne Klammern geht Punkt- vor Strichrechnung. Potenzieren geht vor Punkt- und Strichrechnung. Sonst rechne von links nach rechts.	*Beispiel:* $[(-8{,}3) + (+2{,}1)] \cdot (-3{,}5) - (-1{,}3)$ $= \quad (-6{,}2) \cdot (-3{,}5) - (-1{,}3)$ $= \quad (+21{,}7) - (-1{,}3) = +23$

Bist du fit?

1. a) Ordne die Zahlen nach der Größe. Beginne mit der kleinsten.
   $-3,5$; $+2,8$; $-0,1$; $-3\frac{1}{2}$; $\frac{13}{5}$; $-\frac{1}{9}$; 0; $-3,4$
   b) Bilde die Beträge der Zahlen aus Teilaufgabe a) und ordne erneut.

2. Zeichne in ein Koordinatensystem mit der Einheit 1 cm die Punkte A($-3,5$|-2), B(6|$6,5$), C(2|$7,5$), D($1,5$|$5,5$), E($-5,5$|$4,5$) und verbinde sie zum Fünfeck ABCDE. Spiegele das Fünfeck an der Geraden AB und gib die Bildpunkte durch ihre ungefähren Koordinaten an.

3. a) $(-36)+(-12)$ e) $45+(-9)$ i) $(-4,2)+7$ m) $(-4,5)+(-9)$ q) $\left(-\frac{3}{4}\right)+\left(-\frac{5}{4}\right)$
   b) $(-36)-(-12)$ f) $45-(-9)$ j) $(-4,2)-7$ n) $(-4,5)-(-9)$ r) $\left(-\frac{3}{4}\right)-\left(-\frac{5}{4}\right)$
   c) $(-36)\cdot(-12)$ g) $45\cdot(-9)$ k) $(-4,2)\cdot 7$ o) $(-4,5)\cdot(-9)$ s) $\left(-\frac{3}{4}\right)\cdot\left(-\frac{5}{4}\right)$
   d) $(-36):(-12)$ h) $45:(-9)$ l) $(-4,2):7$ p) $(-4,5):(-9)$ t) $\left(-\frac{3}{4}\right):\left(-\frac{5}{4}\right)$

4. a) $3\cdot(-8)$ e) $73+22$ i) $-3,5+(-1,5)$ m) $(-4,7)\cdot 0$ q) $(-1)\cdot(-7,4)$
   b) $-48-16$ f) $(-49):(-7)$ j) $12:(-4)$ n) $-2,3+8,1$ r) $(-8,5)-(-8,5)$
   c) $19-(-16)$ g) $5,5-2,5$ k) $\frac{8}{7}\cdot\left(-\frac{14}{32}\right)$ o) $1:\left(-\frac{4}{7}\right)$ s) $0:(-4,2)$
   d) $\left(-\frac{1}{3}\right)\cdot\left(-\frac{1}{4}\right)$ h) $(-49):7$ l) $4,5:(-1,5)$ p) $(-1,6):(-4)$ t) $(-5)^2$

5. Beantworte die Frage; notiere dazu eine Aufgabe mit negativen Zahlen.
   a) Von Frau Davids Konto werden monatlich 29 € für Strom abgebucht. Wie viel wird in einem Jahr abgebucht?
   b) Nachdem die Temperatur in der Nacht um 7,1 Grad gefallen war, stieg sie tagsüber wieder um 4,9 Grad an. Wie hoch ist die Temperaturänderung insgesamt?
   c) In den letzten fünf Stunden ist der Wasserstand um 1,5 dm gesunken. Um wie viel ist er durchschnittlich pro Stunde gesunken?
   d) Von Herrn Knechts Konto wurden insgesamt 791 € abgebucht. Darunter war eine irrtümliche Lastschrift von 92 €. Welche Buchung hätte korrekt erfolgen müssen?

6. a) $[(-3,5)+6,8]\cdot(-4)$ d) $\left(-\frac{4}{5}\right)+\frac{1}{2}\cdot(-3)$ g) $\frac{-\frac{7}{10}}{-\frac{3}{5}}$
   b) $2,1\cdot(-5)-0,8\cdot(-6)$ e) $[(-8)-(-5)]^2$ h) $\frac{(-12)+(-37)}{-7}$
   c) $[(-2,5)+(-6,3)]:(-4)$ f) $(-10)^3-(-5)^2$ i) $\frac{6\cdot(-23)}{(-13)-(-15)}$

7. Rechne vorteilhaft.
   a) $(-2,5)\cdot(-0,33)\cdot 8$ e) $[(-1,1)+55]:11$
   b) $(-6)\cdot\left[\frac{1}{6}+\left(-\frac{1}{2}\right)\right]$ f) $(-0,35):7+(-13,65):7$
   c) $1,25\cdot(-3,7)+1,25\cdot(-6,3)$ g) $21\frac{7}{10}:(-7)$
   d) $(-1,957)+(+3,4891)+(+2,957)$ h) $5\frac{1}{3}-3\frac{2}{5}-3\frac{1}{6}+1\frac{1}{10}+2\frac{2}{3}-1\frac{5}{6}-4\frac{4}{10}$

8. Entscheide, ob die Aussage wahr oder falsch ist. Begründe.
   a) Ist der Wert eines Quotienten null, so muss der Divisor null sein.
   b) Die Summe zweier rationaler Zahlen ist immer größer als ihre Differenz.

3. Gleichungen mit einer Variablen

Bei einem Zahlenrätsel wird eine unbekannte Zahl gesucht.
Nicht nur Zahlenrätsel lassen sich gut
mithilfe von Gleichungen notieren und lösen.

→ Wie schwer ist die Katze?

In diesem Kapitel ...
beschäftigst du dich mit dem Aufstellen und Lösen von Gleichungen.
Für bestimmte Gleichungen lernst du Lösungsverfahren kennen.
Dabei wirst du auch deine Kenntnisse über Terme erweitern.

Lernfeld: Zahlen gesucht

 ### Entdeckungen an Zahlenmauern
Zahlenmauern kennt ihr bereits: Jeder Stein enthält die Summe der Zahlen in den beiden darunter liegenden Steinen.

→ Ergänzt in eurem Heft die Zahlenmauern.

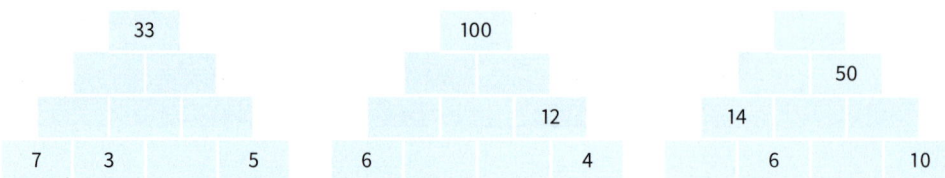

→ Schreibt auf, wie ihr die fehlenden Zahlen bestimmt habt. Welche Unterschiede gibt es zwischen den einzelnen Mauern?

→ Entwickelt selbst solche Additionsmauern und lasst sie von Mitschülern lösen.

→ Es gibt gerade Zahlen (g) und ungerade Zahlen (u). Lassen sich die folgenden Zahlenmauern eindeutig ausfüllen oder gibt es mehrere Möglichkeiten?

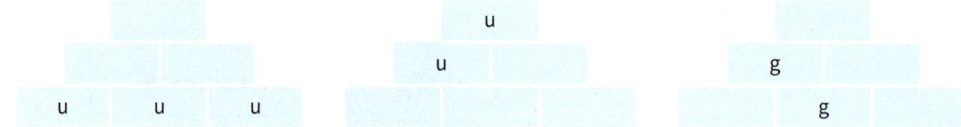

→ Untersucht: Wie viele ungerade Zahlen können in einer Zahlmauer höchstens vorkommen?

  ### Zahlenknobeleien

| Wie alt ist Pia? | Wenn 45 Autos hinzukommen, sind es viermal so viele. | Wenn man 6 Münzen wegnimmt, hat man nur noch ein Drittel so viele. |

→ Löst die Aufgaben. Erklärt euch anschließend gegenseitig, wie ihr zu der gefundenen Lösung gekommen seid.

→ Entwerft ähnliche Aufgaben und lasst sie von Mitschülern lösen.

3.1 Lösen von Gleichungen durch Probieren

Einstieg Bestimme alle ganzen Zahlen, auf die der Steckbrief rechts zutrifft.

Aufgabe 1

Lösen einer Gleichung durch Probieren
Löse das Zahlenrätsel von Mia.

Lösung

(1) *Aufstellen einer Gleichung für die gesuchte Zahl*

Platzhalter für Mias Zahl:	x
Einerseits multipliziert Mia sie mit sich selbst:	x^2
Andererseits multipliziert sie die gesuchte Zahl mit 3:	$3 \cdot x$
… und addiert dazu die Zahl 4:	$3 \cdot x + 4$
Also erhält sie die Gleichung:	$x^2 = 3 \cdot x + 4$

(2) *Bestimmen der Lösungen der Gleichung durch Probieren*

Wir können durch Einsetzen von ganzen Zahlen prüfen, ob diese die Gleichung erfüllen.

Einsetzung für x	x^2	$3 \cdot x + 4$	$x^2 = 3 \cdot x + 4$	Gleichung ist eine
0	0	4	0 = 4	falsche Aussage
1	1	7	1 = 7	falsche Aussage
2	4	10	4 = 10	falsche Aussage
3	9	13	9 = 13	falsche Aussage
4	16	16	16 = 16	wahre Aussage
5	25	19	25 = 19	falsche Aussage
6	36	22	36 = 22	falsche Aussage
–1	1	1	1 = 1	wahre Aussage
–2	4	–2	4 = –2	falsche Aussage
–3	9	–5	9 = –5	falsche Aussage

> Setzt man weitere positive Zahlen ein, so kann keine wahre Aussage entstehen, da die linke Seite der Gleichung schneller wächst als die rechte Seite.

> Setzt man weitere negative Zahlen ein, so kann keine wahre Aussage entstehen, da die linke Seite der Gleichung positiv und die rechte Seite negativ ist.

Die Zahlen 4 und –1 sind Lösungen der Gleichung $x^2 = 3 \cdot x + 4$.

(3) *Ergebnis:*
Mia hat sich die Zahl 4 oder die Zahl –1 gedacht.
Welche dieser beiden Zahlen die gedachte ist, lässt sich aus dem Rätsel nicht entnehmen.

Information

Du hast gesehen, dass eine Gleichung nicht nur eine, sondern mehrere Zahlen als Lösung haben kann. Häufig fasst man eine Lösung zu einer Menge zusammen.

> Eine Zahl ist **Lösung** einer Gleichung, wenn die Zahl die Gleichung erfüllt, d.h. wenn nach dem Einsetzen der Zahl für die Variable eine wahre Aussage entsteht. Alle Lösungen einer Gleichung zusammengefasst ergeben deren **Lösungsmenge**.
> *Beispiel:*
> Die Zahl 4 ist Lösung der Gleichung $x^2 = 2 \cdot x + 8$, denn $4^2 = 2 \cdot 4 + 8$ ist eine wahre Aussage. Auch -2 ist Lösung dieser Gleichung, denn $(-2)^2 = 2 \cdot (-2) + 8$ ist ebenfalls eine wahre Aussage. Da es keine weiteren Lösungen dieser Gleichung gibt, ist die Lösungsmenge $L = \{-2; 4\}$.

Weiterführende Aufgabe

Besondere Lösungsmengen

2. Löse folgende Gleichungen: **(1)** $x = x + 1$ **(2)** $2 \cdot x = 3 \cdot x$ **(3)** $2 \cdot x = 2{,}5 \cdot x - \frac{x}{2}$
   Welche Besonderheiten stellst du fest?

Information

> **Sonderfälle bei der Lösungsmenge**
> 1) Hat eine Gleichung keine Zahl als Lösung, so ist ihre Lösungsmenge die leere Menge.
>   *Beispiel:* Die Gleichung $2 \cdot x = 2 \cdot x + 1$ hat als Lösungsmenge $L = \{\ \}$.
> 2) Es gibt auch Gleichungen, die jede Zahl als Lösung haben.
>   *Beispiel:* $x = 0{,}7 \cdot x + 0{,}3 \cdot x$ hat als Lösungsmenge $L = \mathbb{Q}$.

Übungsaufgaben

3. Für welche Zahlen trifft der Steckbrief rechts zu?

WANTED
Gesucht sind alle ganzen Zahlen, deren Produkt mit sich selbst um 10 größer ist als ihr Dreifaches.

4. Löse das Zahlenrätsel durch Aufstellen einer Gleichung und Probieren mit einer Tabelle.
   a) Wenn ich die Zahl quadriere, erhalte ich dasselbe, wie wenn ich die Zahl versechsfache und dann 5 subtrahiere.
   b) Wenn ich die Zahl quadriere, erhalte ich das um 12 vermehrte Vierfache der Zahl.
   c) Wenn ich die Zahl verfünffache, erhalte ich dasselbe, wie wenn ich sie quadriere.
   d) Addiere ich zu dem Quadrat der Zahl das Elffache der Zahl, so erhalte ich -24.

Die Variable muss nicht immer X heißen.

5. Suche natürliche Zahlen, die Lösungen sind.
   a) $3 \cdot x - 10 = -x^2$ b) $z^2 = 4 \cdot z - 4$ c) $x^2 + 3 \cdot x = 0$ d) $x^2 - 5 \cdot x = 0$

6. Gib die Lösungsmenge in der Grundmenge $\mathbb{N}$ an.
   a) $x^2 = 3 \cdot x - 2$ b) $x^2 = 5 \cdot x - 6$ c) $x^2 = 4 \cdot x - 3$ d) $x^2 = 5 \cdot x$

7. Bei diesen Gleichungen musst du nicht lange probieren, um die Lösungsmenge zu bestimmen. Gib sie an.
   a) $x - 7 = 3$ c) $x \cdot 3 = 6$ e) $x \cdot x = 9$ g) $6 \cdot x - 3 \cdot x = 3 \cdot x$
   b) $x + 5 = -1$ d) $x : 4 = 1$ f) $4 : x = -2$ h) $x - 4 = x$

Eine Menge kann auch nur ein Element enthalten.

8. Finde eine Gleichung, die die angegebene Zahl als Lösung hat.
   a) 8 b) -5 c) $\frac{5}{2}$ d) $-\frac{3}{4}$ e) 0 f) 1, 2

3.2 Lösen von Gleichungen durch Umformen

3.2.1 Lösen von Gleichungen des Typs a · x + b = c – Umformungsregeln

Einstieg

Durch Einsetzen einer Zahl in eine Gleichung kann man nur feststellen, ob diese Zahl zur Lösungsmenge gehört. Es ist häufig schwierig, eine solche Zahl zu finden. Außerdem weiß man dann nicht, ob man alle Zahlen der Lösungsmenge gefunden hat. Es ist daher unser Ziel, Verfahren kennen zu lernen, mit denen man die gesamte Lösungsmenge rechnerisch bestimmen kann.

Versucht, durch Überlegen das Zahlenrätsel rechts zu lösen.

Wenn ich vom Vierfachen meiner Zahl 5 subtrahiere, erhalte ich 17.

Einführung

Lösen einer Gleichung mit positiven Zahlen

Wenn man eine Zahl mit 3 multipliziert und dann 1 addiert, erhält man 7. Wie heißt die Zahl?

(1) Aufstellen einer Gleichung für die gesuchte Zahl x

Bezeichnen wir die gesuchte Zahl mit x, so lautet die Gleichung $3 \cdot x + 1 = 7$

(2) Bestimmen der Lösungsmenge durch Umformen der Gleichung

Das Bestimmen der Lösungsmenge verdeutlichen wir an einer Waage oder an der Zahlengeraden.

Wir denken uns drei gleich große unbekannte Massestücke links auf der Waage, außerdem noch links 1 und rechts 7 Einheitsmassestücke. Die Waage ist dann im Gleichgewicht.

Die gesuchte Zahl x liegt irgendwo auf der Zahlengeraden. Wo, wissen wir zunächst nicht. Doch wissen wir, dass $3 \cdot x + 1 = 7$ ist. Wir bestimmen x durch Rückwärtsrechnen.

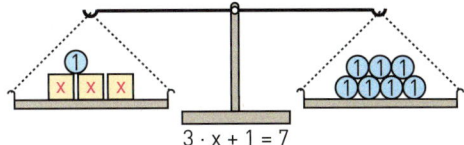
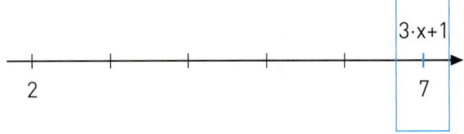

Auf beiden Waagschalen nehmen wir 1 weg. Die Waage bleibt im Gleichgewicht.

Dann muss aber $3x = 6$ sein (Rückwärtsrechnen auf beiden Seiten: Subtrahieren von 1).

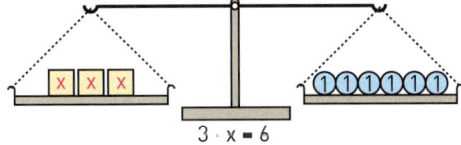
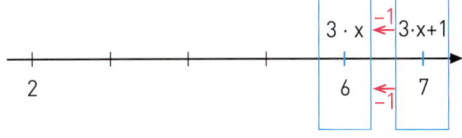

Auf beiden Waagschalen bilden wir den 3. Teil. Die Waage bleibt im Gleichgewicht.

Wenn aber das Dreifache von x gleich 6 ist, dann muss $x = 2$ sein (Rückwärtsrechnen auf beiden Seiten: Dividieren durch 3).

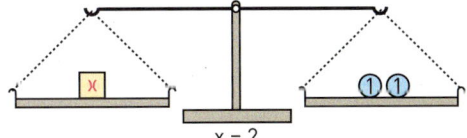
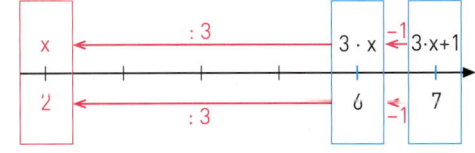

Ergebnis: Die gesuchte Zahl heißt 2. Aus den Überlegungen ist klar, dass es keine andere Lösung geben kann. Die Lösungsmenge der Gleichung ist daher $L = \{2\}$.

Aufgabe 1   **Lösen einer Gleichung mit negativen Zahlen**
Multipliziert man eine Zahl mit 8 und subtrahiert 3, erhält man –7. Wie heißt die Zahl?

Lösung

(1) *Aufstellen der Gleichung für die gesuchte Zahl*
Bezeichnen wir die gesuchte Zahl mit x, so lautet die Gleichung: $8 \cdot x - 3 = -7$

(2) *Bestimmen der Lösungsmenge durch Umformen der Gleichung*
Da hier die negative Zahl –7 auftritt, kann das Modell der Waage nicht mehr verwendet werden, sondern nur das der Zahlengeraden.
Von der Zahl x wissen wir, dass $8 \cdot x - 3 = -7$ ist. Wir machen das Subtrahieren von 3 rückgängig durch Addieren. Dann muss $8 \cdot x = -4$ sein. Wenn aber das Achtfache von x gleich –4 ist, dann ist x gleich dem achten Teil von –4. Es gilt also: $x = -\frac{1}{2}$.

Ergebnis: Die gesuchte Zahl heißt $-\frac{1}{2}$. Das Vorgehen hat gezeigt, dass es keine andere Lösung geben kann. Die Lösungsmenge der Gleichung ist $L = \left\{-\frac{1}{2}\right\}$.

Information

(1) **Zueinander äquivalente Gleichungen – Umformungsregeln**
In der Einführung auf Seite 119 ergaben sich nacheinander die nebenstehenden Gleichungen.
Alle drei Gleichungen haben dieselbe Lösungsmenge, nämlich {2}.
Du kannst das durch Einsetzen kontrollieren.

(1) $3 \cdot x + 1 = 7$
(2) $3 \cdot x = 6$
(3) $x = 2$

äquivalent (lat.)
gleichwertig

Gleichungen mit gleicher Lösungsmenge heißen zueinander **äquivalent**.
Die Gleichungen (1), (2) und (3) sind also zueinander äquivalent.
Gleichung (2) entsteht aus Gleichung (1) durch Subtraktion von 1 auf beiden Seiten und umgekehrt Gleichung (1) aus Gleichung (2) durch Addition von 1 auf beiden Seiten.
Gleichung (3) entsteht aus Gleichung (2) durch Division mit 3 und umgekehrt Gleichung (2) aus Gleichung (3) durch Multiplikation mit 3 jeweils auf beiden Seiten der Gleichung.

Als Grundmenge der Gleichungen wählen wir im Folgenden stets die Menge $\mathbb{Q}$ der rationalen Zahlen.

Gleichungen heißen zueinander **äquivalent**, wenn sie dieselbe Lösungsmenge haben. Mithilfe der folgenden Regeln kann man aus einer Gleichung eine dazu äquivalente Gleichung erhalten.

Additions- und Subtraktionsregel
Addiert oder subtrahiert man auf beiden Seiten einer Gleichung dieselbe Zahl, so ändert sich die Lösungsmenge nicht.

$x - 9 = 26$
$x - 9 + 9 = 26 + 9$
$x = 35$

Multiplikations- und Divisionsregel
Multipliziert (dividiert) man beide Seiten einer Gleichung mit derselben Zahl (durch dieselbe Zahl) ungleich 0, so ändert sich die Lösungsmenge nicht.

$8 \cdot x = 24$
$8 \cdot x : 8 = 24 : 8$
$x = 3$

Gleichheitszeichen unter Gleichheitszeichen

3.2 Lösen von Gleichungen durch Umformen

(2) Strategie beim Lösen einer Gleichung durch Umformen

Bei Gleichungen wie $x = 7$, $x = -\frac{1}{2}$, $z = 3{,}5$ kann man die Lösungsmenge sofort erkennen.

Das Ziel beim Lösen einer Gleichung ist also, durch Umformen zunächst die Variable auf einer Seite zu isolieren.

Im Beispiel rechts siehst du ein zielgerichtetes Vorgehen. Die vorgenommenen Umformungen der Gleichung wurden jeweils hinter einem senkrechten Strich notiert. Die Zwischenschritte in der zweiten und vierten Gleichung im rechten Beispiel verdeutlichen, dass auf beiden Seiten der Gleichung dieselbe Operation vorgenommen wurde. Man darf diese beiden Zwischenschritte auch weglassen.

$$4 \cdot x - 5 = -3 \quad |+5$$
$$4 \cdot x - 5 + 5 = -3 + 5$$
$$4 \cdot x = 2 \quad |:4$$
$$4 \cdot x : 4 = 2 : 4$$
$$x = \frac{1}{2}$$
$$\text{Lösungsmenge } L = \left\{\frac{1}{2}\right\}$$

Addiere 5 auf beiden Seiten der Gleichung.

Dividiere beide Seiten der Gleichung durch 4.

(3) Weglassen von Malpunkten

Zur Vereinfachung vereinbaren wir:

> Malpunkte dürfen weggelassen werden, wenn keine Missverständnisse möglich sind.
> Ferner ist $1 \cdot x = x$.
> *Beispiele:* 4a statt $4 \cdot a$; $\qquad$ 2(3 + y) statt $2 \cdot (3 + y)$;
> $\qquad$ aber: *nicht* 45 statt $4 \cdot 5$ $\qquad$ *nicht* $2\frac{1}{2}$ statt $2 \cdot \frac{1}{2}$

Weiterführende Aufgabe

Multiplikation beider Seiten einer Gleichung mit 0 ist nicht immer eine Äquivalenzumformung

2. Im Beispiel rechts sind beide Seiten der oberen Gleichung mit 0 multipliziert worden.
Warum sind die beiden Gleichungen nicht äquivalent?

$$\cdot 0 \begin{pmatrix} 2x = 6 \\ 0 \cdot 2x = 0 \end{pmatrix} \cdot 0$$

Information

Durchführen einer Probe

Das Überprüfen, ob eine Zahl Lösung einer Gleichung ist, nennt man eine **Probe**. Dabei setzt man die Zahl in die Gleichung ein. Dann rechnet man die linke und die rechte Seite der Gleichung getrennt aus und entscheidet, ob eine wahre (w) oder falsche (f) Aussage vorliegt.

Probe, ob −3 eine Lösung der Gleichung ist:	Probe, ob 1 eine Lösung der Gleichung ist:
$2 \cdot x - 4 = -2$ ist:	$2 \cdot x - 4 = -2$ ist:
$2 \cdot (-3) - 4 \stackrel{?}{=} -2$	$2 \cdot 1 - 4 \stackrel{?}{=} -2$
$-6 - 4 \stackrel{?}{=} -2$	$2 - 4 \stackrel{?}{=} -2$
$-10 = -2$ f	$-2 = -2$ w
−3 ist **keine** Lösung.	1 ist eine Lösung.

Übungsaufgaben

3. Die Masse eines Ziegelsteines soll ermittelt werden. Die Waage rechts ist im Gleichgewicht.
Welche Veränderungen am Inhalt der beiden Waagschalen kannst du vornehmen, sodass die Waage stets im Gleichgewicht bleibt? Gehe schrittweise vor.
Notiere dein Vorgehen mithilfe von Gleichungen.

4. Veranschauliche an der Zahlengeraden oder Waage, wie man die Lösung der Gleichung findet. Begründe, für welche Gleichungen man die Waage zur Veranschaulichung nicht verwenden kann.

a) $4 \cdot x + 3 = 11$ c) $2 \cdot x + 5 = -1$ e) $2 \cdot x - 4 = -10$ g) $3 \cdot x - 6 = 0$
b) $3 \cdot x + 6 = 7$ d) $5 \cdot x - 2 = 3$ f) $4 \cdot x + 7 = 7$ h) $7 \cdot x + 7 = 0$

5. Fülle die Lücken im Heft aus.

a) $x + 12 = 38$; $x = \square$
b) $x + 11 = 3$; $x = \square$
c) $x - 3{,}6 = 0$; $x = \square$
d) $x \cdot 15 = 60$; $x = \square$
e) $1{,}2 \cdot x = -10{,}8$; $x = \square$
f) $x : 7 = 5$; $x = \square$
g) $-5 \cdot x = -20$; $x = \square$
h) $-x = 5$; $x = \square$

6. Welche Regel wird bei der Umformung angewandt? Ergänze im Heft.

a) $x - 18 = 12$; $x = 30$
b) $x + 10 = 7$; $x = -3$
c) $x : 8 = -4$; $x = -32$
d) $5 \cdot x = 45$; $x = 9$
e) $-x = 20$; $x = \square$
f) $-\frac{1}{2} \cdot x = -8$; $x = \square$
g) $x - 2{,}5 = -4$; $x = \square$
h) $-\frac{x}{5} = 5$; $x = \square$

7. Welche Malzeichen darfst du weglassen, ohne Fehler zu machen? Schreibe wie im Beispiel.

$5 \cdot x - 7 \cdot \frac{3}{4} = 5x - 7 \cdot \frac{3}{4}$

a) $3 \cdot a$
b) $4 \cdot 5 \cdot x$
c) $7 \cdot (a - 8 \cdot 6)$
d) $2 \cdot \frac{1}{2} + \frac{3 \cdot x}{2}$
e) $3 \cdot 5^2 - 1 \cdot x$
f) $(4 + x) \cdot (4 - x)$
g) $7 \cdot b \cdot 5$

8. Welche Fehler hat Malte gemacht? Veranschauliche deine Begründung auch an einer Waage. Korrigiere Maltes Rechnung im Heft.

a)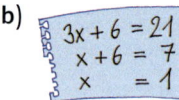
b)

9. Schreibe ab und notiere die Umformungsschritte.

a) $4x + 9 = 21$; $4x = 12$; $x = 3$
b) $7x - 5 = -26$; $7x = -21$; $x = -3$
c) $-20x - 10 = 0$; $-20x = 10$; $x = -\frac{1}{2}$
d) $10x + 8 = 38$; $10x = 30$; $x = 3$

10. Welche der folgenden Gleichungen sind äquivalent zueinander? Findet sie heraus und begründet einander eure Meinung.

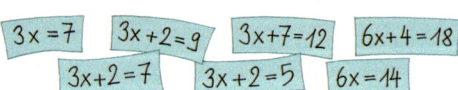

11. Gib zu der Gleichung eine äquivalente Gleichung an. Begründe.

a) $8x + 10 = 34$
b) $11y - 8 = 47$
c) $20x + 40 = 0$
d) $6z + 1 = -23$
e) $2x - 3 = 5$
f) $4 + 8x = 12$

$3z + 2 = -4 \mid -2$
$3z = -6 \mid :3$
$z = -2$

Prüfen, ob -2 eine Lösung ist:
$3 \cdot (-2) + 2 \stackrel{?}{=} -4$
$-4 = -4$ **w**
-2 ist eine Lösung, $L = \{-2\}$

12. Bestimme die Lösungsmenge durch Umformen.

a) $11x - 5 = 19$
b) $3t + 4 = 25$
c) $5x - 12 = 8$
d) $2y + 5 = -5$
e) $-2x - 5 = -5$
f) $-7z + 15 = 50$

3.2 Lösen von Gleichungen durch Umformen

13. Löse das Zahlenrätsel mithilfe einer Gleichung.
   a) Addiert man 17 zum Fünffachen der Zahl, so erhält man 52.
   b) Addiert man das Dreifache der Zahl zu 37, so ergibt sich 19.

14. Maria und Anne lösen Gleichungen. Maria schlägt vor: „Lass uns bei jeder Aufgabe die Probe durchführen." Anne entgegnet: „Muss das denn wirklich sein?"

15. Vergleicht die Lösungswege.

Anna:
$17 - 3x = 8 \quad | -8$
$9 - 3x = 0 \quad | +3x$
$9 = 3x \quad | :3$
$3 = x$

Achmed:
$17 - 3x = 8 \quad | -17$
$-3x = -9 \quad | :(-3)$
$x = 3$

> Subtrahieren bedeutet Addieren der entgegengesetzten Zahl:
> $45 - 7x$
> $= 45 + (-7)x$

16. Bestimme die Lösungsmenge durch Umformen. Führe auch die Probe durch.
   a) $45 - 7x = -11$
   b) $69 - 5x = 24$
   c) $13x - 49 = -179$
   d) $-9c - 1 = -10$
   e) $0 = 4 - 8t$
   f) $5x + 0{,}3 = 0{,}7$
   g) $4x + 1{,}2 = 0{,}2$
   h) $3{,}5 = 10x - 1{,}5$
   i) $2x - 0{,}8 = 1{,}4$
   j) $1{,}2 = -x - 4{,}8$
   k) $-7 - 2x = -11$
   l) $\frac{x}{5} = -2$

17. Erläutere die Lösungswege. Welcher Weg ist am günstigsten?

Sophie:
$\frac{2}{3}x = \frac{4}{9} \quad | :\frac{2}{3}$
$x = \frac{4}{9} : \frac{2}{3}$

Bastian:
$\frac{2}{3}x = \frac{4}{9} \quad | \cdot 3$
$2x = \frac{4}{3}$

Fatima:
$\frac{2}{3}x = \frac{4}{9} \quad | :2$
$\frac{1}{3}x = \frac{2}{9}$

David:
$\frac{2}{3}x = \frac{4}{9} \quad | \cdot \frac{3}{2}$
$x = \frac{4}{9} \cdot \frac{3}{2}$

18. Bestimme die Lösungsmenge. Führe auch die Probe durch.
   a) $x : 2 + 14 = 13$
   b) $-x : 7 + 5 = 3$
   c) $-3 = 4 - y : 3$
   d) $8 - 5x = 13$
   e) $\frac{x}{2} + 3 = 7$
   f) $\frac{1}{6} - \frac{2}{3}x = -\frac{1}{2}$
   g) $\frac{1}{2} - \frac{1}{3}x = \frac{2}{3}$
   h) $-y + \frac{1}{2} = -\frac{2}{5}$
   i) $-7 = -\frac{1}{2}x + 3$
   j) $\frac{3}{8}x - \frac{3}{4} = -\frac{5}{8}$
   k) $-\frac{1}{8} = \frac{3}{8}x - \frac{1}{4}$
   l) $2\frac{1}{5} = \frac{3}{4}x - \frac{4}{5}$
   m) $-\frac{2}{3}a + \frac{1}{2} = -\frac{1}{4}$
   n) $0{,}8x + 2{,}4 = 4{,}8$
   o) $y - \frac{1}{2} = -1\frac{1}{2}$
   p) $\frac{2}{5} = \frac{1}{3} - \frac{2}{3}x$
   q) $\frac{3}{4} = \frac{1}{2} + \frac{2}{3}x$
   r) $1\frac{1}{2} = -\frac{1}{3}x + \frac{3}{4}$
   s) $9 = \frac{b}{2} - 2$
   t) $-c - 6{,}8 = -7{,}8$

19. a) Paul meint: „Die Subtraktionsregel zum Umformen ist völlig überflüssig." Beurteile.
   b) Ist auch die Multiplikationsregel überflüssig?
      Untersuche dazu, ob man jede Multiplikation durch eine Division ersetzen kann.

20. Denke dir ein Zahlenrätsel aus und stelle es deinem Partner. Dieser löst es. Danach stellt er dir ein Zahlenrätsel. Wiederholt das ganze noch einmal mit schwierigeren Gleichungen.

21. Stelle eine Gleichung mit der vorgegebenen Lösung auf und lasse sie von deinem Partner lösen. Tauscht die Rollen nach jeder Teilaufgabe.
   a) 5
   b) 4
   c) $\frac{1}{2}$
   d) $\frac{3}{4}$
   e) -1
   f) 0

3.2.2 Lösen einfacher Gleichungen des Typs $ax = bx + c$

Ziel

Bislang kannst du solche Gleichungen lösen, bei denen die Variable nur auf einer Seite vorkommt. Hier lernst du, wie man Gleichungen in einfachen Fällen lösen kann, bei denen die Variable auf beiden Seiten vorkommt.

Zum Erarbeiten

Stelle die Gleichung $5x = 3x + 6$ mithilfe einer Waage oder einer Zahlengeraden dar. Löse sie durch geeignete Umformungen.

→ *Darstellung an der Waage*
Auf der linken Waagschale liegen 5 Ziegelsteine, auf der rechten 3 Ziegelsteine und 6 Massestücke.
Die Waage bleibt im Gleichgewicht.

Darstellung an der Zahlengeraden
Die gesuchte Zahl x liegt irgendwo auf der Zahlengeraden.
Wir wissen noch nicht wo, sondern nur, dass $5x$ und $3x + 6$ an derselben Stelle der Zahlengeraden liegen.

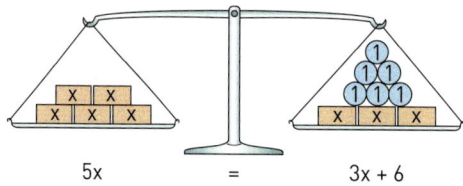

Nimm von beiden Schalen 3 Ziegelsteine weg. Es bleiben links 2 Ziegelsteine übrig, rechts 6 Massestücke.
Die Waage bleibt im Gleichgewicht.

Verringern wir aber diese unbekannte Stelle um $3x$, so erhalten wir, dass $2x$ an der Stelle 6 liegen muss.

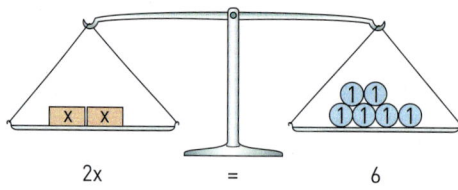
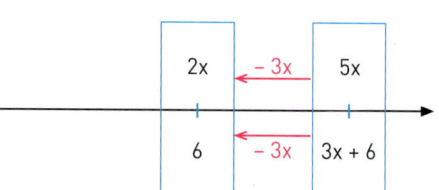

Nimm von beiden Schalen die Hälfte.
Die Waage bleibt im Gleichgewicht.

Jetzt muss nur noch auf beiden Seiten halbiert werden.

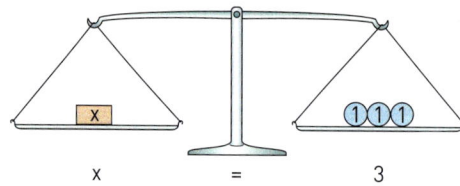
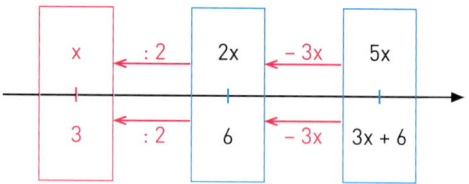

Man erkennt: Ein Ziegelstein ist so schwer wie 3 Massestücke.
Ergebnis: Die Gleichung $5x = 3x + 6$ hat die Lösung 3.

Man sieht: x liegt an der Stelle 3.

Information

Übersichtliches Notieren der Umformung
Wie bisher schreiben wir die Schritte mithilfe von Befehlsschritten auf:
Subtrahiere $3x$ auf beiden Seiten.
Dividiere durch 2 auf beiden Seiten.
Das Verfahren zeigt, dass wir damit auch alle Lösungen gefunden haben.
Weitere Lösungen kann es nicht geben.

$5x = 3x + 6 \mid -3x$
$2x = 6 \qquad \mid :2$
$x = 3$

Zum Selbstlernen 3.2 Lösen von Gleichungen durch Umformen

Zum Üben

1. Bestimme jeweils die Masse einer Kugel.
   Notiere dein Vorgehen mithilfe von Gleichungen.

   a) 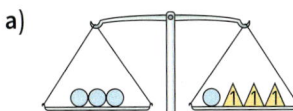   b) 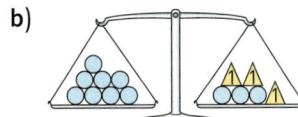   c)

2. Bestimme die Lösungsmenge.
   a) $7x = 3x + 28$
   b) $7x + 6 = 10x$
   c) $16x = 4x + 72$
   d) $12x + 20 = 17x$
   e) $17x = 7x + 5$
   f) $42 + 22x = 28x$

3. Löse das Zahlenrätsel rechts mit einer Gleichung.

   Tina: Das Doppelte meiner Zahl plus 1 ist gleich dem Vierfachen meiner Zahl.

4. Bestimme die Lösungsmenge.
   Notiere die Art jeder Umformung.
   Führe auch die Probe durch.
   a) $8x = 40 + 3x$
   b) $11x = 48 - x$
   c) $15x - 21 = 12x$
   d) $9x = 24 + 11x$
   e) $7x - 41 = 8x$
   f) $-15x = 80 - 5x$
   g) $12x = 7x - 15$
   h) $-4x = 28 - 8x$
   i) $20x + 14 = 13x$
   j) $-5x + 0{,}05 = -x$
   k) $7x + 0{,}27 = 10x$
   l) $5a = 2a + \frac{6}{7}$

5. Vergleiche die Lösungswege.

   Antonio
   $2x = 5x - 12 \;|\;-2x$
   $0 = 3x - 12 \;|\;-(-12)$
   $12 = 3x \;\;\;\;\;\;\;\;|\;:3$
   $4 = x$

   Elena
   $2x = 5x - 12 \;|\;-2x$
   $0 = 3x - 12 \;|\;+12$
   $12 = 3x \;\;\;\;\;\;\;\;|\;\cdot\frac{1}{3}$
   $4 = x$

   Fabian
   $2x = 5x - 12 \;|\;-5x$
   $-3x = -12 \;\;\;\;|\;:(-3)$
   $x = 4$

6. Notiere zu der abgebildeten Waage eine Gleichung und löse diese mithilfe der Waage.

7. Bestimme die Lösungsmenge durch Umformen.
   Führe auch die Probe durch.
   a) $4x + 5 = 2x + 9$
   b) $5x - 3 = 3x + 5$
   c) $-6x + 2 = -4x + 1$
   d) $3x - 5 = 2x + 2$
   e) $9y + 20 = 5y + 12$
   f) $101 + 3x = 1 - 17x$
   g) $3d + 47 = 11 - d$
   h) $-r - 20 = -5r - 72$
   i) $22x - 61 = 12x - 61$
   j) $-3x - 12 = -x - 6$

   $3x + 2 = 5x + 6 \;\;|\;-2$
   $\;\;\;\;3x = 5x + 4 \;\;|\;-5x$
   $-2x = 4 \;\;\;\;\;\;\;\;\;\;\;|\;:(-2)$
   $\;\;\;\;\;x = -2$
   Probe:
   $3 \cdot (-2) + 2 \stackrel{?}{=} 5 \cdot (-2) + 6$
   $-6 + 2 \stackrel{?}{=} -10 + 6$
   $-4 = -4 \;\;\text{w}$
   $L = \{-2\}$

3.2.3 Lösen von Gleichungen mit Zusammenfassen von Vielfachen einer Variablen

Einstieg

Beim Lösen einer Gleichung mit der Variablen auf beiden Seiten, wie z. B. $7x = 2x + 3$, subtrahierst du Vielfache der Variablen auf beiden Seiten, hier $2x$. Du erhältst die Gleichung $5x = 3$. Dabei hast du im Kopf $7x - 2x$ zu $5x$ vereinfacht.
Sophie hat einige solcher Vereinfachungen notiert. Kontrolliere diese.

a) $3x + 5x = 8x$ b) $7x + x = 8x$ c) $6x - x = 6$ d) $5x - 4x = x$

Aufgabe 1

Zusammenfassen von Vielfachen einer Variablen
Beim Lösen der Gleichung $7x = 4x + 12$ haben wir auf beiden Seiten $4x$ subtrahiert und auf der linken Seite dann $7x - 4x = 3x$ gerechnet. Dies ist eine Anwendung des Distributivgesetzes: $7 \cdot x - 4 \cdot x = (7 - 4) \cdot x = 3 \cdot x$
Vereinfache ebenso.

a) $18x - 8x$ b) $19a + 12a + 2$ c) $4x - 10x$ d) $7c + 5 + 3c$

Lösung

a) $18x - 8x = (18 - 8)x = 10x$

b) $19a + 12a + 2 = (19 + 12)a + 2 = 31a + 2$

c) $4x - 10x = (4 - 10)x = -6x$

d) $7c + 5 + 3c = 7c + 3c + 5 = (7 + 3)c + 5 = 10c + 5$
  Kommutativgesetz

Information

(1) Regel über das Zusammenfassen von Vielfachen einer Variablen
Beim Lösen von Gleichungen, bei denen die Variable mehrfach vorkommt, hast du in mehreren Fällen Vielfache der Variablen schon addiert und subtrahiert.

> **Addieren und Subtrahieren von Vielfachen einer Variablen**
> Man addiert (subtrahiert) Vielfache einer Variablen, indem man die Zahlfaktoren addiert (subtrahiert).
>
> (1) $7x + 5x$ (2) $5x - 5x$ (3) $8z - z$ Zahlfaktor   (4) $-3a - 2a$
> $= 12x$ $= 0x = 0$ $= 7z$ 1 denken $= -5a$

2) Vertauschen von Additions- und Subtraktionsschritten
Vom Rechnen mit rationalen Zahlen weißt du, dass man aufeinanderfolgende Additions- und Subtraktionsschritte beliebig vertauschen darf.
Dies gilt somit auch dann, wenn Vielfache einer Variablen addiert und subtrahiert werden:
Beispiel:
$12x - 7 - 8x + 3 = 12x - 8x - 7 + 3$

$ = \quad 4x \quad - \quad 4$

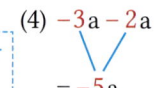

$-5 + 3 - 2 + 4$
$= 3 - 5 + 4 - 2$
$= 3 + 4 - 5 - 2$
$= 7 - 7$
$= 0$

3.2 Lösen von Gleichungen durch Umformen

Aufgabe 2 — Lösen von Gleichungen, in denen die Variable mehrfach vorkommt
Löse die Gleichung $7x + 4 - 11x = 2x - 8$. Mache die Probe.

Lösung
Günstig ist es, wenn wir erst die linke Seite der Gleichung durch Zusammenfassen der Vielfachen der Variablen von x vereinfachen.

$$7x + 4 - 11x = 2x - 8$$
$$-4x + 4 = 2x - 8 \quad |-2x$$
$$-6x + 4 = -8 \quad |-4$$
$$-6x = -12 \quad |:(-6)$$
$$x = 2$$
$$L = \{2\}$$

Probe:
$$7 \cdot 2 + 4 - 11 \cdot 2 \stackrel{?}{=} 2 \cdot 2 - 8$$
$$14 + 4 - 22 \stackrel{?}{=} 4 - 8$$
$$18 - 22 \stackrel{?}{=} -4$$
$$-4 = -4 \quad \text{w}$$

Information

Strategie beim Bestimmen der Lösungsmenge einer Gleichung
Zum Lösen einer Gleichung geht man in folgenden Schritten vor:
(1) *Zusammenfassen* sowohl der Vielfachen der Variablen als auch der Zahlen auf beiden Seiten der Gleichung
(2) *Sortieren* der Summanden: mit Variable auf eine Seite, ohne Variable auf die andere Seite der Gleichung (Anwenden der Addition- und Subtraktionsregel für Gleichungen)
(3) *Isolieren* der Variablen durch Division durch deren Vorfaktor (Anwenden der Multiplikations- und Divisionsregel für Gleichungen)

Beispiel: — Zusammenfassen von Vielfachen der Variable
$$9 + 6x + 3 - 4x = 5x - 4 - x$$
$$12 + 2x = 4x - 4 \quad |-4x$$
$$12 - 2x = -4 \quad |-12$$
$$-2x = -16 \quad |:(-2)$$
$$x = 8$$
Lösungsmenge $L = \{8\}$

Übungsaufgaben

3. Vereinfache.
   a) $4x + 2x$
   $7y + 1y$
   $9x - 5x$
   $14y - 14y$

   b) $1,2r - 1,4r$
   $-3,45x + 2,13x$
   $5x + 3x + 4x$
   $8a + 6a - 14a$

   c) $12r - 3r - 8r$
   $17s + 5s - 29s$
   $z - 1z - 10z$
   $2,2a - 3,1a + 0,2a$

   d) $-0,44x + 1x - 3,03x$
   $2,5u - 4,3u + 1,5u$
   $\frac{3}{4}r - \frac{1}{8}r - \frac{1}{2}r$
   $\frac{3}{4}x - x + \frac{1}{3}x$

4. Zerlege auf drei verschiedene Weisen in eine Summe aus zwei Summanden.
   a) $16x$
   b) $9h$
   c) $24b$
   d) $20z$

5. Hier werden Vielfache der Variable zusammengefasst. Kontrolliere.

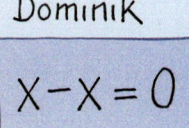

Anna: $7x - 7 = x$
Ben: $5x - x = 4x$
Christina: $x + 2x = 3x$
Dominik: $x - x = 0$

6. Fasse zusammen.
   a) $7x - 3 + 2x + 5$
   b) $8x + 4 - x - 3$
   c) $-5 - 2x + x - 7$
   d) $12x + 5x + 9 + 11x$
   e) $9x - 4 + 3x - 2 + 7x$
   f) $x + 1 - 2x + 3 - x$
   g) $-2x + 3 - 3x + 4x - 5$
   h) $-x - 7 - 2x - 9 + 3$
   i) $u - 2u + 3 + u - 3$

7. Ergänze die Aufgaben auf der Tafel rechts passend im Heft.

8. Stelle deinem Nachbarn zehn verschiedene Aufgaben zum Zusammenfassen der Vielfachen der Variable. Kontrolliert euch gegenseitig. Welche Fehler wurden gemacht und wie kann man diese vermeiden?

a) $3x + 7x + \square = 12x$
b) $-4a - 3a + \square = a$
c) $4y - 9y + \square = -3y$

9. Bestimme die Lösungsmenge durch Umformen.
   a) $6x + 1 - 2x = 2x + 17$
   b) $15x + 4 = 6x - 86 - x$
   c) $-5x + 3 - 3x = -4x - 33$
   d) $9x + 33 - 4x = 9x - 7$
   e) $5 = 7x + 26 + 2x - 12x$
   f) $8x + 2 - 5x = 12 - 3x + 14$
   g) $4x + 9 - 2x = 30 - 20x - 10$
   h) $24a + 26 - 15a = 12 - 9a + 8$
   i) $1 + 2t - 2 - t - 3 + 3t = 0$
   j) $4 - 4u - 9 = u - 17 - 74$
   k) $50y - 4 - 80y = 12 + 10y - 1$
   l) $11b - 4 - 13b = 7 + 4b - 17$
   m) $-19r + 14 + 7r + 3 - 17 = 0$
   n) $17 + 311b - 17 + 8b = 299b + 12 + 12b$

10. Rechts siehst du Marias Weg zum Lösen einer Gleichung.
    Welchen Ratschlag würdest du ihr geben?

$7x - 3 - 5x - 2 = 4x - 2 - 3x \quad |+3$
$7x - 5x - 2 = 4x - 2 - 3x + 3 \quad |+2$
$7x - 5x = 4x - 2 - 3x + 3 + 2 \quad |-4x$
$7x - 5x - 4x = -2 - 3x + 3 + 2 \quad |+3x$
$7x - 5x - 4x + 3x = -2 + 3 + 2$
$x = 3$

11. Bestimme die Lösungsmenge.
    a) $\frac{5}{4} + 17x = \frac{3}{4} + 18x - 0{,}5$
    b) $x - 2{,}5x + 6 + 1{,}8x = 1{,}8x - 2{,}5x + 6{,}5$
    c) $\frac{1}{2}x + 5 = \frac{1}{6}x + 6$
    d) $\frac{1}{3}a + 2 = \frac{1}{6}a + 3$

12. Kontrolliere Mehmeds Hausaufgaben. Berichtige die falschen Rechnungen.

$3x + 2x + x = 7x + 14$
$3x + 2 = 7x + 14 \quad |-7x$
$4x + 2 = 14 \quad |-2$
$4x = 12 \quad |:3$
$x = 3$

$4 - 2x = 8 + x \quad |-x$
$4 - 2x = 8 \quad |-4$
$2x = 4 \quad |:2$
$x = 2$

13. Löse das Zahlenrätsel mithilfe einer Gleichung.
    a) Wenn man 11 zu einer Zahl addiert, erhält man das Dreifache der gesuchten Zahl.
    b) Wenn man von 25 eine Zahl subtrahiert, erhält man das Vierfache der gesuchten Zahl.
    c) Verringert man das Siebenfache einer Zahl um 12, so erhält man dasselbe, wie wenn man das Doppelte der gesuchten Zahl um 8 vergrößert.

14. Denkt euch ähnliche Zahlenrätsel aus und stellt sie eurem Nachbarn.

15. Gib zu der Gleichung ein Zahlenrätsel an. Bestimme dann die gesuchte Zahl.
    a) $4x + 5 = 19 + 2x$
    b) $\frac{x}{2} - 3 = 7$
    c) $50 - 2r = 17 + r$
    d) $5t + 7 = 6t - 2$

3.2 Lösen von Gleichungen durch Umformen

16. a) Kontrolliere Marias Behauptung.

b) Erfinde drei verschiedene Zahlenrätsel für die Zahl 2 [13; −4; $\frac{1}{4}$; −$\frac{1}{2}$].

17. Das Vervollständigen der folgenden Additionsmauern ist nicht ganz so einfach, da sich die Lücken an ungünstigen Stellen befinden. Überlege dir ein günstiges Verfahren, um sie auszufüllen und ergänze dann die fehlenden Zahlen im Heft.

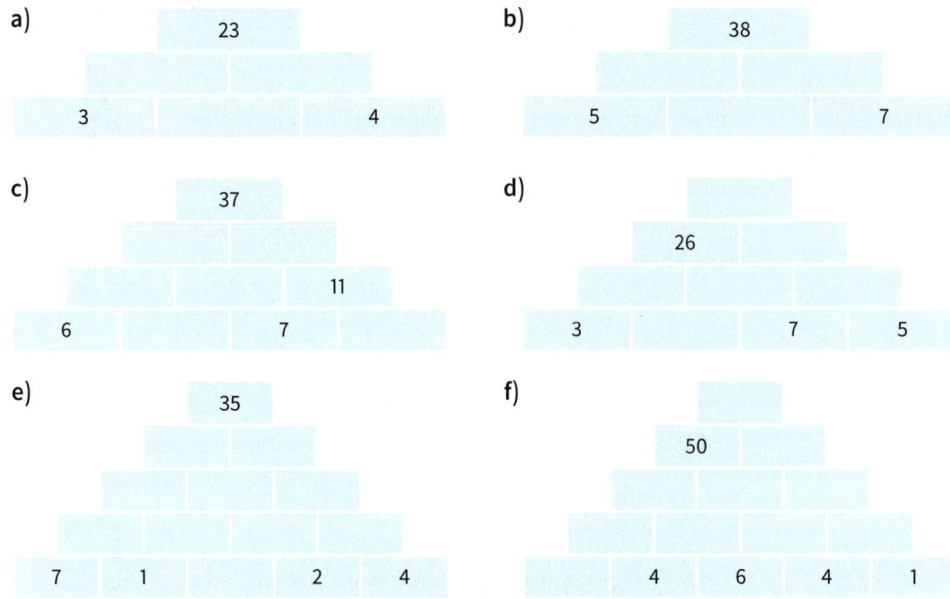

18. Konstruiere vier verschiedene Zahlenmauern, die dein Partner ergänzen soll. Sucht anschließend gemeinsam eine Zahlenmauer aus, die an eurer Pinnwand ausgehängt werden soll. Achtet auf Vielfältigkeit.

Das kann ich noch!

A) Es sollen Dreiecke mit den angegebenen Stücken konstruiert werden.
Fertige zunächst nur eine Planskizze an. Entscheide damit, ob es ein solches Dreieck gibt und ein Kongruenzsatz garantiert, dass alle solchen Dreiecke kongruent zueinander sind. Du kannst anschließend zur Kontrolle das Dreieck zeichnen.

1) $a = 5\,cm$; $b = 7\,cm$; $\gamma = 56°$
2) $a = 3\,cm$; $b = 10\,cm$; $c = 4\,cm$
3) $\gamma = 45°$; $\alpha = 67°$; $b = 9\,cm$
4) $a = 9\,cm$; $b = 4\,cm$; $c = 6\,cm$
5) $a = 7\,cm$; $b = 3\,cm$; $\alpha = 30°$
6) $\alpha = 123°$, $\beta = 59$; $c = 3,4\,cm$
7) $a = 5\,cm$; $\beta = 46°$, $\gamma = 112°$
8) $b = 5\,cm$, $a = 7\,cm$; $\beta = 32°$

3.2.4 Sonderfälle bei der Lösungsmenge

Einstieg

Anna und Lukas verblüffen ihre Freunde gerne. Könnt ihr ihre Zahlenrätsel lösen?

Ich denke mir eine Zahl. Zu ihrem Doppelten addiere ich 7, subtrahiere ihr Dreifaches und noch 8. Das Ergebnis ist dasselbe, wie wenn ich von 4 die Zahl subtrahiere und anschließend noch 5 subtrahiere. Welche Zahl habe ich mir gedacht?

Ich denke mir eine Zahl. Zu ihrem Doppelten addiere ich 6, addiere noch ihr Dreifaches und subtrahiere 2. Das Ergebnis ist dasselbe, wie wenn ich zu 9 das Fünffache der Zahl addiere und anschließend noch 3 subtrahiere. Welche Zahl habe ich mir gedacht?

Einführung

Leere Menge oder Grundmenge als Lösungsmenge

Bisher trat beim rechnerischen Lösen der Gleichungen als Lösung genau eine Zahl auf. Das muss nicht immer so sein.

Wir betrachten dazu die folgenden Beispiele und bestimmen die Lösungsmenge.

a) $7x + 5x + 2 = 2x + 2 + 10x$
   $12x + 2 = 12x + 2$ $\quad |-12x$
   $2 = 2$

b) $2x + 9x + 2 = 8x + 4 + 3x$
   $11x + 2 = 11x + 4$ $\quad |-11x$
   $2 = 4$

Die letzte Gleichung ist eine wahre Aussage. Bei *jeder* beliebigen Einsetzung für die Variable in die erste Gleichung gelangt man zu ihr.

Also erhält man bei *jeder* Einsetzung eine wahre Aussage.

Du erkennst aber auch schon an der vorletzten Gleichung: *Jede* rationale Zahl ist Lösung der Gleichung. Setzt man z. B. 5 ein, so erhält man die wahre Aussage:
$12 \cdot 5 + 2 = 12 \cdot 5 + 2$

Die Lösungsmenge enthält also alle rationalen Zahlen:
$L = \mathbb{Q}$

Die letzte Gleichung ist eine falsche Aussage. Bei *jeder* beliebigen Einsetzung für die Variable in die erste Gleichung gelangt man zu ihr.

Also erhält man bei *keiner* Einsetzung eine wahre Aussage.

Du erkennst aber auch schon an der vorletzten Gleichung: *Keine* rationale Zahl ist Lösung der Gleichung. Setzt man z. B. 7 ein, so erhält man die falsche Aussage:
$11 \cdot 7 + 2 = 11 \cdot 7 + 4$

Die Lösungsmenge enthält also keine einzige Zahl, sie ist die *leere Menge*:
$L = \{ \}$

leere Menge { }

Information

Die Lösungsmenge einer Gleichung muss nicht stets eine Zahl enthalten.

> Die Lösungsmenge einer Gleichung kann auch gleich der Grundmenge $\mathbb{Q}$ oder gleich der leeren Menge { } sein.

Weiterführende Aufgabe

Multiplikation bzw. Division mit Variablen ist nicht unbedingt eine Äquivalenzumformung

1. a) Welcher Lösungsweg ist fehlerhaft?
   Was folgt daraus für die Division durch x auf beiden Seiten einer Gleichung?
   b) Vergleiche die Lösungsmenge der Gleichungen. Prüfe, ob die angegebene Zahl Lösung beider Gleichungen ist.
   Ist die Multiplikation mit x bzw. mit (x – 3) auf beiden Seiten einer Gleichung eine Äquivalenzumformung?

1. Weg:	2. Weg:
$7x = 5x \quad \vert -5x$	$7x = 5x \quad \vert :x$
$2x = 0 \quad \vert :2$	$7 = 5$
$x = 0$	
Lösungsmenge: {0}	Lösungsmenge: { }

   (1) $2x + 5 = 1 - 2x \quad \vert \cdot x$
         $(2x + 5) \cdot x = (1 - 2x) \cdot x$
         Führe die Probe mit der Zahl 0 durch.

   (2) $4x + 3 = 3x + 4 \quad \vert \cdot (x - 3)$
         $(4x + 3) \cdot (x - 3) = (3x + 4) \cdot (x - 3)$
         Führe die Probe mit der Zahl 3 durch.

> Die Multiplikation (Division) beider Seiten einer Gleichung mit einem Faktor (durch einen Divisor), der eine Variable enthält, ist nicht unbedingt eine zulässige Anwendung der Multiplikations- und Divisionsregel, weil der Faktor (der Divisor) gleich 0 werden kann.

Übungsaufgaben

2. Bestimme die Lösungsmenge. Höre mit der Rechnung möglichst früh auf.
   a) $2x - 7 = 2x - 7$
   b) $8x - 5 = 8x + 5$
   c) $11u + 18 - 9u = 2u + 19$
   d) $2 - 4x + 29 = 7 - 4x + 29$
   e) $14x + 6 + 6x = 23x - 3x + 6$
   f) $3x - 14 + 5x = 11 + 8x - 25$
   g) $3x + 7 + 9x = 10 - 12x - 3$
   h) $3x - 7 + 9x = 10 + 12x + 3$
   i) $3z + 7 + 9z = 10 + 12z - 3$

3. Kontrolliere, ob die Gleichungen korrekt gelöst wurden.

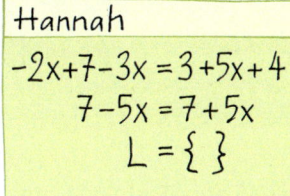

Tom:
$5x + 1 + 2x = 3x + 1$
$7x + 1 = 3x + 1$
$7x = 3x$
$L = \{\ \}$

Hannah:
$-2x + 7 - 3x = 3 + 5x + 4$
$7 - 5x = 7 + 5x$
$L = \{\ \}$

Valentin:
$3 - 4x + 2 = x - 5x$
$1 - 4x = -4x$
$L = \{\ \}$

4. Nenne deinem Partner eine Gleichung und lasse sie durch ihn so verändern, dass die Gleichung keine Lösung, unendlich viele Lösungen oder genau eine Lösung hat. Danach nennt dieser dir eine Gleichung und macht eine Vorgabe zur Veränderung. Tauscht noch zweimal die Rollen.

5. Bestimme die Lösungsmenge.
   a) $6x + 12 = 30 - 3x$
   b) $18x - 7 = 29x - 7$
   c) $x + 9 - 3x = 2 - 2x$
   d) $1 - 4x = 4x - 1$
   e) $5 - z + 2 = 7 - z$
   f) $7x + 0{,}2 - x - 4{,}8 + 3x - 1{,}5 + 5x = 0{,}2$
   g) $11y - 7{,}9 + 25y + 19{,}6 - 47y + 6{,}6 = 1 - 11y$
   h) $0{,}3x + 1 - 1{,}4x + 7 + 1{,}2x - 8 + 3{,}8x = 0{,}7x$
   i) $8{,}8a + 3{,}4 - 11{,}6a - 12{,}7a - 9{,}2 + 6{,}1a + 4{,}8 - 0{,}6a = 0$
   j) $\frac{x}{2} + \frac{1}{3} - \frac{x}{4} - \frac{x}{5} - \frac{3}{5} + \frac{x}{3} + \frac{1}{2} - \frac{x}{10} - \frac{7}{30} = 0$

 Im Blickpunkt

Lösen von Gleichungen mit einem Computer-Algebra-System (CAS)

Algebra
Vom arabischen „al'gabr": Einrenkung gebrochener Teile

Du weißt, dass man Rechnungen mit Zahlen bequem mit einem Taschenrechner durchführen kann. Auch das Rechnen mit Gleichungen kann man von Computern oder etwas größeren Taschenrechnern erledigen lassen. Programme, die dies können, nennt man Computer-Algebra-Systeme.

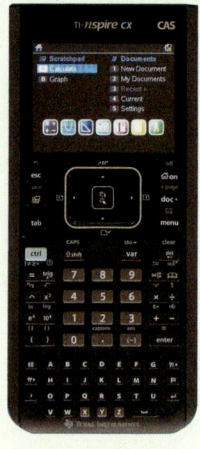

1. Ein Computer-Algebra-System kann Gleichungen so umformen, wie du es von Hand durchführst. Dazu gibt man die Gleichung in Klammern ein und dahinter die Umformung, die du sonst hinter einem senkrechten Strich notierst.
   a) Kontrolliere das rechts abgebildete Beispiel von Hand.
      Probiere anschließend, wie du bei deinem CAS vorgehen musst.
      Untersuche dabei auch, ob du Malpunkte weglassen darfst.
   b) Das Computer-Algebra-System führt konsequent genau die angegebene Umformung mit der Gleichung durch. Dies lässt sich gut zum Suchen von Fehlern verwenden.
      Kontrolliere die folgenden Umformungen, indem du die Gleichungen und die Umformungsschritte von einem CAS durchführen lässt.

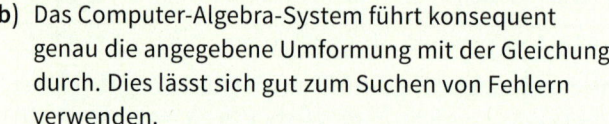

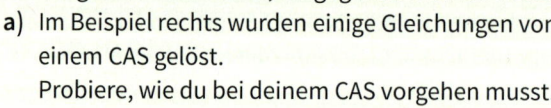

2. Computer-Algebra-Systeme können Gleichungen vollautomatisch lösen. Dazu verwendet man den Befehl **Löse** (englisch: solve), bei dem die Gleichung und die Variable, nach der aufgelöst werden soll, eingegeben werden müssen.
   a) Im Beispiel rechts wurden einige Gleichungen von einem CAS gelöst.
      Probiere, wie du bei deinem CAS vorgehen musst.
      Kontrolliere die Lösungen auch von Hand.
   b) Gib selbst einige Gleichungen in dein CAS ein und lasse sie lösen.

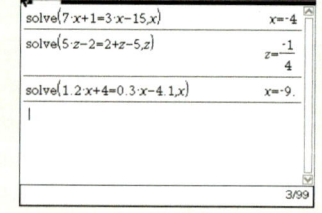

3. a) Auch die Sonderfälle bei der Lösungsmenge kann ein Computer-Algebra-System verarbeiten.
      Betrachte den Bildschirm rechts.
      Überlege, was die Antwort des CAS bedeutet.
   b) Beschreibe auch, wie ein Computer-Algebra-System mit Gleichungen mit mehr als einer Lösung verfährt.

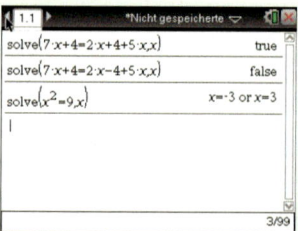

3.3 Modellieren – Anwenden von Gleichungen

Einstieg

Aus einer 1,00 m langen und 2 cm breiten Holzleiste soll ein Bilderrahmen gebaut werden, bei dem die längere Seite 1,5-mal so lang ist wie die kürzere.
Es gibt verschiedene Baumöglichkeiten. Entscheidet euch für eine und bestimmt die Maße dieses Bilderrahmens.
Vergleicht euer Ergebnis mit dem eurer Mitschülerinnen und Mitschüler.

Einführung

Bei einer Jugendfreizeit soll ein Spielfeld mit Trassierband abgesteckt werden. Leider ist die Spielanleitung unvollständig. Wir können die Spielfeldgröße aber aus dem zur Verfügung stehenden Trassierband berechnen.

(1) Vereinfachtes Beschreiben der Situation
- Das Spielfeld besteht aus zwei quadratischen Hälften.
- Das Trassierband wird vollständig verwendet.
- Das Trassierband wird so straff gespannt, dass es nicht durchhängt.
- Für das Umwickeln der sechs Pfosten werden 3 m Trassierband benötigt.

Wir fertigen eine Skizze an und bezeichnen die Länge der Quadratseite mit x; dabei arbeiten wir der Einfachheit halber nur mit den Maßzahlen.

Feuerball

Material:
100 m Trassierband zum Markieren des Feldes
6 kurze Pfosten
2 Softbälle

(2) Aufstellen einer Gleichung
Die Gesamtlänge des Trassierbandes muss für die Längen der einzelnen Strecken und das Umwickeln der Pfosten reichen. Daraus ergibt sich folgende Gleichung:
$2 \cdot 2x + 3 \cdot x + 3 = 100$

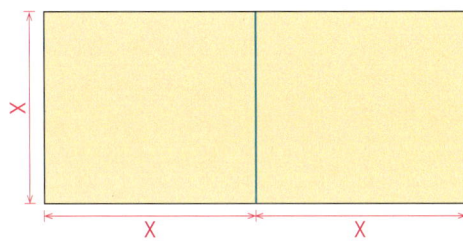

(3) Bestimmen der Lösungsmenge der Gleichung

$$2 \cdot 2x + 3 \cdot x + 3 = 100$$
$$4x + 3x + 3 = 100$$
$$7x + 3 = 100 \qquad |-3$$
$$7x = 97 \qquad |:7$$
$$x = \tfrac{97}{7} = 13\tfrac{6}{7}$$

(4) Probe am Sachverhalt
Wir führen die Probe nicht durch Einsetzen in die Gleichung durch, da schon beim Aufstellen der Gleichung ein Fehler passiert sein könnte. Daher führen wir die Probe am gegebenen Sachverhalt durch:
Zum Eingrenzen des Spielfeldes wird 7-mal die Länge einer Quadratseite von $13\frac{6}{7}$ m benötigt sowie 3 m zum Umwickeln der Pfosten, also insgesamt $7 \cdot 13\frac{6}{7}$ m $+ 3$ m $= 97$ m $+ 3$ m $= 100$ m. Das entspricht genau der Länge des zur Verfügung stehenden Trassierbandes.

(5) Ergebnis
Eine Seitenlänge von $13\frac{6}{7}$ m $= 13{,}857\ldots$ m lässt sich nicht genau abmessen. Berücksichtigen wir auch noch, dass mehr Trassierband benötigt wird, da es sicher etwas durchhängt, runden wir das Ergebnis ab:
Das Spielfeld wird so eingegrenzt, dass es aus zwei Quadraten der Seitenlänge 13,80 m besteht.

(6) Kritischer Rückblick
Dieses Ergebnis hängt von den von uns vorgenommenen Vereinfachungen ab. Hätten wir angenommen, dass zum Umwickeln der Pfosten mehr Band benötigt würde, so ergäbe sich eine kürzere Seitenlänge für das Spielfeld.

Weiterführende Aufgabe

Beachten einer einschränkenden Bedingung
1. Nico möchte ein neues Aquarium einrichten und überlegt:
   „Der Fischbestand sollte sich aus einem Fünftel Neonfische, zwei Drittel Zebrabarben und auch noch einem Antennenwels zusammensetzen."
   Wie viele Fische würde er für dieses Aquarium benötigen?

Information

(1) Einschränkende Bedingung für den gesuchten Wert
Bei jeder Textaufgabe muss überlegt werden, ob zusätzlich zur Gleichung, die man aufgestellt hat, noch eine einschränkende Bedingung für die gesuchte Größe hinzukommt.
Ist x die Maßzahl einer Größe, so lautet sie $x > 0$, weil eine Größe nur positiv sein kann.
Ist in der Aufgabe nach einer Anzahl x gefragt, so lautet die einschränkende Bedingung $x \in \mathbb{N}$.
Nicht immer muss es zu einer Textaufgabe eine einschränkende Bedingung geben.

(2) Modellieren einer Sachsituation – Textaufgaben

Strategie (griech.) genau geplantes Vorgehen

> **Strategie beim Lösen einer Sachsituation mithilfe einer Gleichung**
> (1) Beschreibe den Sachverhalt zunächst vereinfacht. Fertige dazu auch eine Skizze, ein Diagramm oder eine Tabelle an, in die du die gegebenen Größen einträgst.
> Vereinbare eine Variable (z. B. x oder y oder s oder …) für eine gesuchte Größe und ergänze damit die Skizze bzw. Diagramm bzw. Tabelle.
> (2) Stelle eine Gleichung auf und bestimme ihre Lösungsmenge.
> (3) Kontrolliere, ob es noch eine einschränkende Bedingung für die Variable gibt. Suche dann die Lösungen heraus, die diese Bedingung erfüllen.
> (4) Führe eine Probe an der Sachsituation bzw. dem Aufgabentext durch.
> (5) Runde sinnvoll und formuliere einen Antwortsatz.

3.3 Modellieren – Anwenden von Gleichungen

Übungsaufgaben

2. Für ein besonderes Ballspiel soll ein Spielfeld abgegrenzt werden, bei dem jeder der beiden Mannschaften als Fläche ein gleichschenkliges Dreieck zur Verfügung steht, dessen Schenkel doppelt so lang sind wie die Basis. Zur Abgrenzung stehen 75 m Schnur und vier Pfosten zur Verfügung. Welche Abmessungen kann das Spielfeld haben?

3. Aus einem 150 cm langen Plastikrohr soll das Kantenmodell eines Körpers erstellt werden.
   a) Es soll ein Quader hergestellt werden. Die mittlere Kante soll doppelt so lang wie die kürzere Kante und halb so lang wie die längste Kante sein.
   b) Überlege dir alternative Modellannahmen und die für den Bau des Kantenmodells erforderlichen Angaben.

4. Ein Vater und sein Sohn sind zusammen 40 Jahre alt. Der Vater ist 26 Jahre älter als der Sohn. Wie alt ist der Sohn, wie alt ist der Vater?

5. Wie alt sind Peter, Paul und Mary?

6. Ein Designer entwirft Topfuntersetzer, die aus Edelstahlstangen hergestellt werden sollen. Wie groß werden diese, wenn jeder aus einer 1,50 m langen Stange hergestellt werden soll?

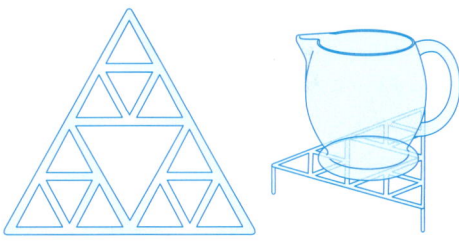

7. Gib zu den folgenden Gleichungen eine Rechengeschichte an.
   a) $x + (x + 30) = 400$
   b) $20 - 0{,}5x = 0$
   c) $x + 2x + (x - 3) = 30$

8. Im bekannten Bamberger Rechenbüchlein (1483) findet man:

   > Es ist ein Thurn gepawelt nach soliche Sitten on des thurn ist $\frac{1}{4}$ im ertrich und $\frac{1}{5}$ im Wasser und 100 schuch im Luft.
   > Nu fragt man wyvil schuch sein in wasser des thurn und wyvil schuch sein im ertrich und wyvil schuch sein an dem ganzen thurn.

1 (Schuch) Schuh ist ein altes Längenmaß.

3.4 Umformen von Formeln

Einstieg

Von zwei quadratischen Säulen sind jeweils der Oberflächeninhalt O und die Quadratseitenlänge gegeben.
a) Berechnet die Höhe h für:
   (1) $O = 168\,cm^2$; $a = 6\,cm$
   (2) $O = 166{,}32\,cm^2$; $a = 4{,}2\,cm$
b) Erstellt eine Formel zur Berechnung der Höhe h.

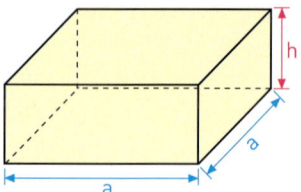

Aufgabe 1

Umformen einer Formel von Hand
Von drei Rechtecken sind jeweils der Umfang u und die Seitenlänge b gegeben (Maße in cm):
(1) $u = 17{,}4$; $b = 4{,}6$ (2) $u = 20{,}3$; $b = 5{,}2$ (3) $u = 37{,}8$; $b = 9{,}5$
Berechne die Seitenlänge a. Wie kann man dabei vorgehen?

Lösung

1. Möglichkeit:
Zur Lösung könnte man die gegebenen Werte in die Formel $u = 2 \cdot a + 2 \cdot b$ einsetzen.
In jeder dieser drei Gleichungen muss dann die Variable a isoliert werden.

(1) $17{,}4 = 2 \cdot a + 2 \cdot 4{,}6$
$2 \cdot a + 9{,}2 = 17{,}4$
$2 \cdot a = 8{,}2$
$a = 4{,}1$

(2) $20{,}3 = 2 \cdot a + 2 \cdot 5{,}2$
$2 \cdot a + 10{,}4 = 20{,}3$
$2 \cdot a = 9{,}9$
$a = 4{,}95$

(3) $37{,}8 = 2 \cdot a + 2 \cdot 9{,}5$
$2 \cdot a + 19 = 37{,}8$
$2 \cdot a = 18{,}8$
$a = 9{,}4$

In allen drei Fällen wurden gleichwertige Umformungen durchgeführt.

2. Möglichkeit:
Es ist günstiger, in der Formel $u = 2a + 2b$ die Lösungsvariable a zu isolieren und dann die Werte einzusetzen:

$u = 2a + 2b$ — Zunächst vertauschen wir beide Seiten.
$2a + 2b = u \quad |-2b$ — Die Subtraktion von 2b und die Division von 2 jeweils auf
$2a = u - 2b \quad |:2$ — beiden Seiten sind Äquivalenzumformungen.
$a = \frac{u-2b}{2}$ — Beachte, dass der Bruchstrich dasselbe wie das Divisionszeichen : bedeutet.

Punktrechnung vor Strichrechnung. Der Bruchstrich wirkt wie eine Klammer um Zähler und Nenner.

Beispiel (Maße in cm):
(1) $u = 17{,}4$; $b = 4{,}6$
$a = \frac{17{,}4 - 9{,}2}{2}$
$= \frac{17{,}4 - 2 \cdot 4{,}6}{2}$
$= \frac{8{,}2}{2} = 4{,}1$

(2) $u = 20{,}3$; $b = 5{,}2$
$a = \frac{20{,}3 - 2 \cdot 5{,}2}{2}$
$= \frac{20{,}3 - 10{,}4}{4}$
$= \frac{9{,}9}{2} = 4{,}95$

(3) $u = 37{,}8$; $b = 9{,}5$
$a = \frac{37{,}8 - 2 \cdot 9{,}5}{2}$
$= \frac{37{,}8 - 19}{2}$
$= \frac{18{,}8}{2} = 9{,}4$

Ergebnis: Die Seite a des Rechtecks (1) ist 4,1 cm, die des Rechtecks (2) ist 4,95 cm und die des Rechtecks (3) ist 9,4 cm lang.

Weiterführende Aufgabe CAS

Umformen von Formeln mit CAS
2. Du kannst die Variable a bzw. die Variable b in der Formel für den Umfang eines Rechtecks auch mithilfe eines Computer-Algebra-Systems isolieren. Probiere das aus.

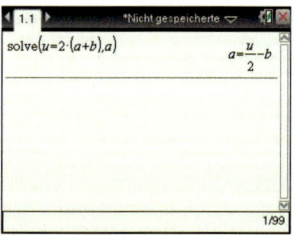

3.4 Umformen von Formeln

Übungsaufgaben

3. Die Formel für das Volumen eines Quaders lautet: $V = a \cdot b \cdot c$.
   Isoliere die Variable a [die Variable b; die Variable c] auf einer Seite der Gleichung.
   Beispiele: (1) $V = 900\,m^3$; $b = 3\,m$; $c = 8\,m$ (2) $V = 720\,cm^3$; $a = 3{,}5\,cm$; $c = 4{,}5\,cm$
   Berechne die fehlende Seitenlänge.

4. Stelle eine Formel für die Gesamtlänge k aller Kanten eines Quaders auf.
   Isoliere in der Formel die Variable a [die Variable b; die Variable c] auf der einen Seite.
   Bilde selbst Zahlenbeispiele.

5. In einem gleichschenkligen Dreieck ist die Winkelgröße γ gegeben.
   Stelle eine Formel für die Winkelgröße α auf.
   Berechne α für   (1) γ = 70°   (2) γ = 56°.

   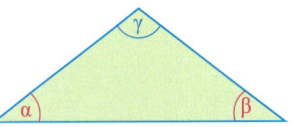

6. a) Welche Umformungen wurden gemacht?

   (1) $4 \cdot a = u$
   $a = \dfrac{u}{4}$

   (2) $A = a \cdot b$
   $\dfrac{A}{a} = b$

   (3) $u = a + b + c$
   $c = u - a - b$

   (4) $u = a + 2b + c$
   $a = u - (2b + c)$

   b) Auf welche Figuren könnten sich die Formeln aus Teilaufgabe a) beziehen?

7. Stelle für den rechts abgebildeten Körper eine Formel
   für den Oberflächeninhalt und das Volumen auf.
   a) Forme die Formel für das Volumen nach der Höhe um.
   b) Forme die Formel für den Oberflächeninhalt nach der
      Höhe um.
   c) Forme die Formel für das Volumen nach der Seiten-
      länge a um.

   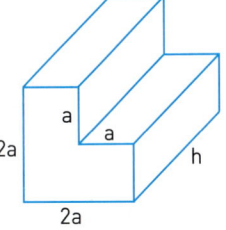

8. Betrachte die Formeln aus der Physik.
   (1) $v = \dfrac{s}{t}$ (2) $F_1 \cdot l_1 = F_2 \cdot l_2$ (3) $P = \dfrac{E}{t}$ (4) $\rho = \dfrac{m}{V}$ (5) $l_{ges} = l_1 + l_2$
   a) Was bedeuten die verwendeten Buchstaben?
   b) Isoliere in den Formeln jede auftretende Variable.

9. Angela hat umgeformt. Berichtige ihre Fehler.

   a) $R = \dfrac{U}{I}$ $|:U$
   $I = \dfrac{R}{U}$

   b) $U = U_1 + U_2 + U_3$
   $U_1 = U - U_2 + U_3$

   c) $W = U \cdot I \cdot t$
   $\dfrac{W}{U \cdot I} = t$

   d) $E_{pot} = F_G \cdot h$
   $F_G = E_{pot} - h$

10. Stelle eine Formel für den Umfang u der Figur auf.
    Isoliere jede Variable auf einer Seite der Gleichung.
    Berechne den Wert für die fehlende Variable.
    (1) u = 48 cm; a = 10 cm; b = 7 cm
    (2) u = 37 cm; b = 6 cm; a = 7 cm
    (3) u = 68 cm; b = 16 cm; c = 6 cm

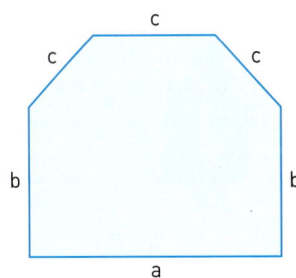

3.5 Rechnerisches Lösen von Betragsgleichungen

Einstieg Notiert das Zahlenrätsel rechts als Gleichung und löst es.

„Addiere ich 5 zu meiner gedachten Zahl, so hat das Ergebnis den Abstand 3 von null."

Aufgabe 1 Bestimme die Lösungsmenge der Gleichung.
a) $|x - 7| = 5$
b) $3 \cdot |a + 2| = 12$

Lösung

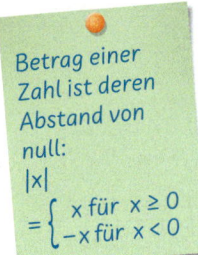

Betrag einer Zahl ist deren Abstand von null:
$|x| = \begin{cases} x & \text{für } x \geq 0 \\ -x & \text{für } x < 0 \end{cases}$

a) Es gibt zwei Möglichkeiten dafür, dass der Betrag von $x - 7$ den Wert 5 hat:
   1. Fall: $x - 7 = 5 \quad |+7$ 2. Fall: $x - 7 = -5 \quad |+7$
            $x = 12$ $x = 2$
   Lösungsmenge: $L = \{2; 12\}$

b) Wir wenden zunächst die Umformungsregeln an: $3 \cdot |a + 2| = 12 \quad |:3$
                                                                          $|a + 2| = 4$
   Wie in Teilaufgabe a) unterscheiden wir zwei Fälle:
   1. Fall: $a + 2 = 4 \quad |-2$ 2. Fall: $a + 2 = -4 \quad |-2$
            $a = 2$ $a = -6$
   Lösungsmenge: $L = \{-6; 2\}$

Information

> **Strategie zum Lösen von Gleichungen mit Beträgen**
> Man führt eine Fallunterscheidung durch: Stimmt der Betrag eines Terms mit einer Zahl überein, so stimmt der Term mit dieser Zahl überein oder mit ihrer entgegengesetzten Zahl.

Übungsaufgaben

2. Bestimme die Lösungsmenge. Führe eine Probe durch.
   a) $|x - 5| = 9$ c) $|x + 5| = 3$ e) $|12y| = 18$ g) $|3x| = 0$
   b) $|x - 3| = 2$ d) $|4x| = 8$ f) $|-2z| = 6$ h) $\left|-\frac{1}{2}x\right| = 2$

3. a) $|2x - 4| = 6$ b) $|2 - 3x| = 6$ c) $|5z - 2 + 3z| = 1$ d) $|3x + 5x - 2x| = 4$

4. Warum hat die Betragsgleichung $|3x - 6| = -4$ keine Lösung?

5. a) $|x| + 5 = 12$ b) $|x| - 6 = 18$ c) $2 \cdot |x| = 14$ d) $4 \cdot |x| + 5 = 21$

6. a) $|2x - 3| - 5 = 17$ b) $|12x - 5| + 6 = 25$ c) $2 + |x - 2| = 8$ d) $4 \cdot |4 - x| = 32$

7. Welche Fehler hat Jan gemacht? Korrigiere.

a) $|x - 5| = 7$
   $|x| - |5| = 7$
   $|x| - 5 = 7$
   $x = 2$
   $L = -2{,}2$

b) $|3x + 1| = |2x|$
   $3x + 1 = 2x$
   $x + 1 = 0$
   $x = -1$
   $L = -1$

c) $\frac{1}{2} \cdot |2x| = 7$
   $|x| = 7$
   $L = -7{,}7$

d) $|x + 3| + 2 = 2$
   $|x + 3| = 0$
   $x + 3 = 0$
   $x = -3$
   $L = -3$

3.6 Gleichungen vom Typ $T_1 \cdot T_2 = 0$

Einstieg

a) Unter den Zahlen in der Schale rechts sind die Lösungen folgender Gleichungen.
   $(x + 1)(x - 3) = 0$
   $(x - 2)(x - 7) = 0$
   $(2x + 6)(x - 15) = 0$
   Stelle möglichst einfach fest, welche Gleichungen welche Lösungen hat.

b) Was ist euch in Teilaufgabe a) aufgefallen? Versucht, ein Verfahren für das Lösen solcher Aufgaben zu finden. Begründet auch.

Einführung

Bestimme die Lösungsmenge der Gleichung $(x - 5) \cdot (x + 3) = 0$. Bei dieser Gleichung führt das Ausmultiplizieren *nicht* auf eine einfach lösbare Gleichung:
$x^2 - 5x + 3x - 15 = 0$
$x^2 - 2x = 15$
Diese Gleichung können wir noch nicht lösen, da sowohl x als auch x^2 vorkommen, die man nicht zusammenfassen kann.

Einfacher ist folgender Weg: Überlege, wann das Ergebnis einer Multiplikation null sein kann. Wenn beide Faktoren verschieden von null sind, ist auch das Ergebnis nicht null. Also:
$(x - 5) \cdot (x + 3) = 0$ kann nur erfüllt sein, wenn
$(x - 5) = 0$ *oder* $(x + 3) = 0$, sonst nicht. Also:
$x = 5$ *oder* $x = -3$

Probe für die Zahl 5:
$(5 - 5) \cdot (5 + 3) \stackrel{?}{=} 0$
$0 \cdot 8 = 0$
$0 = 0$ **wahr**

Probe für die Zahl –3:
$(-3 - 5) \cdot (-3 + 3) \stackrel{?}{=} 0$
$-8 \cdot 0 = 0$
$0 = 0$ **wahr**

Ergebnis: Die Gleichung $(x - 5) \cdot (x + 3) = 0$ hat die Lösungsmenge $L = \{5; -3\}$.

Information

(1) Null als Ergebnis einer Multiplikation
Die Lösung der obigen Gleichung gelang durch Anwendung des folgenden Satzes:

> Ein Produkt ist gleich 0, wenn mindestens ein Faktor 0 ist, sonst nicht.

*In der lateinischen Sprache wird zwischen dem ausschließenden **entweder ... oder** (aut) und dem einschließenden **oder** (vel) unterschieden.*

(2) Lösen einer Gleichung vom Typ $T_1 \cdot T_2 = 0$
Zum Lösen einer Gleichung von der Form, dass das Produkt zweier Terme T_1 und T_2 den Wert null haben soll, geht man so vor:
$T_1 \cdot T_2 = 0$
$T_1 = 0$ *oder* $T_2 = 0$
Das *oder* hier ist kein ausschließendes *entweder ... oder ...*
Es kann auch vorkommen, dass beide Terme zugleich null sind.

$(x - 3) \cdot (6 - 2x) = 0$
$x - 3 = 0$ *oder* $6 - 2x = 0$
$x = 3$ *oder* $6 = 2x$
$x = 3$ *oder* $3 = x$
$L = \{3\}$

Übungsaufgaben

1. Bestimme die Lösungsmenge.
   - a) $(x-4)(x-9)=0$
   - b) $(x-5)(x+3)=0$
   - c) $(x-1,5)(x-2)=0$
   - d) $(x+1,1)(x+6,6)=0$
   - e) $y(y-10)=0$
   - f) $(0,1-z)z=0$
   - g) $(3x-6)(x+4)=0$
   - h) $x(7x+35)=0$
   - i) $(5-10x)(9+3x)=0$
   - j) $(6x+18)(2x-14)=0$
   - k) $(9x+9)(7x+21)=0$
   - l) $(14+2x)(14-2x)=0$
   - m) $3z(12+5z)=0$
   - n) $(8x-12)x=0$
   - o) $-z(35-7z)=0$

2. Gebt jeder eine Gleichung an, die folgende Lösungsmenge hat.
   Vergleicht eure Gleichungen. Erklärt euch gegenseitig, wie ihr vorgegangen seid.
   - a) $\{4;8\}$
   - b) $\{-7;3\}$
   - c) $\{-2;-5\}$
   - d) $\{0;6\}$
   - e) $\left\{\frac{3}{4};-\frac{1}{2}\right\}$

3. Kontrolliere die Hausaufgaben von Tom, Tina, Tobias, Sarah und Urs.

   Tina:
   $x^2 - 9 = 0$
   $(x+3)(x-3) = 0$
   $x+3 = 0$ oder $x-3 = 0$
   $x = 3$ oder $x = -3$
   $L = \{-3; 3\}$

   Sarah:
   $x^2 = 2x \mid :x$
   $x = 2$
   $L = \{2\}$

   Tobias:
   $(x-3)^2 = 0$
   $(x-3) \cdot (x-3) = 0$
   $(x-3) = 0$
   $x = 3$
   $L = \{3\}$

   Urs:
   $(x-3)^2 = 0$
   $(x-3) \cdot (x+3) = 0$
   $x+3 = 0$ oder $x+3 = 0$
   $x = -3$ oder $x = -3$
   $x = -3$
   $L = (-3)$

   Tom:
   $(2x-6)(9-3x) = 0$
   entweder $2x-6 = 0$ oder $9-3x = 0$
   entweder $2x = 6$ oder $9 = 3x$
   entweder $x = 3$ oder $3 = x$
   $L = \{3; 3\}$

4. Bestimme die Lösungsmenge.
   - a) $x(x-7)=0$
   - b) $x(x+5)=0$
   - c) $(4-x)\cdot x=0$
   - d) $(x+3)(x-3)=0$
   - e) $(y+8)(y-8)=0$
   - f) $(5+x)(5-x)=0$
   - g) $(6x+12)(6x-12)=0$
   - h) $(11z+11)(11z-11)=0$
   - i) $(20+10x)(20-10x)=0$
   - j) $(3x+5)\cdot x=0$
   - k) $x(7x-1)=0$
   - l) $-x(2x+3)=0$

5. Bestimme die Lösungsmenge.
   - a) $(x-2)(x-2)=0$
   - b) $(x+5)(x+5)=0$
   - c) $(x+12)(x+12)=0$
   - d) $(x-0,1)(x-0,1)=0$
   - e) $x(x-7)+8=12-4$
   - f) $x(x+2)+2x=2x$

6. Fülle die Lücke im Heft aus, sodass die Gleichung die angegebene Lösungsmenge hat.
   - a) $(3x-21)(5x-\square)=0;\quad \{7;5\}$
   - b) $(2x+\square)(4x-12)=0;\quad \{3;8\}$
   - c) $(7x-\square)(3x+9)=0;\quad \{-3;0\}$
   - d) $(\square \cdot x+7)8x=0;\quad \{1;0\}$
   - e) $(\square \cdot x-1)(x+6)=0;\ \{-6;0,1\}$
   - f) $(\square \cdot x+8)(x+4)=0;\ \{-4\}$

Das kann ich noch!

A) Zeichne das Schrägbild eines Würfels mit der Kantenlänge 2 cm und berechne Volumen und Oberflächeninhalt.

B) Bei einem Quader hat die Grundfläche die Längen 3 cm und 5 cm. Sein Volumen beträgt 60 cm³. Wie hoch ist er? Zeichne ein Schrägbild und berechne den Oberflächeninhalt.

3.7 Vermischte Übungen

1. Bestimme den Wert der Variablen mithilfe einer Gleichung

   a)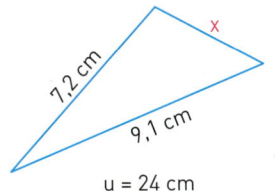
   b)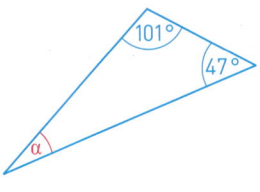
   c)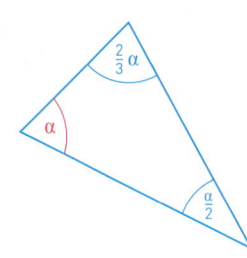

2. Die Abbildungen zeigen Drahtmodelle von Körpern (Maße in cm).
   Bestimme x aus der Gesamtkantenlänge s des Körpers.

   a)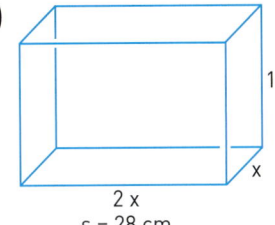
   b)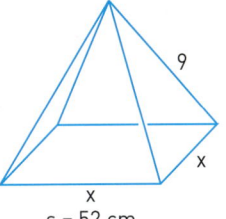
   c)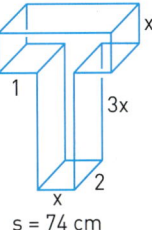

3. Was gehört in die Lücken? Beachte jeweils die Lösungsmenge links.
   a) Wenn man zu dem 5fachen einer Zahl die Zahl 46 addiert, erhält man das ▇fache der gesuchten Zahl, verringert um 10.
   b) Wenn man von 75 das 7fache einer Zahl subtrahiert, erhält man das 11fache der gesuchten Zahl, vermehrt um ▇.

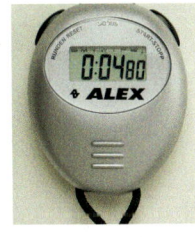

4. Gib zu der Gleichung ein Zahlenrätsel an. Bestimme dann die gesuchte Zahl.
   a) $4x + 10 = 38$ b) $\frac{1}{2}x - 3 = 7$ c) $2x + 16 = 26$ d) $8z - 3 = 21$

5.
   a) Maria beobachtet ein Feuerwerk in der Ferne. Den Explosionsknall einer Feuerwerksrakete hört sie 4,8 Sekunden, nachdem die Explosion zu sehen war. Das stellt sie mithilfe der Stoppuhr ihrer Armbanduhr fest. Sie weiß:
   Für 1 000 m benötigt der Schall 3 Sekunden.
   Wie weit ist Maria von dem Feuerwerk entfernt?
   b) Die Klasse 7 a plant eine Autobusfahrt zum Zoo in Dresden. Jeder der 28 Schüler soll 11,85 € zahlen. Am Fahrttag sind einige Schüler krank. Es fahren nur 21 Schüler mit.
   Wie viel muss jeder Schüler nun bezahlen?

6. In einem Viereck sind zwei Winkel gleich groß. Der dritte Winkel ist so groß wie diese beiden Winkel zusammen. Der vierte Winkel ist nur halb so groß wie einer der beiden gleich großen Winkel.
   Wie groß sind die vier Winkel?

3.8 Aufgaben zur Vertiefung

1. In einer Sammlung Epigramme wird überliefert, dass die nebenstehende Grabinschrift dem Mathematiker Diophant gewidmet gewesen sein soll.

   > DIESES GRABMAL BEDECKT DIOPHANTOS, EIN WUNDER ZU SCHAUEN:
   > DURCH ARITHMETISCHE KUNST LEHRT SEIN ALTER DER STEIN.
   > KNABE ZU SEIN, GEWÄHRTE EIN SECHSTEL SEINES LEBENS DER GOTT IHM;
   > NACH EINEM ZWÖLFTEL SODANN LIESS ER IHM SPRIESSEN DEN BART,
   > LIESS IHM NACH WEITEREM SIEBTEL DIE FACKEL DER HOCHZEIT ENTZÜNDEN.
   > NACH FÜNF JAHREN DARAUF SCHENKTE ER IHM EINEN SOHN.
   > ACH, DER GELIEBTE, UNGLÜCKLICHE SOHN! ALS ER HALB DAS ALTER
   > DES VATERS HATT ERREICHT, WARD ER, VOM FROSTE ENTRAFFT, VERBRANNT.
   > NOCH VIER JAHRE DEN SCHMERZ DURCH KUNDE DER ZAHLEN BESCHWICHTEND,
   > LANGTE AM ZIEL DES SEINS ENDLICH ER SELBER AUCH AN.

   Diophant
   griechischer Mathematiker der 2. Hälfte des 3. Jahrhunderts n. Chr. Er behandelte erstmals algebraische Probleme ohne geometrische Einkleidung.

2. a) Betrachte die Folge von Figuren und beschreibe, wie eine Figur aus der vorherigen entsteht.

   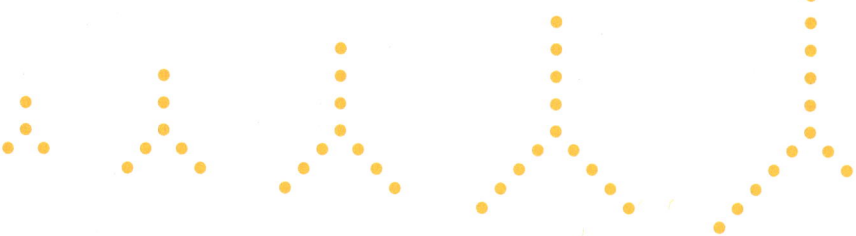

   b) Erstelle eine Formel für die Anzahl der Punkte in der n-ten Figur der Reihe.
   c) Aus wie vielen Punkten besteht die hundertste Figur?
   d) Berechne, welche Figur aus 1234 Punkten besteht.

3. Rechts siehst du eine Übersicht der Taxigebühren in verschiedenen sächsischen Städten. Beantworte die folgenden Fragen durch Lösen einer Gleichung.

   a) Wie weit kommt man für
      (1) 10 €;
      (2) 15 €;
      (3) 20 €
      mit einem Taxi in Chemnitz?
   b) Wie weit kommt man für 20 € in Dresden
      (1) um 10:30 Uhr;
      (2) um 22:15 Uhr?
   c) Stelle deinem Partner eine ähnliche Aufgabe und lasse sie lösen.

Stadt	Grundpreis in €	km – Preis tagsüber in €	km – Preis Nacht/So in €
Chemnitz	3,00	6 – 22 Uhr ≤ 4 km: 1,60 > 4 km: 1,30	≤ 4 km: 1,80 > 4 km: 1,30
Dresden	2,80	5 – 20 Uhr ≤ 4 km: 2,00 > 4 km: 1,50	≤ 4 km: 2,00 > 4 km: 1,70
Leipzig	2,50	5 – 20 Uhr ≤ 2 km: 2,10 ≤ 10 km: 1,50 > 10 km: 1,40	≤ 2 km: 2,00 ≤ 10 km: 1,60 > 10 km: 1,50

Das Wichtigste auf einen Blick

Lösungsmenge einer Gleichung	Eine Zahl heißt *Lösung* einer Gleichung, wenn beim Einsetzen der Zahl eine wahre Aussage entsteht. Alle Lösungen einer Gleichung ergeben die *Lösungsmenge L*. Hat eine Gleichung keine Lösung, so ist die *Lösungsmenge leer*. Man schreibt L = { }. Wird eine Gleichung von *jeder Zahl* der Grundmenge $\mathbb{Q}$ erfüllt, ist die Lösungsmenge L = $\mathbb{Q}$.	*Beispiel:* $2x = 8$ hat die Lösungsmenge L = {4}. $x = x + 2$ hat die Lösungsmenge L = { }. $2x = x + x$ hat die Lösungsmenge L = $\mathbb{Q}$.
Probe	Ob eine Zahl Lösung einer Gleichung ist, überprüft man mit der *Probe*. Dazu wird die Zahl in die Ausgangsgleichung eingesetzt und festgestellt, ob eine wahre Aussage entsteht.	*Beispiel:* Ist 4 Lösung von $2 \cdot x + 6 = 14$? Probe: $2 \cdot 4 + 6 \stackrel{?}{=} 14$ $14 = 14$ w
Äquivalente Gleichungen und Umformungen	Gleichungen heißen *äquivalent*, wenn sie dieselbe Lösungsmenge besitzen. Die Lösungsmenge ändert sich nicht, wenn man • auf beiden Seiten der Gleichung dieselbe Zahl addiert oder subtrahiert • auf beiden Seiten der Gleichung mit derselben Zahl (ungleich 0) multipliziert oder dividiert	*Beispiel:* $2x + 6 = 14 \quad \|-6$ $2x = 8 \quad \|:2$ $x = 4$ L = {4}
Malpunkte	Malpunkte dürfen fortgelassen werden, wenn keine Missverständnisse möglich sind. Es gilt: $1 \cdot x = x$.	*Beispiel:* $0{,}5 \cdot (4 - 1 \cdot x) = 0{,}5(4 - x)$
Zusammenfassen	Vielfache einer Variablen addiert (subtrahiert) man, indem man die Zahlfaktoren addiert (subtrahiert).	*Beispiel:* $3x + 5x = 8x \quad -7x - x = -8x$
Strategie zum Lösen einer Gleichung	Strategie zum Lösen einer Gleichung: (1) Fasse gleichartige Glieder auf beiden Seiten der Gleichung zusammen. (2) Sortiere die Summanden: mit Variable auf eine Seite, ohne Variable auf die andere Seite. (3) Isoliere die Variable durch Division durch den Vorfaktor.	*Beispiel:* $5 + 3x - 17 = 6x - 6 - x$ $3x - 12 = 5x - 6 \quad \|-5x$ $-2x - 12 = -6 \quad \|+12$ $-2x = 6 \quad \|:(-2)$ $x = -3$
Modellieren einer Sachsituation	Strategie zum Lösen einer Sachsituation: (1) Veranschauliche den Sachverhalt z.B. durch eine Skizze. Vereinbare eine Variable für eine gesuchte Größe. (2) Stelle eine Gleichung auf und löse diese. (3) Kontrolliere, ob es einschränkende Bedingungen gibt. (4) Führe eine Probe an der Sachsituation durch. (5) Runde sinnvoll und finde einen Antwortsatz.	*Beispiel:* Tabea ist doppelt so alt wie Benny, Zusammen sind sie 27 Jahre alt. x: Alter von Benny (in Jahren) $2x + x = 27$ $3x = 27 \quad \|:3$ $x = 9$ Benny ist 9 Jahre, Tabea 18 Jahre alt.

Umformen von Formeln	Das *Umformen von Formeln* erfolgt nach den Umformungsregeln für Gleichungen.	*Beispiel:* $A = \frac{g \cdot h}{2} \mid \cdot 2 \mid : h$ liefert $g = \frac{2 \cdot A}{h}$
Betragsgleichungen	Beim Lösen von *Betragsgleichungen* müssen zwei Fälle unterschieden werden. Der Term in den Betragsstrichen kann positiv oder negativ sein.	*Beispiel:* $\|x - 3\| = 8$ 1. Fall: $x - 3 = 8$ 2. Fall: $x - 3 = -8$ $x = 11$ $x = -5$
Gleichungen vom Typ $T_1 \cdot T_2 = 0$	Ein Produkt ist gleich 0, wenn mindestens ein Faktor 0 ist, sonst nicht. $T_1 \cdot T_2 = 0$ $T_1 = 0$ oder $T_2 = 0$	*Beispiel:* $(x + 1) \cdot (2x - 4) = 0$ $(x + 1) = 0$ *oder* $2x - 4 = 0$, also $x = -1$ *oder* $x = 2$

Bist du fit?

1. Bestimme die Lösungsmenge der Gleichung durch systematisches Probieren.
   a) $x^2 + x = 12$ b) $3x - 10 = -x^2$

2. Vereinfache.
   a) $7x + 3x$ b) $5x - x$ c) $z + 3z - 2$ d) $4z - 5 - z + 3 - 3z + z$

3. Bestimme die Lösungsmenge der Gleichung durch Umformen.
   Führe auch eine Probe durch, wenn möglich.
   a) $21x - 6x = 75$ e) $1{,}6x + 0{,}4 - x = 5{,}2 - 0{,}6x$
   b) $14y = 8y - 30$ f) $12a - 7 - 3a = 3 + 4a - 10$
   c) $4x = -28 + 8x$ g) $14 - 7x + 3 - 2x = 5x + 17 - 14x$
   d) $6z + 1 - 2z = 2z + 17$ h) $3x + 9 - 1x = 1x + 25$

4. Löse das Zahlenrätsel.
   a) Wenn man vom Zwanzigfachen einer Zahl die Zahl 68 subtrahiert, erhält man 172.
   b) Wenn ich die Zahl verdreifache und dann 8 addiere, erhalte ich dasselbe, wie wenn ich zum Doppelten 5 addiere.

5. In einem Dreieck soll die kleinste Seite 2 cm kürzer sein als die mittlere und diese wiederum 2 cm kürzer als die längste Seite. Der Umfang des Dreiecks soll 36 cm überschreiten. Was kannst du über die Längen der einzelnen Seiten des Dreiecks aussagen?

6. Bestimme die Lösungsmenge.
   a) $(x - 3) \cdot (x + 4) = 0$ b) $(7 - 2a) \cdot (3 + a) = 0$ c) $|9 - x| = 4$

7. a) Erstelle eine Formel für den Umfang u der abgebildeten Figur.
   b) Isoliere in der Formel die Variable a. Berechne a für $u = 34$ cm, $b = 3{,}5$ cm und $c = 3$ cm.
   c) Isoliere in der Formel die Variable b. Berechne b für $u = 41$ cm, $a = 6{,}2$ cm und $c = 3{,}8$ cm.

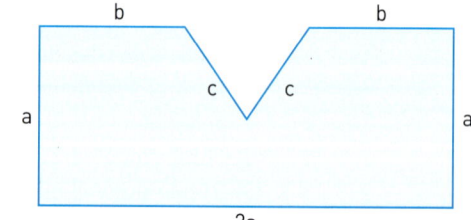

4. Prozentrechnung

Im Alltag werden viele Anteile nicht mithilfe von Brüchen, sondern in Prozent angegeben.

→ Erläutere, was die obigen Angaben bedeuten.

*In diesem Kapitel ...
lernst du, mit Angaben zu rechnen,
die in Prozent gemacht werden.*

Lernfeld: Rechnen mit Prozenten

Lesewettbewerb
Der letzte Band einer Jugendbuchserie ist endlich erschienen:

→ Von den 30 Schülern der Klasse 7 a haben 12 schon nach einer Woche das Buch gelesen. Wie viel Prozent sind das?

→ Die Klasse 7 b hat nur 25 Schüler. 60 % der Schüler haben das Buch nach einem Monat gelesen. Wie viele Schüler sind das?

→ Die Stadtbücherei teilt mit, dass im ersten Monat 18 Jugendliche das Buch ausgeliehen haben, das sind rund 3 % aller jugendlichen Nutzer.
Wie viele jugendliche Nutzer hat die Stadtbücherei?

Online - Communities
Im Dezember 2011 haben sich knapp 800 Millionen Mitglieder mindestens einmal mit einem eigenen Account bei Facebook angemeldet. Dies entspricht einem Wachstum von 215 Millionen gegenüber Dezember 2010. Diese Mitglieder verteilen sich wie in der Abbildung.

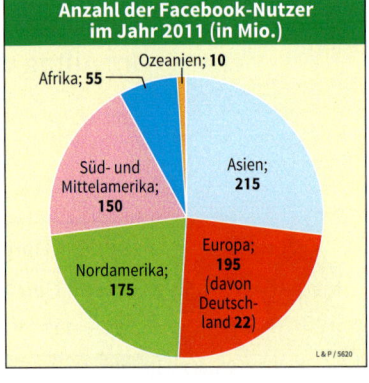

→ Berechnet jeweils den prozentualen Anteil der Nutzer auf den einzelnen Kontinenten.

→ Wie viele Mitglieder gab es im Dezember 2010? Um wie viel Prozent ist die Mitgliederzahl 2011 gestiegen?

→ Wie viel Prozent der europäischen Nutzer sind in Deutschland? Schätzt zuerst.

→ Interessant ist auch der Anteil, den die Facebook-Nutzer an der Bevölkerung ausmachen. Weltweit betrug dieser Anteil Ende 2011 bereits 11,7 %. In Deutschland lebten Ende 2011 knapp 82 Millionen Menschen. Vergleiche den Anteil.

→ Weltweit gab es etwas mehr männliche (410,7 Millionen) als weibliche Nutzer (377,7 Millionen). In Deutschland betrug die Frauenquote 48,1 %. Vergleicht.

In Deutschland gibt es weitere bedeutende Online-Communities. Nach Altersgruppen gibt es aber Unterschiede bei den Nutzern. Bei einer Umfrage wurden aus jeder der angegebenen Altersgruppen 300 Schüler befragt.

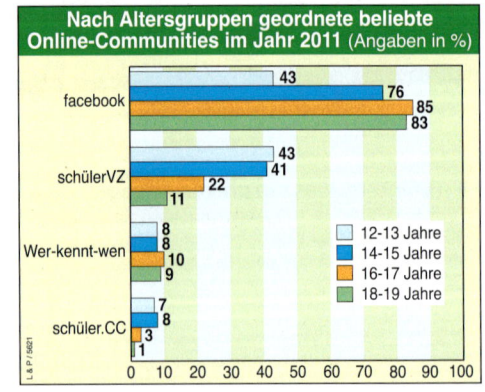

→ Wie viele Jugendliche hatten bei den 12- bis 13-jährigen facebook bzw. schülerVZ angegeben?

→ Wie viel mehr 18- bis 19-jährige Jugendliche waren bei facebook als bei schülerVZ?

4.1 Grundaufgaben der Prozentrechnung

4.1.1 Berechnen des Prozentsatzes – Anteil am Ganzen

Einstieg

Manuel hat einen neuen USB-Stick geschenkt bekommen und schon viele Dateien darauf abgespeichert. Er möchte nun wissen, welcher Anteil des Speicherplatzes noch nicht belegt ist. Berechnet diesen Anteil in Prozent.

Aufgabe 1

Bei einigen verpackten Nahrungsmitteln ist angegeben, wie viel Prozent Fett enthalten ist, siehe dazu die Slim & Fit-Salami rechts.
Bei anderen erfolgt keine derartige prozentuale Angabe.
Wie viel Prozent Fett enthält die Gutsherren-Salami?

Lösung

Wir berechnen, welchen Anteil 70 g von 250 g ausmachen.

Gegeben: Grundwert (Ganzes)   G = 250 g
            Prozentwert (Teil des Ganzen)   W = 70 g

Gesucht: Prozentsatz (Anteil am Ganzen)   p %

Ansatz: 250 g $\xrightarrow{\cdot\, p\,\%}$ 70 g

Aus der Zeichnung bzw. dem Pfeilbild entnehmen wir:
Der Fettanteil an der gesamten Salami beträgt $\frac{70}{250}$.
Wir wandeln den Bruch in die Prozentschreibweise um:

1. Möglichkeit: *2. Möglichkeit:*

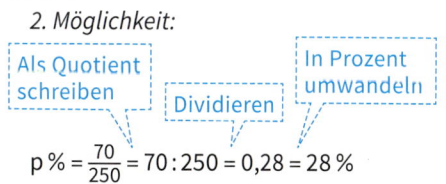

$p\,\% = \frac{70}{250} = \frac{7}{25} = \frac{28}{100} = 28\,\%$ $p\,\% = \frac{70}{250} = 70 : 250 = 0{,}28 = 28\,\%$

Ergebnis: Die Gutsherren-Salami enthält 28 % Fett.

Prozentrechnung

Information

(1) Begriffe in der Prozentrechnung

In der Prozentrechnung kann man wie in der Bruchrechnung verfahren. Man verwendet anstelle der Begriffe Ganzes, Anteil und Teil die Ausdrücke *Grundwert*, *Prozentsatz* und *Prozentwert*.

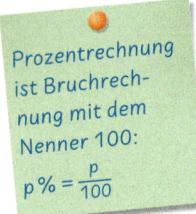

Prozentrechnung ist Bruchrechnung mit dem Nenner 100:
$p\% = \frac{p}{100}$

Ausdrucksweisen in der *Bruchrechnung*: Ganzes $\xrightarrow{\cdot \text{Anteil}}$ Teil des Ganzen

Ausdrucksweisen in der *Prozentrechnung*: **Grundwert** $\xrightarrow{\cdot \text{Prozentsatz}}$ **Prozentwert**

Beispiel:

38 %	von 200 km	sind 76 km
↑	↑	↑
Prozent-satz p % (Anteil)	Grund-wert G (Ganzes)	Prozent-wert W (Teil)

Schreibweise mit Pfeil:

200 km $\xrightarrow{\cdot 38\%}$ 76 km

(2) Berechnen des Prozentsatzes

Zur Berechnung des Prozentsatzes bestimmt man, welchen Anteil der Teil am Ganzen ausmacht.

240 von 600, also Anteil $\frac{240}{600}$.

Man berechnet den Prozentsatz, indem man den Prozentwert durch den Grundwert dividiert und das Ergebnis in der Prozentschreibweise notiert.

Beispiel: Wie viel % sind 240 m von 600 m?
Ansatz: 600 m $\xrightarrow{\cdot p\%}$ 240 m
Rechnung: $p\% = 240\,\text{m} : 600\,\text{m} = \frac{2}{5} = 0{,}4 = 40\%$

Weiterführende Aufgabe

Berechnen des Prozentsatzes mit dem Dreisatz

2. a) Erläutere und begründe die nebenstehende Rechnung.
   b) Berechne ebenso:
      (1) p % von 150 kg sind 84 kg
      (2) p % von 20 € sind 0,80 €
      (3) p % von 7,2 km sind 600 m

Aufgabe:	*Rechnung:*	
p % von 350 € sind 77 €	350 €	100 %
Ergebnis:	1 €	$\frac{100}{350}$ %
p % = 22 %	77 €	$77 \cdot \frac{100}{350}$ %

Übungsaufgaben

3. Bei der Klassensprecherwahl der Klasse 7 c wurden 25 gültige Stimmen abgegeben. Wie viel Prozent der Stimmen entfielen auf Sascha, wie viel auf Henrike und wie viel auf Lucas?

4. Berechne den Prozentsatz im Kopf.
   a) Grundwert: 20 kg   Prozentwert: 10 kg; 15 kg; 5 kg; 1 kg; 2 kg; 4 kg
   b) Grundwert: 800 €   Prozentwert: 200 €; 80 €; 600 €; 8 €; 40 €; 720 €

5. Gib den Anteil in Prozent an. Rechne im Kopf.
   a) 6 m von 24 m   b) 18 ℓ von 90 ℓ   c) 150 g von 150 g   d) 9 m³ von 72 m³

6. Gib den Anteil in Prozent an. Beachte dabei die verschiedenen Maßeinheiten.
   a) 15 cm von 1 m   b) 10 dm von 10 m   c) 7 mm von 14 cm   d) 1500 m von 6 km

4.1 Grundaufgaben der Prozentrechnung

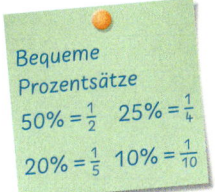

Bequeme Prozentsätze
50% = $\frac{1}{2}$ 25% = $\frac{1}{4}$
20% = $\frac{1}{5}$ 10% = $\frac{1}{10}$

7. Gib einen Näherungswert für den Prozentsatz an. Bei der Überschlagsrechnung kannst du den Prozentwert, den Grundwert oder beide runden. Beachte die bequemen Prozentsätze.
   a) 40 m von 81 m   b) 24 kg von 50 kg   c) 58 € von 600 €   d) 12 m² von 47 m²

8. Frau Kitzinger verdient monatlich 1750 €. Davon zahlt sie 250 € auf ein Sparkonto. Wie viel Prozent des Gehaltes sind das?

9. Ein Mitschüler war krank. Erklärt ihm die Berechnung des Prozentsatzes.

10. Wie viel Prozent Champignons, wie viel Prozent Flüssigkeit sind in der Dose (Bild links)?

11. In Lenas Klasse gehen 25 Schüler(innen); davon gaben 4 an, ohne Helm Fahrrad zu fahren.
    a) Gib den Anteil der Schüler(innen) in Lenas Klasse, die ohne Helm Fahrrad fahren, in Prozent an.
    b) Vergleiche den Prozentsatz aus Teilaufgabe a) mit dem Wert im Text rechts.
    c) Wie viel Prozent der Schüler(innen) in Lenas Klasse fahren mit Helm Fahrrad?

Jedes fünfte Kind ohne Fahrradhelm
Leipzig: Bei einer Schwerpunktaktion der Polizei im Stadtteil Schönau fuhr jedes fünfte Kind ohne Fahrradhelm.

12. a) Wie viel Prozent der Ausgaben entfielen auf Italien? Runde sinnvoll.
    b) Stellt weitere Aufgaben und löst sie.

13. Welches Nahrungsmittel hat den höchsten, welches den niedrigsten Wassergehalt? Gib den Wassergehalt in Prozent an. Rechne im Kopf.
    500 g Schweinefleisch enthalten 220 g Wasser;
    200 g Roggenbrot enthalten 82 g Wasser;
    2 kg Kartoffeln enthalten 1,5 kg Wasser;
    150 g Magerkäse enthalten 66 g Wasser.

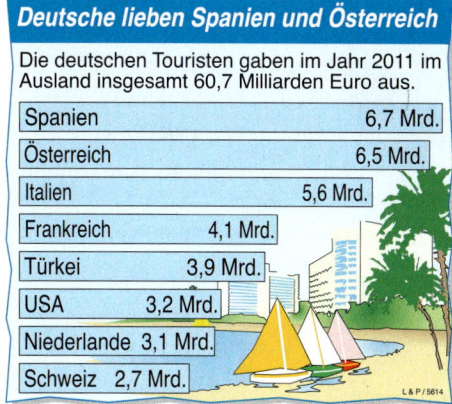

Deutsche lieben Spanien und Österreich
Die deutschen Touristen gaben im Jahr 2011 im Ausland insgesamt 60,7 Milliarden Euro aus.

Land	Mrd. €
Spanien	6,7 Mrd.
Österreich	6,5 Mrd.
Italien	5,6 Mrd.
Frankreich	4,1 Mrd.
Türkei	3,9 Mrd.
USA	3,2 Mrd.
Niederlande	3,1 Mrd.
Schweiz	2,7 Mrd.

14. Ein Bürgermeister behauptet: „In unserer Gemeinde ist jeder Fünfte unter 18." Berechne, wie viel Prozent der Einwohner noch nicht 18 sind.

Das kann ich noch!

A) Zeichne jeweils ein Beispiel für einen spitzen Winkel, einen stumpfen Winkel und einen überstumpfen Winkel.

B) Zeichne einen Winkel von 20° mit einer Schenkellänge von mindestens 6 cm in dein Heft. Ergänze dazu alle ganzzahligen Vielfachen von 20°, solange die dabei entstehenden Winkel kleiner als ein rechter Winkel sind.

4.1.2 Berechnen des Prozentwertes – Vom Ganzen zum Teil

Einstieg

Frau Meyer versichert ein kleines Motorrad, für das am Anfang eine jährliche Versicherungsprämie von 145,00 € zu zahlen ist.
Wie hoch sind die Versicherungsprämien in den folgenden Jahren, wenn kein Unfall eintritt?

Anzahl schadensfreie Jahre	SF-Klasse	Beitragssatz Haftpflicht
3 und mehr	SF 3	45 %
2	SF 2	65 %
1	SF 1	65 %
1/2	SF 1/2	70 %
0	SF 0	100 %

Aufgabe 1

Berechnen des Prozentwertes
Sachsen ist etwa 18 000 Quadratkilometer groß. Die Waldfläche beträgt ungefähr 27 %.
Wie groß ist Sachsens Waldfläche insgesamt?

Lösung

Du musst 27 % von 18 000 km² berechnen.

Gegeben: Grundwert $G = 18\,000$ km²
Prozentsatz $p\,\% = 27\,\%$
Gesucht: Prozentwert W
Ansatz: $18\,000\ \text{km}^2 \xrightarrow{\ \cdot\ 27\,\%\ } W$

Rechnung: Du weißt: 27 % von 18 000 km² sind $18\,000\ \text{km}^2 \cdot 27\,\%$
Für 27 % kannst du einen Hundertstelbruch oder einen Dezimalbruch verwenden.

1. Weg (mit Hundertstelbrüchen)

$W = 18\,000\ \text{km}^2 \cdot \dfrac{27}{100}$ $\left[27\,\% = \dfrac{27}{100}\right]$
$W = 4\,860\ \text{km}^2$

2. Weg (mit Dezimalbrüchen)

$W = 18\,000\ \text{km}^2 \cdot 0{,}27$ $[27\,\% = 0{,}27]$
$W = 4\,860\ \text{km}^2$

Ergebnis: Die Waldfläche Sachsens beträgt 4 860 km².

Information

Zur Berechnung des Prozentwertes haben wir in Aufgabe 1 den Grundwert 18 000 km² mit dem Prozentsatz 27 %, geschrieben als 0,27 oder $\dfrac{27}{100}$, multipliziert.

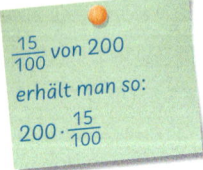

$\dfrac{15}{100}$ von 200 erhält man so: $200 \cdot \dfrac{15}{100}$

> Man berechnet den Prozentwert, indem man den Grundwert mit dem Prozentsatz multipliziert.

Beispiel: Wie viel sind 15 % von 200 €?
Ansatz: $200\ \text{€} \xrightarrow{\ \cdot\ 15\,\%\ } W$
Rechnung: $W = 200\ \text{€} \cdot \dfrac{15}{100} = 200\ \text{€} \cdot 0{,}15 = 30\ \text{€}$

Weiterführende Aufgaben

Berechnen des Prozentwertes mit dem Dreisatz

2. a) Erläutere und begründe die nebenstehende Rechnung.
   b) Berechne ebenso:
      (1) 13 % von 48 kg
      (2) 15 % von 240 €
      (3) 85 % von 410 km

Aufgabe:	Rechnung:	
7 % von 350 € sind W	100 %	180,00 €
	1 %	180 € : 100 = 1,80 €
Ergebnis: W = 12,60 €	7 %	7 · 1,80 €

4.1 Grundaufgaben der Prozentrechnung

Vorteilhaftes Berechnen und Überschlagen des Prozentwertes

3. a) Erkläre jeweils den Lösungsweg von Benjamin, Mirja, Luisa und Moritz.

Bequeme Prozentsätze

Benjamin
Aufgabe: Berechne 12,5% von 56 ℓ.
Rechnung: 12,5% von 56 ℓ
$= \frac{1}{8}$ von 56 ℓ
$= \frac{1}{8} \cdot 56 \, \ell = 7 \, \ell$
Ergebnis: 7 ℓ

Luisa
Aufgabe: Berechne 15% von 680 €.
Rechnung: 10% von 680 € sind 68 €
Die Hälfte von 68 € sind 34 €
68 € + 34 € sind 102 €.
Ergebnis: 102 €

Mirja
Aufgabe: Überschlage
34% von 360 m
Rechnung: 34% von 360 m
$\approx 33\frac{1}{3}\%$ von 360 m
$= \frac{1}{3}$ von 360 m
Ergebnis: Ungefähr 120 m

Moritz
Aufgabe: Überschlage
19% von 2517 g
Rechnung: 19% von 2517 g
$\approx 20\%$ von 2500 g
$= \frac{1}{5}$ von 2500 g
Ergebnis: Ungefähr 500 g

b) Berechne vorteilhaft:
(1) 25% von 96 m^2; (2) $66\frac{2}{3}\%$ von 480 m; (3) 11% von 66 kg; (4) 9% von 270 ℓ.

c) Überschlage:
(1) 50,3% von 1500 g; (2) 67% von 180 m^2; (3) 27% von 48 kg. (4) 19% von 140 €

Kreisdiagramm

4. Die Tabelle enthält das Ergebnis einer Verkehrszählung.

Fahrzeugart	Lkw	Pkw	Sonstige
Anteil	15%	75%	10%

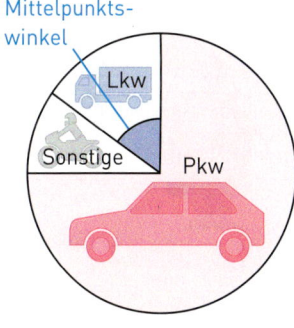

Mittelpunktswinkel

a) Erläutere das Kreisdiagramm rechts.
Begründe die folgende Rechnung für die Größe des Mittelpunktwinkels für den Anteil der Lkw:
(15% von 360°) = 360° $\cdot \frac{15}{100}$ = 54°

b) Berechne die anderen Mittelpunktwinkel im Kopf.

Übungsaufgaben

5. Die Schülerzeitung ZACK veranstaltet ein Preisausschreiben. In der nächsten Ausgabe erscheint der nebenstehende Artikel.
Wie viele richtige Lösungen sind eingegangen?

Riesenerfolg beim Preisrätsel
Bei unserem Sommerrätsel wurden 800 Kupons eingesandt; 32 % davon mit richtiger Antwort. Den Gutschein für CDs gewinnt

6. Berechne im Kopf.
a) 25 % [50 %; 75 %; 10 %; 20 %; 1 %] von (1) 120 kg (2) 800 € (3) 50 m
b) $33\frac{1}{3}\%$ [$66\frac{2}{3}\%$; 12,5 %] von (1) 240 € (2) 480 kg (3) 144 ℓ

7. Berechne den Prozentwert.
   a) 10 % von 700 kg
   b) 25 % von 2 800 m²
   c) 30 % von 150 €
   d) 90 % von 28 m
   e) 60 % von 50 cm
   f) 99 % von 25 m
   g) $33\frac{1}{3}$ % von 360 €
   h) $12\frac{1}{2}$ % von 800 m²

8. Eine Mitschülerin war krank. Erklärt ihr die Berechnung des Prozentwertes.

9. Bestimme einen Näherungswert für den Prozentwert mit einem Überschlag; du kannst einen bequemen Prozentsatz oder einen gerundeten Grundwert verwenden.
   a) 9 % von 26 ℓ
   b) 52 % von 2 600 t
   c) 65 % von 930 €
   d) 28 % von 985 m
   e) 61 % von 0,9 m²
   f) 20 % von 583 €
   g) 25 % von 409 ℓ
   h) $33\frac{1}{3}$ % von 629 kg

10. Berechne $\frac{1}{2}$ % $\left[\frac{1}{4}\%; \frac{2}{3}\%; 5\frac{1}{2}\%\right]$ von: a) 2400 kg   b) 72 €   c) 144 m

11. Der menschliche Körper besteht zu etwa 60 % seines Gewichts aus Wasser.
    a) Matthias wiegt 50 kg. Wie viel kg Wasser sind in seinem Körper enthalten?
    b) Wie viel kg Wasser enthält dein Körper etwa?
    c) Bei starkem Schwitzen kann ein Mensch bis zu 2 % seines Gewichts an Wasser verlieren. Wie viel kg Wasser sind das
       (1) bei einem 75 kg;   (2) bei einem 57 kg
       schweren Menschen?

12. Jan behauptet: „Um 10 % von einem Grundwert zu berechnen, kann man auch einfach durch 10 dividieren. Also berechnet man 25 % des Grundwerts, indem man ihn durch 25 dividiert."

13. Kontrolliere die Hausaufgaben von Fatima. Achte auch auf die Genauigkeit.

18 % von 13,61 €
W = 2,4498 €

3 % von 391 km
W = 11,73 km

17 % von 51,2 km
W = 8,704 km

14. a) Wie viele Mitglieder des Vereins sind Kinder? Wie viele Mitglieder verteilen sich auf die übrigen Altersgruppen?
    b) Zeichne auch ein Streifendiagramm.
    c) Erkundet in Gruppen die Sportvereine in eurer Umgebung und erstellt Plakate für eine Ausstellung „Unsere Sportgemeinde".

Turn- und Sportverein
Mitgliederanzahl wieder gestiegen
Im letzten Jahr hat unsere Mitgliederzahl erstmals die 1000er Grenze überschritten: **1050 Mitglieder insgesamt.**
Kinder 18 %, Erwachsene 58 %, Jugendliche 24 %

15. Luft enthält 78 % Stickstoff und 21 % Sauerstoff; der Rest entfällt auf sonstige Stoffe.
    a) Zeichne ein Kreisdiagramm.
    b) Schätzt die Größe eures Klassenraumes. Wie viel Sauerstoff ist darin?

16. Der tägliche Wasserverbrauch pro Person beträgt im Durchschnitt 122 Liter.
    In der Übersicht erkennst du, wofür das Wasser verbraucht wird.
    a) Welcher Anteil entfällt auf den sonstigen Verbrauch?
    b) Zeichne ein Streifendiagramm [Kreisdiagramm].
    c) Berechne den Wasserverbrauch der einzelnen Angaben.
    d) Für die Toilettenspülung, die Wäschereinigung und die Gartenpflege kann man auch gefiltertes Regenwasser verwenden. Wie groß ist der Anteil?

Wähle eine günstige Länge für das Streifendiagramm.

17. 1 214 Kinder zwischen 6 und 13 Jahren wurden nach ihren Freizeitaktivitäten befragt.
    Rechts siehst du die häufigsten Antworten. Wie viele Kinder haben die jeweiligen Antworten gegeben?

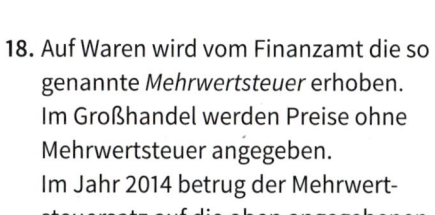

18. Auf Waren wird vom Finanzamt die so genannte *Mehrwertsteuer* erhoben.
    Im Großhandel werden Preise ohne Mehrwertsteuer angegeben.
    Im Jahr 2014 betrug der Mehrwertsteuersatz auf die oben angegebenen Waren 19 %.
    Wie viel Mehrwertsteuer wird auf die Preise aufgeschlagen?
    Erkundige dich nach dem aktuellen Mehrwertsteuersatz.

4.1.3 Berechnen des Grundwertes – Vom Teil zum Ganzen

Einstieg

Im Videotext wird täglich veröffentlicht, wie viele Zuschauer welche Sendungen angeschaltet haben. Die Zahlen werden durch Beobachtungen in Testhaushalten ermittelt.
a) Welche Bedeutung haben die Zahlen für die Sender?
b) Wie viele Zuschauer hatten zu den betreffenden Zeiten das Fernsehgerät insgesamt angeschaltet, wie viele haben einen anderen Sender verfolgt?
c) Erkundet selbst Daten der letzten Tage.

```
Text        Einschaltquoten 24.01.2011
Service         Hinweise -> 589

Abend                              Mio.   %
20.00  Tagesschau                   6,45  19,8
20.15  ARD Brennpunkt:              4,35  12,8
       Anschlag in Moskau
20.30  Das Wunder Leben, 3. Folge   3,37   9,5
21.14  DUELL Folge 1                3,12   9,1
21.59  Report Mainz                 2,71   9,2
22.31  Tagesthemen                  2,48  10,4
23.02  Das Wetter im Ersten         2,30  10,7

Zuschauer in Mio. / Marktanteil in %
```

Aufgabe 1 **Berechnen des Grundwertes**

Frau Fröhlich nimmt das Angebot von Last-Minute-Reisen wahr und macht 2 Wochen Urlaub auf Kreta.
Wie viel hätte sie bezahlen müssen, wenn sie die Reise aus dem Katalog gebucht hätte?
Kontrolliere deine Rechnung.

Lösung

Du willst wissen, von welchem Betrag (Grundwert) 60 % berechnet worden sind.

Du weißt: 60 % vom Grundwert G sind 660 €.

Gegeben: Prozentwert W = 660 €
Prozentsatz p % = 60 %

Gesucht: Grundwert G

Ansatz:

Multiplizieren mit 60 % durch Dividieren rückgängig machen

Rechnung: Am Pfeilschema erkennst du, dass du die Multiplikation mit 60 % rückgängig machen musst.

Das bedeutet: Du musst den Prozentwert durch den Prozentsatz dividieren.

1. Weg (mit Hundertstelbrüchen)

$G = 660\,€ : \frac{60}{100}$ ⟵ 60 %

$ = 660\,€ \cdot \frac{100}{60}$

$ = 1100\,€$

2. Weg (mit Dezimalbrüchen)

$G = 660\,€ : 0{,}6$ ⟵ 60 %

$ = 6600\,€ : 6$

$ = 1100\,€$

Ergebnis: Für eine Buchung aus dem Katalog hätte Frau Fröhlich 1100 € bezahlen müssen.

Kontrolle: Du musst 60 % von 1100 € berechnen, um den Prozentwert zu erhalten:
W = 1100 € · 60 % = 1100 € · 0,6 = 660 €.

Dies zeigt, dass der berechnete Grundwert richtig ist.

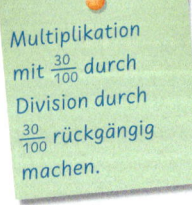

Multiplikation mit $\frac{30}{100}$ durch Division durch $\frac{30}{100}$ rückgängig machen.

Man berechnet den Grundwert, indem man den Prozentwert durch den Prozentsatz dividiert.	*Beispiel:* 30 % eines Grundwertes sind 150 kg. *Ansatz:* G $\xrightarrow{\cdot\,30\%}$ 150 kg *Rechnung:* G = 150 kg $: \frac{30}{100}$ = 150 kg $\cdot \frac{100}{30}$ = 500 kg

Weiterführende Aufgabe

Berechnen des Grundwertes mit dem Dreisatz

2. a) Erläutere und begründe die nebenstehende Rechnung.

b) Berechne ebenso:
  (1) 60 % von G sind 72 m
  (2) 32 % von G sind 73,6154 kg
  (3) 8,75 € sind 7 % von G

Aufgabe:	Rechnung:	
15 % von G sind 97,50 €	15 %	97,50 €
	1 %	97,50 € : 15 = 6,50 €
Ergebnis:	100 %	6,50 € · 100 = 650,00 €
G = 650,00 €		

4.1 Grundaufgaben der Prozentrechnung

Übungsaufgaben

3. Wie viel Vitamin C benötigt ein Erwachsener bei gesunder Ernährung täglich?

4. Berechne den Grundwert.
   a) 72 kg sind 8 % von G
   b) 42 kg sind 14 % von G
   c) 28,50 € sind 95 % von G
   d) 54 € sind 6 % von G
   e) 15 km sind 12 % von G
   f) 11,6 l sind 56 % von G

5. Berechne den Grundwert im Kopf.
   50 % [25 %; 10 %; 75 %; 20 %; 1 %] von G beträgt:
   a) 12 €   b) 30 kg   c) 75 m

6. Bestimme durch Überschlagsrechnung einen Näherungswert für den Grundwert.
   a) 291 € sind 20 % von G
   b) 28 kg sind 75 % von G
   c) 70 m sind 12 % von G
   d) 350 € sind 48 % von G
   e) 318 € sind 74 % von G
   f) 496 km sind 34 % von G

7. An einer Schifffahrt nehmen 280 Personen teil. Der Kapitän sagt: „Leider ist das Schiff bei dieser Fahrt nur zu 70 % ausgebucht." Wie viele Fahrgäste kann das Schiff befördern?

8. a) Betrachtet die Milchpackung rechts. Berechnet den täglichen Bedarf an den einzelnen Spurenelementen und Vitaminen.
   b) Stellt weitere geeignete Fragen und beantwortet sie.

Erz
Gestein aus dem Metall gewonnen wird.

9. Aus Eisenerz gewinnt man in Hochöfen Eisen. In einem Bergwerk baut man Eisenerz ab, das 45 % Eisen enthält. An einem Tag sollen in einem Hochofen 3000 t Eisen gewonnen werden.
Wie viel Eisenerz wird benötigt?
Überschlage zunächst.

FAQ (engl. frequently asked questions)
Informationen zu besonders häufig gestellten Fragen.

10. Du wirst im Internet gefragt, wie man den Grundwert berechnen kann. Schreibe eine Antwort als FAQ.

11. Beim Schulausflug stöhnt die Klasse über die lange Wanderung. Nach 1 Stunde und 22 Minuten jammern einige Schüler(innen): „Wie lange sollen wir denn noch laufen?" Der Lehrer antwortet: „Wir haben schon 40 % geschafft."
Was kannst du diesem Gespräch entnehmen?

12. In einem Neubaugebiet schreibt die Baubehörde vor, dass höchstens 55 % der Grundstücksfläche bebaut werden darf.
Familie Schulz hat sich ein Fertighaus ausgesucht, das 11 m breit und 13,50 m lang ist.
Welche Größe muss das Grundstück mindestens haben?

TAB Diagramme mit dem Computer

Mit einem Tabellenkalkulationsprogramm kannst du am Computer Daten schnell auswerten.
Es gibt verschiedene Tabellenkalkulationsprogramme. Du musst selbst prüfen, wie du die folgenden Beispiele mit deinem Programm darstellen kannst.

Gib in dein Tabellenkalkulationsprogramm die in der Abbildung dargestellten Haushaltsabfälle ein, die 2010 je Einwohner gesammelt wurden.
Die Gesamtmenge der Wertstoffe berechnet das Kalkulationsprogramm automatisch, wenn du in der Zelle B10 folgende Formel eingibst:
=Summe(B4:B9)

In den Zellen C4 bis C9 berechnest du die Anteile folgendermaßen:
In der Zelle C4 gibst du die Formel **=B4/B10** und Entsprechendes in den Zellen C5 bis C9 ein.
Wähle im Menü *Format...Zellen...Zahlen* für die Zellen C4 bis C9 die Formatierung *Prozent mit einer Dezimalstelle*.

Wir wollen nun die Verteilung der Haushaltsabfälle auf die einzelnen Arten in unterschiedlichen Diagrammen darstellen. Dazu benötigen wir die Spalte mit den Anteilen nicht mehr.
Markiere dazu zunächst mit der Maus den Bereich von A4 bis B9, also die Abfallart und die Menge der verschiedenen Abfälle.

Über das Menü *Einfügen* kannst du nun einen Diagrammtyp auswählen, zum Beispiel hier ein Säulendiagramm.

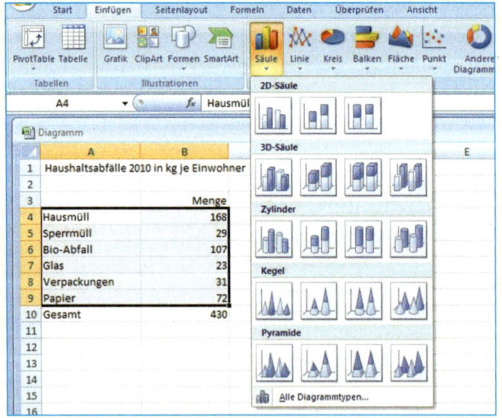 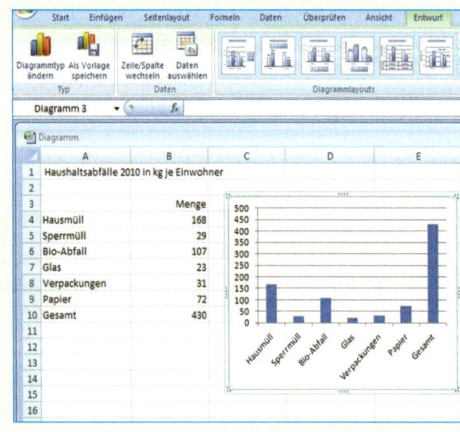

Im Blickpunkt

Mit einem Säulendiagramm kann man die Verhältnisse der Größen gut veranschaulichen. Wenn man allerdings die Anteile der einzelnen Abfallarten darstellen möchte, so kann man dieses besser in einem Kreisdiagramm oder einem Balkendiagramm veranschaulichen. Beim Balkendiagramm muss man gestapelte Balken auswählen, damit der ganze Balken 100 % entspricht.

Kreisdiagramm: *Balkendiagramm:*

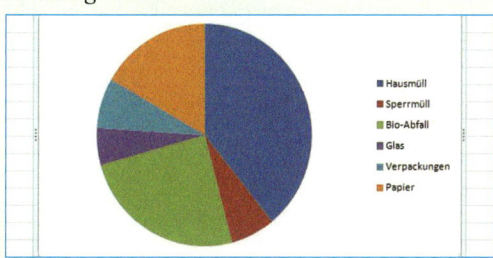 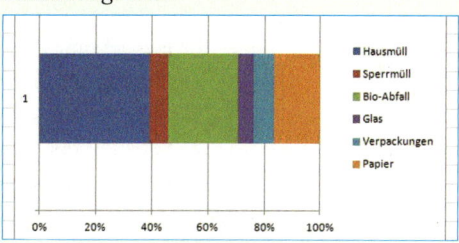

Anmerkung: Statt des gestapelten Balkendiagramms kann man auch ein gestapeltes Säulendiagramm verwenden.

3D
Abkürzung für dreidimensional

Tabellenkalkulationsprogramme bieten auch die Möglichkeit, Diagramme räumlich darzustellen (sogenannte 3D-Darstellungen). Mit der rechten Maustaste erhält man die Möglichkeit, die räumliche Ansicht über die Änderung von Winkeln zu verändern. Probiere das mit deinem Tabellenkalkulationsprogramm aus.

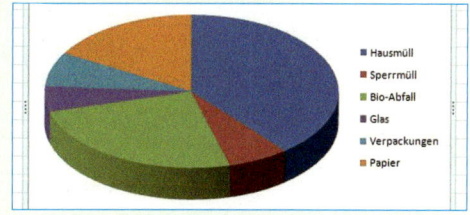

1. Im Schuljahr 2011/2012 gab es in Sachsen 321 544 Kinder an allgemeinbildenden Schulen, davon 38,3 % an Grundschulen, 28,0 % an Mittelschulen, 26,6 % an Gymnasien, 5,9 % an Förderschulen und 1,2 % an sonstigen Schulen.
    a) Erstelle ein Tabellenblatt. Bestimme die Verteilung der absoluten Häufigkeiten und stelle sie in einem Kreisdiagramm oder einem 3D-Kreisdiagramm dar.
    b) Stelle die Verteilung der relativen Häufigkeiten in einem Säulendiagramm dar.
    c) Vergleiche die Darstellungen.

2. Von den im Jahr 2010 neu gebauten Wohnungen wurden 50 % mit Gas, 24 % mit Wärmepumpen, 13 % mit Fernwärme, 2 % mit Heizöl, 1 % mit Strom und 10 % mit sonstigen Energiearten beheizt. Die Beheizung aller im Jahr 2010 vorhandenen Wohnungen kannst du der Tabelle rechts entnehmen.
    a) Berechne für die Beheizung der insgesamt vorhandenen Wohnungen die Prozentsätze.
    b) Zeichne sowohl für die neu genehmigten als auch die insgesamt vorhandenen Wohnungen ein Diagramm und vergleiche die beiden. Formuliere in einem Satz, was dir auffällt.

Beheizung	Wohnungen
insgesamt	36 089 000
davon	
Gas	17 543 000
Öl	10 148 000
Holz	1 258 000
Strom	1 429 000
Fernwärme	4 741 000
Erdwärme	269 000
Kohle	282 000

4.2 Vermischte Übungen zu den Grundaufgaben

1. Wie viele Einwohner hat die Stadt, in der dieser Artikel in der Zeitung stand?

   Einwohnerzahl um 6,8 % gesunken
   Die statistische Erhebung zum Ende des letzten Jahres hat einen Rückgang der Bevölkerung um 2000 Einwohner ergeben.

   Legierung
   Metallgemisch, das durch Zusammenschmelzen von mehreren Metallen entsteht.

2. Bronze ist eine Legierung aus Kupfer und Zinn.
   Eine 160 kg schwere Glocke aus Bronze enthält 104 kg Kupfer.
   Wie viel Prozent Kupfer, wie viel Prozent Zinn enthält die Bronzelegierung?

3. Nimm Stellung zu dem rechts abgebildeten Ausschnitt aus einem Werbeprospekt.

   Sie sparen: 937,– = ca. 31%

4. Aus Kartoffeln kann Stärke gewonnen werden.
   a) Aus 50 t Kartoffeln gewinnt man 9 t Stärke. Wie viel Prozent Stärke ist in den Kartoffeln enthalten?
   b) Eine Stärkefabrik erhält eine Lieferung von 400 t Kartoffeln. Wie viel t Stärke können daraus hergestellt werden?
   c) Wie viel kg Kartoffeln muss man für 60 kg Stärke verarbeiten?

5. Prüfe bei den folgenden Aussagen, ob sie wahr oder falsch sind. Begründe.
   Bei einem Prozentsatz von 10 % erhält man den Prozentwert, indem man den Grundwert
   (1) mit $\frac{1}{10}$ multipliziert; (3) mit 10 multipliziert; (5) um 10 erhöht;
   (2) durch 10 dividiert; (4) mit 0,10 multipliziert; (6) durch 0,10 dividiert.

6. Stellt euch gegenseitig geeignete Aufgaben zum Bericht rechts; löst sie.

   Aus dem Bericht einer Verkehrskontrolle
   Von 86 Fahrrädern hatten 31,4 % eine defekte Beleuchtung.
   Bei 2,8 % der 57 kontrollierten Motorräder war die Auspuffanlage zu laut.
   Es wurden 371 Autos kontrolliert. Von den Fahrern waren 12,4 % nicht angeschnallt.

7. Die Tankuhr von Herrn Krauses Auto zeigt an, dass der Tank noch zu 25 % gefüllt ist.
   Herr Krause tankt 54 ℓ, bis der Tank voll ist.
   Bestimme das Fassungsvermögen des Tanks.

8. Berechnet für jede Walart den ursprünglichen Bestand.

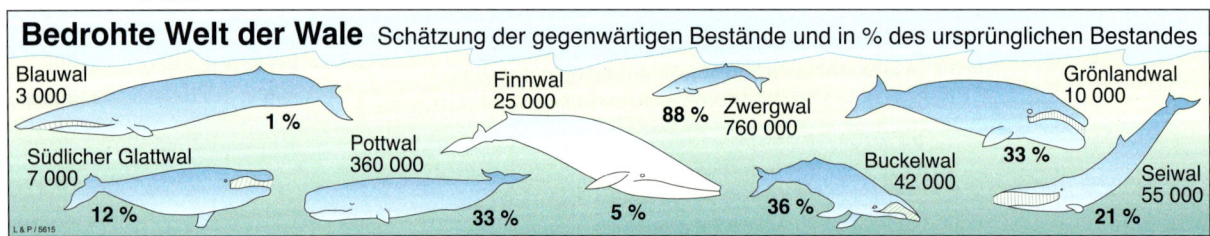

4.2 Vermischte Übungen zu den Grundaufgaben

9. Mit Tabellenkalkulationsprogrammen kann man Kreisdiagramme zeichnen, ohne zuvor Prozentsätze und Mittelpunktswinkel zu berechnen. Rechts siehst du die Anteile der Farben für die fabrikneu zugelassenen Pkw im Jahr 2011.
   a) Schätze die Anteile als Bruch.
   b) Hier die Mittelpunktswinkel:
   Grau: 111° *Blau:* 32° *Weiß:* 47° *Braun:* 22°
   Schwarz: 112° *Rot:* 21° *Sonstige:* 15°
   Berechne damit die Prozentsätze. Vergleiche mit deiner Schätzung.

10. Erfinde eine Rechengeschichte zu:
    a) $G \xrightarrow{\cdot 3\%} 21\,€$
    b) $240\,\text{km} \xrightarrow{\cdot p\%} 150\,\text{km}$
    c) $36\,\text{kg} \xrightarrow{\cdot 5\%} W$

11. a) 144 Schüler kommen zu Fuß; das sind 25 % aller Schüler. Wie viele Schüler hat die Schule?
    b) Von 550 Schüler kommen 38 % von auswärts. Wie viele Schüler sind das?
    c) Von 840 Schüler sind 126 in der Klasse 6. Wie viel Prozent aller Schüler sind in den anderen Klassenstufen?

12. An einem heißen Sommertag trinkt Jan 3 Flaschen Orangensaft zu je 0,7 ℓ. Wie viel gezuckertes Wasser hätte er zu sich genommen, wenn er statt dessen Orangennektar [Orangenfruchtsaftgetränk; Orangenlimonade] getrunken hätte?

   Gesetzlich festgelegte Bezeichnungen für Getränke mit Orangensaft
   Orangensaft 100 % Fruchtsaft
   Orangennektar 50 % Fruchtsaft
   Orangen-Fruchtsaftgetränk 6 % Fruchtsaft
   Orangenlimonade mit Fruchtsaft 3 % Fruchtsaft

kWh
Abkürzung für Kilowattstunde: Energieeinheit

TWh
Abkürzung für Terawattstunde
= 1 Mrd. kWh

13. Rechts findest du einige Informationen zur Stromerzeugung aus den verschiedenen Energieträgern.
    a) Wie viel Kilowattstunden wurden aus den einzelnen Energieträgern erzeugt?
    b) Welchen Anteil haben Wasserkraft, Windenergie und Photovoltaik an der gesamten Strommenge?
    c) Welchen Anteil haben die Wasserkraft, Windkraft und Sonnenenergie an den erneuerbaren Energieträgern?
    d) Stelle weitere Fragen; beantworte sie.

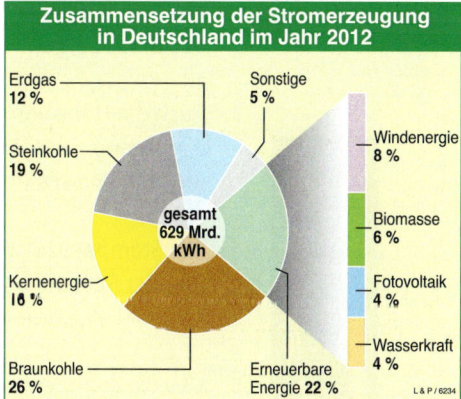

Zusammensetzung der Stromerzeugung in Deutschland im Jahr 2012
Erdgas 12 %, Sonstige 5 %, Steinkohle 19 %, Windenergie 8 %, gesamt 629 Mrd. kWh, Biomasse 6 %, Kernenergie 16 %, Fotovoltaik 4 %, Braunkohle 26 %, Erneuerbare Energie 22 %, Wasserkraft 4 %

14. Am Mittelmeer wird Salz aus Meerwasser gewonnen. Dessen Salzgehalt liegt zwischen 2,5 % und 3,9 %. Wie viel Meerwasser benötigt man zur Herstellung von 250 g Salz?

15. Gurken haben unter den Gemüsearten den höchsten Wassergehalt. Eine frische Gurke mit einem Wassergehalt von 90 % wiegt 400 g. Man geht davon aus, dass sie bei der Lagerung durch Austrocknen nur Wasser verliert. Wie hoch ist der Wassergehalt, wenn die Gurke so ausgetrocknet ist, dass sie nur noch 300 g wiegt? Schätze zunächst und rechne dann.

Im Blickpunkt

Promille – nicht nur im Straßenverkehr

Pro (lat.)
von, für

Mille (lat.)
Tausend

Im Alltag wird der Begriff Promille fast immer mit Alkohol im Straßenverkehr in Verbindung gebracht.
Dabei dient das Promille nur zur Angabe kleiner Anteile:

$$p\,‰ = \frac{p}{1000}$$

Mithilfe des Promille wird dann der Anteil des Alkohols im Blut beschrieben.

Promille-Grenzwerte (Stand: 01.02.2009)

Alkoholgehalt im Blut bis 0,5 Promille für Fahranfänger oder Fahranfängerinnen
- in der Probezeit nach § 2a **Straßenverkehrsgesetz (StVG)**
- vor Vollendung des 21. Lebensjahres
  • **Geldbuße**, wenn keine Anzeichen von Fahrunsicherheit vorliegen (§ 24c Abs. 1 StVG)
    2 Punkte, 250 Euro Geldbuße

Alkoholgehalt im Blut ab 0,3 (bis unter 0,5) Promille:
  • **nicht strafbar**, wenn keine Anzeichen von Fahrunsicherheit vorliegen
  • **strafbar**, wenn Anzeichen von Fahrunsicherheit vorliegen:
    • 7 Punkte im Verkehrszentralregister; Geld- oder Freiheitsstrafe (bis zu 5 Jahre)
    • Führerscheinentzug (Sperrfrist 6 Monate bis 5 Jahre oder auf Dauer)
  • **strafbar**, wenn es zu einem Verkehrsunfall kommt:
    • 7 Punkte im Verkehrszentralregister; Geld- oder Freiheitsstrafe (bis zu 5 Jahre)
    • Führerscheinentzug (Sperrfrist 6 Monate bis 5 Jahre oder auf Dauer)

Alkoholgehalt im Blut ab 0,5 Promille auch für Fahranfänger o. Fahranfängerinnen
- in der Probezeit nach § 2a **(StVG)**
- vor Vollendung des 21. Lebensjahres
  • **Geldbuße und Fahrverbot**, wenn keine Anzeichen von Fahrunsicherheit vorliegen (§ 24a Abs. 1 StVG)
    1. Erstverstoß: 4 Punkte, 500 Euro Geldbuße, 1 Monat Fahrverbot
    2. Zweitverstoß: 4 Punkte, 1.000 Euro Geldbuße, 3 Monate Fahrverbot
    3. Weiterer Verstoß: 4 Punkte, 1.500 Euro Geldbuße, 3 Monate Fahrverbot
  • **strafbar**, wenn Anzeichen von Fahrunsicherheit vorliegen:
    • 7 Punkte im Verkehrszentralregister; Geld- oder Freiheitsstrafe (bis zu 5 Jahre)
    • Führerscheinentzug (Sperrfrist 6 Monate bis 5 Jahre oder auf Dauer)
  • **strafbar**, wenn es zu einem Verkehrsunfall kommt:
    • 7 Punkte im Verkehrszentralregister; Geld- oder Freiheitsstrafe (bis zu 5 Jahre)
    • Führerscheinentzug (Sperrfrist 6 Monate bis 5 Jahre oder auf Dauer),
    • Schadenersatz, Schmerzensgeld und eventuell Rente an Unfallopfer

Alkoholgehalt im Blut ab 1,1 Promille:
  • **strafbar**, wenn keine oder Anzeichen von Fahrunsicherheit vorliegen:
    • 7 Punkte im Verkehrszentralregister; Geld- oder Freiheitsstrafe (bis zu 5 Jahre)
    • Führerscheinentzug (Sperrfrist 6 Monate bis 5 Jahre oder auf Dauer)
  • **strafbar**, wenn es zu einem Verkehrsunfall kommt:
    • 7 Punkte im Verkehrszentralregister; Geld- oder Freiheitsstrafe (bis zu 5 Jahre)
    • Führerscheinentzug (Sperrfrist 6 Monate bis 5 Jahre oder auf Dauer)
    • Schadenersatz; Schmerzensgeld und eventuell Rente an Unfallopfer

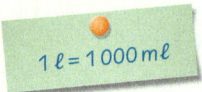

1 ℓ = 1000 mℓ

1. Betrachte die Darstellung rechts. Ein erwachsener Mensch hat ungefähr 5 ℓ Blut.
   Wie viel Alkohol ist bei den angegebenen Promillewerten in seinem Blut?

2. Herr Arend trinkt Weinbrand mit einem Alkoholgehalt von 42 %, Frau Bernd Wein mit einem Alkoholgehalt von 11 % und Herr Cord Bier mit einem Alkoholgehalt von 3,5 %. Wir nehmen in starker Vereinfachung an, dass der getrunkene Alkohol sofort vollständig in das Blut übergeht. Nach welcher Trinkmenge haben die drei 0,3 bzw. 0,5 bzw. 1,1 Promille?

3. Auch die Höhe von Versicherungsprämien wird gelegentlich in Promille angegeben. Herr Brand zahlt jährlich 280 € für die Feuerversicherung seines Hauses, das 200 000 € wert ist. Wie viel Promille des Gebäudewertes macht die Versicherungsprämie aus?

4. Der Stempel 925 auf dem Silberbesteck bedeutet, dass 925 ‰ des Gewichtes auf Silber und der Rest auf unedlere Metalle entfallen. Ein Löffel wiegt 120 g, eine Gabel 100 g und ein Teelöffel 45 g. Wie viel Gramm Silber ist in jedem Besteckteil enthalten?

5. Lies die Zeitungsnotiz rechts. Stelle eine Aufgabe und löse sie.

Ein Promille gegen Artensterben

Der Mensch ist in hohem Maße an der Ausrottung vieler Tier- und Pflanzenarten beteiligt, z. B. durch Roden des tropischen Regenwaldes. Dabei ist der Schutz der natürlichen Artenvielfalt wohl teuer, aber dennoch bezahlbar.
Ein Forscher-Team um Stuart L. Pimm an der New Yorker Columbia-Universität schätzt, dass 30 Milliarden Dollar jährlich ausreichen, um extrem bedrohte Regenwaldregionen zu schützen. Das ist nur ein Promille der Summe, die der Mensch aus den Ökosystemen jährlich erwirtschaftet.

4.3 Prozentuale Änderungen

4.3.1 Prozentuale Erhöhung – Prozentsätze über 100 %

Einstieg

Mit welchen Kosten muss man für ein Auto in den einzelnen Schadenklassen rechnen, wenn die Basisprämie für einen Kleinwagen 722,50 € beträgt?

Versicherungsprämien über 100 %
Fahranfänger oder Fahrzeughalter mit mehreren Unfällen zahlen für die Versicherung eines Autos mehr als die Basisprämie (100 %-Prämie).

Schaden-klassen	Beitragssatz Haftpflicht
S	155 %
Null	240 %
M	245 %

Aufgabe 1

Berechnen des erhöhten Wertes
Ein Auto kostet 21 500 €. Der Händler sagt: „Der Preis wird demnächst um 3 % erhöht."
Berechne den neuen Preis.

Lösung

Der alte Preis ist der Grundwert G = 21 500 €.
1. Weg: Wir bestimmen zunächst die Preiserhöhung. Der Prozentsatz beträgt 3 %.
Die gesuchte Preiserhöhung ist die Prozenterhöhung W. Für diese gilt:

3 % von 21 500 € = 21 500 € · $\frac{3}{100}$ = 645 €

[Alter Preis] [Erhöhung] [Neuer Preis]

Neuer Preis: 21 500 € + 645 € = 22 145 €

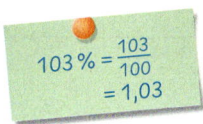
103 % = $\frac{103}{100}$ = 1,03

2. Weg: Wir berechnen den neuen Preis in einem Schritt. Sieh dir das Diagramm an: Der neue Preis setzt sich zusammen aus dem alten Preis (100 %) und der Preiserhöhung (3 %). Der neue Preis ist also 103 % des alten Preises: p % = 103 %.
Bei diesem Weg ist der Prozentwert W der neue Preis. Du kannst demzufolge auch so rechnen:

Ansatz: 21 500 € $\xrightarrow{\cdot 103\%}$ W
Rechnung: W = 21 500 € · 1,03 = 22 145 €
Ergebnis: Der neue Preis des Autos beträgt 22 145 €.

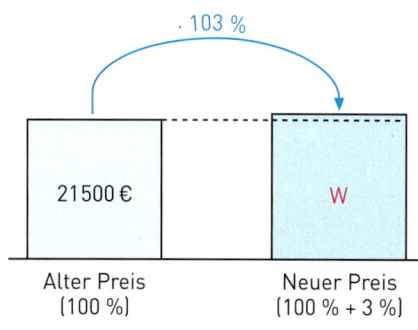

Information

(1) Erhöhung um ... – Erhöhung auf ...
Die Erhöhung einer Größe kann man durch die Angabe der Veränderung oder durch die Angabe des neuen Wertes beschreiben.

Beispiel:
(1) Angabe der Veränderung
Die Größe wird **um** 15 % erhöht.
(2) Angabe des neuen Wertes
Die Größe erhöht sich **auf** 115 %. Hierbei bezeichnet man den Prozentsatz p % = 115 % = 1,15 als **Wachstumsfaktor**.

Allgemein:
(1) Angabe der Veränderung
Erhöhung **um** p %
(2) Angabe des neuen Wertes
Erhöhung **auf** (100 + p %), also Multiplikation mit $1 + \frac{p}{100}$.

Aufgabe 2 **Berechnen des Prozentsatzes und des Grundwerts**

TSV aktuell

Handball:
Die Anzahl der Aktiven ist in diesem Jahr von 240 auf 258 gestiegen.

Fußball:
Durch die effektive Nachwuchsförderung ist die Anzahl von Aktiven um 12 % auf 868 gestiegen.

a) Betrachte die Handballer. Auf wie viel Prozent ist ihre Anzahl gestiegen?
b) Bei den Fußballspielern ist die Anzahl der Aktiven nicht angegeben. Berechne sie.

Lösung

a) Die Anzahl der Aktiven hat sich im letzten Jahr von 240 auf 258 erhöht. Die alte Anzahl ist der Grundwert G = 240, die neue der Prozentwert W = 258. Gesucht ist der Prozentsatz.
Das Diagramm liefert die Lösungsidee:

Ansatz: 240 $\xrightarrow{\cdot\ p\ \%}$ 258

Rechnung: p % = 258 : 240 = $\frac{258}{240}$ = 1,075 = 107,5 %

Ergebnis: Die Anzahl der Handballer ist auf 107,5 % der Anzahl des letzten Jahres gestiegen. Diese hat sich von 100 % auf 107,5 %, also um 7,5 %, erhöht.

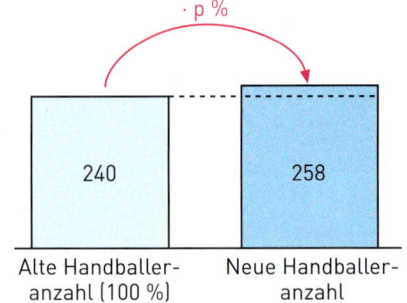

b) Die alte Spieleranzahl ist der gesuchte Grundwert G.
Am Diagramm erkennst du:
Die neue Fußballeranzahl 868 setzt sich zusammen aus der alten Fußballeranzahl (Grundwert) und der Erhöhung um 12 % des Grundwertes.
Die neue Fußballeranzahl ist 100 % + 12 %, also 112 % der alten Fußballeranzahl.

Ansatz: G $\xrightarrow{\cdot\ 112\ \%}$ 868   ⟵ rückgängig machen
Rechnung: G = 868 : 112 % = 868 : 1,12 = 775
Ergebnis: Die alte Fußballeranzahl betrug 775 Mitglieder.

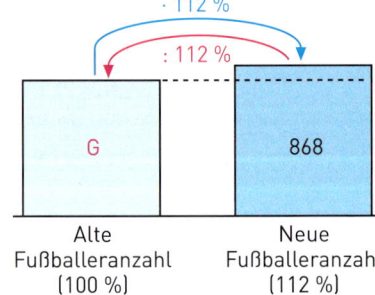

Weiterführende Aufgabe

Kombination von Wachstumsfaktoren

3. Bei den Tarifverhandlungen der Gewerkschaft mit den Arbeitgebern wird vereinbart, den Lohn in diesem Jahr um 2,4 % zu erhöhen und im nächsten Jahr um 1,8 % zu erhöhen.
Wie hoch ist die Erhöhung insgesamt?

Alter Lohn $\xrightarrow{\cdot\ 1{,}024}$ $\xrightarrow{\cdot\ 1{,}018}$

4.3 Prozentuale Änderungen

Übungsaufgaben

4. a) Eine Stadtbücherei hat einen Bestand von 6 350 Büchern. Im nächsten Jahr soll der Bestand um 2 % steigen. Berechne den neuen Bestand.
b) In diesem Jahr stieg die Anzahl der Musik-CDs in der Bücherei von 2 720 auf 3 060. Auf wie viel Prozent des Anfangsbestandes ist die Zahl der CDs angewachsen?
c) Der Bestand an Hörbüchern in der Bücherei wurde um 14 % auf jetzt 285 erhöht. Wie hoch war der Bestand vor der Neuanschaffung?

5. a) Ein Preis steigt um 20 % [3 %; 17,5 %] an. Auf das Wievielfache steigt er an?
b) Ein Preis steigt auf das 1,15-fache [1,2-fache] an. Um wie viel Prozent steigt er an?
c) Ein Preis steigt auf 300 % [175 %; 210 %] an. Um wie viel Prozent steigt er an?

6. Herr und Frau Meier haben 2014 für ihr Geschäft einen Spiegel für 145 € (einschließlich 19 % Mehrwertsteuer) gekauft. Für ihre Buchführung gegenüber dem Finanzamt benötigen sie den Preis ohne Mehrwertsteuer. Entscheide, welcher Rechenweg korrekt ist.

Frau Meier	145 · 0,19	= 27,55
	145 − 27,55	= 117,45
	Preis ohne MwSt.	= 117,45 €
Herr Meier	145 : 1,19	= 121,85
	Preis ohne MwSt.	= 121,85 €

7. Familie Sommer will ihr gebrauchtes Auto verkaufen. Im Internet finden sie eine Preistabelle. Ihr Automodell ist mit 8 600 € angegeben. Da mit dem Auto nur wenig gefahren worden ist und es eine Sonderausstattung besitzt, können 12 % aufgeschlagen werden.

8. Ein Obstbauer hat den Ernteertrag von 15 800 kg auf 18 600 kg steigern können. Um wie viel Prozent nahm der Ertrag zu? Runde auf zehntel Prozent.

9. Die Miete von Familie Schreiber wurde um 8 % erhöht und beträgt jetzt 573,70 €. Wie hoch war die Miete vor der Erhöhung?

10. Ein Bett kostet 215 €. Der Preis wird um 5 % erhöht, der erhöhte Preis später nochmals um 5 %. „Dann ist der Preis um 10 % erhöht worden", sagt Herr Arl. Was meinst du?

11. a) Wie viel war vorher in den Packungen im Bild unten?
b) Sucht selber Packungen mit solchen Angaben und rechnet.

Das kann ich noch!

A) Berechne im Kopf.
1) 0,2 + 0,95
2) 1,47 − 0,83
3) 0,26 · 4
4) 1,96 : 4
5) 1,5 · 0,2
6) 2,4 : 0,6
7) 0,4 · 0,3
8) 1,05 : 0,5

4.3.2 Prozentuale Abnahme

Einstieg  Berechnet den Aktionspreis für die Digitalkamera.

Aufgabe 1 **Berechnen des verminderten Wertes**
Durch energiesparende Elektrogeräte konnte Familie Sparsam den jährlichen Energiebedarf von 3 600 kWh (Kilowattstunden) um 6 % senken. Berechne den neuen Energiebedarf.

Lösung *1. Weg*
Der alte Energiebedarf ist der Grundwert G. Wir bestimmen zunächst, um wie viele kWh der Energiebedarf gesenkt wurde. Der Prozentsatz beträgt p % = 6 %. Die gesuchte Verminderung des Energiebedarfes ist der Prozentwert W.
Für diesen gilt: 6 % von 3 600 kWh = 3 600 kWh $\cdot \frac{6}{100}$ = 216 kWh

> Alter Bedarf   Verminderung   Neuer Bedarf

Neuer Bedarf: 3 600 kWh − 216 kWh = 3 384 kWh

2. Weg
Wir berechnen den neuen Energiebedarf direkt in einem Schritt. Sieh dir das Diagramm an.
Du erhältst den neuen Energiebedarf, indem du vom alten (100 %) die Verminderung (6 %) subtrahierst: p % = 100 % − 6 % = 94 %.
Hier ist der Prozentwert W der neue Energiebedarf. Damit kannst du so rechnen:
Ansatz: 3 600 kWh $\xrightarrow{\cdot\ 94\%}$ W
Rechnung: W = 3 600 kWh · 0,94 = 3 384 kWh
Ergebnis: Der neue Energiebedarf beträgt 3 384 kWh.

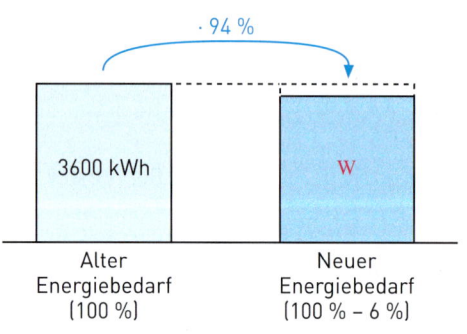

Information **Senkung um … – Senkung auf …**
Der Energiebedarf sinkt *um* 6 % bedeutet auch: Er sinkt *auf* 94 % des ursprünglichen Bedarfs.

Beispiel:
„Eine Größe sinkt um 6 %" bedeutet:
(1) Vermindere die Größe **um** 6 %.
(2) Vermindere die Größe **auf** 94 %.
(3) Multipliziere die Größe mit dem **Abnahmefaktor** q = 94 % = 0,94.

Allgemein:
„Eine Größe sinkt um p %" bedeutet:
(1) Vermindere die Größe **um** p %.
(2) Vermindere die Größe **auf** (100 − p) %.
(3) Multipliziere die Größe mit dem **Abnahmefaktor** q = 1 − $\frac{p}{100}$.

4.3 Prozentuale Änderungen

Aufgabe 2 **Berechnen des Prozentsatzes bzw. Grundwertes**

a) Durch Modernisierung der Heizung hat Familie Sparsam die Heizkosten von 525 € auf 462 € absenken können.
Auf wie viel Prozent der alten Kosten wurden die neuen Kosten gesenkt? *Um* wie viel Prozent konnten die Heizkosten gesenkt werden?

b) Das neue Automodell von Familie Sparsam hat einen Durchschnittsverbrauch von 6,8 ℓ für 100 Kilometer. Wie hoch war der Verbrauch beim Vorgängermodell?

Lösung

a) *1. Weg*
Die Heizkosten wurden von 525 € um 63 € auf 462 € gesenkt. Das ist eine Absenkung der Heizkosten *um* $\frac{63\,€}{525\,€} = 0,12 = 12\,\%$.
Die Kosten wurden somit *auf* 100 % – 12 %, also auf 88 %, gesenkt.

2. Weg
Die neuen Heizkosten (Prozentwert) sind durch eine Absenkung der alten Heizkosten (Grundwert) entstanden. Den zugehörigen Prozentsatz kannst du berechnen.
Ansatz: 525 € $\xrightarrow{\cdot\, p\,\%}$ 462 €
Rechnung: $p\,\% = \frac{462\,€}{525\,€} = 0,88 = 88\,\%$
Ergebnis: Die Kosten wurden auf 88 % der alten Kosten gesenkt. Die neuen Kosten sind um 100 % – 88 %, also um 12 %, niedriger. Die Einsparung beträgt 12 %.

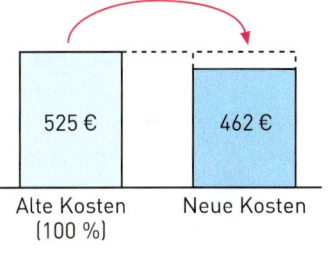

b) Der neue Verbrauch 6,8 ℓ ist entstanden aus dem alten Verbrauch (Grundwert) und der Reduzierung von 20 %. Der neue Verbrauch ist 100 % – 20 %, also 80 % des alten Verbrauchs.
Ansatz: G $\xrightarrow{\cdot\, 80\,\%}$ 6,8 ℓ
Rechnung: G = 6,8 ℓ : 0,8 = 8,5 ℓ
Ergebnis: Der Benzinverbrauch für 100 km betrug vorher 8,5 ℓ.

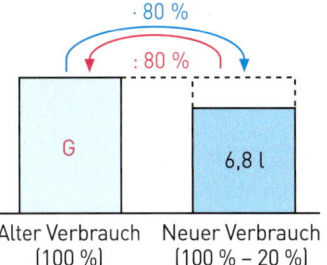

Weiterführende Aufgaben

Kombination von Wachstumsfaktor und Abnahmefaktor

3. Ein Preis von 120 € wird zuerst um 10 % erhöht, der erhöhte Preis später um 10 % herabgesetzt. Jan behauptet: „Dann beträgt der Endpreis wieder 120 €."
Was meinst du dazu? Begründe.

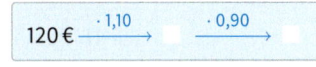

brutto (ital.) ohne Abzug
netto (ital.) nach Abzug

Preisnachlässe: Bruttopreis und Nettopreis

4. Ein Fernsehgerät kostet brutto 520 €. Da es ein Vorführgerät ist, gewährt die Händlerin einen Preisnachlass von 15 %. Wie viel kostet der Fernseher netto?

Information

Rabatt (ital.) Abschlag

Besondere Arten von Preisnachlass – Rabatt
Beim Verkauf von Waren wird oft ein Preisnachlass (**Rabatt**) gewährt. Anlass dazu ist z.B. Saisonrabatt, Mengenrabatt, Treuerabatt, Einführungsrabatt, Barzahlungsrabatt bei sofortiger Zahlung. Der ursprüngliche Preis wird dabei als **Bruttopreis**, der Preis nach Abzug des Preisnachlasses als **Nettopreis** bezeichnet.

Übungsaufgaben

5. a) Alexander will ein City-Bike kaufen. Es kostet 470 €. Da es sich um ein Modell aus dem Vorjahr handelt, wird der Preis um 15 % herabgesetzt.
Wie viel muss Alexander bezahlen?
b) Jasmin hat sich in einem Prospekt einen Fotoapparat für 212 € ausgesucht und will ihn in einem Fachgeschäft in ihrer Nachbarschaft kaufen. Da es sich um ein Auslaufmodell handelt, ist der Händler bereit, Jasmin den Fotoapparat für 185,50 € zu verkaufen.
Wie viel Prozent Preisnachlass gewährt der Händler?
c) Beim Kauf eines Computers erhält Marias Mutter auf einer Messe einen Preisnachlass von 5 %. Daher zahlt sie nur 551 €. Wie teuer ist der Computer ohne Preisnachlass?

6. Vermindere um 20 % [5 %; 15 %; 90 %]. Rechne möglichst im Kopf.
   a) 160 € b) 410 m c) 1250 € d) 860 t e) 40 min

Skonto (ital.)
Preisnachlass bei Barzahlung oder Zahlung innerhalb einer vorgegebenen Frist

7. Mias Mutter muss eine Rechnung über 455 € bezahlen. Sie erhält bei Barzahlung 2 % Skonto. Wie viel € muss sie noch zahlen?

8. Ben kauft Inline-Skater für 112 €. Da es sich um ein Ausstellungsstück handelt, bekommt Dennis 20 % Rabatt. Wie viel muss er für die Skater bezahlen?

9. Frau Kohfahl hat das Sondermodell zum ermäßigten Preis gekauft. Ihre Töchter möchten den Preis vor der Preissenkung berechnen. Entscheide, welcher Rechenweg korrekt ist.

9 % Preissenkung — jetzt nur 14.500,- €

Jasmin:
14500 · 9 % = 1305
14500 + 1305 = 15805
Alter Preis: 15805

Sophie:
14500 : 91 % = 15934,07
Alter Preis: 15934,07 €

10. Tims Mutter fährt an jedem Arbeitstag 67,5 km zu ihrer Arbeitsstelle. Sie hat in einem anderen Ort eine neue Wohnung gefunden, die nur noch 21,3 km von der Arbeitsstelle entfernt ist.
Um wie viel Prozent wird die Fahrstrecke nach dem Umzug kürzer?

11. Nach Tarifverhandlungen wurden die Löhne um 50 € erhöht. Die Tabelle zeigt die neuen Löhne. Um wie viel Prozent sind die Löhne gestiegen?

Herr Sachse	Frau Weber	Frau Haase	Herr Weise
940 €	1230 €	1410 €	1670 €

12. Stellt geeignete Aufgaben und löst sie. Sucht auch selber Packungen und rechnet.

Tabellenkalkulation – Relative und absolute Adressierung

Relative Adressierung

1. Bei der Schließung eines Baumarktes wird auf alle Preise 15 % Rabatt gewährt, um möglichst alle Ware zu verkaufen. Mit einer Tabellenkalkulation sollen die neuen Preise aus den alten berechnet werden.
   In Spalte A werden die alten Preise eingegeben, in der Zelle B2 die Formel **=A2*0,85**.
   Zieht man mit der Maus den quadratischen rechten unteren Eckpunkt des Rahmen der Zelle nach unten, so werden die weiteren Werte automatisch nach folgender Regelmäßigkeit berechnet: **B3=A3*0,85**, **B4=A4*0,85**, **B5=A5*0,85** usw.
   Die in Spalte B berechnet Zellen werden also immer aus den entsprechenden in Spalte A berechnet, es wird immer **relativ** zum vorherigen Wert verändert.

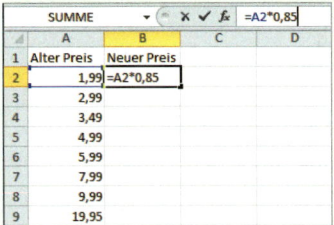 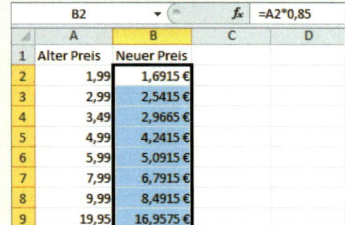

Die Ergebnisse weisen noch mehr als zwei Nachkommastellen auf. Dies kannst du ändern, indem du das Zellen-Format in der Spalte B auf *Währung* änderst. Dabei erhältst du dann automatisch auch die Währungeinheit €.

 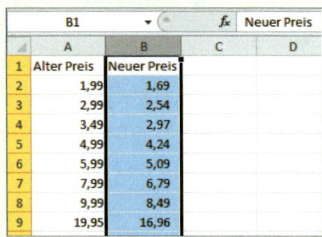

Probiere aus, wie du bei deinem Tabellenkalkulations-Programm vorgehen musst. Ändere dann auch das Format in Spalte A in *Währung*.

Absolute Adressierung

2. In der Schlussphase des Verkaufs sollen die Rabatte erhöht werden können, um einen weiteren Kaufanreiz zu schaffen. Man könnte wie in Aufgabe 1 vorgehen und jeweils die Formel in Zelle B2 ändern. Es ist jedoch übersichtlicher, in einer Zelle den Prozentsatz für den Rabatt anzugeben, auf den sich die Formel zur Berechnung dann bezieht.

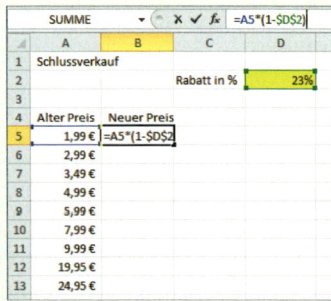

Im Blickpunkt

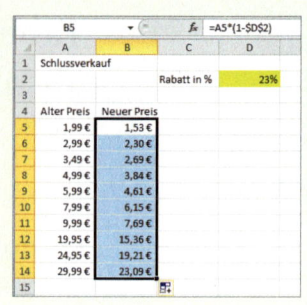

Formatiere die Zelle D2 als *Prozent*, so wird zur Eingabe von z. B. 0,23 aus Ausgabe 23 % gezeigt.
Gib dann in der Zelle B5 die Berechnungs-Formel ein. Dabei soll stets der Prozentsatz, der in der Zelle D2 steht, verwendet werden. Um festzulegen, dass diese Zelladresse nicht verändert wird, muss sowohl vor die Spaltenbezeichnung D als auch vor der Zellnummer 2 ein Dollar-Zeichen gesetzt werden: **= A5*(1-D2)**. Ziehst du jetzt mit der Maus den rechten Eckpunkt, so wird nach folgender Regel berechnet: B6 = A6*(1-D2), B7 = A7*(1-D2), B8=A8*(1-D2)...
Mit den Dollarzeichen wird festgelegt, dass die Adresse von D2 **absolut** fest zu verwenden ist. Probiere aus, wie du bei deinem Tabellenkalkulations-Programm vorgehen musst.

3. Zum Firmenjubiläum schreibt ein Kaufhaus seinen Kunden in einem Monat für jeden Einkauf 7,5 % der Einkaufssumme als Bonuspunkte gut. Dabei wird auf ganze Bonuspunkte abgerundet.
   a) Berechne, wie viele Bonuspunkte es für folgende Einkäufe gibt:
   19,95 €, 37,35 €, 259,00 €, 79,53 €.

   So wird abgerundet mit 0 Nachkommastellen.

   b) Zur schnellen Berechnung der Anzahl der Bonuspunkte kann eine Tabellenkalkulation verwendet werden. Erstelle eine Formel, mit der man die (ungerundete) Zahl der Bonuspunkte aus der Einkaufssumme berechnen kann.
   c) Berechne mithilfe eines Tabellenkalkulations-Programmes die Anzahl der Bonuspunkte für die Einkäufe: 32,56 €, 49,87 €, 197,45 €, 299,00 €, 275,89 €.
   d) Um an der Verlosung des Hauptgewinnes teilnehmen zu können, benötigt Frau Bode noch 13 Bonuspunkte.
   Für wie viel Euro muss sie noch einkaufen, um diese zu erhalten?
   e) Forme die Formel aus Teilaufgabe b) so um, dass man sie zur Berechnung der nötigen Einkaufssumme zu vorgegebener Anzahl von Bonuspunkten verwenden kann.

4. Geschäftsleute und Firmen benötigen für das Finanzamt die Rechnungsbeträge ausschließlich Mehrwertsteuer.
   a) Herr Grotjahn hat für seine Bäckerei ein neues Regal für 298 € einschließlich Mehrwertsteuer gekauft. Berechne den Preis ohne Mehrwertsteuer.
   b) Erstelle eine Formel, mit der man aus dem Rechnungsbetrag einschließlich Mehrwertsteuer den Rechnungsbetrag ohne Mehrwertsteuer ermitteln kann.
   c) Berechne mithilfe eines Tabellenkalkulations-Programmes die Beträge ohne Mehrwertsteuer für folgende Rechnungsbeträge einschließlich Mehrwertsteuer:
   239 €, 199,95 €, 159,00 €, 395 €, 99,99 €.

5. Eine Eisenbahngesellschaft erhöht zum Jahreswechsel alle Fahrpreise um 7 %.
   Schreibe ein Tabellenkalkulationsprogramm
   a) mit relativer Adressierung
   b) mit absoluter Adressierung
   zur automatischen Berechnung der neuen Fahrpreise aus den alten.

Im Blickpunkt

Prozent oder Prozentpunkte – was ist hier gemeint?

1. Dem Waldzustandsbericht der Bundesregierung für das Jahr 2012 kann man folgende Daten entnehmen:

   ## Der deutschen Eiche geht es schlechter!
   Bei der Eiche ist der Anteil der deutlichen Kronenverlichtung von 40 Prozent auf 50 Prozent angestiegen. Nur noch 17 Prozent weisen keine Schäden auf. Der Zustand der Baumart geht vor allem auf Schäden durch Insekten zurück, da die Raupen verschiedener Schmetterlingsarten im Frühling die jungen Blätter fressen.

   Ein Journalist veröffentlicht: „Der Anteil der Eichen mit deutlicher Kronenverlichtung hat um 10 % zugenommen." Ein anderer Journalist schreibt: „Der Anteil der Eichen mit deutlicher Kronenverlichtung ist um dramatische 25 % gestiegen."
   Beide meinen etwas Richtiges, obwohl sich ihre Aussagen unterscheiden. Erläutere die Überlegungen der beiden Journalisten.

   > **Prozent – Prozentpunkt**
   > Man verwendet die Bezeichnung Prozentpunkt, um zwischen mehreren in Prozent angegebenen Anteile zu vergleichen. Ein Prozentpunkt entspricht der Veränderung, die notwendig ist, um eine prozentuale Angabe z. B. von 2 % auf 3 % zu erhöhen. Prozentpunkte werden unter anderem zum Vergleichen von Wahlergebnissen oder Zinssätzen verwendet. In § 288 des Bürgerlichen Gesetzbuches ist. z. B. festgelegt: *„Der Verzugszinssatz beträgt für das Jahr fünf Prozentpunkte über dem Basiszinssatz."*
   > Eine Steigerung um einen Prozentpunkt darf nicht mit einer Steigerung um ein Prozent verwechselt werden. Eine Steigerung von einem Prozentpunkt etwa von 2 % auf 3 % entspricht einer Steigerung von 50 %. Dieser Unterschied von Prozentpunkten und Prozent wird häufig übersehen und kann zu Missverständnissen führen.

2. Im Waldschadensbericht der Bundesregierung für das Jahr 2012 ist auch angegeben:

   > Der Zustand der **Buchen** hat sich stark verbessert. Der Anteil der deutlichen Kronenverlichtung ist von 57 Prozent auf 38 Prozent gesunken, der Anteil der Bäume ohne Schaden ist von 12 auf 22 Prozent gestiegen. Die hohe Verlichtung des Jahres 2011 war unter anderem darauf zurückzuführen, dass die Bäume viele Bucheckern gebildet hatten. Dieser natürliche Vorgang der Fortpflanzung bedeutet für die Bäume einen Kraftakt, der sich in einer entsprechend schlechteren Belaubung niederschlägt. 2012 haben die Bäume fast gar keine Bucheckern getragen und konnten sich daher erholen.

   Beschreibe die Veränderungen in Prozentpunkten und in Prozent.

4.4 Vermischte Übungen zur Prozentrechnung

1. Macht euch mit dem folgenden Artikel vertraut. Stellt euch dann abwechselnd gegenseitig geeignete Aufgaben und löst sie.

   a)
   ### Einsatz-Rekord der ADAC-Luftretter im Jahr 2011

   Niemals zuvor mussten die Hubschrauber der ADAC-Luftrettung häufiger in die Luft als im Jahr 2011: Die Gelben Engel der Luft absolvierten insgesamt 47 315 Einsätze und versorgten dabei 43 273 Patienten. Täglich hoben die gelben Helikopter bundesweit zu 130 Rettungsflügen ab. Die Zahl der Einsätze stieg im Vergleich zu 2010 um 7,3 Prozent.
   Bei fast jedem zweiten Einsatz (48,8 Prozent) wurden die ADAC-Hubschrauber zu internistischen Notfällen wie akuten Herzerkrankungen gerufen. Es folgen Verkehrsunfälle (10,7 Prozent) sowie neurologische Notfälle wie Schlaganfälle und Hirnblutungen (12,5 Prozent). Insgesamt gingen die unfallbedingten Einsätze im Vergleich zu den vergangenen Jahren zurück. Spitzenreiter bei den Luftrettungsstationen war „Christoph 5" in Ludwigshafen mit 1 970 Einsätzen. Die zweitmeisten Einsätze flogen die Gelben Engel von „Christoph 10" in Wittlich (1 961) vor „Christoph 31" in Berlin (1 944).

   b)
   ### Kinowirtschaft im Jahr 2011 in Deutschland

   Anzahl der Spielstätten
   - 1 671 Kinos wurden im Jahr 2011 in Deutschland betrieben.
   - Die Zahl der Kinosäle (Leinwände) sinkt um 59 auf 4 640.
   - Der Trend geht weiterhin in Richtung kleinerer Kinos. Seit dem Jahr 2011 ist die Zahl der Sitzplätze um rund 17 500 geschrumpft – bei einer Verringerung der Anzahl der Kinosäle um lediglich 59.

   Umsatz
   - Der bundesdeutsche Kinoumsatz lag im Jahr 2011 bei 958,1 Mio. €, was ein Plus von 4,1 % zum Vorjahr bedeutet.
   - Von 2006 bis 2011 sinkt der Kinoumsatz um rund 17,6 %.
   - Der durchschnittliche Eintrittspreis lag bei 7,39 €.

   Entwicklung der Besucherzahlen
   - 129,6 Mio. Kinobesucher wurden im letzten Jahr in Deutschland gezählt, davon besuchten 27,9 Mio. Zuschauer deutsche Filme. Im Vergleich von 2010 zu 2011 stiegen die Besucherzahlen um fast 2,4 %.
   - Der Marktanteil deutscher Filme stieg von 16,8 % (2010) auf 21,8 % (2011) erheblich.

   Kinobesuche pro Einwohner
   - Jeder Einwohner ging im Jahr 2011 rund 1,6-mal ins Kino. Die Anzahl der jährlichen Kinobesuche ist seit 2006 von 1,66 auf 1,54 gesunken.

   3D-Filme
   - Die Anzahl der Besucher von 3D-Filmen ist im Vergleich zum Vorjahr um 3,9 Mio. auf 29,3 Mio. angestiegen.
   - Der Marktanteil von 3D-Filmen liegt nur bei 22,8 %.

4.4 Vermischte Übungen zur Prozentrechnung

TAB 2. Im Großhandel sind die Preise ohne Mehrwertsteuer ausgezeichnet. Auf alle Waren ist Mehrwertsteuer zu zahlen; rechne mit dem 2014 gültigen Satz von 19 %. Betrachte die Zuordnung *Preis ohne Mehrwertsteuer → Preis einschließlich Mehrwertsteuer*.
   a) Lege mithilfe einer Tabellenkalkulation für diese Zuordnung eine Tabelle an: Preise ohne Mehrwertsteuer von 100 € bis 1 000 € in 50-€-Schritten
   b) Untersuche, ob die Zuordnung proportional ist.
   c) Zeichne den Graphen dieser Zuordnung.

3. Wer eine Fundsache im Fundbüro abgibt, hat Anspruch auf Finderlohn: Bis 500 € beträgt er 5 % vom Wert der Fundsache. Ist die Fundsache mehr als 500 € wert, so beträgt der Finderlohn 5 % von 500 € und zusätzlich 3 % des Wertes, der 500 € übersteigt.
   a) Tobias hat eine Uhr gefunden. Er erhält dafür 9 € Finderlohn.
   b) Cornelia hat eine Kette gefunden. Dafür erhält sie 34 € Finderlohn.

 4. Zeichnet zu den Marktanteilen der Fernsehsender je ein Kreisdiagramm. Welcher Sender hat die größte, welcher die kleinste Veränderung in den Marktanteilen? Stellt weitere Fragen und beantwortet sie.

Entwicklung der TV-Marktanteile in Deutschland (in %)					
Programme	1990	1995	2000	2005	2010
ARD	30,7	14,6	15,7	13,5	13,2
ZDF	28,4	14,7	15,5	13,5	12,7
Dritte	5,6	8,9	11,9	13,2	13,0
RTL	11,8	17,6	13,7	13,3	13,8
SAT 1	9,2	14,7	9,1	10,9	10,1
PRO 7	1,2	9,9	8,0	6,7	6,3

5. a) Ein Fernseher kostet im Großhandel 700 € plus 19 % Mehrwertsteuer. Bei Barzahlung gewährt der Händler einen Rabatt von 5 % des Gesamtpreises.
   b) Micha behauptet: „Das kann man ja einfacher rechnen, indem man 700 € um 14 % erhöht." Was meinst du dazu?

6. Betrachte die Anzeige rechts. Kontrolliere die prozentualen Angaben.

7. Ein Markt verkauft einen neuen DVD-Player für schnell entschlossene Kunden 20 % unter der Preisempfehlung. Nach 2 Tagen erhöht er den Preis um 25 % auf 200 €. Bestimme den empfohlenen Preis.

8. Lies den nebenstehenden Zeitungsartikel zur Präsidentenwahl in Kenia kritisch durch. Schreibe einen verbesserten Artikel.

 9. Sucht in Zeitungen und Zeitschriften nach Artikeln, in denen Prozentangaben vorkommen. Überprüft sie kritisch. Stellt euren Mitschülern den Inhalt besonders geeigneter Artikel vor. Erläutert die Bedeutung der Prozentangaben.

Politik: Präsidentenwahl in Kenia:
„Dem Wahlrecht zufolge ist als Präsident gewählt, wer in fünf der acht Provinzen mehr als 25 Prozent der Stimmen auf sich vereinigt. Theoretisch könnte also ein Kandidat in den vier bevölkerungsreichsten Provinzen 100 %, in den anderen vier je 24 % bekommen und dennoch verlieren, während sein Gegner fünfmal knapp über die 25-Prozent-Hürde kommt – und gewinnt."

4.5 Zinsrechnung

Ziel

Wenn du Geld übrig hast, kannst du es einer Bank oder Sparkasse zur Verfügung stellen. Du bekommst später dein Geld (Kapital) zurück und einen bestimmten Prozentsatz davon zusätzlich. Dieser zusätzliche Betrag heißt Zinsen. Der Prozentsatz für das Anlegen des Geldes wird Zinssatz genannt. Wenn man sich Geld bei einer Bank oder Sparkasse leiht (z.B. für ein Haus, ein Auto usw.) muss man dafür Zinsen zahlen.
Hier lernst du, wie man Berechnungen mit Zinsen für ein ganzes Jahr durchführt.

Zum Erarbeiten

Berechnen der Jahreszinsen

Lukas hat 450 € gespart. Er bringt das Geld am Jahresanfang zur Sparkasse. Am Jahresende erhält er dafür auf seinem Sparkonto 2 % Zinsen.
Wie viel Euro Zinsen sind das?
Der Grundwert ist Lukas Kapital, also 450 €, der Prozentsatz der Zinssatz 2 %. Gesucht sind die Zinsen Z, also der Prozentwert.

Ansatz: 450 € $\xrightarrow{\cdot 2\%}$ Z $\qquad$ Rechnung: Z = 450 € · 0,02 = 9 €
Ergebnis: Am Jahresende werden auf Lukas Sparbuch 9 € als Zinsen gutgeschrieben.

Berechnen des Kapitals

Frau Siede hat sich zu Beginn des Jahres Geld für den Kauf eines Autos geliehen; sie hat einen Zinssatz von 8 % vereinbart. Am Jahresende zahlt sie 1 200 € Zinsen.
Wie viel Geld hat sie sich geliehen?
Der Grundwert ist das geliehene Kapital K, dieses kennen wir nicht. Der Prozentsatz ist der Zinssatz 8 %, der Prozentwert ist der Betrag 1 200 € für die Zinsen.

Ansatz: K $\xrightarrow{\cdot 8\%}$ 1 200 € $\qquad$ Rechnung: K = 1 200 € : 0,08 = 15 000 €
Ergebnis: Frau Siede hat sich 15 000 € für den Kauf des Autos geliehen.

Berechnen des Zinssatzes

Marie hat am Jahresanfang 580 € auf ihrem Sparbuch. Am Jahresende erhält sie 14,50 € Zinsen.
Welchen Zinssatz gewährt die Sparkasse für Guthaben auf diesem Konto?
Der Grundwert ist Maries Guthaben, also 580 €, der Prozentwert die Zinsen für ein Jahr, also 8,70 €. Gesucht ist der Prozentsatz p % für die Berechnung der Zinsen.

Ansatz: 580 € $\xrightarrow{\cdot p\%}$ 8,70 € $\qquad$ Rechnung: p % = 8,70 € : 580 € = 0,015 = 1,5 %
Ergebnis: Der Zinssatz betrug 1,5 %.

Information

Zinsrechnung als besondere Prozentrechnung

> Wenn die Zinsen für ein Jahr berechnet werden, kann man in der **Zinsrechnung** wie in der Prozentrechnung verfahren.
> Ausdrucksweisen in der *Prozentrechnung*: Grundwert $\xrightarrow{\cdot Prozentsatz}$ Prozentwert
> Ausdrucksweisen in der *Zinsrechnung*: **Kapital** $\xrightarrow{\cdot Zinssatz}$ **Jahreszinsen**

Zum Selbstlernen 4.5 Zinsrechnung

Zum Üben

1. a) Alexander hatte einen Betrag von 480 € bei einem Zinssatz von $2\frac{1}{2}\%$ angelegt, während Nina 600 € zu 1,75 % angelegt hatte. Wer erhielt mehr Zinsen?
    b) Laura bekam nach 1 Jahr für 800 € Guthaben 20 € Zinsen, Michelle für 1 500 € Guthaben 33,75 € Zinsen. Wer erhielt den höheren Zinssatz?
    c) Tim und Paul haben jeweils am Jahresanfang Geld auf einem Sparkonto angelegt. Am Jahresende wurden Tim 31,50 € Zinsen bei einem Zinssatz von 2 % gutgeschrieben. Pauls Gutschrift betrug 37,50 € bei $2\frac{1}{2}\%$. Wer hatte mehr Geld angelegt?

2. a) Sarahs Mutter möchte ihr Arbeitszimmer neu einrichten. Dafür fehlen ihr noch 1 400 €. Die Bank bietet ihr ein Darlehen an, das im Jahr 9 % der Darlehenssumme als Zinsen kostet. Wie viel Euro Zinsen muss sie für das geliehene Geld in einem Jahr bezahlen?
    b) Familie Krüger braucht zur Finanzierung eines Zweifamilienhauses ein möglichst hohes Darlehen. Für Zinsen kann sie jährlich 10 000 € aufbringen.
    Wie viel Euro kann sie bei einem Zinssatz von 4,5 % als Darlehen aufnehmen?
    c) Herr Homburg benötigt für den Kauf eines Autos 6 000 €, die er nach einem Jahr zurück zahlen will. Seine Autohändlerin verlangt dafür 390 € Zinsen. Welchen Zinssatz fordert sie?

3. Anna erhält auf ihrem Sparbuch einen Zinssatz von 2 %. Für ein Darlehen wird ein Zinssatz von 8,5 % berechnet. Überlege, warum Zinssätze für Darlehen in der Regel höher sind.

4. Auf Daniels Sparbuch waren am Jahresanfang 950 € Guthaben, am Jahresende 968 € Guthaben. Während des Jahres hat Daniel nichts eingezahlt und nichts abgehoben.
    Wie hoch ist der Zinssatz?

5. Frau Rinne braucht zur Finanzierung einer Eigentumswohnung ein möglichst hohes Darlehen. Für die Zinsen kann sie jährlich bis zu 3 000 € aufbringen.
    Wie viel Euro kann sie bei einem Zinssatz von 5,5 % als Darlehen aufnehmen?

6. Für den Kauf eines Hauses kann Frau Wehrmann drei Darlehensverträge abschließen: 25 000 € zu 4,5 %, 14 000 € zu 5 % und 40 000 € zu 6,5 %.
    Ein Finanzierungsbüro macht ihr das Angebot, stattdessen die Gesamtsumme zu 5 % aufzunehmen. Sollte Frau Wehrmann auf dieses Angebot eingehen?

7. Diese Anzeigen stammen aus einer Zeitung. Was hältst du von solchen Angeboten?

Suche 6 000 €,	25 000 € gesucht	Suche 15 000 €.
zahle nach 1 Jahr	Rückzahlung 27 000 €	Zahle 18 000 € nach
300 € Zinsen.	nach 1 Jahr.	1 Jahr zurück.
Chiffre LG. 0198	Chiffre LG. 0197	Chiffre LG. 0199

8. Es gibt verschiedene Möglichkeiten, Geld bei der Bank oder Sparkasse zum Sparen einzuzahlen. Die Zinssätze sind dabei unterschiedlich. Ebenso gibt es verschiedene Möglichkeiten, sich Geld zu leihen. Auch diese unterscheiden sich im Zinssatz. Informiert euch über die verschiedene Möglichkeiten, Geld anzulegen und Geld zu leihen. Stellt die Möglichkeiten übersichtlich auf einem Plakat zusammen.

4.6 Aufgaben zur Vertiefung

TAB 1. a) Ein Quadrat hat eine Seitenlänge von 10 cm. Auf wie viel Prozent erhöht sich der Flächeninhalt, wenn die Länge der Seite um 1 cm vergrößert wird? Untersuche weitere Quadrate und vergleiche.

b) Ein Würfel hat die Kantenlänge von 10 cm. Auf wie viel Prozent erhöht sich das Volumen [auf wie viel Prozent der Oberflächeninhalt], wenn die Länge der Kante um 1 cm vergrößert wird? Untersuche weitere Würfel und vergleiche.

2. Fisch stellt ein hochwertiges Lebensmittel dar und enthält wertvolles Eiweiß, Fett mit lebensnotwendigen Fettsäuren, Vitamine, Mineralstoffe (besonders Iod) und Spurenelemente. Allerdings essen die Bundesbürger viel zu wenig Fisch.

a) Im Jahre 2009 lag der Fischverbrauch in Deutschland bei 1,28 Mio Tonnen, von denen 79 % eingeführt wurden. Wie hoch war die Produktion im Inland?

b) Lies die Zeitungsmeldung zum Pro-Kopf-Verbrauch von Fisch unten kritisch durch. Überprüfe die genannten Daten.

Deutsche essen immer mehr Fisch

Hamburg (30.12.2010). Der Pro-Kopf-Verbrauch an Fisch lag im abgelaufenen Jahr bei 16 Kilogramm Fanggewicht, wie das Fisch-Informationszentrum (FIZ) am Donnerstag mitteilte. Im Vorjahr waren es 15,7 Kilogramm, das entspricht einer Steigerung um 2 % in nur einem Jahr. Das FIZ machte unter anderem ein zunehmendes Gesundheitsbewusstsein der Bevölkerung für den Boom bei Fisch verantwortlich. Im Jahr 2003 lag der Fisch-Durchschnittsverbrauch erst bei 14,3 bis 14,5 Kilogramm. In Deutschland gab es eine klare Vorliebe für Fisch aus dem Meer. Alaska-Seelachs (20,1 %), Hering (18,6 %), Lachs (12,8 %), Thunfisch (9,6 %) und Pangasius (6,5 %) waren die am meisten konsumierten Fische. Diese fünf Fischarten deckten rund zwei Drittel des Fischverbrauches in Deutschland ab.

c) Schon früher sollten die Bürger ermuntert werden, mehr Fisch zu verzehren. In einem Mathematikbuch von 1939 findet sich eine Grafik zum Fischverbrauch (Bild rechts).
Überlege, ob die bildliche Darstellung die Daten korrekt wiedergibt.

Das Wichtigste auf einen Blick

Prozent	$p\% = \dfrac{p}{100}$ Es gilt: **Grundwert** $\xrightarrow{\cdot \text{Prozentsatz}}$ **Prozentwert**	*Beispiel:* $40\% = \dfrac{40}{100} = 0{,}4$
Grundaufgaben der Prozentrechnung	*Berechnung des Prozentwertes* Multipliziere den Grundwert mit dem Prozentsatz. *Berechnung des Prozentsatzes* Dividiere den Prozentwert durch den Grundwert und gib das Ergebnis in Prozentschreibweise an. *Berechnung des Grundwerts* Dividiere den Prozentwert durch den Prozentsatz.	*Beispiele:* 40 % von 300 € sind: 300 € · 0,4 = 120 € 150 € von 750 € sind: $\dfrac{150}{750} = 0{,}2 = 20\%$ 70 % eines Grundwerts sind 980 €. Grundwert: 980 € : 0,7 = 1400 €
Prozentuale Erhöhung	Die Erhöhung einer Größe um p % bedeutet eine Erhöhung der Größe auf (100 + p) %. Den Prozentsatz $q = 1 + \dfrac{p}{100}$ bezeichnet man als *Wachstumsfaktor*.	*Beispiel:* Erhöhung um 25 % Erhöhung auf 125 % q = 1,25
Prozentuale Abnahme	Die Abnahme einer Größe um p % bedeutet eine Abnahme auf (100 − p) %. Den Prozentsatz $q = 1 - \dfrac{p}{100}$ bezeichnet mal als *Abnahmefaktor*.	*Beispiel:* Senkung um 25 % Senkung auf 75 % q = 0,75

Zinsen	Zinsrechnung als besondere Prozentrechnung:
	Kapital $\xrightarrow{\cdot \text{Zinssatz}}$ Jahreszinsen
	Werden Zinsen aus einem Jahr nicht abgehoben, so werden sie im nächsten Jahr mitverzinst.
		Beispiel:
		Kapital 400 €
		Zinssatz 1,5 %
		Jahreszinsen 400 € · 1,5 %
		    = 400 € · 0,015
		    = 6 €

Bist du fit?

Sinnvoll runden

1. a) Gib den Anteil in Prozent an: (1) 200 g von 1500 g   (2) 18 kg von 0,24 t
   b) Berechne den Prozentwert: (1) 17 % von 258 €   (2) 60 % von 341,7 ℓ
   c) Berechne den Grundwert: (1) 23 % von G sind 125 m   (2) 61,7 % von G sind 438,07 €

2. Das Erich-Kästner-Gymnasium hat 950 Schülerinnen und Schüler. 48 % davon sind Fahrschüler(innen). Wie viele sind das?

3. 132 der 240 Mitglieder der Jugendabteilung haben mindestens das silberne Schwimmabzeichen. Wie viel Prozent sind das?

Bist du fit? Prozentrechnung

4. Eine Tageszeitung hat 12 000 Abonnenten; das sind 80 % aller Käufer.
   Wie viele Käufer hat die Zeitung?

5. Familie Knausrig hat mit einem Finanzprogramm einen Haushaltsplan für die jährlichen Ausgaben von 26 235 € erstellt. Wie viel ist im Monat für die einzelnen Posten zur Verfügung zu stellen?

6. In der Musikschule sind 324 Schüler(innen) angemeldet. Davon spielen 128 ein Streich- und 65 ein Blasinstrument. Zum Klavierunterricht sind 42 Schüler(innen) angemeldet und 20 nehmen Gesangunterricht.
   a) Wie groß ist der Anteil der sonstigen Instrumente in Prozent?
   b) Zeichne ein Streifen- und ein Kreisdiagramm für die Verteilung auf die Instrumente.

7. Durch einen Anbau konnte die Wohnfläche eines Einfamilienhauses von 148 m² um 28 m² vergrößert werden.
   Um wie viel Prozent wurde die Wohnfläche vergrößert?

8. Ein Möbelhaus gewährt Selbstabholern 5 % Rabatt. Frau Müller hat einen Schreibtisch gekauft und selbst abgeholt; sie hat 169,10 € gezahlt.
   Wie viel Euro hat sie gespart?

9. Auf der Rechnung des Großmarktes wird die Mehrwertsteuer gesondert ausgewiesen.
   2014 betrug der Mehrwertsteuersatz 19 %.
   Für Bücher, Zeitschriften und Lebensmittel galt ein ermäßigter Steuersatz von 7 %.
   Wie hoch war der Rechnungsbetrag, von dem der Rechnungsschnipsel stammt?

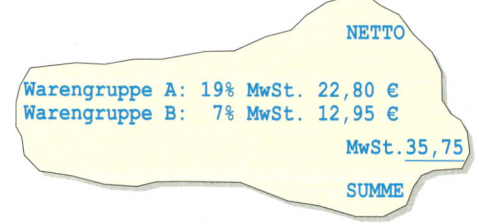

10. Ein Flachbildschirm kostet 259 €. Ein Geschäft erhöht den Preis um 20 %. Nach einiger Zeit stellt der Geschäftsinhaber fest, dass sich der Flachbildschirm nach der Preiserhöhung nicht mehr gut verkauft. Deswegen ordnet er an, den aktuellen Preis um 20 % zu verringern. Der für die Preisauszeichnung zuständige Mitarbeiter freut sich: „Prima. Arbeit gespart: Dann muss ich ja nur das alte Preisschild wieder aufstellen."
    Was meinst du dazu? Begründe deine Meinung auch rechnerisch.

11. Frau Köhler hat am Jahresanfang 7 350 € auf ihrem Sparbuch. Der Zinssatz beträgt 1,5 %.
    Sie nimmt keine weiteren Einzahlungen vor.
    Berechne den Kontostand am Jahresende.

Bleib fit im ...
Umgang mit Prismen

Zum Aufwärmen

1. Die Schokoladenverpackung rechts hat die Form eines Prismas mit einem gleichseitigen Dreieck als Grundfläche.
   a) Zeichne ein Netz und berechne den Oberflächeninhalt.
   b) Zeichne ein Schrägbild.
   c) Berechne das Volumen.

Zum Erinnern

(1) Prismen

> Ein (gerades) **Prisma** ist ein Körper, der von zwei zueinander parallelen und kongruenten Vielecken sowie von Rechtecken begrenzt wird.
>
>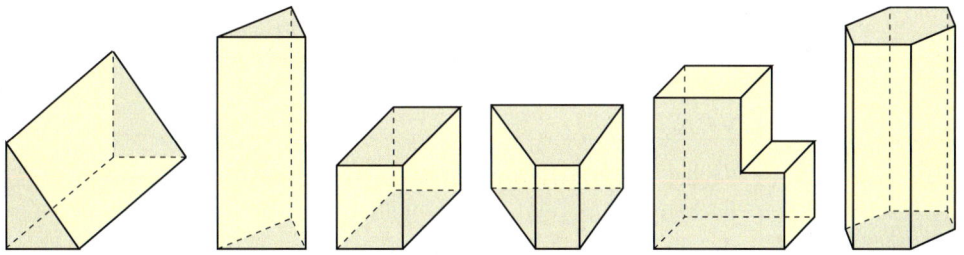
>
> Die beiden zueinander parallelen und kongruenten Vielecke heißen **Grundflächen**, die Rechtecke heißen **Seitenflächen**.
> Die Seitenflächen bilden zusammen die **Mantelfläche** des Prismas.
> Ist die Grundfläche ein Dreieck (Viereck, ...), so heißt das Prisma dreiseitiges (vierseitiges, ...) Prisma. Der Abstand der beiden Grundflächen voneinander heißt **Höhe** des Prismas.

(2) Netz eines Prismas
Das Netz eines Prismas besteht aus den beiden zueinander kongruenten Vielecken für die Grundfläche sowie den Rechtecken für die Seitenflächen.

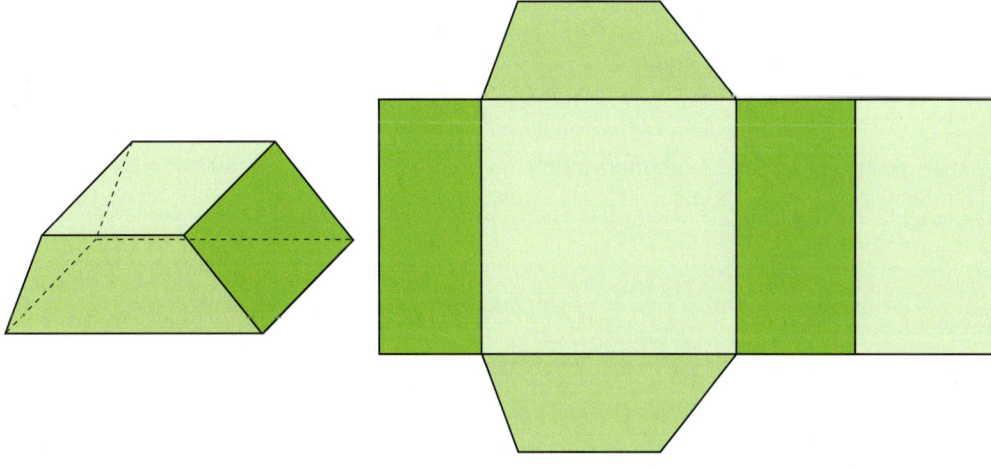

(3) Schrägbild eines Prismas, das auf der Grundfläche steht, in Kavalierperspektive

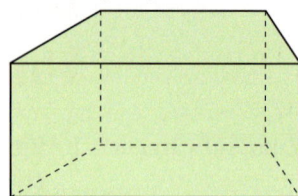

Zeichne zuerst die Grundfläche. Ergänze geeignete Strecken, die senkrecht zur Zeichenebene in die Tiefe verlaufen. Bestimme ihre Längen und ihre Lage. Nicht sichtbare Kanten werden gestrichelt gezeichnet.

Zeichne ein Schrägbild der Grundfläche mithilfe der ermittelten Tiefenstrecken; zeichne diese in einem Winkel von 45° und nur halb so lang wie in Wirklichkeit.

Zeichne die nach oben verlaufenden Seitenkanten mit den richtigen Maßen. Auch hier werden nicht sichtbare Kanten gestrichelt gezeichnet. Zeichne anschließend die Deckfläche.

(4) Oberflächeninhalt und Volumen eines Prismas

> Größe der Grundfläche mal Höhe

> *Statt Volumen sagt man auch Rauminhalt.*

Für das **Volumen V** eines Prismas gilt:
$V = A_G \cdot h$

Für den **Oberflächeninhalt A_O** eines Prismas mit dem Grundflächeninhalt A_G und dem Mantelflächeninhalt A_M gilt:
$A_O = 2 \cdot A_G + A_M$

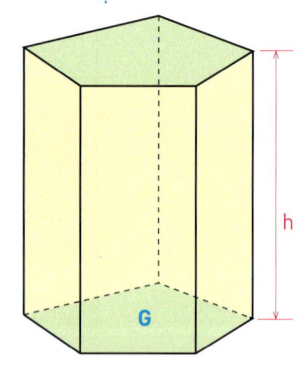

(5) Umwandeln von Flächeninhalts- und Volumeneinheiten

Die Umwandlungszahl der Längeneinheiten ist 10 (z. B. 10 mm = 1 cm; 10 dm = 1 m). Man benötigt daher z. B. 10 · 10 Quadrate der Seitenlänge 1 dm, also 100 Quadrate der Größe 1 dm², um ein 1 m² großes Quadrat auszulegen.

Entsprechend benötigt man 10 · 10 · 10 Würfel der Kantenlänge 1 dm, um einen 1 m³ großen Würfel damit zu füllen.

> Bei Flächeninhaltseinheiten: Umwandlungszahl 100

> Bei Volumeneinheiten: Umwandlungszahl 1 000

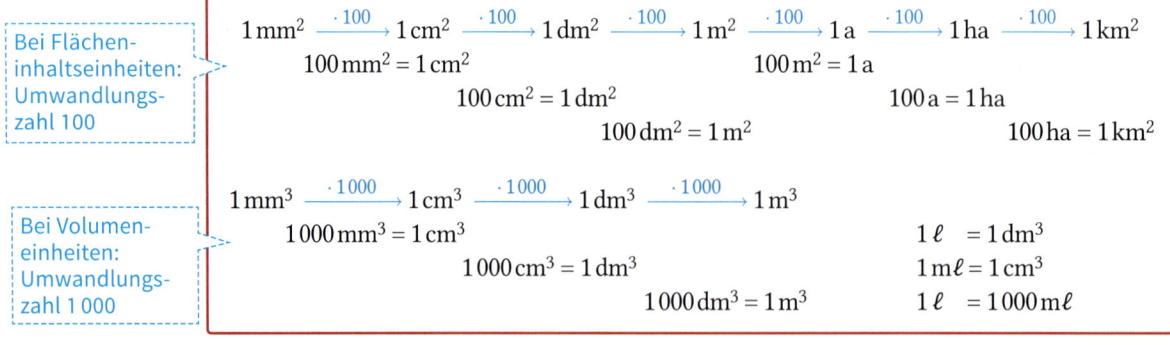

Bleib fit im ... im Umgang mit Prismen

Zum Trainieren

2. Gib in der in Klammern angegebenen Einheit an.

a) 90 a (m²)
120 ha (a)
2400 m² (a)
3600 ha (km²)

b) 8 cm² (mm²)
900 cm² (dm²)
4500 m² (dm²)
3000 dm² (mm²)

c) 7 km² (m²)
29 km² (a)
2400 m² (cm²)
30000 m² (ha)

d) 560 ha (m²)
56 ha (km²)
5600 a (m²)
5600 a (ha)

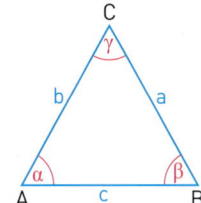

3. Ein Prisma ist 3,2 cm hoch und besitzt ein Dreieck ABC mit den angegebenen Maßen als Grundfläche. Zeichne ein Schrägbild und berechne Volumen sowie Oberflächeninhalt des Prismas. Bestimme fehlende Maße aus einer geeigneten Zeichnung.

a) a = 4,3 cm
b = 6,8 cm
c = 5,9 cm

b) b = 7,2 cm
c = 6,1 cm
α = 90°

c) a = 4,9 cm
β = 108°
γ = 26°

d) a = 4 cm
b = 4 cm
γ = 90°

4. Skizziere ein Netz des Prismas.

a)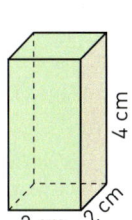
b)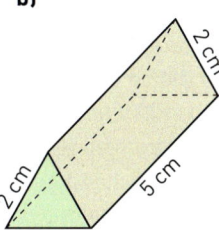
c)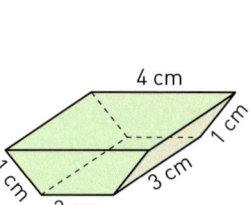
d)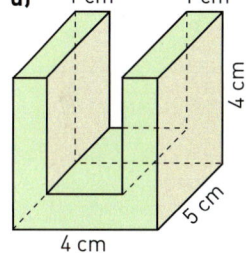

5. Die Abbildungen zeigen unvollständige Netze von Prismen.
Zeichne das Netz ab und vervollständige es. Berechne dann Oberflächeninhalt und Volumen.

a)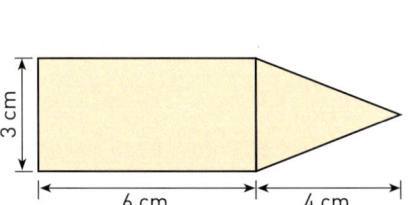
b)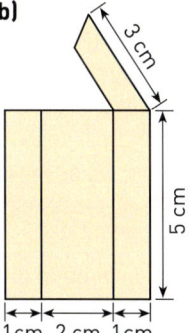
c)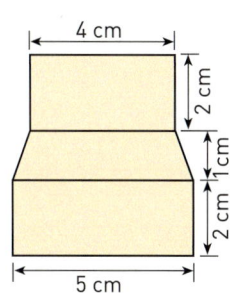

6. Ein Prisma ist 23 cm hoch.
Berechne das Volumen, die Größe der Mantelfläche, den Oberflächeninhalt und die gesamte Kantenlänge des Prismas mit der angegebenen Grundfläche (Maße in cm).

a)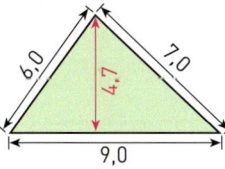
b)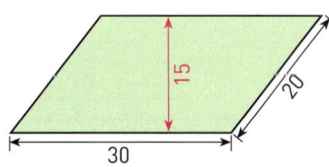
c)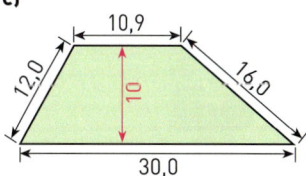

7. Berechne die fehlenden Werte des Prismas.

Prisma	a)	b)	c)	d)	e)
Grundflächengröße	16,5 cm²	64 dm²	127,4 m²	73,8 dm²	
Körperhöhe	11 cm	1,3 m			180 cm
Volumen			637 m³	1107 ℓ	43,2 dm³

8. Der Umfang u der Grundfläche eines Prismas ist 40 cm lang. Das Prisma ist 8 cm hoch. Zeichne zwei verschiedene Grundflächen.
   a) Berechne für beide Prismen Mantelflächeninhalt, Oberflächeninhalt und Volumen.
   b) Zeichne die Schrägbilder der Prismen aus Teilaufgabe a).

9. Lorenz untersucht einige Prismen aus Metall. Dazu hat er die Masse m, die Körperhöhe h und die Maße der Grundfläche bestimmt. Berechne das Volumen. Aus welchem Metall kann das Prisma bestehen? (Ermittle fehlende Größen zeichnerisch.)
   a) m = 724 g; h = 8,5 cm. Die Grundfläche ist ein rechtwinkliges Dreieck mit den Längen a = 4,3 cm und b = 5 cm für die beiden kürzeren Seiten.
   b) m = 544 g; h = 7,4 cm. Die Grundfläche ist ein unregelmäßiges Dreieck mit der Seitenlänge a = 5 cm und der dazugehörigen Höhe h_a = 3,5 cm.
   c) m = 216 g; h = 6,2 cm. Die Grundfläche ist ein gleichseitiges Dreieck mit a = 3 cm.

Dichtetabelle (in $\frac{g}{cm^3}$)

Granit	2,8
Kork	0,2
Stahl	7,9
Messing	8,6
Glas	2,5

10. Eine Gemeinde will vor Saisonbeginn das abgebildete Schwimmbecken renovieren. Es werden folgende Informationen eingeholt:
    - Eine Firma berechnet pro Quadratmeter Fliesen 52,60 €. An den Kanten müssen die Fugen aus Silikon bestehen. 1 m Silikonfuge kostet 3,30 €.
    - 1 m³ Wasser kostet 3,15 €.
    - In einer Stunde fließen 3,5 m³ Wasser zu.
    Formuliere selbst Aufgaben und rechne.

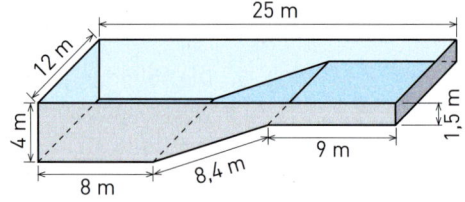

11. Berechne Volumen und Größe der Oberfläche des abgebildeten Körpers (Maße in cm).

a) 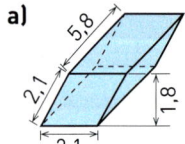 b) 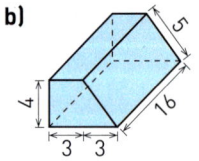 c)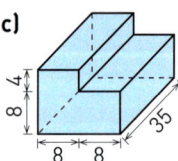

12. Sebastian hat das Umrechnen von Einheiten geübt. Kontrolliere seine Aufgaben.
    a) 4,5 cm = 45 km
    b) 6,3 km = 63 m
    c) 305 cm = 3,5 m
    d) 3,47 cm² = 347 dm²
    e) 600 dm² = 6 m²
    f) 8,9 cm² = 89 mm²
    g) 5,234 dm³ = 5 234 cm³
    h) 7431 cm³ = 74,31 ℓ
    i) 2,7 ℓ = 2 700 cm³

5. Prismen und Pyramiden

Besondere Kerzen haben die Form von Pyramiden und Prismen.

→ Rechts siehst du ein Foto und ein Modell von Dom und Severi-Kirche in Erfurt.
  Es besteht aus vielen Einzelteilen.

→ Wo erkennst du Prismen und Pyramiden?
  Gib auch ihren Namen an und skizziere einen möglichen Grundriss.

→ Einige Dächer wurden aus Prismen und Pyramiden zusammengesetzt. Beschreibe sie.

→ Baut ein Modell eines Gebäudes in eurem Heimatort.

In diesem Kapitel ...
lernst du, wie man Volumen und Oberflächeninhalt von Pyramiden berechnet.
Außerdem lernst du, wie man Zweitafelbilder von Prismen, Pyramiden und von aus
ihnen zusammengesetzten Körpern anfertigt.

Lernfeld: Wie groß ist ...?

Zerschneiden eines Würfels in sechs Pyramiden
Rechts wurde ein Würfel der Kantenlänge a in sechs Pyramiden unterteilt.

→ Ermittelt eine Formel für das Volumen einer solchen Pyramide.

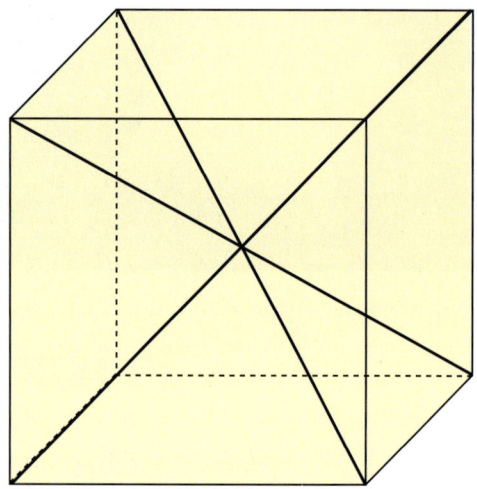

Volumen einer besonderen Pyramide
Auf dem Foto rechts seht ihr drei Exemplare derselben Pyramide. Wegen unterschiedlicher Lage ist kaum zu erkennen, dass es sich stets um die gleiche Pyramide handelt.

→ Bastelt selbst drei Exemplare dieser Pyramide. Ihre Grundfläche ist ein Quadrat mit der Seitenlänge 5 cm und die Spitze liegt genau 5 cm senkrecht über einem Eckpunkt.

→ Die drei Pyramiden lassen sich überraschenderweise lückenlos zu einem bekannten Körper zusammensetzen. Berechnet damit das Volumen dieser Pyramide.

→ Verallgemeinert das Ergebnis auf eine beliebige Länge a statt 5 cm und erstellt damit eine Formel für das Volumen einer solchen besonderen Pyramide.

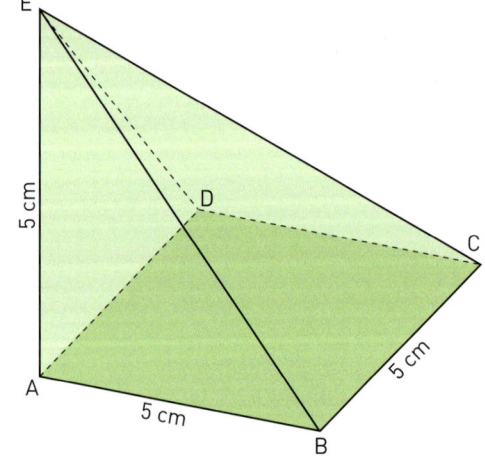

5.1 Zweitafelbild eines Prismas

Einstieg Wir haben zur Darstellung von Körpern Schrägbilder gezeichnet. Architekten zeichnen dagegen von geplanten Gebäuden einen Grundriss und verschiedene Ansichten.
Überlegt Vor- und Nachteile der beiden Darstellungsmöglichkeiten eines Körpers.

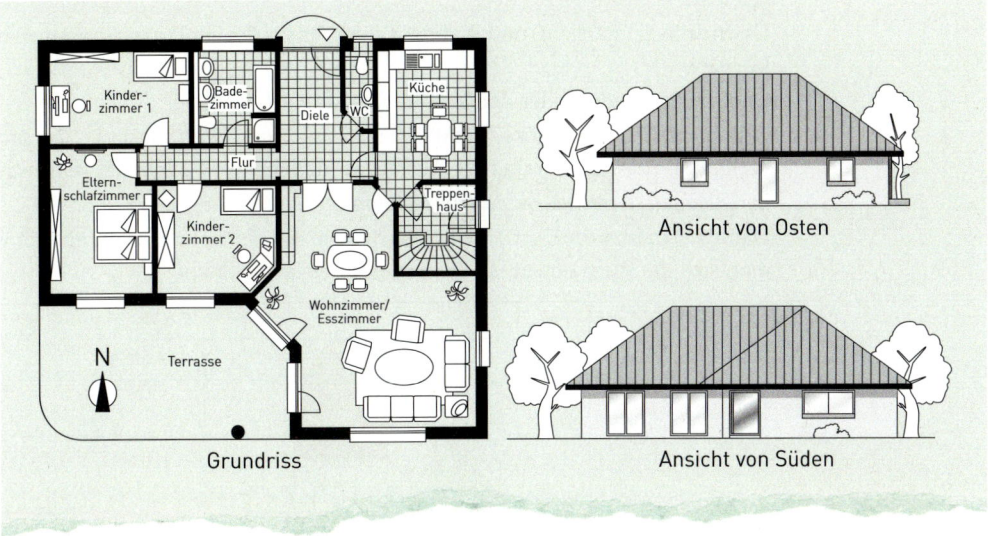

Aufgabe 1

Gleiche Zweitafelbilder verschiedener Körper
Bei einer Ballonfahrt sieht Tom das Dach eines Hauses aus seinem Wohnviertel direkt von oben. Skizziere mögliche Hausformen, die zu der rechts skizzierten Ansicht von oben, dem sogenannten Grundriss, passen.

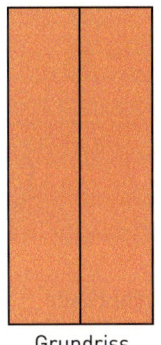

Lösung

Verschiedene Körper können den gleichen Grundriss, d. h. Ansicht von oben haben. Die abgebildeten Häuser haben den gleichen Grundriss, aber dennoch verschiedene Gestalt.

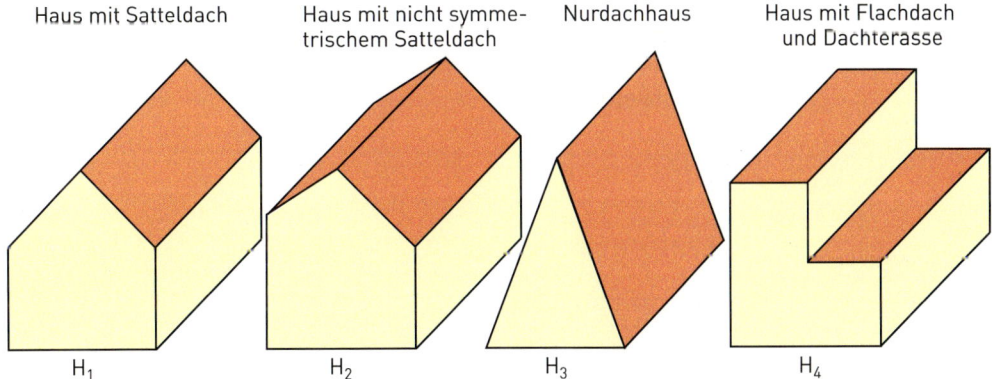

Information **Zweitafelbild**

Schrägbilder vermitteln einen guten räumlichen Eindruck eines Körpers. Allerdings sind schräg zur Zeichenebene liegende Kanten und Flächen verzerrt dargestellt.
Eine Alternative dazu liefert das Zeichnen von Ansichten eines Körpers.
Man kann sich Körper besser vorstellen, wenn man außer der Draufsicht noch die Vorderansicht zeichnet.
Grundriss (Draufsicht) und **Aufriss** (Vorderansicht) nennt man zusammen das **Zweitafelbild** des Körpers.
Die Schnittgerade beider Ebenen (Tafeln) ist die **Rissachse**.
Grund- und Aufriss eines Punktes liegen auf einer Ordnungslinie, die senkrecht zur Rissachse verläuft. Der Grundriss und der Aufriss werden in zwei zueinander senkrechten Ebenen E_1 und E_2 dargestellt *(senkrechte Zweitafelprojektion)*.
Damit Grundriss und Aufriss eines Körpers in der Zeichenebene dargestellt werden können, denkt man sich die Aufrissebene in die Grundrissebene geklappt.

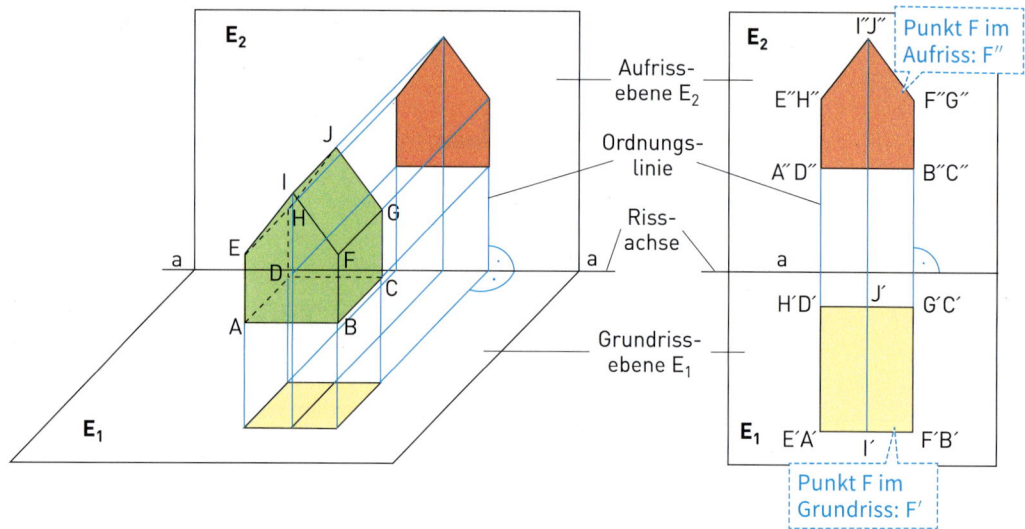

Weiterführende Aufgabe Verschiedene Zweitafelbilder eines Körpers

2. Zeichne ein Zweitafelbild dieses dreiseitigen Prismas. Bezeichne die Bildpunkte.
   a) Das Prisma steht auf der Grundfläche ABC, die Grundkante $\overline{AB}$ verläuft parallel zur Rissachse.
   b) Das Prisma liegt auf der Fläche ABED, die Kante $\overline{AD}$ verläuft parallel zur Rissachse.
   Beachte: Bestimme die Höhe der Grundflächen zeichnerisch.

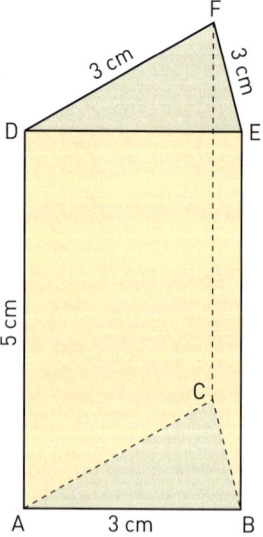

5.1 Zweitafelbild eines Prismas

Übungsaufgaben

3. Betrachte das Haus auf dem Foto rechts. Es soll auf verschiedene Weise zeichnerisch dargestellt werden. Wähle dafür den Maßstab 1 : 100, d. h. zeichne nur 1 cm für 100 cm = 1 m in der Wirklichkeit.
   a) Zeichne ein Schrägbild des Hauses.
   b) Zeichne eine Ansicht des Hauses
      (1) von oben,
      (2) von vorne,
      (3) von rechts.
   c) Vergleiche Vor- und Nachteile der Darstellungen aus den Teilaufgaben a) und b).

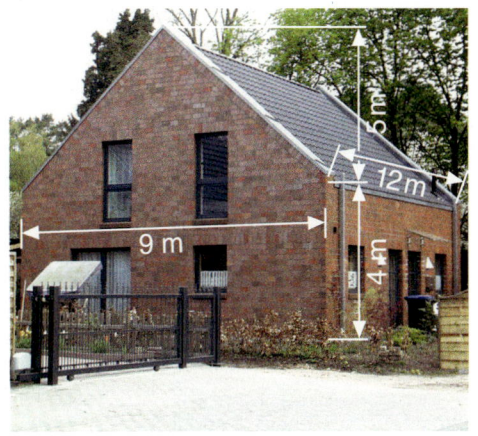

4. Stelle einen Quader mit den Seitenlängen 6 cm, 5 cm und 7 cm mittels senkrechter Zweitafelprojektion dar. Beginne mit dem Grundriss. Bezeichne alle Bildpunkte.

5. Der Körper rechts ist aus sechs Würfeln mit der Kantenlänge 2 cm zusammengesetzt. Zeichne den Grundriss und den Aufriss des Körpers.

6. Zeichne das Zweitafelbild eines Würfels. Vergleiche die Form und die Größe von Grund- und Aufriss. Was fällt dir auf? Gibt es noch andere Körper, die in dieser Darstellung dieselbe Eigenschaft haben?

7. Zeichne das begonnene Zweitafelbild in dein Heft und vervollständige es. Entnimm die Maße (in mm) dem Schrägbild.

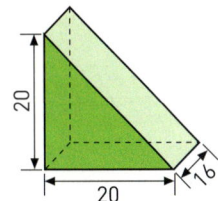 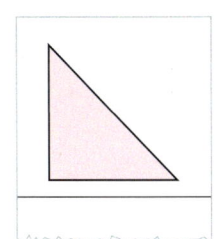

8. a) Jana meint, dass hier ein Würfel in Zweitafelprojektion dargestellt wurde. Marie sieht aber einen anderen Körper. Was meinst du dazu? Fallen dir weitere Körper dazu ein?

   b) Gegeben ist der Grundriss eines Körpers. Zeichne mögliche Aufrisse dazu.

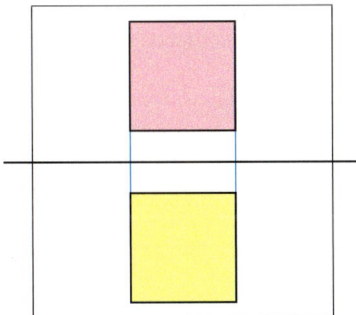 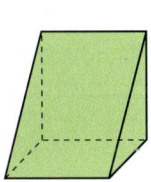 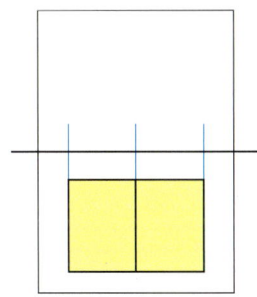

9. Verschiedene Körper können den gleichen Grundriss oder den gleichen Aufriss haben. Skizziere zu der angegebenen Ansicht das Schrägbild von zwei passenden Körpern und ergänze zu einem Zweitafelbild.

a) Aufriss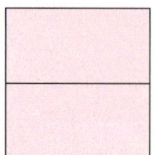
b) Grundriss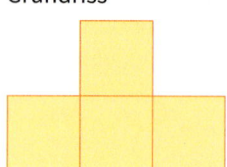
c) Grundriss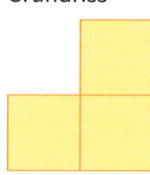

10. Zeichne das Schrägbild eines Körpers mit dem angegebenen Zweitafelbild.

a) b) c) 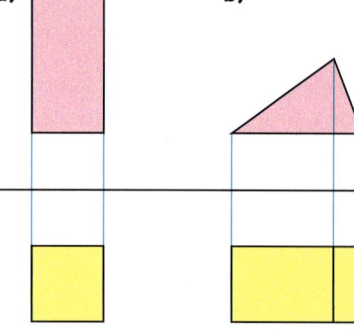 d)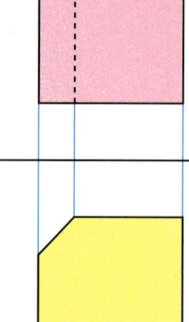

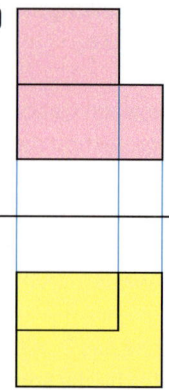

11. Ein Prisma besitzt die abgebildete Grundfläche und ist 6 cm hoch.
Zeichne Schrägbild und Zweitafelbild des Körpers
(1) auf der Grundfläche stehend;
(2) auf einer Seitenfläche liegend.

a)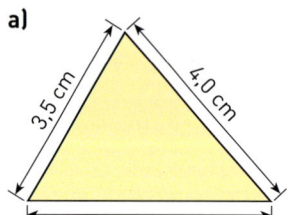
b)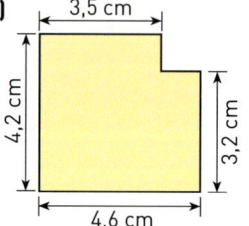
c)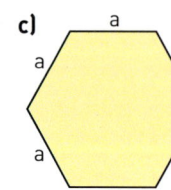
a = 4,0 cm

 12. Skizziert das Zweitafelbild eines Körpers.
Tauscht die Blätter aus und skizziert dann ein passendes Schrägbild.

13. Eine Firma stellt die rechts abgebildete Geschenk-verpackung her (Maße in mm).
a) Berechne den Materialverbrauch und das Fassungsvermögen.
b) Stelle selbst eine solche Verpackung her.

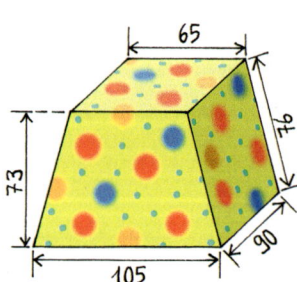

5.2 Netz und Oberflächeninhalt einer Pyramide

Einstieg Ben erklärt in einem Vortrag, wie er aus Prismen schnell Pyramiden erzeugen kann. Er stellt die Prismen auf eine Grundfläche und verbindet einen Punkt der oberen Fläche mit den Ecken der unteren Fläche. Zeichnet für jede Pyramide ein Netz und berechnet den Oberflächeninhalt. Fehlende Maße bestimme zeichnerisch.

(1)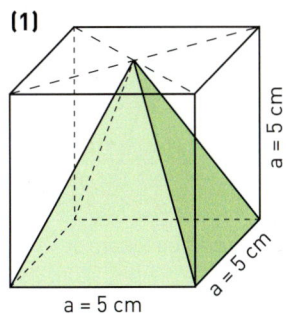

(2)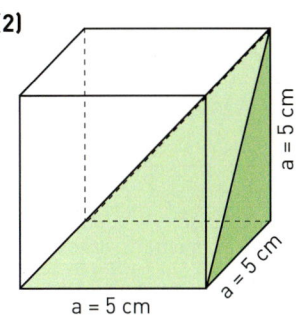

(3)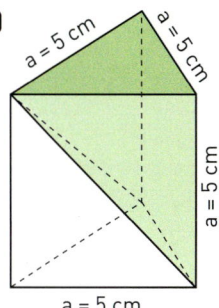

Aufgabe 1

Oberflächeninhalt einer quadratischen Pyramide
Für Schaufensterdekorationen werden Pyramiden mit quadratischer Grundfläche benötigt (siehe Bild rechts).
Wie viel Pappe ist zur Herstellung einer solchen Pyramide nötig? (Verschnitt soll dabei nicht berücksichtigt werden.)

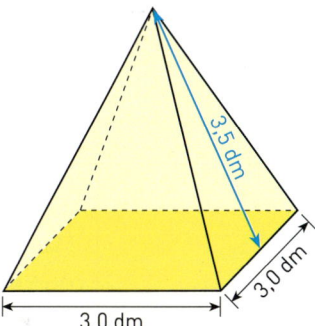

Lösung

Zur Herstellung einer Pyramide zeichnen wir ein passendes Netz. Aus dem Netz ergibt sich die Oberfläche der Pyramide.
Es besteht aus der quadratischen Grundfläche und den vier Seitenflächen. Alle Seitenflächen zusammen ergeben die Mantelfläche.

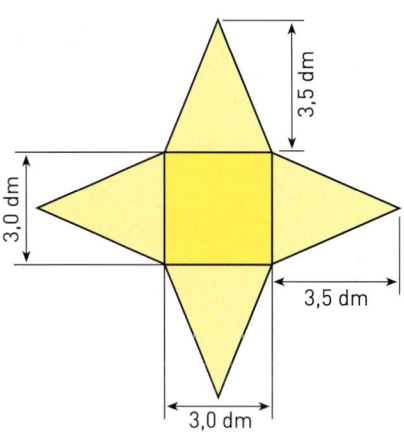

1. Schritt: Wir berechnen den Grundflächeninhalt A_G der Grundfläche mit der Seitenlänge $a = 3{,}0$ dm.
$A_G = a \cdot a = 3 \text{ dm} \cdot 3 \text{ dm} = 9 \text{ dm}^2$

2. Schritt: Wir berechnen die Größe A_S einer Seitenfläche mit der Länge $s = 3$ dm der Grundseite und der Höhe $h_s = 3{,}5$ dm einer Seitenfläche.
$A_S = \frac{1}{2} \cdot s \cdot h_s = \frac{1}{2} \cdot 3 \text{ dm} \cdot 3{,}5 \text{ dm} = 5{,}25 \text{ dm}^2$

3. Schritt: Wir berechnen den Mantelflächeninhalt A_M.
$A_M = 4 \cdot A_S = 4 \cdot 5{,}25 \text{ dm}^2 = 21 \text{ dm}^2$

4. Schritt: Zuletzt berechnen wir den Oberflächeninhalt A_O.
$A_O = A_M + A_G = 21 \text{ dm}^2 + 9 \text{ dm}^2 = 30 \text{ dm}^2$

Ergebnis: Zur Herstellung einer Pyramide werden 30 dm² Pappe benötigt.

Information

Eine Pyramide kann auch schief sein. Beispiel:

Schiefe quadratische Pyramide

(1) Pyramiden

Eine **Pyramide** ist ein Körper, der von einem Vieleck und weiteren Dreiecken begrenzt wird. Die Dreiecke treffen sich in einem Punkt, der *Spitze* der Pyramide, und grenzen alle an das Vieleck. Das Vieleck heißt **Grundfläche** der Pyramide, die Dreiecke heißen **Seitenflächen**. Die Seitenflächen bilden zusammen die **Mantelfläche** der Pyramide.

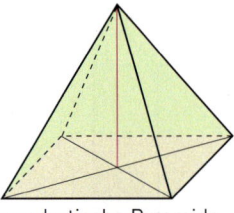 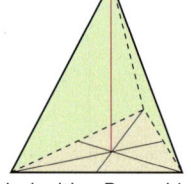 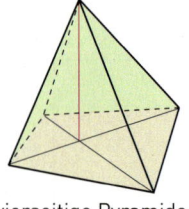 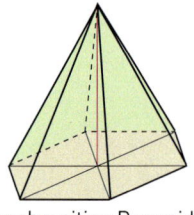

quadratische Pyramide · dreiseitige Pyramide · vierseitige Pyramide · sechsseitige Pyramide

Der Abstand der Spitze von der Grundfläche ist die **Höhe** der Pyramide.
Eine **quadratische Pyramide** ist eine besondere Pyramide, sie hat ein Quadrat als Grundfläche; ihre Spitze liegt senkrecht über dem Schnittpunkt der Diagonalen des Quadrats.

(2) Oberflächeninhalt einer Pyramide

Für den **Oberflächeninhalt A_O einer Pyramide** mit dem Grundflächeninhalt A_G und dem Mantelflächeninhalt A_M gilt:

$A_O = A_G + A_M$

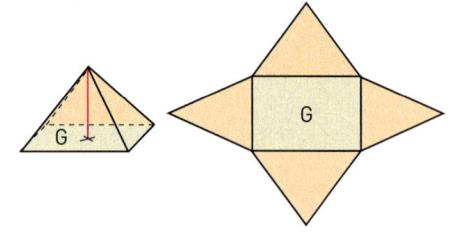

Weiterführende Aufgabe

Bestimmen der Höhe einer Seitenfläche durch Konstruktion

2. Wie viel Pappe wird zur Herstellung der rechts abgebildeten quadratischen Pyramide benötigt?
   Hinweis: Die Höhe h_s der Seitenfläche musst du durch Konstruktion eines geeigneten Dreiecks bestimmen.

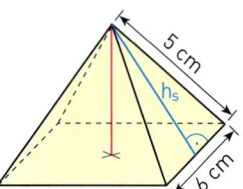

Übungsaufgaben

3. Entscheide, ob der Körper eine Pyramide ist. Begründe.

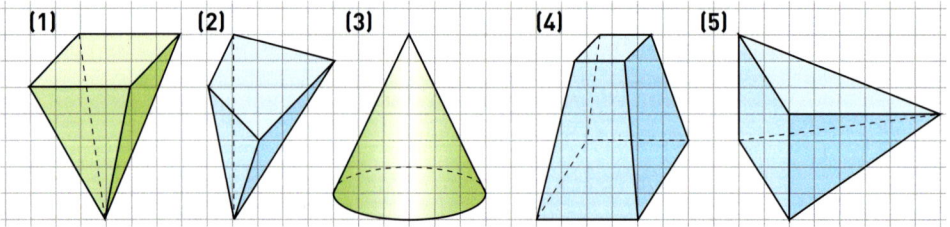

5.2 Netz und Oberflächeninhalt einer Pyramide

4. Nennt Gegenstände aus eurer Umwelt, die pyramidenförmig sind. Schätzt die Höhe und gebt den Namen der Pyramide an. Ihr könnt auch Fotos davon im Klassenraum ausstellen.

5. Wie viele Ecken, Kanten und Flächen hat eine
   (1) dreiseitige, (2) vierseitige, (3) fünfseitige Pyramide?

6. Betrachte an einer quadratischen Pyramide ein Seitendreieck.
   a) Wie groß muss der Winkel an der Spitze mindestens, wie groß kann er höchstens sein?
   b) Wie groß muss ein Basiswinkel mindestens sein, wie groß kann er höchstens sein?

7. Jan behauptet: „Würfel sind spezielle Quader, Quader sind spezielle Prismen und Prismen sind spezielle Pyramiden."

8. Zeichne das Netz der angegebenen vierseitigen Pyramide. Miss die Körperhöhe, die Höhen der Seitenflächen und die Längen der Seitenkanten. Vergleiche und begründe.
   a) Quadratische Pyramide mit $a = 4{,}0$ cm und der Höhe einer Seitenfläche $h_a = 8{,}0$ cm
   b) Rechteckige Pyramide mit $a = 4{,}0$ cm, $b = 3{,}0$ cm und der Länge einer Seitenkante $s = 8{,}0$ cm

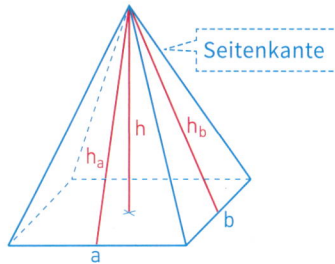

9. Moritz hat für verschiedene Pyramiden ein Netz gezeichnet. Kontrolliere.

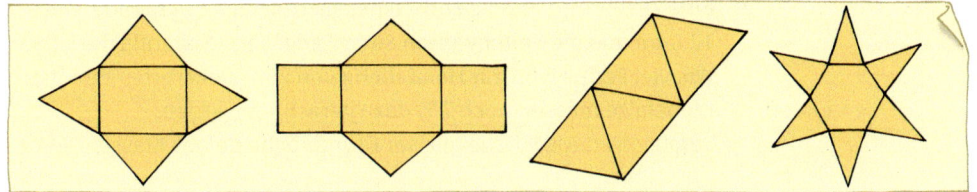

10. Die Grundfläche der Pyramide ist ein Dreieck. Zeichne ein Netz und schneide es aus. Bestimme die Winkel in den Seitenflächen.
    a) Gleichseitiges Dreieck mit $a = 4$ cm; Höhe einer Seitenfläche $h_a = 8$ cm.
    b) Gleichschenkliges Dreieck mit $a = b = 4$ cm; $c = 5$ cm; Seitenkantenlänge $s = 7$ cm.
    c) Rechtwinkliges Dreieck mit $\beta = 90°$; $a = 3$ cm; $c = 4$ cm; Seitenkantenlänge $s = 7$ cm.

11. Eine Pyramide hat ein Quadrat mit der Seitenlänge 6 cm als Grundfläche. Die Seitenflächen sind gleichschenklige Dreiecke mit dem Basiswinkel 70°. Zeichne ein Netz und baue ein Modell. Baue auch ein Kantenmodell; entnimm fehlende Längen aus dem Netz.

12. Der Fuß einer Stehlampe hat die Form einer quadratischen Pyramide. Er wird aus Stahlblech gefertigt und pulverbeschichtet. Wie groß ist die zu beschichtende Fläche? Entnimm die Abmessungen aus dem Schrägbild.

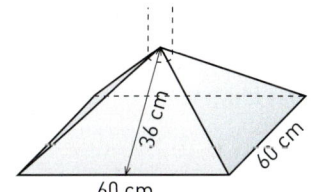

13. Eine quadratische Pyramide hat eine Grundfläche von 37,8 cm² und eine Seitenfläche von 42,5 cm². Berechne den Oberflächeninhalt.

14. Gegeben ist eine rechteckige Pyramide mit den Grundkantenlängen a = 6 cm und b = 4 cm sowie der Körperhöhe h = 5 cm.
  a) Bestimme zeichnerisch die Höhen der dreieckigen Seitenflächen.
  b) Zeichne ein Netz der Pyramide.
  c) Berechne den Oberflächeninhalt.

15. Eine dreiseitige Pyramide hat eine Mantelfläche von 74,7 dm² und eine Grundfläche von 15,3 dm². Wie groß ist die Oberfläche?

16. Ein 36 m hoher Turm mit quadratischer Grundfläche hat ein pyramidenförmiges Dach. Die Grundkante des Daches ist 6 m lang und die Höhe einer Seitenfläche beträgt 8,50 m. Das Dach soll neu mit Schindeln gedeckt werden. Für wie viel m² müssen Schindeln bestellt werden, wenn noch 5 % Verschnitt dazu gerechnet werden?

17. a) Vergleiche den Materialverbrauch für die beiden quadratischen Pyramiden.
  b) Verändere entweder die Länge der Grundkante oder die Seitenhöhe so, dass beide Pyramiden gleichen Materialverbrauch haben.

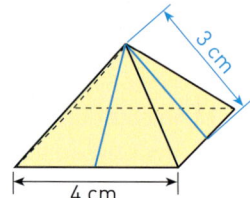 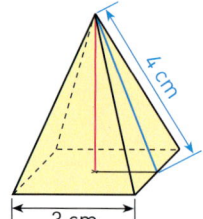

18. Eine Zuckertüte hat die Form einer sechsseitigen Pyramide. Die Grundkanten sind 12,6 cm und die Seitenkanten 86 cm lang. Jede Seitenfläche ist 85,7 cm hoch. Wie viel Pappe wird zur Herstellung von 250 Zuckertüten benötigt? Für Verschnitt und Klebefalze müssen noch 7 % dazu gerechnet werden.
Vergleiche diese Fläche mit der Grundfläche deines Klassenraumes.

19. Benedikt erklärt in seinem Vortrag, dass es bei Pyramiden noch mehr Höhen gibt als bei Prismen: die Körperhöhe, die Höhe der Grundfläche und die Höhen der Seitenflächen. Untersuche an Modellen, ob folgende Behauptungen von Benedikt wahr sind. Begründe.
  (1) Die Körperhöhe ist immer kleiner als die Höhe einer Seitenfläche.
  (2) Es gibt Pyramiden, bei denen die Seitenflächen verschieden hoch sind.
  (3) Die Körperhöhe ist immer größer als die Höhe der Grundfläche.

20. Der Oberflächeninhalt einer quadratischen Pyramide beträgt 180 dm².
  a) Wie groß ist die Grundfläche, wenn eine Seitenfläche 27 dm² groß ist?
  b) Wie groß ist die Mantelfläche, wenn die Grundfläche 68 dm² groß ist?
  c) Wie groß ist eine Seitenfläche, wenn die Grundfläche 37 dm² groß ist?
  d) Wie hoch ist eine Seitenfläche, wenn die Grundfläche 64 dm² groß ist?

Das kann ich noch!

A) In einer Großküche werden in 12 Tagen 840 kg Kartoffeln verbraucht.
  1) Wie viel Kartoffeln benötigt man in 3 Tagen, in 5 Tagen, in 11 Tagen? Von welcher Voraussetzung gehst du bei deiner Antwort aus?
  2) Wie lange reicht eine Lieferung von 250 kg Kartoffeln?
  3) Wie lange reicht ein Rest von 125 kg Kartoffeln, wie lange eine neue Lieferung von 750 kg Kartoffeln?

Zum Selbstlernen 5.3 Schrägbild einer Pyramide

5.3 Schrägbild einer Pyramide

Ziel Du kannst schon Schrägbilder von Prismen anfertigen. Hier lernst du, wie man Schrägbilder von Pyramiden zeichnet.

Zum Erarbeiten

Schrägbild einer Pyramide mit rechteckiger Grundfläche
Eine vierseitige Pyramide ist 5 cm hoch und besitzt eine rechteckige Grundfläche mit den Seitenlängen 6 cm und 4 cm. Die Spitze der Pyramide liegt senkrecht über dem Schnittpunkt der Diagonalen.

Zeichne ein Schrägbild der Pyramide.

1. Schritt *2. Schritt* *3. Schritt*

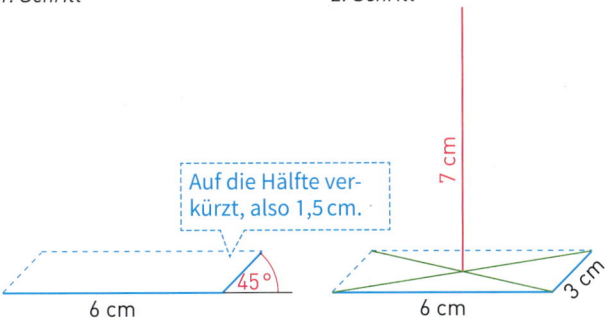
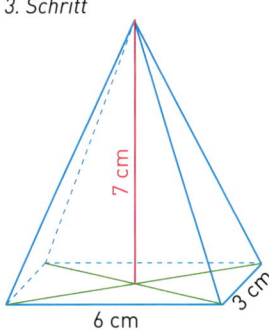

Unsichtbare Kanten gestrichelt zeichnen.

Zeichne das Schrägbild der Grundfläche. Zeichne mithilfe der Diagonalen die Körperhöhe. Ergänze die fehlenden Körperkanten.

Schrägbild einer dreiseitigen Pyramide
Eine Pyramide hat als Grundfläche ein gleichseitiges Dreieck mit der Seitenlänge 3,5 cm. Die Spitze liegt 3 cm senkrecht über einem Eckpunkt. Zeichne ein Schrägbild der Pyramide.

→ Wir stellen die Pyramide so, dass die Spitze über dem Eckpunkt vorne links ist.
Um das Schrägbild der Grundfläche zeichnen zu können, benötigen wir als Tiefenstrecke die Höhe im gleichseitigen Dreieck. Dazu konstruieren wir dieses zunächst und messen die Höhe.

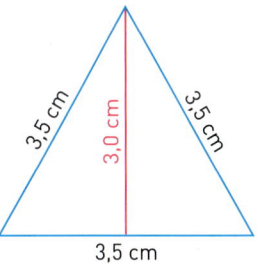

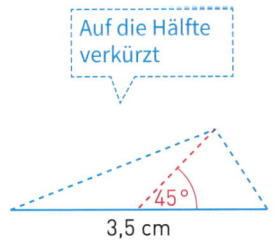
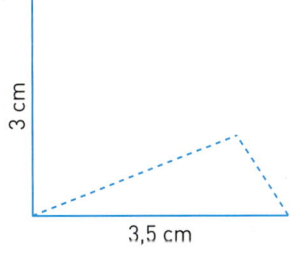
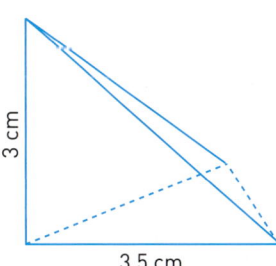

Zeichne mithilfe der Tiefenstrecke das Schrägbild der Grundfläche. Zeichne im linken Eckpunkt die senkrecht nach oben verlaufende Kante zur Spitze ein. Ergänze die fehlenden Körperkanten.

Zum Üben

1. Zeichne das Schrägbild der angegebenen Pyramide mit der Körperhöhe h = 7 cm, bei der die Spitze senkrecht über dem Diagonalenschnittpunkt liegt.
   a) Die Grundfläche ist ein Quadrat mit a = 6 cm.
   b) Die Grundfläche ist ein Rechteck mit a = 5 cm und b = 3 cm.

2. Zeichne ein Schrägbild der angegebenen Pyramide, deren Grundfläche ein Quadrat mit der Seitenlänge 5 cm ist.
   a) Die Spitze liegt 6 cm senkrecht über einem Eckpunkt des Quadrats.
   b) Die Spitze liegt 6 cm senkrecht über dem Mittelpunkt einer Quadratseite.
   c) Die Spitze liegt 6 cm senkrecht über dem Schnittpunkt der Diagonalen des Quadrats.

3. Zeichne das Schrägbild einer 6 cm hohen Pyramide, deren Grundfläche ein gleichseitiges Dreieck mit der Seitenlänge 4 cm ist. Die Spitze der Pyramide soll senkrecht über einem der Eckpunkte des Dreiecks liegen.

4. a) Zeichne das Netz einer Pyramide, deren Oberfläche nur aus gleichseitigen Dreiecken besteht. Schneide es aus und bestimme die Körperhöhe sowie die Höhen der Seitenflächen.
   b) Zeichne dann ein Schrägbild der Pyramide.

5. Aus einem Draht von 60 cm Länge soll das Kantenmodell einer Pyramide hergestellt werden. Gebt die Maße der Pyramide an. Zeichnet ein Netz und skizziert das Schrägbild. Findet mindestens zwei verschiedene Pyramiden.

6. Zeichne ein Schrägbild der Pyramiden mit der angegebenen Grundfläche (Maße in mm).

	(1)	(2)	(3)	(4)
Grund-fläche	40, 25	36, 20	30; 10, 30	30; 10, 30, 10
Höhe	25	30	35	32
Pyramiden-spitze	senkrecht über dem linken unteren Eckpunkt	senkrecht über dem linken Eckpunkt	senkrecht über dem Schnittpunkt der Diagonalen	senkrecht über dem rechten hinteren Eckpunkt

7. a) Skizziert ein Schrägbild einer Pyramide. Tauscht dann die Blätter aus und skizziert ein passendes Netz.
   b) Beschreibt euch gegenseitig eine Pyramide und zeichnet dazu ein passendes Schrägbild.

8. Eine 8 cm hohe Pyramide mit einer quadratischen Grundfläche der Seitenlänge 6 cm wird so gehalten, dass die Grundfläche parallel zur Zeichenebene ist und die Körperhöhe senkrecht zu ihr. Zeichne ein Schrägbild der Pyramide in dieser Lage.

5.4 Zweitafelbild einer Pyramide

Einstieg Skizziert ein Schrägbild einer quadratischen Pyramide. Überlegt, welche Körperkanten und Höhen im Zweitafelbild in wahrer Länge abgebildet werden können. Zeichnet es dann.

Aufgabe 1

Zweitafelbild

Gegeben ist eine quadratische Pyramide mit der Grundkantenlänge a = 4 cm und der Körperhöhe h = 5 cm. Die Spitze S der Pyramide befindet sich senkrecht über dem Schnittpunkt der Diagonalen des Quadrats.
Zeichne ein Zweitafelbild der Pyramide.
(1) Die Körperkante $\overline{AB}$ verläuft parallel zur Rissachse.
(2) Die Diagonale $\overline{AC}$ verläuft parallel zur Rissachse.
Überlege, welche Körperkanten und Höhen in wahrer Länge abgebildet werden.

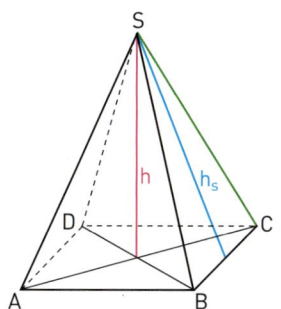

Lösung

1. Schritt: Die Grundkanten der Pyramide werden in der Grundrissebene in wahrer Länge abgebildet. Deshalb beginnen wir mit dem *Grundriss*.
2. Schritt: Zeichne die Ordnungslinien ein.
3. Schritt: Die Körperhöhe erscheint in der Aufrissebene in wahrer Länge. Mit ihrer Hilfe zeichnen wir den *Aufriss*.

 *Du kannst auch mit dem Aufriss beginnen.*

1. Möglichkeit:

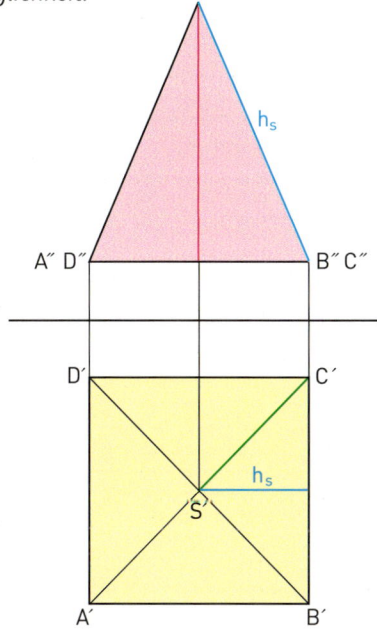

Die Körperkante $\overline{CS}$ erscheint im Grund- und im Aufriss verkürzt.
Die Höhe h_s der Seitenfläche BCS wird im Aufriss als $\overline{B''S''}$ in wahrer Länge abgebildet.

2. Möglichkeit:

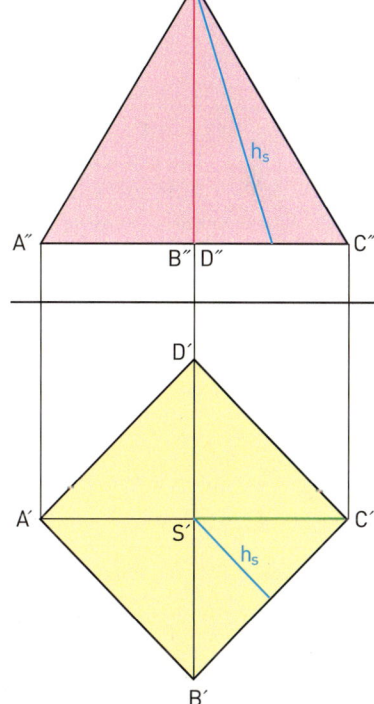

Die Körperkante $\overline{CS}$ erscheint im Aufriss als $\overline{C''S''}$ in wahrer Länge.
Die Höhen h_s der Seitenflächen werden im Grund- und im Aufriss verkürzt dargestellt.

Aufgabe 2

Wahre Länge von Strecken und wahre Größe von Flächen
Rechts siehst du das Schrägbild einer quadratischen Pyramide mit
a = 2,0 cm und h = 1,5 cm. Die Körperkante a und die Höhe h werden
im Schrägbild in wahrer Länge gezeichnet.
Wenn wir das Netz der Pyramide herstellen wollen, benötigen wir die
wahre Größe und Gestalt einer Seitenfläche.
Die wahre Länge der Seitenkante s kannst du dem Schrägbild aber nicht entnehmen.
Bestimme die wahre Länge der Seitenkante s und die wahre Größe der Seitenfläche BCS
mithilfe eines geeigneten Zweitafelbildes. Gib zwei verschiedene Möglichkeiten an. Zeichne
dann ein Netz der Pyramide.

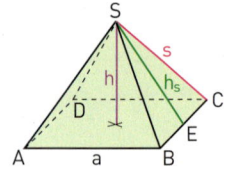

Lösung

Es gibt mehrere Möglichkeiten, die wahre Länge der Seitenkante s zu bestimmen.

1. Möglichkeit:

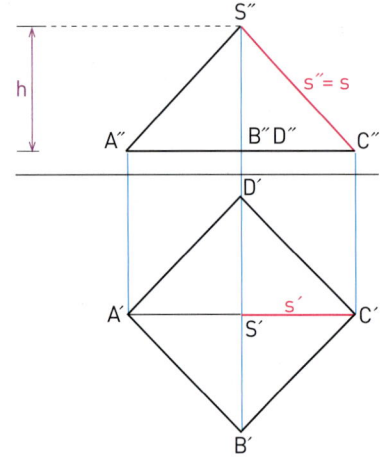

Die gesuchte Körperkante muss parallel zur
Aufrissebene verlaufen.
Die Pyramide wird so aufgestellt, dass die
Diagonale $\overline{AC}$ parallel zur Rissachse verläuft.
Die wahre Länge der Körperkante $\overline{SC}$
erscheint im Aufriss; ihre Länge beträgt
s ≈ 2,1 cm.

2. Möglichkeit:

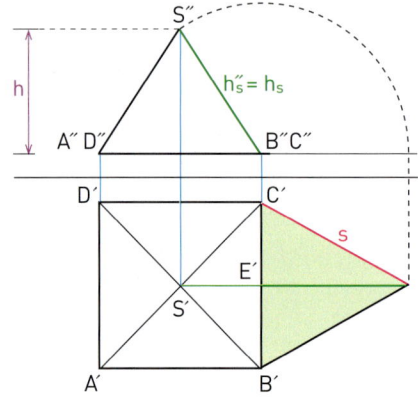

Im Aufriss erscheint die Höhe der Seitenfläche in wahrer Länge h_s ≈ 1,8 cm.
Die dunkelgrüne Seitenfläche in die
Grundrissebene geklappt. Dort erscheint
sie in wahrer Größe und Gestalt.
Die wahre Länge der Körperkante $\overline{SC}$
beträgt s ≈ 2,1 cm.

Mithilfe von a und s (oder auch h_s) können wir jetzt ein Netz der Pyramide zeichnen.

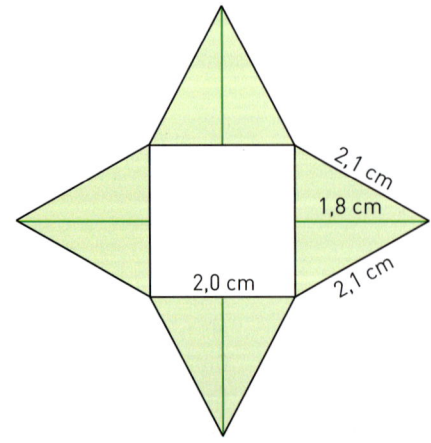

5.4 Zweitafelbild einer Pyramide

Übungsaufgaben

3. Zeichne ein Zweitafelbild der angegebenen Pyramide. Ihre Grundfläche ist ein Quadrat mit der Seitenlänge 5 cm ist. Welche Kanten und Höhen werden in wahrer Länge abgebildet?
   a) Die Spitze liegt 6 cm senkrecht über dem Schnittpunkt der Diagonalen des Quadrats.
   b) Die Spitze liegt 6 cm senkrecht über einem Eckpunkt des Quadrats.
   c) Die Spitze liegt 6 cm senkrecht über dem Mittelpunkt einer Quadratseite.

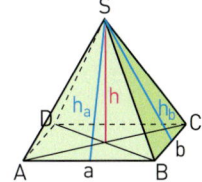

4. Zeichne das Zweitafelbild der rechteckigen Pyramide mit a = 4,0 cm, b = 3,6 cm, h = 7,0 cm. Gib an, welche Kanten und Höhen in wahrer Länge abgebildet werden.
   a) Die Kante $\overline{AB}$ verläuft parallel zur Rissachse.
   b) Die Kante $\overline{BC}$ verläuft parallel zur Rissachse.
   c) Die Diagonale $\overline{AC}$ verläuft parallel zur Rissachse.

5. Eine dreiseitige Pyramide ist 7 cm hoch und besitzt als Grundfläche ein gleichseitiges Dreieck mit der Seitenlänge a = 5,0 cm. Wird die Lage der Spitze verändert, so entstehen verschiedene Pyramiden. Wählt drei verschiedene Lagen der Spitze und beschreibt diese möglichst genau. Zeichne von mindestens drei unterschiedlichen Pyramiden die Zweitafelbilder und die passenden Schrägbilder.

6. Ein (regelmäßiges) Tetraeder ist eine Pyramide, die von vier zueinander kongruenten gleichseitigen Dreiecken begrenzt wird.
   (1) Zeichne ein Netz des Tetraeders mit der Kantenlänge 6 cm und schneide es aus.
   (2) Falte das Netz zu einem Körper. Bestimme Körperhöhe und Höhe der Seitenflächen.
   (3) Zeichne ein Schrägbild und ein Zweitafelbild des Tetraeders.

7. Eine Pyramide mit Spitze S ist 8 cm hoch und besitzt die im Grundriss abgebildete Grundfläche. Zeichne Schrägbild und Zweitafelbild einer Pyramide
   (1) auf einer Grundfläche stehend;   (2) auf der Spitze stehend.

   a) 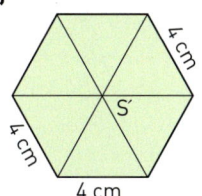   b) 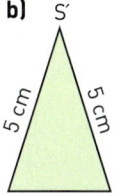   c)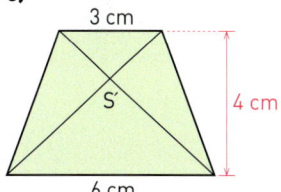

8. Laura hat für verschiedene Pyramiden Zweitafelbilder gezeichnet. Kontrolliere.

 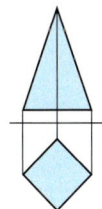 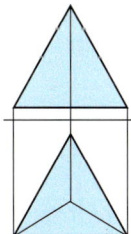 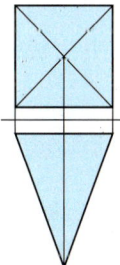 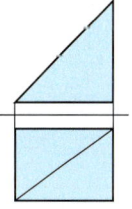 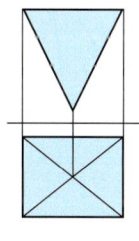

9. Skizziert das Schrägbild einer Pyramide. Tauscht die Blätter aus und skizziert dann ein passendes Zweitafelbild. Beschreibt die Körper.

10. Ein Quader hat die Kantenlängen a = 4 cm; b = 6 cm; c = 3 cm.
    a) Bestimme mithilfe geeigneter Zweitafelbilder die wahre Länge der Flächendiagonale $\overline{AC}$.
    b) Wie muss man das Zweitafelbild zeichnen, wenn man die wahre Länge der Flächendiagonale $\overline{AF}$ messen will?

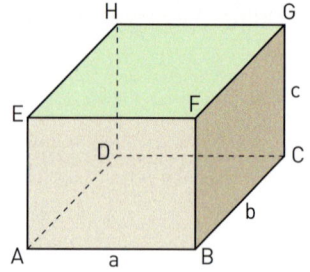

11. Zeichne ein Zweitafelbild des Körpers (Maße in cm). Bestimme hieraus die Länge der angegebenen Strecke.

    a) $\overline{BG}$ b) $\overline{FG}$ c) $\overline{SC}$ d) $\overline{GB}$

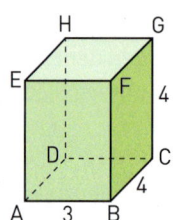 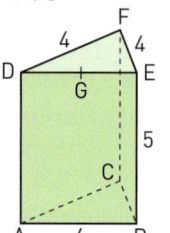 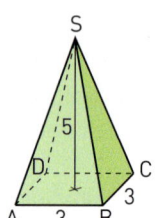 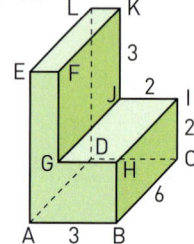

12. a) Zeichne von diesem Haus ein Zweitafelbild so, dass du die wahre Länge der Strecken $\overline{AC}$, $\overline{BE}$ und $\overline{KH}$ bestimmen kannst. Miss die Länge dieser Strecken.

    b) Zeichne Zweitafelbilder der beiden Prismen. Bestimme die wahre Länge der Strecke $\overline{PS}$ durch Messen in einer geeigneten Ansicht des Prismas.

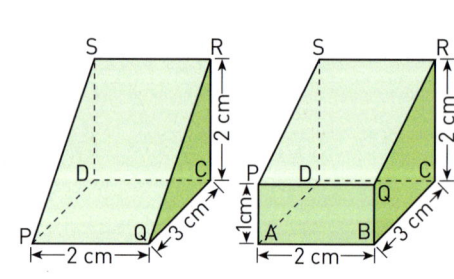

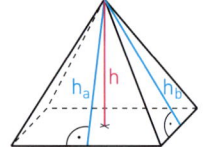

13. Eine Pyramide besitzt als Grundfläche ein Rechteck mit den Seitenlängen a = 4 cm und b = 5 cm. Zeichne ein geeignetes Zweitafelbild und konstruiere die beiden verschiedenen Seitenflächen in wahrer Größe und Gestalt.
    a) Körperhöhe h = 8 cm;
    b) Länge der Seitenkante s = 9 cm;
    c) Höhe der Seitenfläche h_a = 7 cm.

14. Zeichne ein Zweitafelbild des Walmdachs in einem geeigneten Maßstab und bestimme daraus die wahre Länge des Dachbalkens s und der Höhe h_a. Ermittle auch die Größe der dreieckigen Dachfläche BCF.

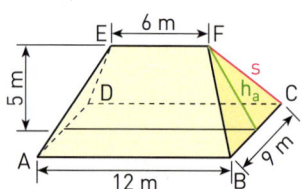

Im Blickpunkt

Dreitafelprojektion

1. Wir haben zur Darstellung von Körpern Schrägbilder und Zweitafelbilder gezeichnet. Überlegt Vor- und Nachteile der beiden Darstellungsmöglichkeiten eines Körpers. Architekten zeichnen dagegen von geplanten Gebäuden einen Grundriss und mehrere Ansichten. Begründet.

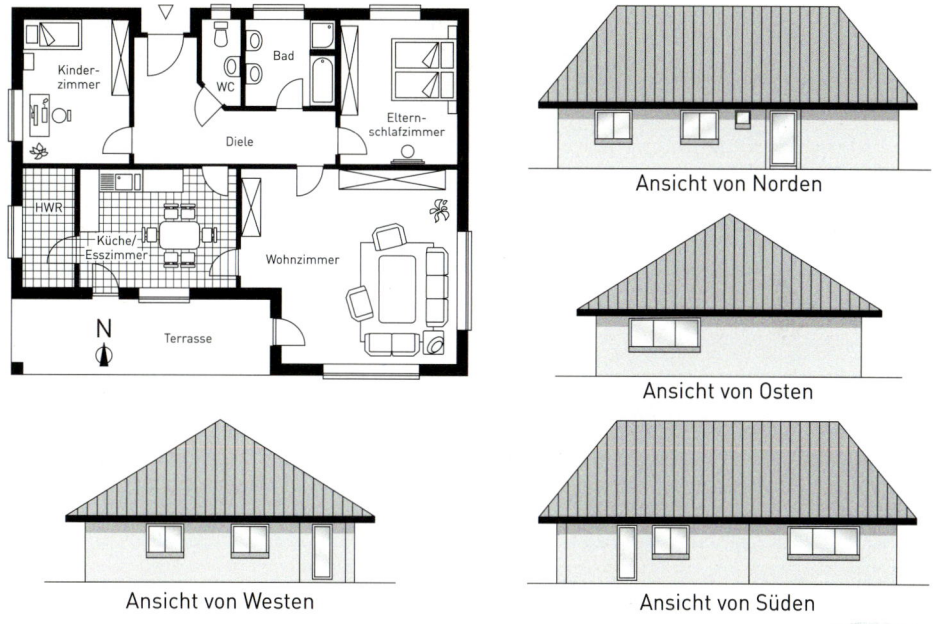

2. Für technische Zeichnungen verwendet man oft eine so genannte Dreitafelprojektion. Der Körper wird aus drei verschiedenen Blickrichtungen (von oben, von vorne und von links) mit parallelen Lichtstrahlen beschienen, die dann auf drei zueinander senkrechten Tafeln Schattenbilder liefern. Du kennst schon die Bilder in den Ebenen E_1 und E_2.

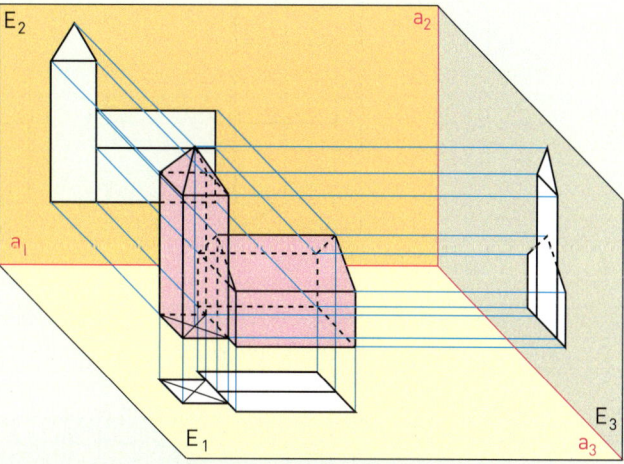

Das Bild in der Ebene E_1 heißt **Grundriss**; es vermittelt den Eindruck, man sehe den Körper von oben. Das Bild in der Ebene E_2 heißt **Aufriss**; es vermittelt den Eindruck, man sehe den Körper von vorne. Das Bild in der Ebene E_3 heißt **Seitenriss**; es vermittelt den Eindruck, man sehe den Körper von links.

Im Blickpunkt

Um Grundriss, Aufriss und Seitenriss in einer Zeichenebene darstellen zu können, dreht man die Seitenrissebene E_3 zunächst in die Aufrissebene und klappt sie anschließend in die Grundrissebene um. Diese Darstellung nennt man **Dreitafelprojektion**.
Vergleiche die Dreitafelprojektion mit der Darstellung eines Architekten.

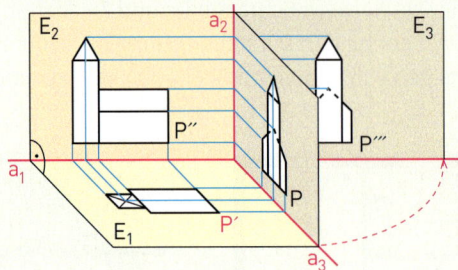
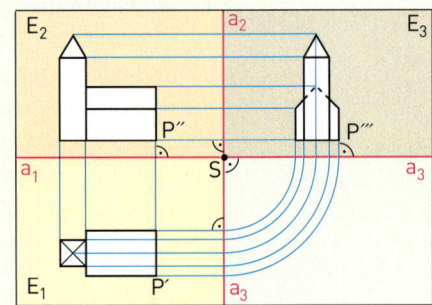

3. Zeichne eine Dreitafelprojektion des Körpers. Achte auf nicht sichtbare Kanten.

a) 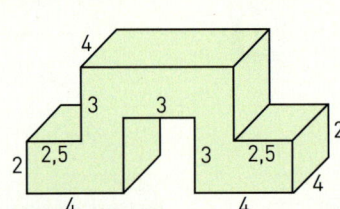   b) 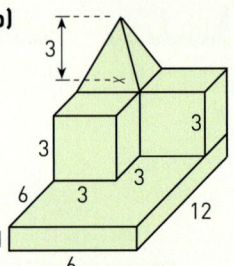   c)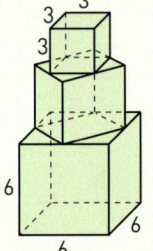

4. Konstruiere zu den beiden Rissen den dritten Riss. Skizziere ein Schrägbild des Körpers.

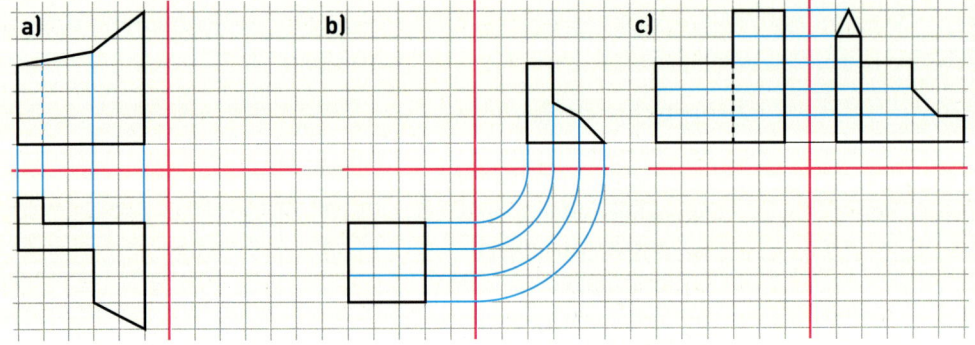

5. Verschiedene Körper können sowohl in ihren Grundrissen als auch in ihren Aufrissen übereinstimmen.
Das Bild rechts zeigt ein Beispiel.
Gib einen weiteren Körper mit demselben Grundriss und Seitenriss an.

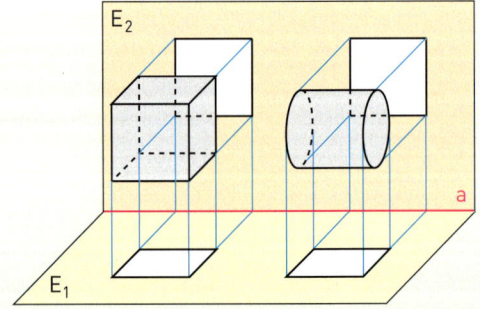

5.5 Volumen einer Pyramide

Einstieg

Ermittelt durch Umfüllversuche eine Vermutung zur Volumenformel für Pyramiden.

Einführung

Das Wasser aus der Pyramide mit der Grundflächengröße A_G und der Körperhöhe h ist in den Quader mit gleich großer Grundfläche und derselben Höhe gegossen worden.
Aufgrund der Umfüllversuche vermuten wir:

$V_{Pyramide} = \frac{1}{3} V_{Quader}$

Das Wasser aus der Pyramide mit der Grundflächengröße A_G und der Körperhöhe h ist in das Prisma mit gleich großer Grundfläche und derselben Höhe gegossen worden.

$V_{Pyramide} = \frac{1}{3} V_{Prisma}$

Information

Für das **Volumen V einer Pyramide** mit der Grundflächengröße A_G und der Höhe h gilt:

$V = \frac{1}{3} A_G \cdot h$

Beispiel. $A_G = 36 \, cm^2$; $h = 8 \, cm$

$V = \frac{1}{3} \cdot 36 \, cm^2 \cdot 8 \, cm$

$V = 96 \, cm^3$

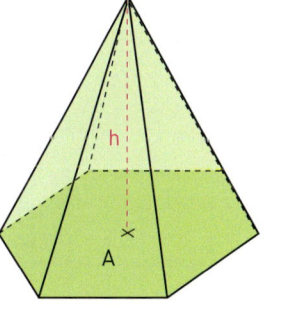

Übungsaufgaben

1. Berechne das Volumen der vierseitigen (geraden) Pyramide mit der Höhe h = 9,8 cm. Zeichne auch ein Schrägbild und ein passendes Zweitafelbild.
   a) Die Grundfläche ist ein Quadrat mit der Seitenlänge a = 6,3 cm.
   b) Die Grundfläche ist ein Rechteck mit den Seitenlängen a = 11,3 cm und b = 7,2 cm.

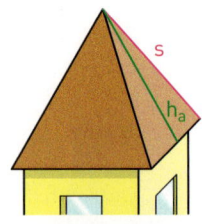

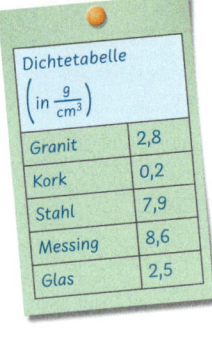

2. Ein quadratischer Turm erhält ein pyramidenförmiges Dach mit der Grundkantenlänge a = 7,85 m und der Höhe h = 8,25 m. Wie groß ist der Dachraum?
   Bestimme die Länge s des Dachbalkens und die Höhe h_a mithilfe eines Zweitafelbildes in einem geeigneten Maßstab. Ermittle den Flächeninhalt einer Dachfläche.

3. Eine Pyramide ist 7,5 cm hoch und besteht aus Eisen. Wie schwer ist die Pyramide?
   Zeichne ein Schrägbild und ein passendes Zweitafelbild.
   a) Die Grundfläche ist ein gleichschenkliges Dreieck mit der Basis g = 6,4 cm und der dazugehörigen Höhe h_g = 3,4 cm.
   b) Die Grundfläche ist ein rechtwinkliges Dreieck mit den Längen a = 6,5 cm und b = 4,8 cm der Seiten, die den rechten Winkel einschließen.
   c) Die Grundfläche ist ein gleichschenkliges Trapez mit den Längen a = 6,8 cm und c = 4,2 cm der zueinander parallelen Seiten sowie der Höhe h_a = 5,3 cm.

4. Zeichne zu dem Zweitafelbild der Pyramide das passende Schrägbild.
   Entnimm die erforderlichen Maße aus dem Zweitafelbild und verdopple sie.
   Bestimme auch Volumen und Oberflächeninhalt der vergrößerten Pyramide.

a)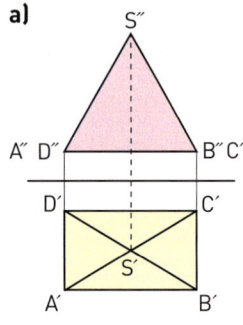

b)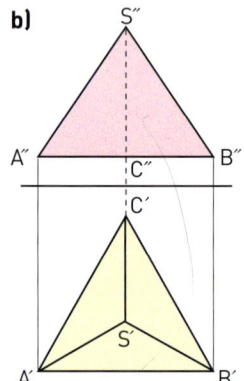

c)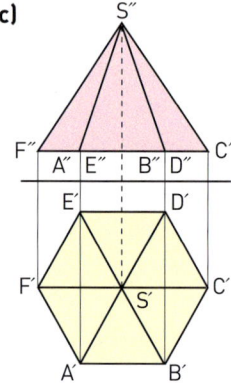

5. Eine Pyramide besitzt als Grundfläche ein Quadrat mit der Seitenlänge 6 cm.
   Berechne Volumen und Oberflächeninhalt der Pyramide. Zeichne ein Schrägbild und ein passendes Zweitafelbild. Bestimme fehlende Streckenlängen durch geeignete Konstruktionen. Die Spitze der Pyramide liegt 7 cm senkrecht über
   a) einem Eckpunkt des Quadrats;
   b) dem Schnittpunkt der Diagonalen des Quadrats;
   c) dem Mittelpunkt einer Quadratseite.

6. Das Volumen einer quadratischen Pyramide beträgt 120 dm³.
   a) Wie groß ist die Höhe, wenn die Grundfläche 18 dm² groß ist?
   b) Wie groß ist die Grundfläche, wenn die Pyramide 15 dm hoch ist?
   c) Wie lang ist eine Seitenkante, wenn die Pyramide 3,6 dm hoch ist?

7. Untersucht, wie sich das Volumen einer quadratischen Pyramide verändert, wenn
   a) die Höhe verdoppelt [verdreifacht, …] wird;
   b) die Länge der Grundkanten verdoppelt [verdreifacht, …] wird;
   c) die Höhe und die Längen der Grundkanten verdoppelt werden;
   d) die Größe der Grundfläche verdoppelt [verdreifacht, …] wird?

5.6 Zusammengesetzte Körper

Einstieg Bestimmt das Volumen des Dachraumes auf verschiedene Weisen.

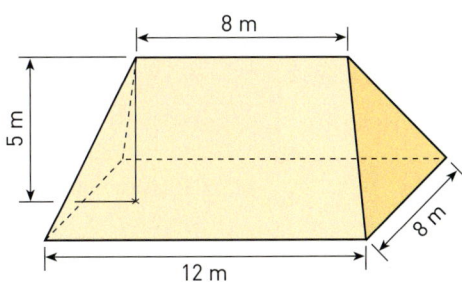

Aufgabe 1 Für eine Bau-Messe werden die abgebildeten Körper aus Styropor angefertigt (Maße in cm). Die Dichte von Styropor beträgt $\rho = 0{,}03 \frac{g}{cm^3}$.
Berechne deren
a) Volumen und Masse;
b) Oberflächeninhalt.

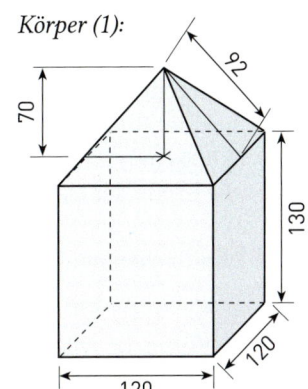

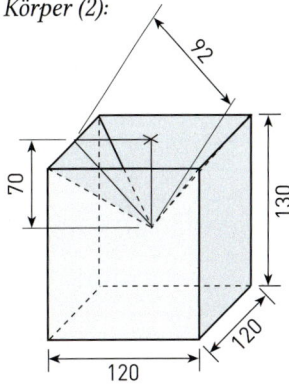

Lösung

a) *Körper (1):*
Wir zerlegen den Körper in bekannte Teilkörper:
Der Körper besteht aus einem Quader mit quadratischer Grundfläche und einer aufgesetzten geraden Pyramide.
Für die Berechnung der Masse benötigen wir das Volumen.
Der Quader hat die Seitenlängen $a = b = 120$ cm und $c = 130$ cm, also das Volumen:

$V_Q = a \cdot b \cdot c$
$\quad = 120 \text{ cm} \cdot 120 \text{ cm} \cdot 130 \text{ cm} = 1\,872\,000 \text{ cm}^3$

Die Pyramide hat die Grundkanten $a = b = 120$ cm und die Körperhöhe $h = 70$ cm, also das Volumen:

$V_P = \frac{1}{3} A_G \cdot h$
$\quad = \frac{1}{3} \cdot (120 \text{ cm})^2 \cdot 70 \text{ cm} = 336\,000 \text{ cm}^3$

Daraus ergibt sich das Gesamtvolumen:
$V = V_Q + V_P = 2\,208\,000 \text{ cm}^3$

Ergebnis: Der Körper wiegt $2\,208\,000 \text{ cm}^3 \cdot 0{,}03 \frac{g}{cm^3} = 66\,240 \text{ g} = 66{,}24 \text{ kg}$, also ungefähr 66 kg.

Körper (2):
Wir ergänzen den Körper zu einem Quader mit quadratischer Grundfläche.
Von diesem berechnen wir das Volumen und subtrahieren das Volumen der Pyramide.
Daraus ergibt sich das Gesamtvolumen:
$V = V_Q - V_P = 1\,872\,000 \text{ cm}^3 - 336\,000 \text{ cm}^3 = 1\,536\,000 \text{ cm}^3$

Ergebnis: Der Körper wiegt $1\,536\,000 \text{ cm}^3 \cdot 0{,}03 \frac{g}{cm^3} = 46\,080 \text{ g} = 46{,}080 \text{ kg}$, also etwa 46 kg.

b) *Körper (1):*
Um den Oberflächeninhalt des Körpers zu berechnen, müssen wir berücksichtigen, dass nicht alle Flächen des Quaders und der Pyramide dazu gehören. Der zusammengesetzte Körper besteht aus den Mantelflächen von Quader und Pyramide sowie einer quadratischen Grundfläche.
Die Mantelfläche des Quaders ist aus vier Rechtecken mit den Seitenlängen $a = 120\,cm$ und $c = 130\,cm$ zusammengesetzt.
Der Grundflächeninhalt und der Mantelflächeninhalt des Quaders beträgt:
$A_Q = a \cdot a + 4 \cdot a \cdot c$
$ = 120\,cm \cdot 120\,cm + 4 \cdot 120\,cm \cdot 130\,cm = 14\,400\,cm^2 + 4 \cdot 15\,600\,cm^2 = 76\,800\,cm^2$
Die Mantelfläche der Pyramide besteht aus vier gleich großen Dreiecken mit der Länge der Grundseite $a = 120\,cm$ und der Höhe einer Seitenfläche $h_a = 92\,cm$.
$A_P = 4 \cdot \frac{1}{2} \cdot a \cdot h_a$
$ = 4 \cdot \frac{1}{2} \cdot 120\,cm \cdot 92\,cm = 4 \cdot 5\,520\,cm^2 = 22\,080\,cm^2$
Daraus ergibt sich der Oberflächeninhalt des Körpers:
$A_O = A_Q + A_P = 76\,800\,cm^2 + 22\,080\,cm^2 = 98\,880\,cm^2 = 988,8\,dm^2$
Damit wir uns die Größe der Fläche besser vorstellen können, rechnen wir die Angabe in m^2 um.
Ergebnis: Der Oberflächeninhalt beträgt $988,8\,dm^2 = 9,888\,m^2$, also ungefähr $10\,m^2$.

Körper (2):
Auch bei diesem Körper besteht die Oberfläche aus den vier gleich großen Rechtecken des Quaders, den vier gleich großen Dreiecken der Pyramide und einer Grundfläche. Daraus ergibt sich der gleiche Oberflächeninhalt wie in (1):
$A_O = A_Q + A_P = 98\,880\,cm^2 = 988,8\,dm^2$
Ergebnis: Der Oberflächeninhalt beträgt $988,8\,dm^2 = 9,888\,m^2$, also ungefähr $10\,m^2$.

Information

Strategien zum Berechnen des Volumens zusammengesetzter Körper

1. Strategie: Zerlegen

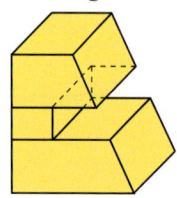

Man zerlegt den Körper in geeignete Teilkörper. Dann berechnet man deren Volumina und addiert diese.

2. Strategie: Ergänzen

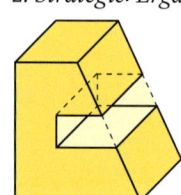

Man ergänzt den Körper geeignet. Dann berechnet man das Volumen des Gesamtkörpers und subtrahiert davon das Volumen des ergänzten Körpers.

Übungsaufgaben

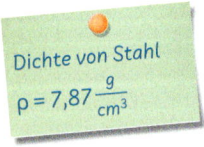

Dichte von Stahl
$\rho = 7{,}87\,\frac{g}{cm^3}$

2. Berechne, wie schwer das Bauteil aus Stahl ist (Maße in mm).

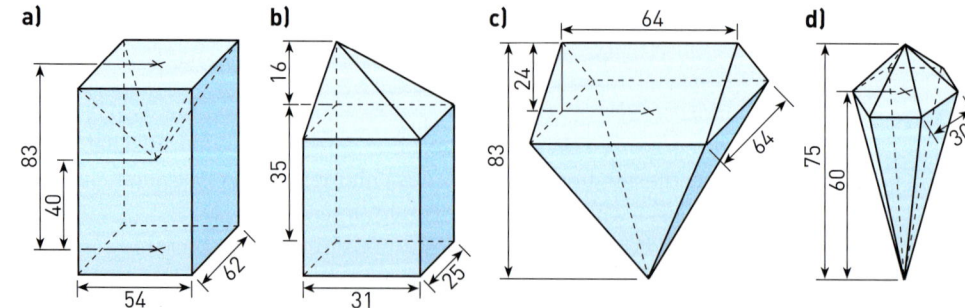

5.6 Zusammengesetzte Körper

3. Ein Marmordenkmal ist 1,70 m hoch. Es besteht aus einem Würfel mit der Kantenlänge a = 90 cm und einer aufgesetzten quadratischen Pyramide mit der Grundkantenlänge 70 cm. Die Dichte von Marmor beträgt $\rho = 2{,}6 \, \frac{g}{cm^3}$.
   a) Berechne die Masse des Denkmals.
   b) Zeichne verschiedene Zweitafelbilder des Denkmals in einem geeigneten Maßstab.

4. Die Überdachung eines Informationsstandes besteht aus neun quadratischen Glaspyramiden ohne Boden. Diese sind aus Fensterglas von 1 cm Dicke hergestellt worden, das 2,5 g pro cm³ wiegt. Schätze, wie schwer das Glasdach ist. Überprüfe rechnerisch.

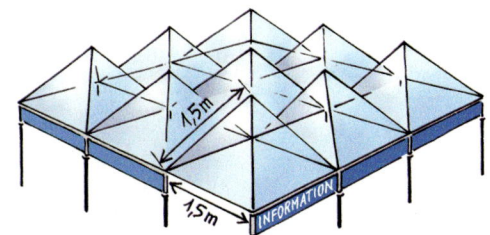

5. Skizziere ein Schrägbild des vorgegebenen Körpers (Maße in cm).
   Berechne Volumen und Oberflächeninhalt.
   Bestimme fehlende Maße zeichnerisch.

   a) 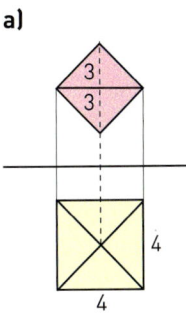   b)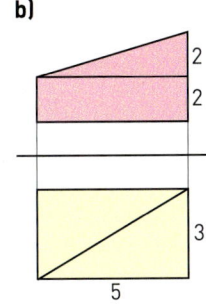

6. Zu dem rechts abgebildeten Grundriss können verschiedene zusammengesetzte Körper gehören.
   Skizziert ein Schrägbild.
   Tauscht eure Blätter und skizziert das dazugehörige Zweitafelbild.

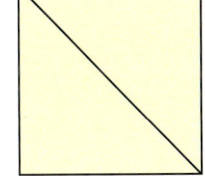

7. Wintergärten werden meistens von außen an Hauswände gesetzt. Die Bilder zeigen verschiedene Möglichkeiten (Maße in cm). Berechne die Größe der verglasten Fläche und des umbauten Raumes des Wintergartens, der
   a) an eine Hauswand gesetzt wird;
   b) an zwei Hauswände gesetzt wird;
   c) an zwei Hauswände gesetzt wird.

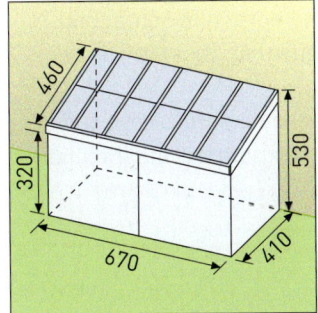 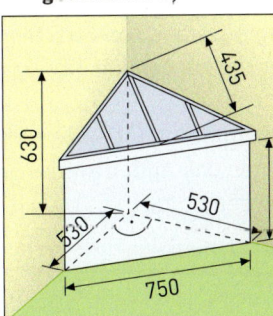 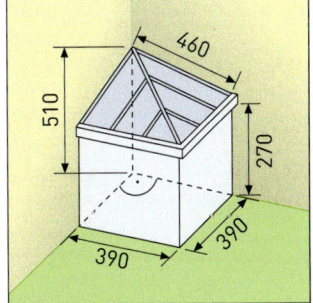

5.7 Vermischte Übungen

1. Die größte Pyramide ist die um 2600 v. Chr. erbaute Cheops-Pyramide. Sie war ursprünglich 146 m hoch, die Seitenlänge der quadratischen Grundfläche betrug ca. 233 m.

   a) Berechne das Volumen der ursprünglichen Cheopspyramide.
   b) Heute beträgt die Länge der Grundseite nur noch ungefähr 227 m, die Höhe nur ungefähr 137 m. Wie viel m³ Stein sind inzwischen verwittert? Gib diesen Anteil auch in Prozent an.
   c) Von der heutigen Pyramide soll ein maßstabgerechtes Modell aus Pappe hergestellt werden. Wähle einen geeigneten Maßstab aus und berechne den Materialverbrauch für das Modell.

2. Die Abbildung zeigt Netze von Körpern.

   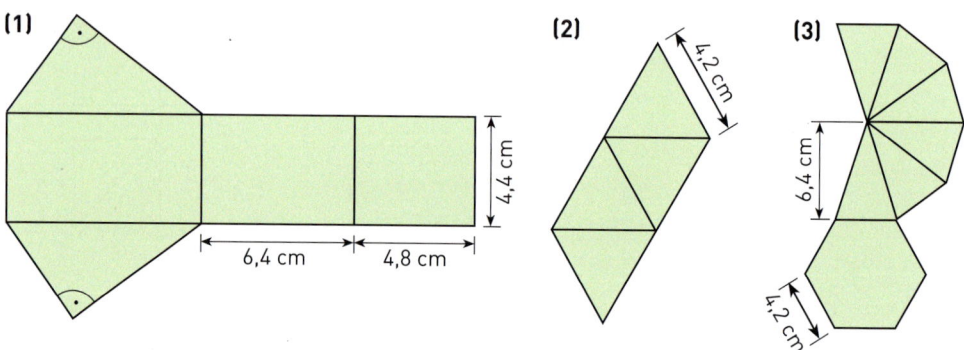

   a) Gib den Namen der Körper an und zeichne jeweils ein Schrägbild.
   b) Bestimme für jeden Körper den Oberflächeninhalt und das Volumen.

3. Zeichne zu dem Aufriss einen passenden Grundriss.
   Tausche dein Blatt mit deinem Nachbarn und skizziere das dazugehörige Schrägbild und gib den Namen des Körpers an.

   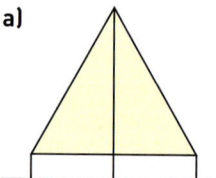 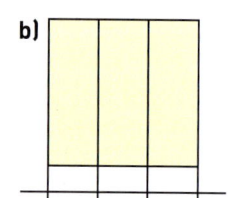

4. Eine Fläche eines Körpers ist ein gleichseitiges Dreieck.
   Skizziere mindestens drei verschiedene Körper im Schrägbild.
   Beschreibe die Körper und gib gegebenenfalls ihre Namen an.

5. Übertrage den Grundriss eines Körpers in dein Heft. Lege selbst geeignete Maße fest.
   Ergänze einen passenden Aufriss und skizziere das entsprechende Schrägbild.
   Beschreibe den Körper.

   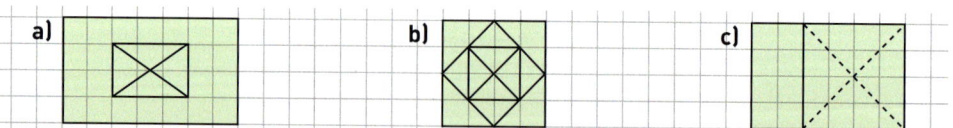

5.7 Vermischte Übungen

6. Skizziere ein Schrägbild des vorgegebenen Körpers (Maße in cm). Berechne das Volumen und den Oberflächeninhalt. (Entnimm fehlende Maße einer entsprechenden Zeichnung.)

a)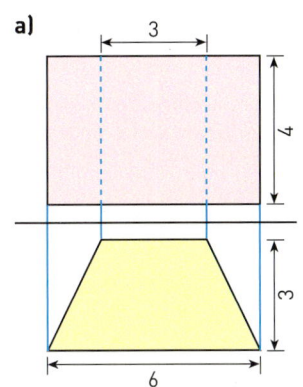

b)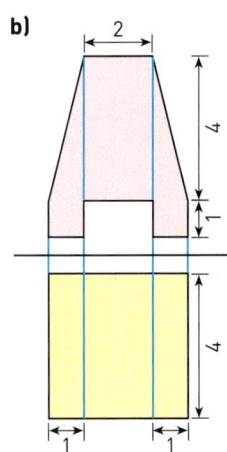

7. Aus einem Möbelkatalog für Sideboards:

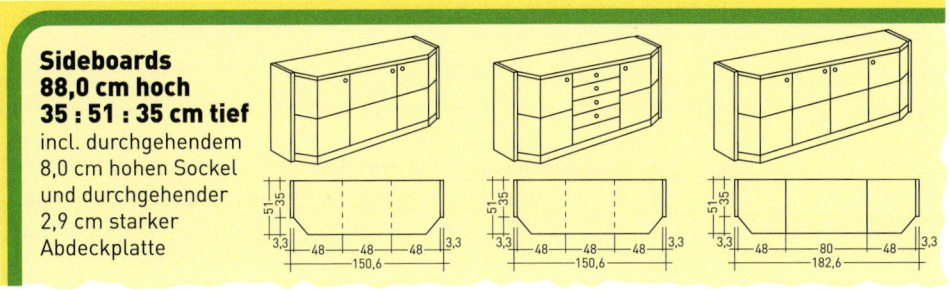

Vergleiche die drei verschiedenen Ausführungen des Sideboards.

8. Aus einem Lehrmittelkatalog: Alle Modelle sind aus Rundstahl hergestellt.

a) **Dreieckspyramide** (Grundfläche regelmäßiges Dreieck) Kantenlängen: Grundseite 300 mm, Höhe: 400 mm

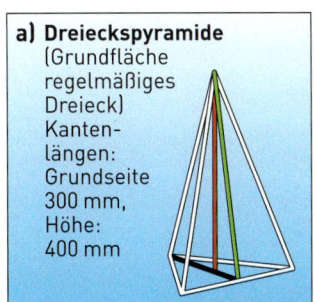

b) **Dreiecksprisma** Kantenlängen: a = 300 mm, h = 245 mm

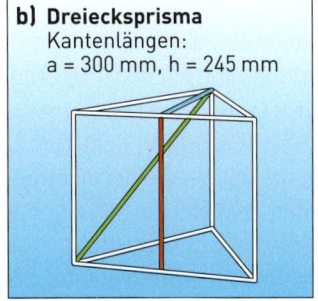

c) **Oktaeder** Kantenlänge: 300 mm

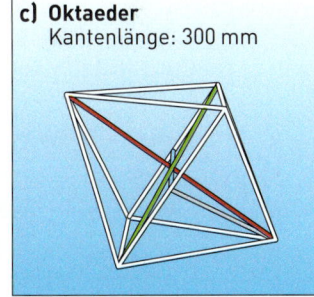

Wie viel Rundstahl wird zur Herstellung benötigt? Bestimme fehlende Größen zeichnerisch.

9. Wählt euch ein Prisma, eine Pyramide oder einen zusammengesetzten Körper aus und baut ihn aus Pappe oder anderen Materialien.
Stellt zu diesem Körper ein Info-Poster her.
Darauf könnten Eigenschaften wie Oberflächeninhalt und Volumen sowie Abbildungen (z. B. Fotos aus der Umwelt) des gewählten Körpers zusammengestellt sein.

Im Blickpunkt

Technische Zeichnungen und Bauzeichnungen

Bevor ein Facharbeiter ein Werkstück herstellt, muss er wissen, welche *Form* es haben soll. Der Konstrukteur gibt ihm dafür keine Beschreibung, sondern eine technische Zeichnung. Eine solche Zeichnung enthält auch Informationen über die *Größe* des Werkstücks. Dafür verwendet der Konstrukteur **Maßpfeile**. Die **Maßzahlen** geben die Längen in mm an.
Ein Facharbeiter muss eine technische Zeichnung lesen können.

1. Du siehst hier technische Zeichnungen von Werkstücken. Da sie aus dünnem Blech angefertigt werden sollen, genügt eine Ansicht.

   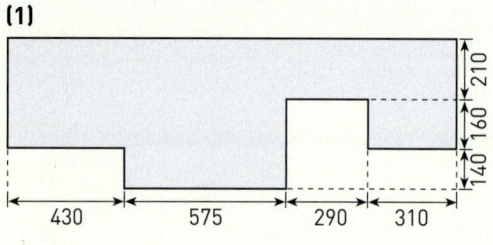
   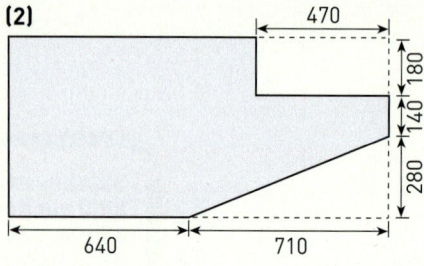

   a) Beschreibe die Form der Werkstücke.
   b) Berechne, welche Seitenlängen ein rechteckiges Blech mindestens haben muss, um dieses Werkstück herstellen zu können? Gib den Materialverschnitt in Prozent an.

2. Auch Bauzeichnungen sind technische Zeichnungen mit Informationen wie den räumlichen Maßen.
   Architekten, Bauingenieure und Makler verwenden Bauzeichnungen.

   a) Schreibe eine Zeitungsannonce für eine Wohnung mit dem abgebildeten Grundriss.
   b) Die Wohnung soll für 6,30 € pro Quadratmeter vermietet werden. Weiterhin werden 180 € Nebenkosten verlangt. Berechne die monatliche Miete.
   c) Die Vermietungsfirma überlegt, ob sie im Wohnzimmer Laminat (8,79 € pro Quadratmeter), das nach 20 Jahren, oder Teppichboden (7,99 € pro Quadratmeter), der nach 15 Jahren gewechselt wird, verlegen soll.
   Begründe, wofür du dich entscheiden würdest.

   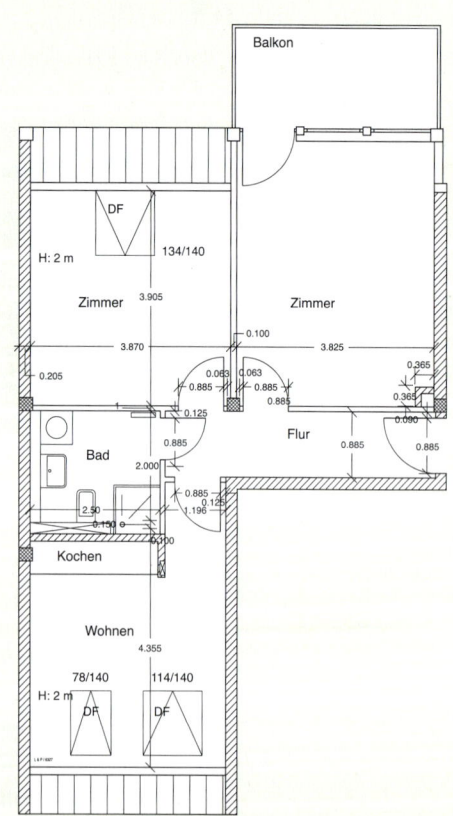

Das Wichtigste auf einen Blick

Zweitafelbild

Das *Zweitafelbild* eines Körpers besteht aus dem **Grundriss** (Draufsicht) und dem **Aufriss** (Vorderansicht).
Die Schnittgerade von Grundriss- und Aufrissebene bezeichnet man als **Rissachse**.
Grund- und Aufriss eines Punktes liegen auf einer Ordnungslinie, die senkrecht zur Rissachse verläuft.

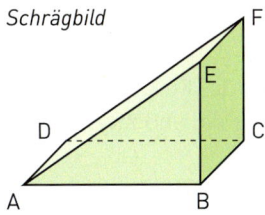

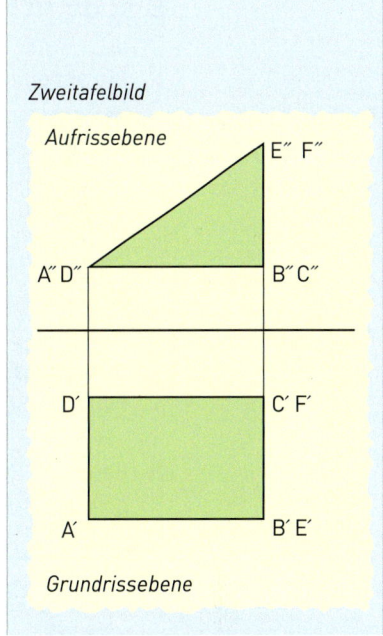

Pyramide

Eine *Pyramide* ist ein Körper, der von einem Vieleck und weiteren Dreiecken begrenzt wird. Die Dreiecke treffen sich alle in einem Punkt, der Spitze der Pyramide.
Das Vieleck heißt *Grundfläche* der Pyramide, die Dreiecke heißen *Seitenflächen*.

Beispiel: Pyramide mit rechteckiger Grundfläche

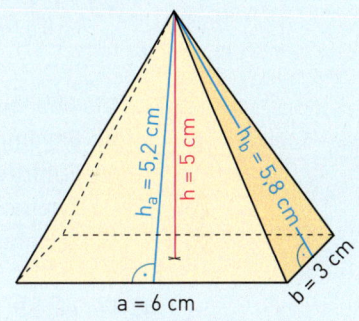

Oberflächeninhalt einer Pyramide

Die Seitenflächen bilden zusammen die *Mantelfläche* der Pyramide mit dem Mantelflächeninhalt A_M.
Der *Oberflächeninhalt* A_O ist die Größe der Oberfläche der Pyramide.

Es gilt:
$A_M = A_1 + A_2 + A_3 + A_4 + \ldots$
$A_O = A_G + A_M$

$A_G = 6\,\text{cm} \cdot 3\,\text{cm} = 18\,\text{cm}^2$
$A_1 = \dfrac{a \cdot h_a}{2} = \dfrac{6\,\text{cm} \cdot 5{,}2\,\text{cm}}{2} = 15{,}6\,\text{cm}^2$
$A_2 = \dfrac{b \cdot h_b}{2} = \dfrac{3\,\text{cm} \cdot 5{,}8\,\text{cm}}{2} = 8{,}7\,\text{cm}^2$
$A_M = 2 \cdot A_1 + 2 \cdot A_2 = 48{,}6\,\text{cm}^2$
$A_O = A_M + A_G = 66{,}6\,\text{cm}^2$

Volumen einer Pyramide

Für das *Volumen* V einer Pyramide mit der Grundflächengröße A_G und der Höhe h gilt:

$V = \dfrac{1}{3} \cdot A_G \cdot h$

$A_G = 6\,\text{cm} \cdot 3\,\text{cm} = 18\,\text{cm}^2$
$V = \dfrac{1}{3} \cdot 18\,\text{cm}^2 \cdot 5\,\text{cm} = 30\,\text{cm}^3$

Bist du fit?

1. Die abgebildeten Netze gehören zu Prismen oder Pyramiden.

   (1)  (2) 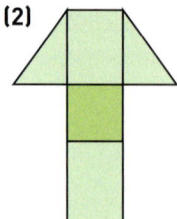 (3) 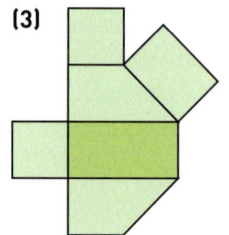 (4)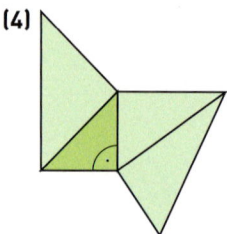

   Gib den Namen des Körpers an und beschreibe ihn möglichst genau.
   Skizziere Schrägbild und Zweitafelbild.

2. Berechne die Größe der Dachfläche und die Größe des Dachraumes.
   Zeichne das Zweitafelbild in einem geeigneten Maßstab.

   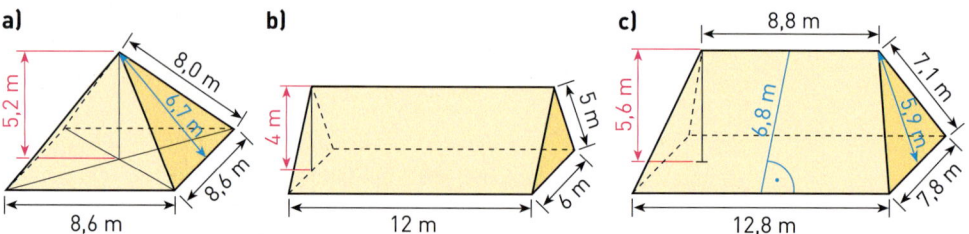

3. Die Abbildung zeigt das Netz eines Körpers (Maße in mm).
   a) Bestimme das Volumen und den Oberflächeninhalt.
      Ermittle fehlende Maße mithilfe eines geeigneten Zweitafelbildes.
   b) Zeichne ein Schrägbild in einem geeigneten Maßstab.

   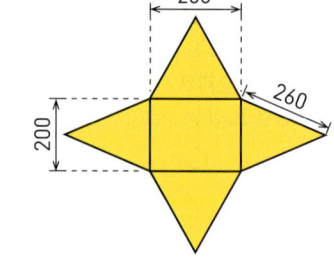

4. Für eine Schaufensterdekoration wird auf jede Seitenfläche eines Würfels eine passende quadratische Pyramide aufgesetzt.
   Der so entstandene Stern wird mit Silberfolie beklebt.
   Die Kanten des Würfels sind 12 cm lang und die Seitenhöhen 34 cm.
   Wie viel Silberfolie wird für den Stern benötigt?

5. Ein Hersteller bietet 20 cm hohe Sandkisten mit unterschiedlichen Grundflächen an.

    (1) 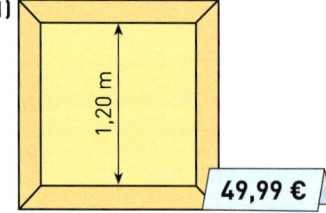 (2) 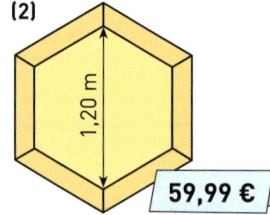 (3)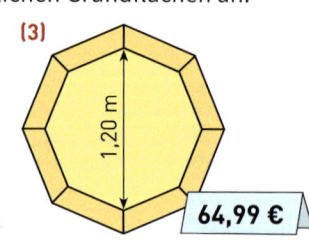

   Wie viel kostet eine Sandkiste mit Füllung ungefähr, wenn sie nur bis zu zwei Drittel der Höhe gefüllt werden soll? Bestimme fehlende Größen durch geeignete Konstruktion.
   1 dm^3 Spielsand wiegt etwa 2 kg.

Wahlthema: Platonische Körper

Platonische Körper

Betrachte das Bild *Stars* von dem niederländischen Grafiker M. C. Escher und beschreibe die Körper, die du siehst. Welche kennst du schon?

> **Vielecke** mit lauter gleich langen Seiten und gleich großen Innenwinkeln heißen *regelmäßig*.

Bei der Untersuchung von Körpern fanden schon in frühester Zeit die regelmäßigen Körper besondere Beachtung und Bewunderung. Das sind Körper, die von regelmäßigen Vielecken begrenzt werden. Einige solcher Körper kennst du schon:

- *Würfel:* Sie sind nur von sechs zueinander kongruenten Quadraten begrenzt; an jeder Ecke stoßen drei Quadrate zusammen.
- *Tetraeder:* Die Begrenzungsflächen sind vier zueinander kongruente gleichseitige Dreiecke; an jeder Ecke stoßen drei Dreiecke zusammen.

M.C. Escher's "Stars" © 2014 The M. C. Escher Company – The Netherlands. All rights reserved. www.mcescher.com

> **Platonische Körper** sind Körper, bei denen
> (1) die Begrenzungsflächen zueinander kongruente, regelmäßige Vielecke derselben Art sind,
> (2) in jeder Ecke gleich viele dieser Vielecke zusammenstoßen.
> Platonische Körper nennt man auch *regelmäßige Körper*.

> **Würfel**
> = Hexaeder
>
> **Griechische Zahlwörter:**
>
> **hexa** sechs
>
> **tetra** vier
>
> **okta** acht
>
> **dodeka** zwölf
>
> **Ikosa** zwanzig
>
> **-eder** Seite

Die Namen der platonischen Körper stammen aus dem Griechischen und geben an, wie viele Seitenflächen der Körper besitzt.

Tetraeder, *Oktaeder* und *Ikosaeder* sind von vier bzw. acht bzw. zwanzig gleichseitigen Dreiecken begrenzt.

Beim *Hexaeder* stehen sechs Quadrate rechtwinklig aufeinander.

Zwölf regelmäßige Fünfecke bilden die Begrenzungsflächen des *Dodekaeders*.

Körper, die nur von Vielecken begrenzt werden heißen **Polyeder**. Besondere Polyeder sind die platonische Körper.

Es gibt genau fünf platonische Körper:
Tetraeder

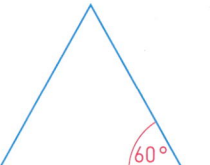
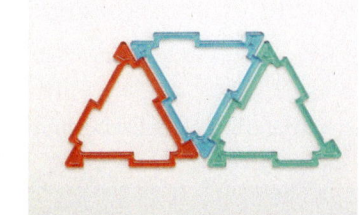
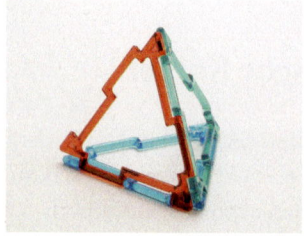
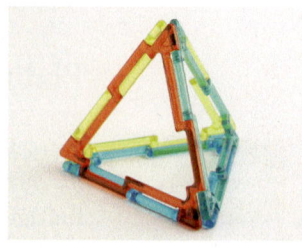

Oktaeder

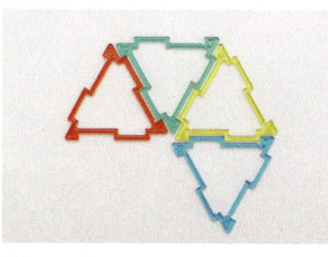
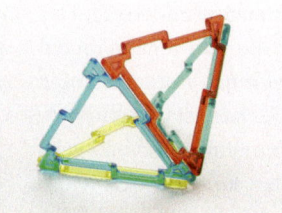
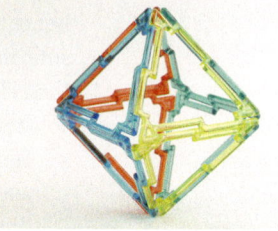

Ikosaeder

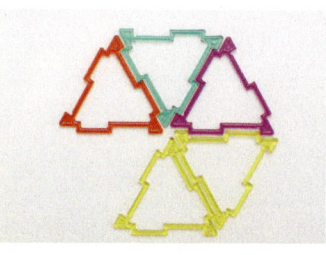
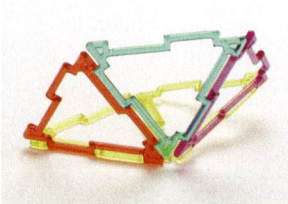
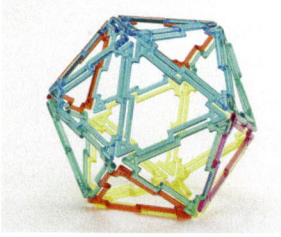

Hexaeder

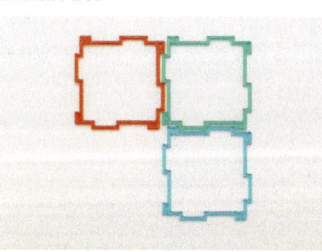
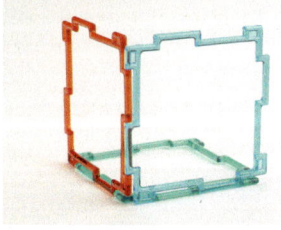

Dodekaeder

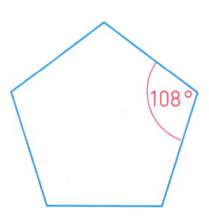
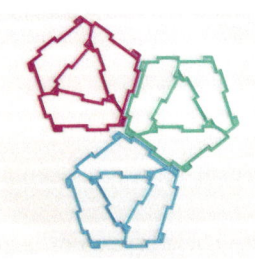
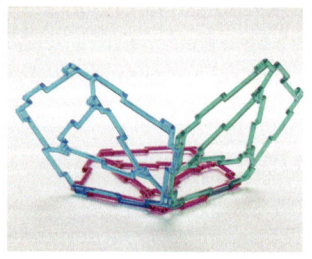
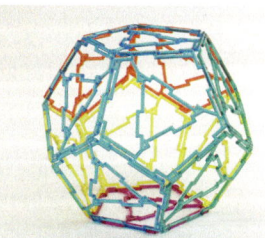

1. Betrachte die Abbildungen oben und begründe, dass es genau fünf platonische Körper gibt.

Wahlthema: Platonische Körper

Platon
(427–347 v. Chr.),
griechischer Philosoph

Benannt wurden diese Körper nach Platon, der wie viele andere griechische Philosophen nach den Grundbausteinen der Welt suchte. Er ging davon aus, dass die kleinsten Teilchen, aus denen die Welt besteht, regelmäßige Körper sein müssen. So brachte er sie mit den vier Elementen Erde (Hexaeder), Wasser (Ikosaeder), Feuer (Tetraeder) und Luft (Oktaeder) in Verbindung und ordnete dem Dodekaeder (zwölf Flächen – zwölf Sternbilder) das Weltall zu.

 Bei den nachfolgenden drei Aufgaben ist es sinnvoll, arbeitsteilig vorzugehen.

2. Zeichnet die Netze der platonischen Körper.
   Um eine Vorstellung vom Aussehen der Netze zu haben, könnt ihr euch zum Beispiel einen Satz platonischer Körper besorgen. Rollt nun diese Körper auf einer Unterlage ab und zeichnet die Umrisse der Flächen nach.

3. Baut Modelle der platonischen Körper.
   Als Materialien könnt ihr verwenden: Rundstäbe und Draht, Strohhalme, Garn und Stopfnadel, Knetgummi und Holzspieße, Papier und Kleber.

4. Stellt Würfel und Tetraeder durch Flechten von Papier her.
   Tetraeder:
   Fertigt nach nebenstehender Vorlage drei verschiedenfarbige Streifen aus Tonpapier an. Faltet jeden Streifen entlang der gestrichelten Linien nach oben, sodass sich der Streifen nur in eine Richtung krümmt. Legt nun die drei Streifen mit der Krümmung nach oben übereinander.
   Das mittlere Dreieck, welches alle drei Streifen enthält, bildet die Grundfläche des Tetraeders. Mit Büroklammern fixieren und die Seiten zusammenfalten.

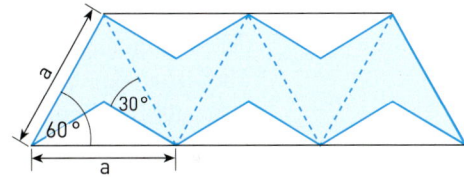

5. a) Zähle die Ecken, Kanten und Flächen der Körper.
      Übertrage die Tabelle in dein Heft und ergänze sie.

Platonischer Körper	Flächenform	Anzahl der Ecken	Anzahl der Flächen	Anzahl der Kanten
Tetraeder				
Hexaeder				
Oktaeder				
Dodekaeder				
Ikosaeder				

   b) Finde eine Gesetzmäßigkeit zwischen den drei Größen.

Leonard Euler
(1707–1783)

Polyedersatz von Euler:
Hat ein konvexes Polyeder f Flächen, e Ecken und k Kanten, so gilt: $f + e - k = 2$.

Hinweis: Konvex heißt ein Körper, wenn die Verbindung von zwei Eckpunkten vollständig zum Körper gehört. Das bedeutet, dass die Sternkörper, die du auf Seite 214 kennenlernst, nicht dazugehören.

6. Nenne Gemeinsamkeiten von
   a) Tetraeder, Hexaeder und Oktaeder;   b) Tetraeder, Oktaeder und Ikosaeder.

7. Untersuche Tetraeder, Hexaeder und Oktaeder auf ihre Symmetrieeigenschaften. Beschreibe auch die Lage der Symmetrieebenen.

8. Gegeben ist ein Tetraeder mit einer Kantenlänge von 6 cm.
   a) Stelle den Körper im Schrägbild und im Zweitafelbild dar.
   b) Ermittle Volumen und Oberflächeninhalt des Körpers.

Aus der Geschichte

Seit Jahrtausenden beschäftigen sich die Menschen mit regelmäßigen Körpern. Das Hexaeder (Würfel) ist schon im Altertum bekannt gewesen. Pythagoras soll das Dodekaeder entdeckt haben. Unter der Bezeichnung Pyramide kannte er auch das Tetraeder.
Theaitetos von Athen, ein Freund von Platon, entdeckte Oktaeder und Ikosaeder. Er konstruierte als erster alle fünf Körper nur unter Verwendung von Zirkel und Lineal.
Im Buch XIII der *Elemente* des Euklid findet man ca. 300 v. Chr. den Nachweis, dass es nur diese fünf regelmäßigen Körper gibt.

Johannes Kepler
(1571–1630)

Johannes Kepler beschreibt 1596 in seinem Werk *Mysterium Cosmographicum* sein Planetenmodell (1596):

„Die Erdbahn ist das Maß für alle anderen Bahnen. Ihr umschreibe ein Dodekaeder; die dies umspannende Sphäre ist der Mars. Der Marsbahn umschreibe ein Tetraeder; die dieses umspannende Sphäre ist der Jupiter. Der Jupiterbahn umschreibe einen Würfel; die diesen umspannende Sphäre ist der Saturn. Nun lege in die Erdenbahn ein Ikosaeder; die diesen einbeschriebene Sphäre ist die Venus. In die Venusbahn lege ein Oktaeder; die diesem einbeschriebene Sphäre ist der Merkur. Da hast du den Grund für die Anzahl der Planeten."

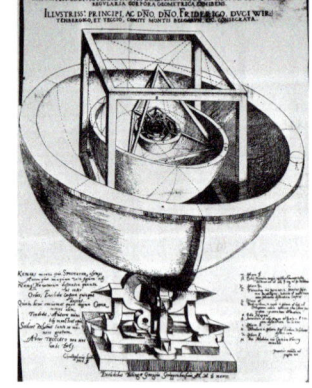

Bei diesem Modell wird die Eigenschaft ausgenutzt, dass jeder der platonischen Körper eine Inkugel besitzt, auf der die Mittelpunkte sämtlicher Flächen liegen und eine Umkugel, auf der sämtliche Körperecken liegen.

9. Welche Planeten waren zu Keplers Zeiten noch nicht bekannt?

10. Nenne die Planeten in der richtigen Reihenfolge. Kennst du eine Eselsbrücke?

Wahlthema: Platonische Körper

Archimedische Körper

Archimedes
(285–212 v. Chr.)

Archimedische Körper (auch *halbregelmäßige Körper* genannt) sind Körper, bei denen
(1) die Begrenzungsflächen aus zwei oder drei Arten untereinander kongruenter, regelmäßiger Vielecke bestehen,
(2) an jeder Ecke Vielecke in der gleichen Weise zusammenstoßen.

Der wohl bekannteste archimedische Körper ist das abgestumpfte Ikosaeder (Bild rechts), besser als Fußball bekannt.
Ein Kohlenstoff-Molekül nimmt auch diese Form an. Im Idealfall besteht es aus genau 60 Kohlenstoffatomen. Diese sind zu 12 regelmäßigen zueinander kongruenten Fünfecken und 20 zueinander kongruenten Sechsecke angeordnet und bilden ein fast perfekt rundes, hohles Gebilde. In jeder Ecke stoßen zwei Sechsecke und ein Fünfeck zusammen. Diese Moleküle nennt man auch Fullerene, weil der Erfinder und Architekt Buckminster Fuller (1895–1983) nach diesem Prinzip große Hallen konstruierte.

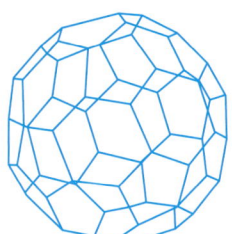

1. a) Erkunde in Lehrbüchern, Nachschlagewerken oder im Internet andere archimedische Körper. Zeichne sie oder kopiere sie und gestalte damit eine Heftseite.
   b) Wähle zwei archimedische Körper aus und stelle sie her. Du kannst dazu aus verschiedenen Materialien (Styropor, Blumensteckmasse, Kartoffel) den jeweiligen Körper herausschneiden.

Das Kuboktaeder (Würfel + Oktaeder) erhält man aus einem Würfel oder einem Oktaeder. Dazu schneidet man die Ecken so ab, dass durch die Mittelpunkte der Seitenkanten geschnitten wird.

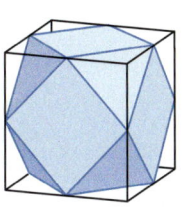 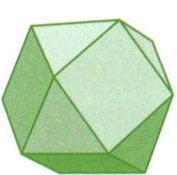 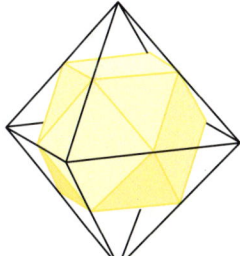

Kuboktaeder

2. Aus einem Würfel mit der Kantenlänge 6 cm wird ein Kuboktaeder herausgeschnitten.
   a) Stelle das Kuboktaeder im Schrägbild dar. Zeichne auch das Zweitafelbild.
   b) Berechne das Volumen und den Oberflächeninhalt.
   c) Fertige den Körper aus stärkerem Papier oder Pappe an. Ein mögliches Körpernetz mit Klebeflächen siehst du rechts.

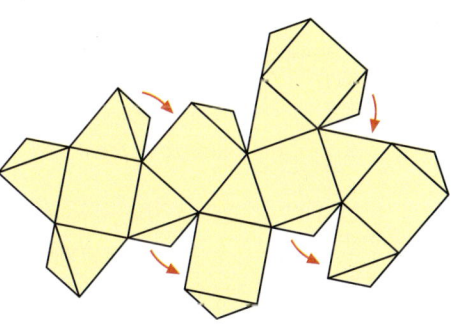

Sternkörper

Bei den platonischen Körpern wölben sich die Flächen nach außen, es sind konvexe Körper. Wenn die Winkel, die durch zwei aneinander stoßende Flächen an einer gemeinsamen Kante gebildet werden, auch größer als 180° sein können, dann entstehen noch weitere besondere Körper, die **Sternkörper**. Der Stern im Bild 3 heißt *Keplerstern*. Er ist der einfachste Sternkörper.

1. a) Betrachte die folgenden Abbildungen. Beschreibe die Entstehung des Keplersterns.

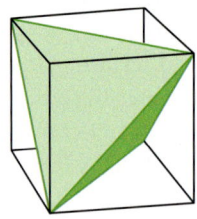 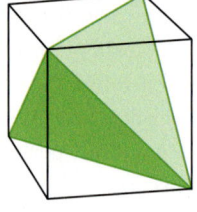 

Bild 1   Bild 2   Bild 3

Du brauchst farbigen Fotokarton, Geodreck, Zirkel, Schere, Kleber.

b) Zeichne selbst das Schrägbild eines Keplersterns.
c) Baue einen Keplerstern. *Hinweis:* Du kannst auf ein großes Tetraeder vier kleine Tetraeder (siehe Bild oben) aufkleben. Eine andere Möglichkeit ist, ein Tetraeder achtmal anzufertigen und anschließend zusammen zu kleben. Vergiss nicht die Klebeflächen mit aufzuzeichnen.

Ein Stern mit zwölf Zacken (Bild 5) entsteht, wenn die Kanten eines Dodekaeders verlängert werden bis sie sich schneiden (Bild 4).
Aus dem Ikosaeder (Bild 6) entsteht so ein Stern mit zwanzig Zacken (Bild 7).

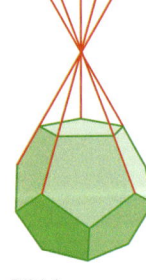 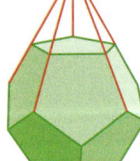 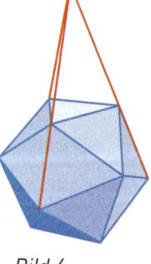 

Bild 4   Bild 5   Bild 6   Bild 7

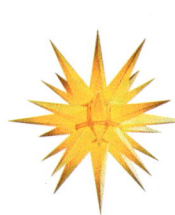

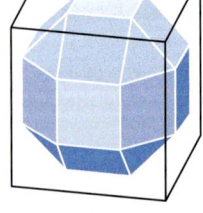

Sternkörper kann man auch herstellen, indem man archimedische Körper als Kern verwendet und Pyramiden aufsetzt.
Seit Beginn des 19. Jahrhunderts wird der *Herrnhuter Stern* als Weihnachtsschmuck verwendet. Er entsteht, wenn von einem Würfel Kanten und Ecken abgeschnitten und dann die Pyramiden aufgesetzt werden.

2. a) Skizziere das Netz und den Kern des Herrnhuter Sterns im Aufriss.
   b) Aus wie vielen dreiseitigen und vierseitigen Pyramiden besteht der Herrnhuter Stern? Im Internet findet ihr mehr Informationen und den Bastelbogen.
   c) Fertigt weitere Sterne an. Ihr könnt dafür die Arbeit aufteilen.

Wahlthema: Platonische Körper

Der Fußball

Im Beisein von Bundeskanzler Schröder und „Kaiser Franz" wurde am 12. September 2003 der Fußball-Globus der FIFA vor dem Brandenburger Tor der Öffentlichkeit übergeben. Der Globus, nach Entwürfen des Architekten Buckminster Fuller, gestaltet von Multi-Media-Künstler André Heller, ist Teil des begleitenden Kunst- und Kulturprogramms der Bundesregierung und des lokalen Organisationskomitees der FIFA zur WM 2006.

Drei Jahre lang wird der Fußball-Globus durch die zwölf Austragungsstädte der Fußball-Weltmeisterschaft reisen und eine Drehscheibe für die zahllosen Themen sein, die mit dem Begriff Fußball verknüpft sind.

Tagsüber ist die Raumskulptur ein großer Fußball. Das Innere dient als Ort der Information und Interaktion. Am Abend verwandelt sich der Fußball in einen Globus.

60 Tonnen Stahl bilden das Skelett des Fußball-Globus. Für die Tragkonstruktion wurden mehr als 250 m Rohr mit einem Durchmesser von 193,7 mm verarbeitet.

Die Konstruktion entspricht der klassischen Fußballform und besteht aus 12 Fünf- und 20 Sechsecken mit insgesamt 55 Knotenpunkten. Die Gesamtfläche der fünf- und sechseckigen Membrane (obere und untere Lage) beträgt 1 400 m².

(Meldung aus dem Internet)

1. a) Aus welchen regelmäßigen Vielecken besteht der Fußball-Globus? Begründe, dass der Fußball ein archimedischer Körper ist.
   b) Ermittle mithilfe eines Fußballs die Anzahl der jeweiligen Vielecke und zähle die Ecken aus. Vergleiche dein Ergebnis mit den im Text oben angegebenen Werten.
   c) Wie viele Fußballfelder könnten mit dem Stoff für den Fußball-Globus ausgelegt werden?

2. Erkunde die Maße eines Fußballs.

3. Informiere dich über Namen, Abmessungen und Formen verschiedener FIFA-Weltmeisterschaftsbälle.

4. Im Sommer 2004 stand der Fußball-Globus auch auf dem Leipziger Markt. Das Gerüst, auf dem der Fußball stand hatte eine Höhe von 2,50 Metern. Lies die nachfolgenden Meldungen und finde die Fehler.

| Mit einer Höhe und einer Breite von 20 Metern beherrscht der Fußballglobus zur Fußballweltmeisterschaft in Deutschland bereits das Bild des Leipziger Marktplatzes. | Wie ein gewaltiges Spielgerät mit einem Durchmesser von 15 Metern wirkt der Fußball-Globus auf dem Rathausmarkt mitten in Hamburg sehr imposant und stimmt auf die Spiele zur WM ein. | Am Tag wirkt der Fußball-Globus mit seinen schwarz-weißen Rauten für den ein oder anderen vielleicht noch langweilig. Im Dunkeln jedoch verwandelt sich der große runde Ball in ein glitzerndes Lichtobjekt. |

Projektvorschläge

Neben dem Herstellen einiger besonderer Körper aus verschiedenen Materialien und in unterschiedlichen Größen könnt ihr euch noch mit den Anwendungen der platonischen Körper beschäftigen. Bereitet eine Präsentation vor oder gestaltet aus den zusammengestellten Materialien eine Ausstellung.

Natur:
1. Strahlentierchen nehmen die Form von Sternkörpern an.
   Mineralien bestechen durch ihre regelmäßigen Formen und ihre Farbenvielfalt.
   Auch hier finden wir geformte Exemplare.
   - Erkundet, wo überall in der Natur platonische Körper, archimedische Körper oder Sternkörper vorkommen.

Kunst:
2. Das kleine Sterndodekaeder wurde schon um 1425 auf einem Mosaik von Uccello (San Marco Kathedrale, Venedig) dargestellt.
   Leonardo da Vinci, Dali und Escher sind nur einige Künstler, die sich in ihren Werken mit den besonderen Körpern beschäftigten.
   - Findet weitere Beispiele, wo besondere Körper in Kunstwerken vorkommen.
   - Beschäftigt euch mit dem Leben und Wirken ausgewählter Künstler.
   - Fertigt verschiedene Sternkörper an.

3. Mehrere identische Tetraeder kann man zu einem Ring zusammensetzen, der sich kontinuierlich durch sein Zentrum drehen kann. Je nach Anzahl der verwendeten Tetraeder gibt es quadratische, sechseckige, zehneckige, aber auch verdrillte Tetraederringe. Diese Ringe sind unter dem Begriff *Kaleidozyklen* bekannt geworden.
   - Sucht im Internet nach Anleitungen und Netzen zum Bau von Kaleidozyklen.
     Fertigt verschiedene Kaleidozyklen an und gestaltet sie ansprechend.

Architektur:
4. In Bottrop befindet sich ein 50 Meter hoher Tetraeder. Er dient als Aussichtsplattform.
   Tetrapoden werden an der Ostseeküste eingesetzt, um künstliche Riffe zu bilden.
   Auf Spielplätzen finden wir Oktaeder, bei denen ein Teil fest im Boden verankert ist.
   - Fotografiert in eurer Umgebung, auf einer Klassenfahrt oder Exkursion Gebäude und Gegenstände, die die Form von platonischen bzw. archimedischen Körpern oder Sternkörpern besitzen. Schneidet aus Reiseprospekten, Werbeblättern, Zeitschriften usw. geeignete Bilder aus.

6. Daten

Die Wetterstation auf dem Fichtelberg (siehe Bild oben) sammelt täglich Wetterdaten.
Diese werden aufbereitet und weitergegeben.
Dazu fasst man sie in Tabellen zusammen und veranschaulicht sie in Diagrammen.

→ Welche Informationen kann man dem Klimadiagramm entnehmen?

→ Werte das Diagramm aus, indem du charakteristische Werte wie Maximum oder Minimum bestimmst.

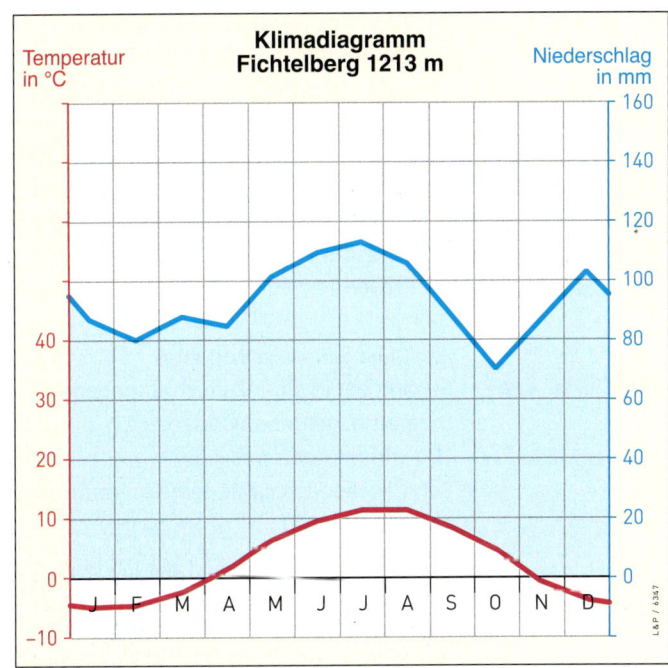

*In diesem Kapitel ...
lernst du, Daten in Diagrammen darzustellen und diese
Diagramme kritisch auszuwerten. Weiter nutzt du Tabellenkalkulationsprogramme,
um Daten effizient zu erfassen und auszuwerten.*

Lernfeld: Daten, Daten, Daten

Rote Liste geschützter Arten

Daten über gefährdete Tier- und Pflanzenarten sind in so genannten Roten Listen verzeichnet. Diese werden sowohl durch die Weltnaturschutzunion (IUCN) als auch von einzelnen Staaten und Bundesländern herausgegeben.
In Deutschland ist dafür das Bundesamt für Naturschutz in Bonn zuständig. Der Grad der Gefährdung einer Tier- oder Pflanzenart wird durch Einstufung in die Klassen 0, 1, 2, 3, R, G, V und D wiedergegeben.

→ Informiert euch über die Bedeutung dieser Gefährdungsklassen.

Eine Untersuchung an 13 907 von insgesamt ca. 28 000 in Deutschland beheimateten Pflanzenarten ergab nebenstehende Gefährdungssituation.

→ Stellt die Daten in einem geeigneten Diagramm dar.

→ Informiert euch, wie man mit einem Tabellenkalkulationsprogramm Diagramme erstellen kann.

→ Recherchiert, welche Ursachen die Gefährdung der Pflanzenarten haben kann.
  Präsentiert eure Ergebnisse den anderen Gruppen.

	Gefährdungsklasse	Anteil der Pflanzenarten in %
0	ausgestorben oder verschollen	4
1	vom Aussterben bedroht	5
2	stark gefährdet	9
3	gefährdet	12
G	Gefährdung anzunehmen	3
R	extrem selten	7
V	zurückgehend, aber ungefährdet	51
D	Daten unzureichend	9

Ausgabe des Taschengeldes

Susann hat in einer Zeitschrift nebenstehendes Diagramm gefunden und meint:
„Da stimmt doch was nicht."
Setzt euch kritisch mit dem Diagramm auseinander.

→ Zeichnet Diagramme, die den Sachverhalt besser beschreiben.

→ Befragt eure Mitschüler, wofür sie ihr Taschengeld ausgeben.
  Stellt die Ergebnisse in einem Diagramm dar.

→ Präsentiert eure Ergebnisse den anderen Gruppen.

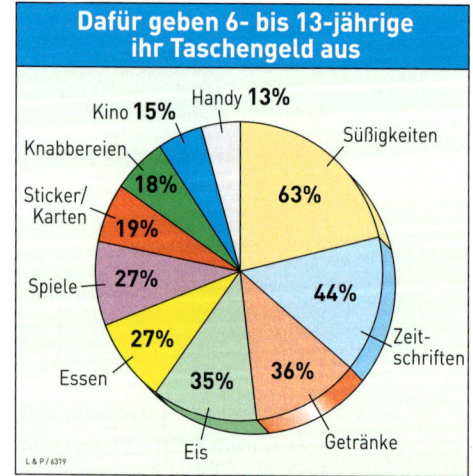

6.1 Daten darstellen und auswerten

Einstieg

Tiefkühlerzeugnisse werden bei den Deutschen immer beliebter. In der Tabelle ist der Absatz von Tiefkühlkost in Deutschland (in Tonnen, ohne Speiseeis) zwischen 1993 und 2012 dargestellt. Erstelle ein Säulen- und ein Liniendiagramm zur Veranschaulichung der Absatzentwicklung. Werte die Diagramme aus.

Jahr	Absatz von Tiefkühlkost
1993	1 889 996 t
1998	2 422 070 t
2003	2 945 888 t
2008	3 202 537 t
2012	3 317 941 t

Aufgabe 1

Der Tabelle kann man den prozentualen Anteil an Wohnungen mit 1, 2, … 6 und mehr Räumen in Dresden im Jahr 2012 entnehmen. Die Daten sollen in einem Kreis- und Säulendiagramm dargestellt werden.
a) Stelle die Daten in einem Säulendiagramm dar. Werte dieses aus.
b) Übernimm die Tabelle in dein Heft und ergänze in einer weiteren Spalte jeweils die Größe des Zentriwinkels im Kreisdiagramm. Zeichne ein Kreisdiagramm. Welche Aussagen kannst du dem Diagramm entnehmen?

Anzahl der Räume	Anteil (in %)
1	10,6
2	33,1
3	35,5
4	14,1
5	4,5
6 und mehr	2,2

Lösung

a) Beim Säulendiagramm zeichnen wir 1 cm für 10 %. Dem Säulendiagramm kann man auf einem Blick entnehmen, dass die meisten Wohnungen 2 oder 3 Räume haben. Ferner erkennt man, dass es mehr als doppelt so viele 2- und 3-Raum-Wohnungen als 4-Raum-Wohnungen gibt. Die Anzahl der Wohnungen mit 6 und mehr Räumen ist ca. halb so groß wie die Zahl der 5-Raum-Wohnungen.

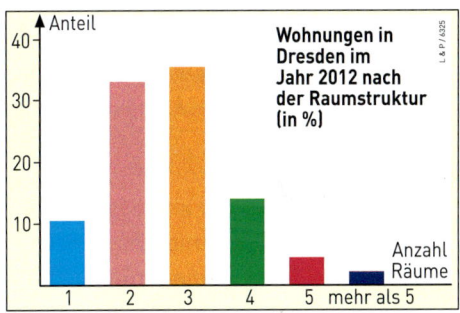

b) Zum Zeichnen des Kreisdiagramms müssen wir zunächst die Zentriwinkel berechnen. Da einem Prozentsatz von 100 % der Vollwinkel mit 360° entspricht, muss man für die 1-Raum-Wohnung 10,6 % von 360° berechnen: $10,6\,\% \cdot 360° = 0,106 \cdot 360° = 38,16° \approx 38°$. Entsprechend erhält man die anderen Werte.

Anzahl der Räume	Anteil (in %)	Zentriwinkel (in °)
1	10,6	38
2	33,1	119
3	35,5	128
4	14,1	51
5	4,5	16
6 und mehr	2,2	8

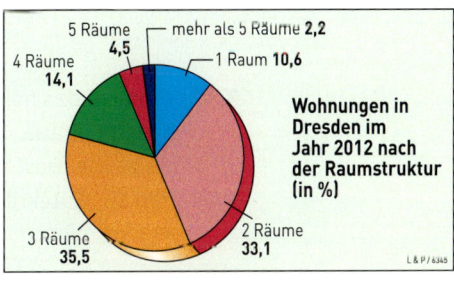

Dem Kreisdiagramm kann man sehr gut entnehmen, dass ca. ein Drittel aller Wohnungen 2-Raum-Wohnungen sind, knapp über einem Drittel sind 3-Raum-Wohnungen. Es gibt etwas mehr Wohnungen mit 4 Räumen als 1-Raum-Wohnungen.

Information

(1) Vorgehen beim Lesen von Diagrammen

Trägt ein Diagramm eine Überschrift, so kann man sofort erkennen, worum es geht. Beim „Lesen" von Diagrammen musst du sorgfältig arbeiten, denn sie enthalten oft mehr Informationen als auf einen Blick ersichtlich ist. Oberflächliche Betrachtungen können zu falschen Aussagen führen. Deshalb ist es notwendig, die Beschreibung des Diagramms von seiner Auswertung zu trennen.

1. Beschreiben des Diagramms
- Welchen Typ hat das Diagramm?
- Was ist im Diagramm dargestellt?
- Werden absolute oder relative Zahlenangaben (in %) benutzt?
- Spielt die Anordnung der Daten eine Rolle?

2. Auswerten des Diagramms
- Welche Aussagen lassen sich treffen?
- Wo liegt das Maximum, wo das Minimum der Daten?
- Welche Aussagen zum größten Anstieg oder größten Abfall kann man treffen?
- Welche Zusammenhänge, Trends, … sind erkennbar?
- Ist das Diagramm geeignet oder werden vielleicht Sachverhalte verfälscht?

(2) Gütekriterien für Diagramme
- Jedes Diagramm hat eine Überschrift.
- Für Linien- und Säulendiagramme gilt weiterhin:
  Die Achsen stehen senkrecht aufeinander und sind gleichmäßig eingeteilt und beschriftet. In der Regel beginnt die senkrechte Achse bei null. Ausnahmen werden besonders hervorgehoben.
- Für Kreisdiagramme gilt:
  Die Zentriwinkel der Kreisausschnitte entsprechen den dargestellten Anteilen. Die Summe der einzelnen Anteile ergibt (auch nach erfolgten Rundungen) ein Ganzes bzw. 100 %.

Übungsaufgaben

2. In der Tabelle ist das Wahlergebnis der Landtagswahl in Sachsen im Jahr 2009 angegeben. Stelle die Daten der Tabelle in einem Säulendiagramm und einem Kreisdiagramm grafisch dar. Du kannst auch eine Tabellenkalkulation verwenden. Welchen Diagrammtyp hältst du für besser geeignet? Begründe deine Entscheidung.

Landtagswahl in Sachsen 2009	
CDU	40,2 %
Die Linke	20,6 %
SPD	10,4 %
FDP	10,0 %
Bündnis 90 / Die Grünen	6,4 %
NPD	5,6 %
Die Tierschutzpartei	2,1 %
Piraten	1,9 %
Sonstige	2,7 %

3. Beschreibe das nebenstehende Diagramm und werte es aus.
Prüfe bei der Beschreibung auch das Einhalten der Gütekriterien.

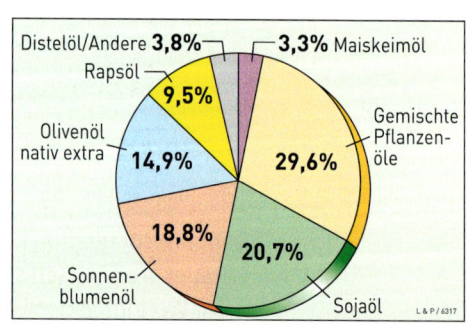

4. a) Beschreibe die Grafik rechts und werte sie aus.
   Notiere mindestens drei Aussagen.
   b) Gib an, wie viel Liter kräftig sprudelndes Mineralwasser 2012 jeder Bundesbürger im Schnitt getrunken hat.
   c) Berechne den Pro-Kopf-Verbrauch an Mineralwasser der Sorten kohlensäurefrei und wenig Kohlensäure.
   d) Gib die prozentualen Anteile von Wasser und Schorle/Limonaden am Gesamtverbrauch an. Was stellst du fest?

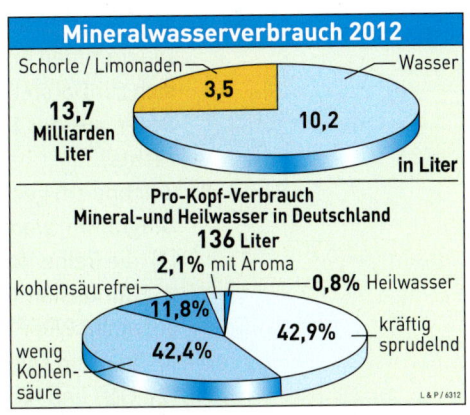

5. Beschreibe, was im nebenstehenden Liniendiagramm dargestellt ist.
   Werte anschließend das Diagramm aus.

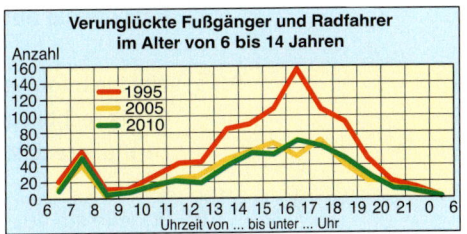

6. Lies den Zeitungstext und veranschauliche die Zahlen in geeigneten Diagrammen.

Obst- und Gemüseverzehr: Trotz Rekordhöhe noch zu niedrig

Ernährungsexperten empfehlen, täglich 450 g Obst und Gemüse zu verzehren, der Durchschnittsdeutsche schafft aber nur 250 g. Im Jahr 2010 hat jeder Privathaushalt im Schnitt 127,34 € für insgesamt 81,5 kg Obst ausgegeben, davon 19,5 kg Äpfel, 14,7 kg Bananen, 9,2 kg Orangen, 5,9 kg Easy Peeler, 4,4 kg Weintrauben, 4,1 kg Melonen, 3,3 kg Erdbeeren, 3,1 kg Nektarinen, 2,9 kg Birnen und 2,6 kg Ananas. Für insgesamt 61,4 kg Gemüse wurden 121,85 € ausgegeben: Spitzenreiter waren Tomaten mit 10,0 kg. Es folgten 7,8 kg Möhren, 6,3 kg Salatgurken, 6,2 kg Zwiebeln, 4,8 kg Paprika, 2,8 kg Eissalat, 1,9 kg Blumenkohl, 1,8 kg Spargel, 1,4 kg Porree und 1,2 kg Weißkohl.

7. Stimmen die folgenden Aussagen mit der rechts abgebildeten Grafik überein? Berichtige gegebenenfalls.
   (1) Im Jahre 2011 verunglückten in Deutschland 30 676 Kinder.
   (2) Das waren durchschnittlich 90 Kinder pro Tag.
   (3) Zwischen 12 und 18 Uhr verunglückten etwa fünfmal mehr Kinder als zwischen 0 und 6 Uhr.
   (4) Die meisten Unfälle passierten zwischen 16 und 18 Uhr.
   (5) Fast die Hälfte aller Kinder verunglückte zwischen 10 und 20 Uhr.
   (6) In der ersten Tageshälfte verunglückten mehr als ein Drittel der Kinder.

8. a) Welche Arten von Diagrammen eignen sich zur Darstellung der Daten aus der Tabelle rechts?
   b) Zeichne ein geeignetes Diagramm, wenn
      (1) die Reihenfolge der Bundesländer „auf einen Blick" erkennbar sein soll;
      (2) Ost- und Westdeutschland getrennt betrachtet werden sollen.
   Beachte die Gütekriterien.

Stichprobe von Ganztagsschulen in Deutschland (bereits realisierte und geplante Schulen) 2012						
Land	real.	geplant	Land	real.	geplant
BaWü	83	116	Nieders.	142	177
Bayern	159	225	NRW	234	398
Berlin	36	70	Rheinl.-Pf.	88	101
Brandenb.	52	77	Saarland	40	75
Bremen	37	57	Sachsen	97	130
Hamburg	37	75	Sach.-Anh.	31	48
Hessen	96	115	Schl.-Hol.	59	80
Meck.-V.	37	51	Thüringen	64	90

9. a) Welche Informationen kannst du der Grafik rechts entnehmen? Formuliere dazu einen Artikel für eine Zeitung.
   b) Erstelle ein aussagekräftiges Diagramm.

Prozentanteil der Nutzer des mobilen Internet nach Altersklassen.	
14–19 Jahre	35
20–29 Jahre	37
30–39 Jahre	33
40–49 Jahre	27
50+ Jahre	15

10. Rechts findest du Daten zum Schulbesuch an allgemeinbildenden Schulen in Deutschland. Veranschauliche die Daten aus der Tabelle rechts mithilfe einer Tabellenkalkulation in einem geeigneten Diagramm.

Schulbesuch an allgemeinbildenden Schulen (in 1 000)				
Bundesland	2007/08	2008/09	2009/10	2010/11
Brandenburg	221,3	216,0	213,5	214,0
Niedersachsen	963,4	949,3	935,8	922,2
Sachsen	307,8	301,6	301,3	309,2
Sachsen-Anhalt	182,7	175,6	172,9	174,5
Thüringen	176,3	172,0	170,9	172,8

11. Von den im Jahr 2010 neu gebauten Wohnungen wurden 50 % mit Gas, 24 % mit Wärmepumpen, 13 % mit Fernwärme, 2 % mit Heizöl, 1 % mit Strom und 10 % mit sonstigen Energiearten beheizt.
    Die Beheizung aller im Jahr 2010 vorhandenen Wohnungen kannst du der Tabelle rechts entnehmen.
    a) Berechne für die Beheizung der insgesamt vorhandenen Wohnungen die Prozentsätze.
    b) Zeichne sowohl für die neu genehmigten als auch die insgesamt vorhandenen Wohnungen ein Diagramm und vergleiche die beiden.
    Formuliere in einem Satz, was dir auffällt.

Beheizung	Wohnungen
insgesamt	36 089 000
davon	
Gas	17 543 000
Öl	10 148 000
Holz	1 258 000
Strom	1 429 000
Fernwärme	4 741 000
Erdwärme	269 000
Kohle	282 000

12.

Kinder haben so viel Geld wie noch nie!

Im Jahr 2013 befindet sich die monatliche Taschengeldhöhe der 6- bis 13-Jährigen auf Rekordhöhe: mehr als 27 €. In den letzten Jahren ist es fast kontinuierlich mehr geworden:

Jahr	2005	2006	2007	2008	2009	2010	2011	2012	2013
Taschengeld (in €)	22,62	22,04	23,90	25,05	23,20	23,04	24,79	27,18	27,56

Dazu bekommen Kinder auch zu besonderen Anlässen noch Geld geschenkt: im Schnitt 64 € zum Geburtstag, 25 € zu Ostern und sogar 80 € zu Weihnachten.

a) Veranschauliche die Taschengeld-Entwicklung der letzten Jahre grafisch.
b) Berechne, um wie viel Prozent das Taschengeld in den letzten Jahren angestiegen ist.
c) Zeichne in einem Diagramm, wie sich das Geld, das die Kinder zur Verfügung haben, aus dem Taschengeld und Geschenken zu den verschiedenen Anlässen zusammensetzt.

13. Essen soll schmecken, aber auch gesund sein und Spaß machen. Die Pyramide zeigt, wie es geht.
Man erkennt es auf einem Blick:
Die Basis unserer Nahrung sollte aus Getreide stammen.

a) Erläutere, welche Informationen noch in der Pyramide „versteckt" sind.
b) Erstelle einen „Ernährungskreis", der uns die gleichen Informationen gibt und stelle ihn mithilfe der Tabellenkalkulation dar.
c) Experimentiere mit weiteren Diagrammformen. Welche sind geeignet, welche nicht? Begründe deine Entscheidungen.
d) Beobachte deine Ernährungsgewohnheiten mindestens eine Woche lang und vergleiche mit der Ernährungspyramide.
Schätze ein, ob du dich gesund ernährst und was du vielleicht verbessern könntest.

14. Welche Darstellungsmöglichkeiten würdest du zu folgenden Daten wählen? Begründe.
a) Bevölkerungszahlen der zehn größten Städte Deutschlands.
b) Entwicklung des Euro-Kurses im Vergleich zum Dollar im letzten Jahr.
c) Ergebnis der letzten Klassenarbeit in Mathematik.
d) Ergebnis der letzten Bundestagswahl.

15. Sucht in Zeitungen, Zeitschriften, Werbeprospekten u. a. nach Diagrammen und schneidet sie aus. Sortiert sie in der Klasse nach Säulen-, Linien-, Kreis- und sonstigen Diagrammen. Teilt euch in Gruppen auf und untersucht die einzelnen Diagrammtypen.
Wählt jeweils das (mathematisch) beste und schlechteste Diagramm aus und begründet eure Wahl bzw. erstellt eine Übersicht zu den unbekannten Diagrammtypen und beschreibt sie.

6.2 Wirkung von Diagrammen auf einen Betrachter

Einstieg

Die Entwicklung des Waldbestandes der Erde soll in einem Diagramm veranschaulicht werden. Maxi und Sophie haben dazu die folgenden Diagramme erstellt.

Maxi

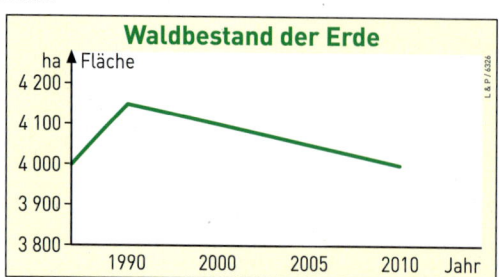

Sophie

Vergleiche die Diagramme miteinander. Was will Maxi mit ihrem Diagramm besonders unterstreichen? Wie wird das erreicht?

Aufgabe 1

Bianca erhält zur Jugendweihe 500 € geschenkt. Sie hat das Geld bei einer Bank für 5 Jahre und einem jährliche Zinssatz von 1,5 % angelegt. Die Kontostandsentwicklung hat sie mit einer Tabellenkalkulation in einem Diagramm dargestellt.

a) Eignet sich das Diagramm um Werte für die Kontostände am Ende der einzelnen Jahre zu ermitteln? Begründe deine Entscheidung.

b) Erstelle unter Nutzung einer Tabellenkalkulation ein Diagramm, aus dem sich die Kontostände besser ablesen lassen. Welche Probleme können bei der Auswertung des Diagramms auftreten?

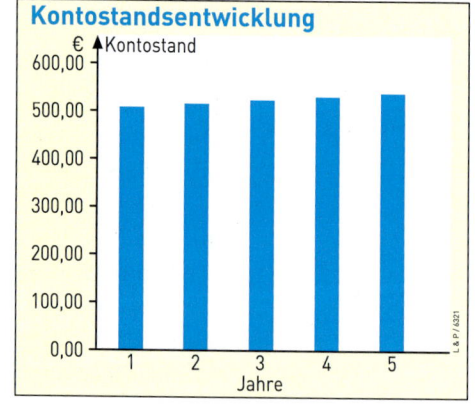

Lösung

a) Das Diagramm ist zur Ermittlung der Kontostände nicht geeignet. Es ist nur ein Ablesen von Näherungswerten möglich, da die Skalierung der senkrechten Achse ungeeignet ist. Der Bereich von 500 € bis 600 € ist zu klein dargestellt.

b) Erstelle zunächst ein Tabellenblatt zur Berechnung der Kontostände.
Den Beginn der senkrechten Achse kannst du durch Anklicken der Achse im Diagramm verändern. Ein aussagekräftiges Diagramm erhältst du, indem du die senkrechte Achse erst bei einem Sockelbetrag von 500 € beginnst.
Problematisch ist hier jedoch, dass die geringen Änderungen des Kontostandes sehr groß erscheinen.

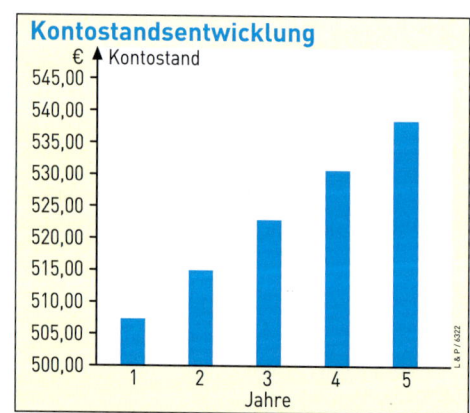

6.2 Wirkung von Diagrammen auf einen Betrachter

Information

Gütekriterien für Diagramme
Ist bei einem Linien- oder Säulendiagramm eine Achse so eingeteilt, dass der Nullpunkt nicht dargestellt wird, so können auch geringfügige Veränderungen sehr groß erscheinen.
Man spricht daher auch von *Matterhorn-Effekt*. Bei der Auswertung solcher Diagramme muss man sehr gut auf die Skalierung der Achsen achten und weggelassene Sockelbeträge mit berücksichtigen.

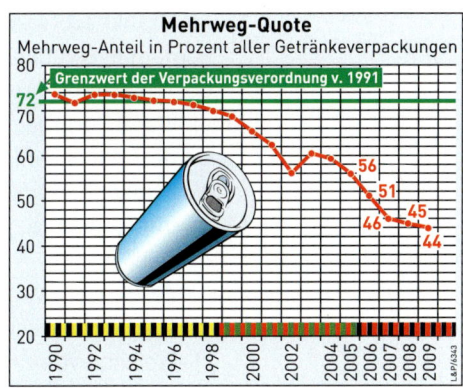

Übungsaufgaben

2. Das Diagramm rechts soll den Erfolg bei der Bekämpfung der Arbeitslosigkeit in Deutschland darstellen.
   a) Warum erscheint die Verringerung der Arbeitslosenquote besonders eindrucksvoll?
   b) Kritiker bemängeln, dass insgesamt noch zu viele Menschen ohne Arbeit sind. Zeichne ein Diagramm, das diese Aussage verdeutlicht.
   c) Welchen Vorteil hat es, wenn man statt eines Liniendiagramms ein Säulendiagramm zeichnet?

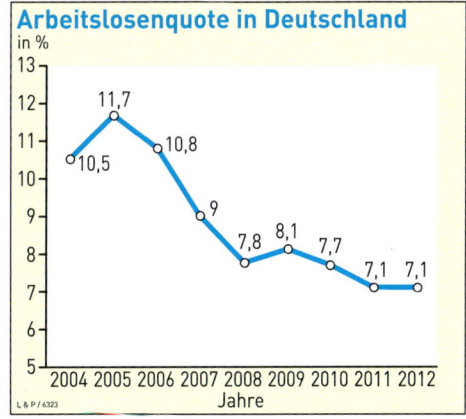

3. Im nebenstehenden Diagramm sind die durchschnittlichen Punktzahlen bei einer Klassenarbeit im Fach Mathematik der Jahrgangsstufe 7 eines Gymnasiums dargestellt.
   a) Welche durchschnittlichen Punktzahlen hatten die Schüler in den einzelnen Klassen?
   Welchen Eindruck vermittelt das Diagramm?
   Wodurch wurde er erreicht?
   b) Erstelle ein Diagramm, das den Sachverhalt korrekt beschreibt.

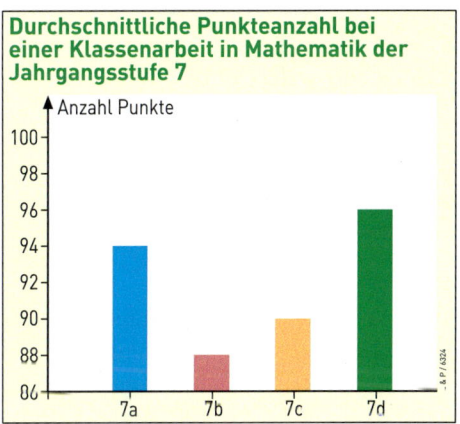

4. a) Prüfe, ob die Darstellung der Pkw-Zulassungen den Gütekriterien entspricht.
   b) Prüfe nach, ob die Prozentangaben stimmen. Wodurch können eventuelle Abweichungen zustande kommen?
   c) Zeichne ein Diagramm, in dem die prozentuale Entwicklung der Pkw-Zulassungen abzulesen ist.

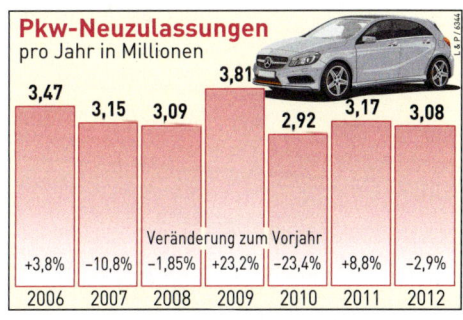

5. Die Grafik rechts soll den Erfolg der Bemühungen um eine Verringerung des CO_2-Ausstoßes darstellen.
   a) Warum erscheint die Verringerung besonders eindrucksvoll?
   b) Kritiker bemängeln, dass insgesamt immer noch zu viel CO_2 ausgestoßen wird.
      Zeichne ein Diagramm, das diese Aussage verdeutlicht.
   c) Welchen Vorteil hat es, wenn man statt eines Liniendiagramms ein Säulendiagramm zeichnet?

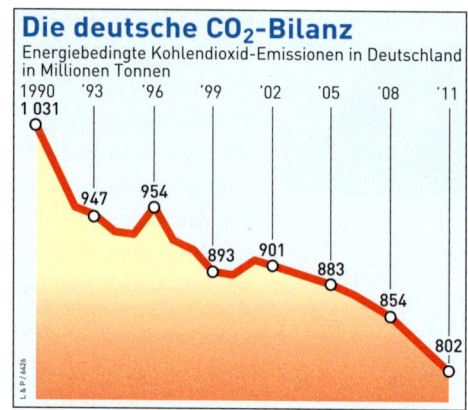

6. Beurteile die gewählte Darstellungsform.

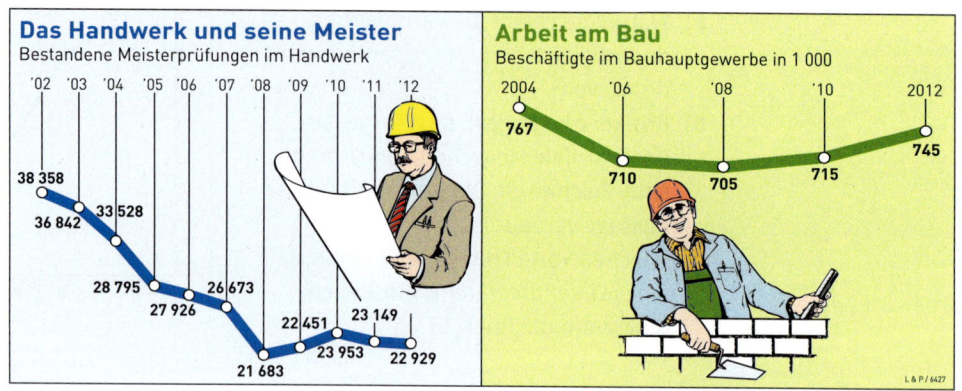

7. Die Tabelle zeigt die Entwicklung der Haus- und Sperrmüllmenge pro Einwohner.

Jahr	1993	1996	2000	2002	2004	2006	2008	2009	2010	2011
Müllmenge (in kg)	200	167	160	153	150	147	143	146	145	144

Zeichne je ein Diagramm, das zu einem Zeitungsartikel mit der Überschrift „Drastischer Rückgang der Müllmengen" sowie „Müllmenge immer noch zu hoch" passt.

8. Die Grafik rechts wurde im Januar 2002 veröffentlicht, als überlegt wurde, ein Pfand auf Getränkedosen einzuführen. Zeichne eine Grafik, die gut zu der Überschrift „Mehrwegverpackungen immer noch an der Spitze" passt.

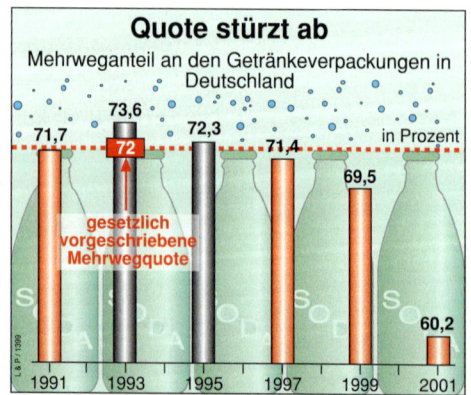

9. Die Mitgliederzahl eines Sportvereins ist in den letzten Jahren angestiegen.
Der Präsident meint: „Unsere persönliche Betreuung der Mitglieder hat die Anzahl nicht nur halten, sondern sogar etwas steigern können." Der Jugendwart meint: „Das zunehmende Angebot an Funsportarten hat zu einem enormen Mitgliederzuwachs geführt."
Zeichne ein Säulendiagramm für den Präsidenten und eines für den Jugendwart.

Jahr	2010	2011	2012	2013	2014
Anzahl	1021	1063	1109	1152	1197

10. Stelle die Daten eines Industriebetriebes aus der folgende Tabelle so dar, dass
    a) die Umsatzentwicklung besonders deutlich erkennbar ist,
    b) die Verringerung der Arbeitskräfte nicht so auffällig ist.
    Vergleiche dein Diagramm mit dem deines Nachbarn.
    Nehmt gegebenenfalls Stellung zu den Vor- und Nachteilen eurer Darstellungen.

	2008	2009	2010	2011	2012	2013
Umsatz (in Millionen €)	450	950	850	1300	2250	2550
Arbeitskräfte	6000	6500	5500	5000	4800	4500

11. Die Schüler der Klassenstufe 7 eines Gymnasiums wurden danach befragt, welche Sportarten sie treiben. Man erhielt folgende Ergebnisse:

Fußball	40 %
Leichtathletik	25 %
Handball	18 %
Turnen	20 %
Basketball	10 %
Judo	5 %
andere Sportart	10 %
kein Sport	5 %

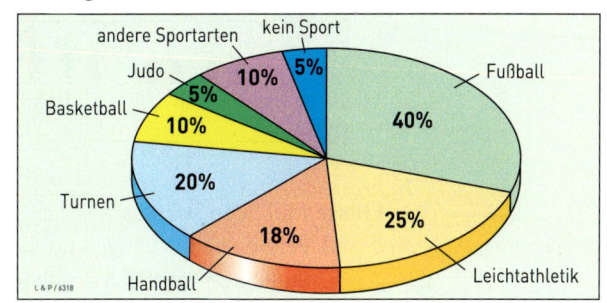

a) Addiere die Prozentsätze. Was stellst du fest? Was könnte der Grund für dieses Ergebnis sein?
b) Lukas hat den Sachverhalt im obigen Kreisdiagramm dargestellt. Wieso beschreibt das Kreisdiagramm die Umfrageergebnisse nicht richtig?
c) Stelle die Ergebnisse der Umfrage in einem geeigneten Diagramm dar.

12. Beschreibe die Grafik rechts und werte sie aus. Prüfe auch die Einhaltung der Gütekriterien.
Nimm Stellung zu der Darstellung.

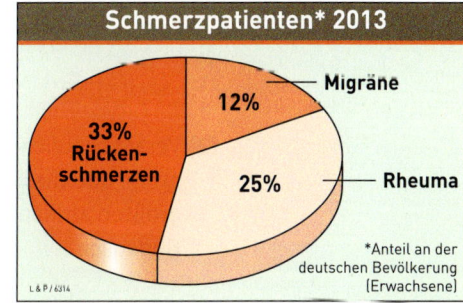

Das kann ich noch!

A) Berechne.
1) $2 + (-7)$
2) $-3 + (-11)$
3) $5 - 7$
4) $-4 - (-9)$
5) $2 \cdot (-13)$
6) $(-4) \cdot (-9)$
7) $-1 \cdot 0$
8) $-24 : 3$
9) $-54 : (-6)$
10) $-9 : 0$

6.3 Anwendung: Afrika

Der Kontinent Afrika

1. Erkunde die Flächengrößen und Einwohnerzahlen aller Kontinente und notiere sie in einer Tabelle. Stelle die Daten in einem geeigneten Diagramm dar.
   Vergleiche die Angaben zu Afrika mit denen der anderen Kontinente.

Bevölkerungsentwicklung

2. Vergleiche die zu erwartende Bevölkerungsentwicklung Afrikas mit der Entwicklung auf den anderen Kontinenten.
   Ermittle aus dem Diagramm den jeweiligen Anteil Afrikas an der Weltbevölkerung.

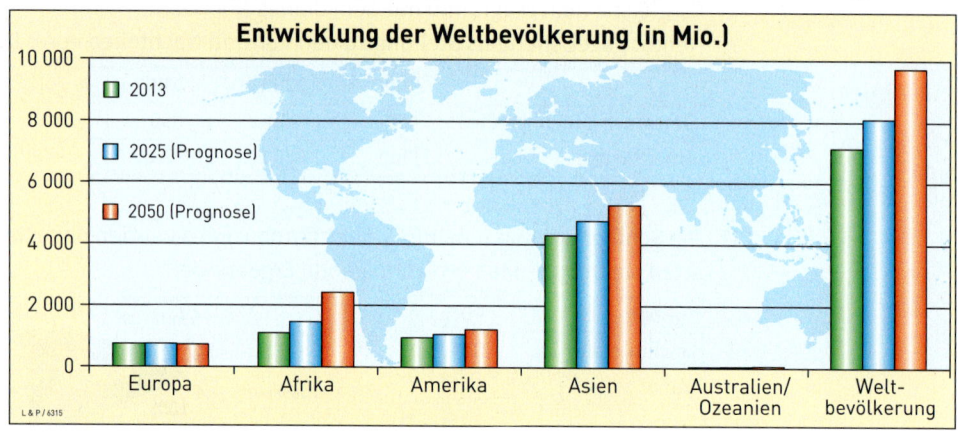

Flüsse und Seen Afrikas

3. (1) Vergleiche die Länge und die Stromgebiete der afrikanischen Flüsse mit der Elbe. Stelle den Vergleich anschaulich dar.

Ströme in Afrika	Länge (in km)	Stromgebiet (in Mio. km²)
Nil	6 671	2,87
Kongo	4 320	3,69
Niger	4 160	2,09
Sambesi	2 660	1,33
Limpopo	1 600	0,44
Elbe	1 165	0,14

Der Nil bei Luxor

(2) Veranschauliche die Wasserflächengröße und die größte Tiefe der fünf größten afrikanischen Seen mit dem Bodensee.

See	durchschnittliche Fläche (in km²)	größte Tiefe (in m)
Victoriasee	69 490	81
Tanganjikasee	34 240	1 436
Malawisee	22 490	702
Tschadsee	16 300	6
Turkanasee	7 100	73
Bodensee	540	252

Klima

4. Hier findest du die Klimadiagramme einiger Städte Afrikas.
   Was kannst du über das Klima der entsprechenden Regionen aussagen, in denen diese Städte liegen?
   Siehe auch im Atlas nach, wo diese Städte liegen. Vergleiche auch mit dem Klima in Sachsen.

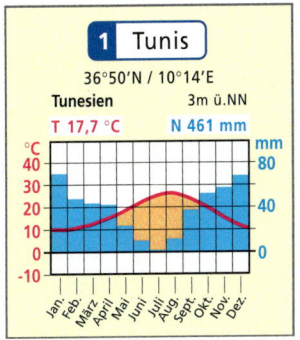
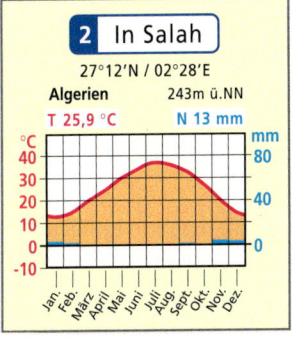
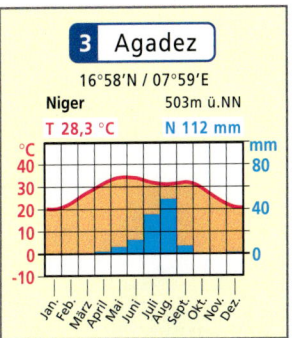
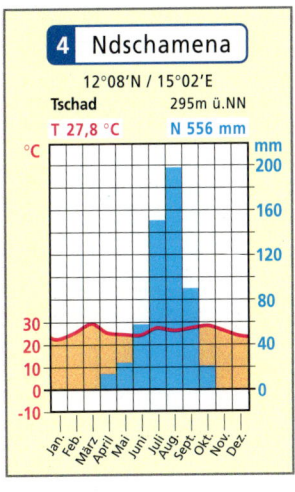
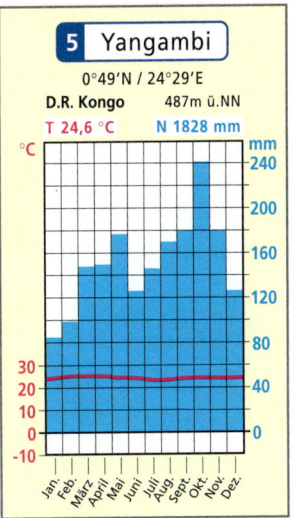
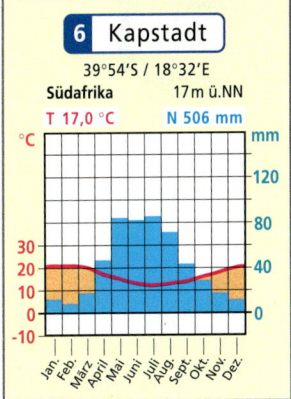

Südafrika und Angola

5. Informiere dich über die Geschichte Südafrikas und über die Geschichte Angolas und stelle sie in einem Zeitstrahl dar.
   In der folgenden Tabelle ist die Altersstruktur der Bevölkerung und die Verteilung auf Land- und Stadtbevölkerung angegeben.

	Welt	Afrika	Südafrika	Angola
Bevölkerung (in Mio.)	7079	1072	51,1	20,9
Bevölkerung < 15 Jahre	26 %	41 %	31 %	48 %
Bevölkerung > 64 Jahre	8 %	3 %	5 %	2 %
Stadtbevölkerung	51 %	39 %	62 %	59 %

Berechne zuerst die Bevölkerungszahlen für die einzelnen Kategorien.
Vergleiche dann die Angaben für Südafrika und Angola mit Gesamtafrika und der Welt.
Stelle die Angaben in einem geeigneten Diagramm dar.

Bist du topfit? – Test 1

1. Gib folgende Angaben mithilfe von Prozentsätzen an.
   a) Die Hälfte aller Schüler der Klasse 7a kommt mit dem Bus zur Schule.
   b) Von 20 Plätzen in einem Parkstreifen sind 15 belegt.
   c) Bei einem Lesewettbewerb bekam jeder Dritte einen Preis.
   d) Jeder 10. Radfahrer fuhr abends ohne Licht.
   e) Bei einer Lotterie gewinnt jedes vierte Los.

2. Ordne die Zahlen nach ihrer Größe. Beginne mit der kleinsten.
   $-2;\ 3{,}1;\ 0{,}31;\ |-2|;\ +6;\ \sqrt{5};\ \frac{-1}{2};\ -2\frac{1}{10};\ 0{,}03;\ 0{,}3$

3. Viele Mineralien haben typische Kristallformen. Zwei Arten siehst du abgebildet. Gib an, aus welchen geometrischen Grundkörpern diese Kristallformen jeweils bestehen. Gib beim Kalkspat auch an, wie groß der markierte Winkel ist.

   Kalkspat: 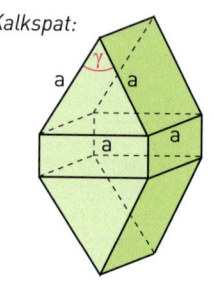 Quarz: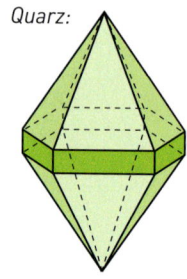

4. In einer Klasse sind m Mädchen und j Jungen. Was bedeuten die Gleichungen?
   a) $m = j$ b) $j = 2m$ c) $m = j + 4$ d) $j = 2m - 1$

5. Gib an, wie viele Prismen dargestellt sind.

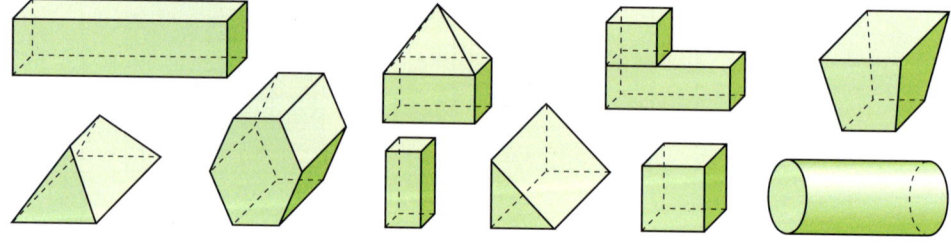

6. Bei einer geraden quadratischen Pyramide wird der Inhalt der Grundfläche halbiert. Welche der folgenden Aussagen ist wahr?

   Das Volumen der Pyramide …
   (1) *verdoppelt sich;* (2) *halbiert sich;* (3) *bleibt gleich;* (4) *wird viermal kleiner.*

7. In einem Dampfentsafter lassen sich 4,5 Kilogramm Obst entsaften.
   Familie Herbst erntet 25 kg Äpfel und möchte Saft daraus herstellen.
   a) Gib an, wie oft der Dampfentsafter gefüllt werden muss.
   b) Aus 2 kg Äpfel erhält man 1,2 ℓ Saft. Dieser wird in Flaschen mit einem Fassungsvermögen von 0,75 ℓ abgefüllt.
   Wie viele Flaschen Apfelsaft erhält Familie Herbst?

8. Skizziere das Schrägbild eines Quaders und notiere die Formel zur Berechnung des Oberflächeninhalts. Stelle die Formel nach der Seitenlänge a um.

Bist du topfit? – Test 2

1. Berechne ohne Taschenrechner.
   a) $-2+3-4\cdot(-1)$ b) $16:(-4)+3-7$ c) $-2^2+8\cdot 5-10\cdot 0$ d) $\dfrac{12-14+9}{2\cdot(-5)+6}$

2. Der Minutenzeiger überstreicht die markierten Winkel. Wie viel Zeit ist vergangen?

   a) 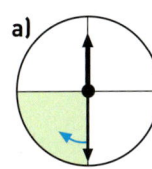 b) 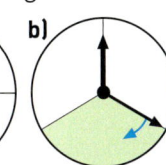 c) 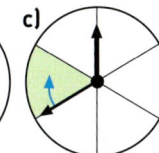 d) 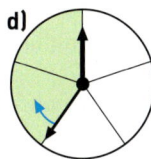 e) 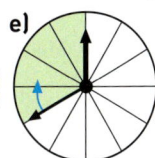 f)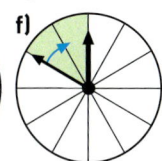

3. Gib an, wie viele Symmetrieachsen die Figur besitzt

   a)  b) 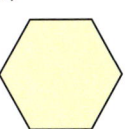 c)  d)   e)

4. Trage die Punkte A(−4|3), B(1|−3,5), C(5,5|0) und D(0|4) in ein Koordinatensystem ein. Verbinde sie. Bestimme die Innenwinkel der Figur, ihren Umfang und ihren Flächeninhalt.

5. Der Flächeninhalt eines Trapezes wird mit der Formel $A = \dfrac{a+c}{2}\cdot h$ berechnet. Welche der folgenden nach c umgestellten Gleichungen ist korrekt?

   (1) $c = \dfrac{2A}{h} - a$ (2) $c = \dfrac{2A - a}{h}$ (3) $c = \dfrac{A}{h}\cdot\dfrac{2}{a}$ (4) $c = \dfrac{A - a}{2h}$

6. Gegeben sind Aufriss und Grundriss eines Körpers. Skizziere ein mögliches Schrägbild.

   a)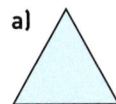
   b)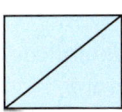
   c)
   d)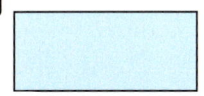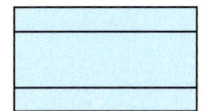

7. Sechs Vermessungsteams bestimmen die Höhe des 155,40 m hohen Cityhochhauses in Leipzig. In der Tabelle sind die Messwerte der einzelnen Teams angegeben.
   a) Berechne die Abweichungen der Teams vom genauen Wert. Notiere in der Tabelle.
   b) Erstelle eine Rangfolge für die Güte der Messwerte.
   c) Ermittle die durchschnittliche Abweichung vom genauen Wert.

Team	Gemessene Höhe (in m)	Abweichung ± (in m)	Abweichung (in %)
A	153,74		
B	158,25		
C	157,10		
D	154,00		
E	156,98		
F	156,75		

Bist du topfit? – Test 3

1. Bequem zu rechnen!
   a) 10 % von 24 m
   b) 50 % von 780 kg
   c) 60 % von 40 min
   d) 75 % von 1 €
   e) 25 % von 300 Büchern
   f) 250 % von 350 ha
   g) 2 % von 38 100
   h) 20 % von 45 ℓ
   i) 200 % von 75 €

2. Manches stimmt hier nicht ... Begründe deine Meinung.
   a) Ein Fußballfeld ist 2 m² groß.
   b) In der Medizinspritze befinden sich noch 5 ml Impfstoff.
   c) Frau Schwalbe hat heute 3 m³ Benzin mit ihrem Motorroller getankt.
   d) Mit dem neuen Gartenrasenmäher mäht man 500 m² Rasen in einer Stunde.
   e) Die Terrasse hat eine Länge von 0,008 km.

3. Im Biologieunterricht geht es um den Schutz der Natur. Für die Erholung der Menschen ist der Wald sehr wichtig. Rund 10,7 Mio. Hektar von Deutschland sind mit Wald bedeckt.
   Die Schüler Anna, Ben und Charlotte sollen die Verteilung der Baumarten in Deutschland grafisch veranschaulichen.

Baumart	Fläche (in Mio. ha)
Eiche	0,963
weitere Laubgehölze	2,675
Kiefer, Lärche	3,317
weitere Nadelgehölze	3,745

   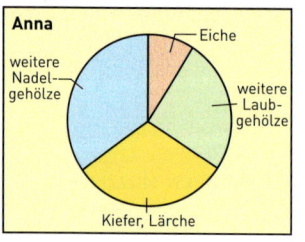
   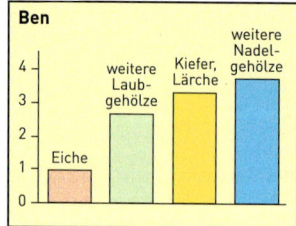
   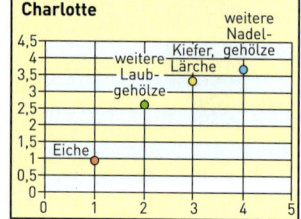

   a) Wie beurteilst du die Darstellungen?
   b) Bestimme die Prozentanteile für jede Baumart.

4. Im Jahr 2013 betrug der durchschnittliche Strompreis für Haushaltskunden 26,4 ct pro Kilowattstunde. Davon entfallen auf:
   Erzeugung, Transport, Vertrieb   14,7 ct
   Mehrwertsteuer   4,2 ct
   Umlage nach Erneuerbare-Energien-Gesetz (EEG) 3,6 ct
   Stromsteuer   2,1 ct
   Konzessionsabgabe   1,8 ct

   a) Veranschauliche diese Anteile in einem Kreisdiagramm.
   b) Die im EEG festgelegte Umlage wird auf 5,277 ct je Kilowattstunde steigen, hinzu kommt noch die Mehrwertsteuer von 19 %.
   Um wie viel verteuert sich dadurch der durchschnittliche Strompreis?

5. Zeichne einen Winkel von δ = 75°. Verdopple die Größe des Winkels zeichnerisch (ohne Zuhilfenahme des Winkelmessers).

Bist du topfit? – Test 4

1. In einem Werbeprospekt wird für verschiedene Kreuzfahrten geworben.

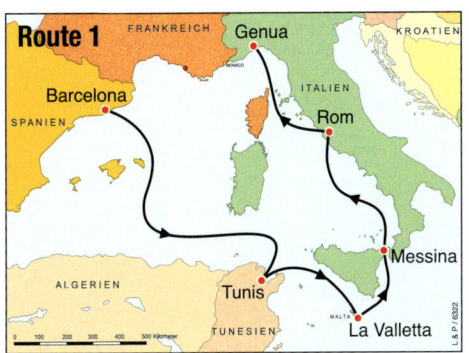
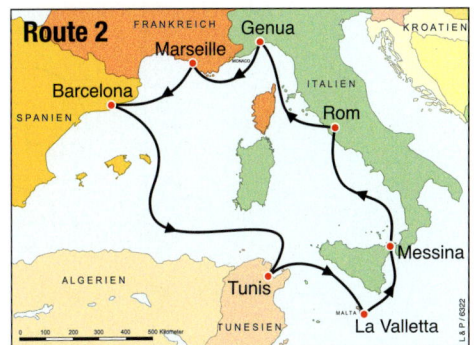

a) Die Strecke von Rom nach Genua beträgt 194 sm, von Tunis nach Valetta 229 sm. Bestimme, um wie viele Seemeilen Route 2 kürzer ist als Route 1.
b) Der Preis für eine Balkonkabine der Route 1 beträgt laut Katalog 1259 €, für Route 2 sind es 1669 €. Überprüfe, ob der Katalogpreis mit der Länge der Route zusammenhängt. Begründe deine Entscheidung.
c) Der Frühbucherpreis wird für Route 1 mit 859 € und bei Route 2 mit 1259 € angegeben. Vergleiche mit dem Katalogpreis und interpretiere deine Erkenntnisse.

2. Ermittle die gesuchten Winkelgrößen. Begründe.

a) 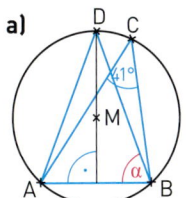   b) 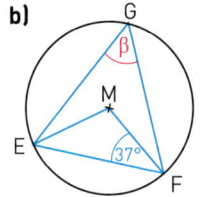   c)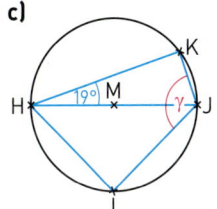

$\overline{HI} = \overline{IJ}$

3. Erst nachdenken – dann entscheiden. Eine Antwort ist immer richtig.
   a) Tim und Florian starten ihre Autos auf der Autorennbahn zur gleichen Zeit. Tims Auto benötigt immer 17 s, Florians Auto immer 20 s für eine Runde. Wann treffen sich die Autos das erste Mal wieder an der Startlinie?
   (1) nach 40 s   (2) nach 34 s   (3) nach 170 s   (4) nach 340 s   (5) nach 37 s
   b) Auf dem Zeltplatz: Anja, Linn und Corinne haben nach einem Abend am Lagerfeuer insgesamt 14 Mückenstiche zu beklagen. Corinne hat doppelt so viele wie Linn und sogar viermal so viele wie Anja abbekommen. Wie viele Mückenstiche hat Linn?
   (1) 12   (2) 7   (3) 4   (4) 6   (5) 2
   c) In der Abbildung links siehst du drei Quadrate. Das größte Quadrat hat einen Flächeninhalt von 100 cm², das kleinste einen Inhalt von 60 cm². Welchen Anteil am Gesamtflächeninhalt hat das mittlere Quadrat?
   (1) 75 %   (2) 50 %   (3) 80 %   (4) 125 %   (5) 60 %

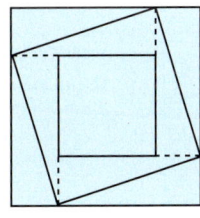

   d) Welche Gleichungen passen zu dem Zahlenrätsel? „Der vierte Teil einer Zahl ist um 10 größer als der dritte Teil der gesuchten Zahl."
   (1) $4x - 10 = 3x$ (2) $\frac{x}{3} + 10 = \frac{x}{4}$ (3) $\frac{x}{4} + 10 = \frac{x}{3}$ (4) $\frac{x}{4} - 10 = \frac{x}{3}$ (5) $\frac{x}{3} - 10 = \frac{x}{4}$

Lösungen zu Bist du fit?

Seite 49

1. a)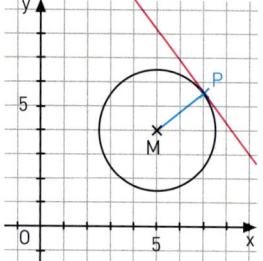

   b) (1) 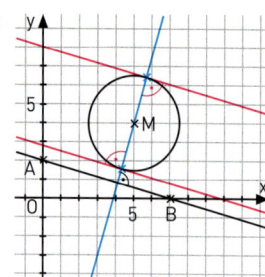   (2)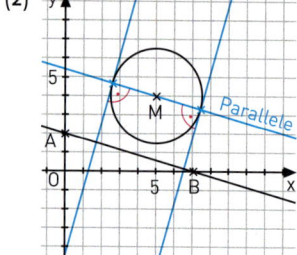

   c)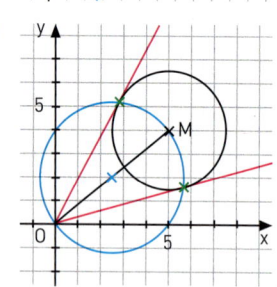

2. (1) Senkrechte zu g durch M; Schnittpunkt P
   (2) Kreis M durch P

   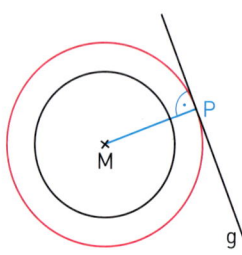

3. Inkreismittelpunkt: $M_1(5|4)$; $r = 1{,}9$
   Umkreismittelpunkt: $M_2(4|4)$; $r = 4{,}2$

   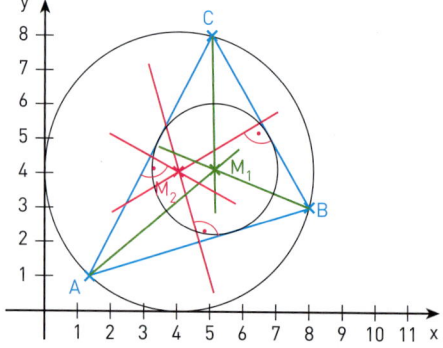

Lösungen zu Bist du fit?

Seite 49

4. a) (1) Kreis mit r = 3,1 cm; Punkt A auf dem Kreis
   (2) Kreis A mit Radius c = 4,2 cm; Schnittpunkt B
   (3) Winkel α = 67°; Schnittpunkt C
   a ≈ 5,7 cm; b ≈ 5,85 cm; β ≈ 70°; γ ≈ 43°

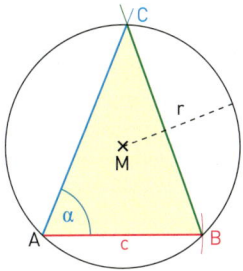

b) (1) Winkel γ = 97°
   (2) Parallelen zu den Sehnen im Abstand ϱ = 1,4 cm; Schnittpunkt M
   (3) Kreis um M mit Radius ϱ = 1,4 cm
   (4) Thaleskreis über $\overline{AM}$; Schnittpunkt D
   (5) Halbgerade $\overline{AD}$; Schnittpunkt B
   a ≈ 4,1 cm; c ≈ 7,95 cm; α ≈ 31°; β ≈ 52°

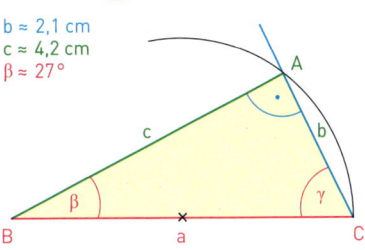

c) (1) Strecke mit a = 4,7 cm
   (2) Winkel γ = 63°
   (3) Thaleskreis über a; Schnittpunkt A
   b = 2,1 cm; c = 4,2 cm; β = 27°

b ≈ 2,1 cm
c ≈ 4,2 cm
β ≈ 27°

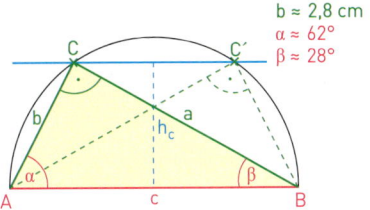

d) (1) Strecke mit c = 6,0 cm
   (2) Thaleskreis über c
   (3) Parallele zu c mit Abstand h_c = 2,5 cm
   (4) Schnittpunkte C und C' (nicht eindeutig)
   a = 5,3 cm; b = 2,8 cm; α = 62°; β = 28°

a ≈ 5,3 cm
b ≈ 2,8 cm
α ≈ 62°
β ≈ 28°

5. α + γ = 180°; also α = 72°   β + δ = 180°; also δ = 121°

6. a) (1) Mittelsenkrechte m auf $\overline{AB}$
   (2) Winkel α = β = 30° [15°; 45°]
   (3) Schnittpunkt mit der Geraden m ist Kreismittelpunkt

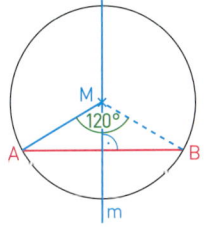

b) (1) Mittelsenkrechte m auf $\overline{AB}$
   (2) Winkel α = 25° [35° bzw. 325°], da der Zentriwinkel 130° haben muss.
   (3) Schnittpunkt mit m ist Kreismittelpunkt
   (4) Peripheriewinkel siehe Zeichnung rechts

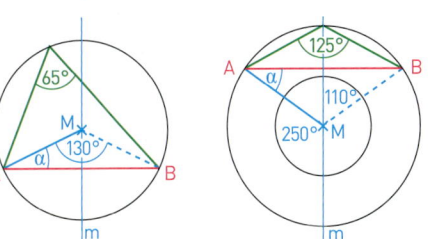

7. Die Punkte liegen auf dem Thaleskreis über $\overline{AB}$.
   [Mittelsenkrechte m auf $\overline{AB}$, α = 60°, Schnittpunkt mit m ist Kreismittelpunkt]

Seite 49

8. (1) Strecke mit c = 6,1 cm, Mittelsenkrechte m auf c = $\overline{AB}$
   (2) Winkel α' = 55°, Schnittpunkt mit m ist Kreismittelpunkt
   (3) Zentriwinkel ergibt sich zu e = 70°; Peripheriewinkel zu γ = 35°
   (4) Winkel α = 58° erzeugt das gesuchte Dreieck mit C auf dem Kreis aus (2).

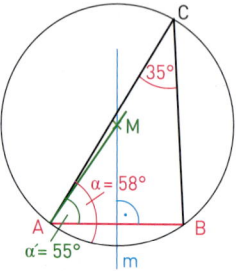

9. a) (1) Strecke mit a = 4,2 cm
   (2) Winkel β = 75°, Strecke b = 3,9 cm
   (3) Schnittpunkt von m_a und m_b ist Mittelpunkt des Umkreises
   (4) Schnittpunkt des Umkreises mit Kreis mit r = c = 2,9 cm um C liefert D

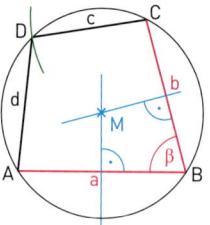

b) (1) Strecke mit c = 4 cm
   (2) Schnittpunkt von m_c und Kreis um D mit r = 4,5 cm ist Umkreismittelpunkt
   (3) freier Schenkel des Winkels mit δ = 110° (= 180° − β) schneidet Umkreis in A
   (4) Kreis um D mit f = 5 cm schneidet Umkreis in B

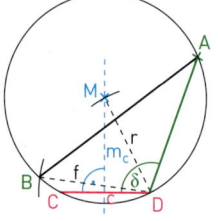

10. a) (1) Teildreieck ABH_a durch Thaleskreis über c
    (2) Schnittpunkt von a mit Kreis mit r = b = 3,9 cm um A ergibt C

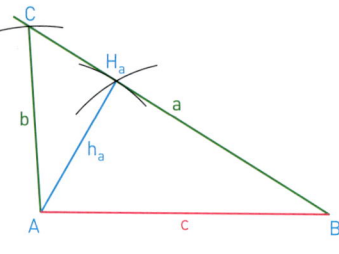

b) (1) Teildreieck BCS_c
   (2) S_c halbiert $\overline{AB}$
   (3) B gespiegelt an S_c ergibt A

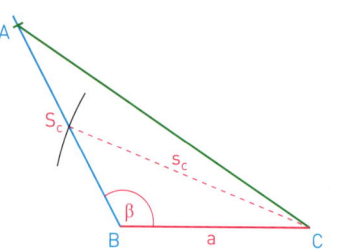

c) (1) Teildreieck $BCW_γ$
   (2) Verdoppeln von γ durch Spiegelung von B an $w_γ$
   (3) Schnittpunkt der Schenkel ist A

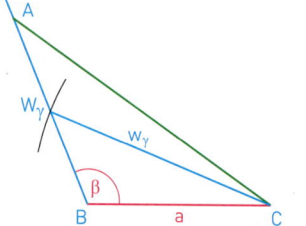

Seite 49

10. d) (1) ABC ist stumpfwinklig
(2) h_a auf beliebiger Strecke s errichten, in A Winkel
$\alpha' = 45°$ $(= 180° - 90° - (180° - 135°))$,
Schnittpunkt von freiem Schenkel C und s ist B
(3) a auf s über B hinaus abtragen ergibt C

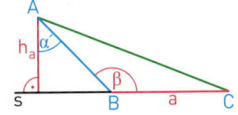

11. Konstruiere je einen Kreis so, dass eine Gebäudeseite Sehne mit dem Zentriwinkel $\varepsilon = 60°$ ist, dann ist jeder Peripheriewinkel $\gamma = 30°$ groß. Der Schnittpunkt dieser beiden Kreise ist der gesuchte Punkt.

Seite 114

1. a) $-3,5 = -3\frac{1}{2}$; $-3,4$; $-\frac{1}{9}$; $-0,1$; 0; $\frac{13}{5}$; $2,8$

b) $|-3,5| = 3,5$; $|+2,8| = 2,8$; $|-0,1| = 0,1$; $\left|-3\frac{1}{2}\right| = 3\frac{1}{2}$; $\left|\frac{13}{5}\right| = \left|\frac{13}{5}\right|$; $\left|-\frac{1}{9}\right| = \frac{1}{9}$; $|0| = 0$; $|-3,4| = 3,4$;

0; $0,1$; $\frac{1}{9}$; $\frac{13}{5}$; $2,8$; $3,4$; $3\frac{1}{2} = 3,5$

2. $A'(-3|-2)$; $B'(6|7)$; $C'(6,6|2,4)$; $D'(4,45|2,2)$; $E'(2,75|-4,7)$

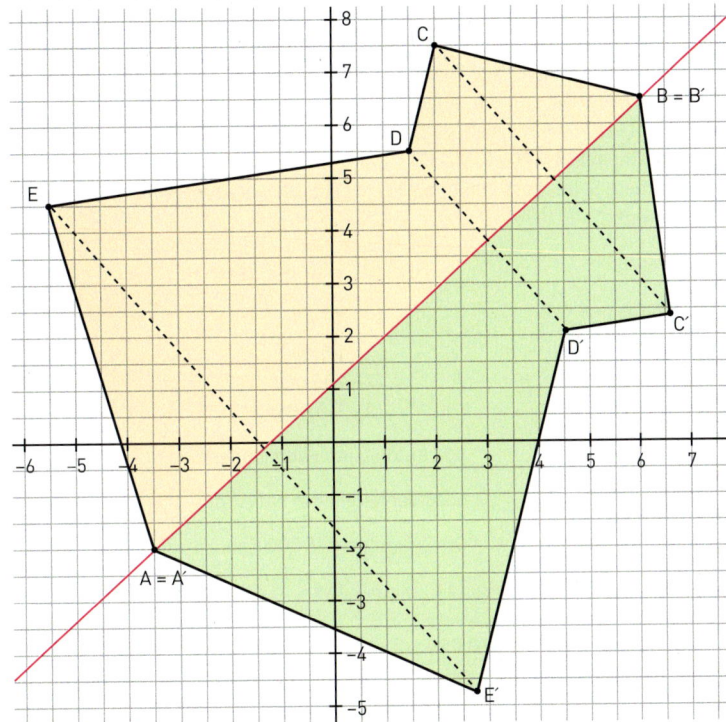

3. a) -48 e) 36 i) $2,8$ m) $-13,5$ q) -2
b) -24 f) 54 j) $-11,2$ n) $4,5$ r) $\frac{1}{2}$
c) 432 g) -405 k) $-29,4$ o) $40,5$ s) $\frac{15}{16}$
d) 3 h) -5 l) $-0,6$ p) $0,5$ t) $\frac{3}{5}$

4. a) -24 e) 95 i) $-5,0$ m) 0 q) $7,4$
b) -64 f) 7 j) -3 n) $5,8$ r) 0
c) 35 g) $3,0$ k) $-\frac{1}{2}$ o) $-\frac{7}{4} = -1\frac{3}{4}$ s) 0
d) $\frac{1}{12}$ h) -7 l) -3 p) $0,4$ t) 25

Seite 114

5. a) $12 \cdot (-29) = -348$ In einem Jahr werden 348 € abgebucht.
   b) $(-7,1) + (+4,9) = -2,2$ Die Temperatur fiel um 2,2 Grad.
   c) $(-1,5) : 5 = -0,3$ Der Wasserstand ist stündlich um 0,3 dm gesunken.
   d) $(-791) - (-92) = -699$ Korrekt wären 699 € abgebucht worden.

6. a) $-13,2$ c) $2,2$ e) 9 g) $\frac{7}{6}$ i) -69
   b) $-5,7$ d) $-\frac{23}{10}$ f) -1025 h) 7

7. a) $6,6$ b) 2 c) $-12,5$ d) $4,4891$ e) $5,4$ f) -2 g) $-3\frac{1}{10}$ h) $-3\frac{7}{10}$

8. a) Durch null darf man nicht dividieren, der Divisor darf nicht gleich null sein.
   b) Die Behauptung ist falsch, denn z. B. ist $(+2) + (-3) = -1$ und $(+2) - (-3) = +5$.

Seite 144

1. a) $L = \{-4; 3\}$ b) $L = \{-5; 2\}$

2. a) $10x$ b) $4x$ c) $4z - 2$ d) $z - 2$

3. a) $L = \{5\}$ b) $L = \{-5\}$ c) $L = \{7\}$ d) $L = \{8\}$ e) $L = \{4\}$ f) $L = \{0\}$ g) $L = \mathbb{Q}$

4. a) $20x - 68 = 172$; $x = 12$ b) $3x + 8 = 2x + 5$; $x = -3$

5. Wir wählen x für die Länge (in cm) der mittleren Seite. Die Länge (in cm) der kleinsten Seite ist dann x − 2, die Länge (in cm) der längsten Seite ist dann x + 2.
   $(x - 2) + x + (x + 2) > 36$, also $x = 12$
   Lösungsmenge: $L = \{x \in \mathbb{Q} \mid x > 12\}$
   Die mittlere Seite muss länger als 12 cm sein. Die anderen Seiten sind dann jeweils 2 cm kürzer bzw. 2 cm länger.

6. a) $L = \{-4; 3\}$ b) $L = \{-3; 3,5\}$ c) $L = \{5; 13\}$

7. a) $u = 4a + 2b + 2c$ b) $a = \frac{1}{4}u - \frac{1}{2}b - \frac{1}{2}c$; $a = 5,25$ cm   c) $b = \frac{1}{2}u - 4a - 2c$; $b = 4,3$

Seite 175

1. a) (1) $13\frac{1}{3}$ %   (2) $7,5$ %
   b) (1) $43,86$ €   (2) $205,02$ ℓ
   c) (1) $543,48$ m   (2) $710,00$ €

2. $950 \cdot 0,48 = 456$ 456 Kinder sind Fahrschüler(innen).

Seite 176

3. $132 : 240 = 0,55 = 55\,\%$ 55 % der Mitglieder haben das silberne Schwimmabzeichen.

4. $1200 : 0,8 = 15\,000$ Die Zeitung hat 15 000 Käufer.

5. Miete/Nebenkosten: $7\,345,80\,€ : 12 = 612,15\,€$ Auto: $2\,098,80\,€ : 12 = 174,90\,€$
   Anschaffungen/   Urlaub: $2\,885,85\,€ : 12 = 240,49\,€$
   Ernährung: $12\,330,45\,€ : 12 = 1027,54\,€$ Sonstiges: $1\,574,10\,€ : 12 = 131,18\,€$

6. a) Streichinstrument: 128 von 324 ≈ 39,5 % ≈ 40 %
      Blasinstrument: 65 von 324 ≈ 20,1 % ≈ 20 %
      Klavierunterricht: 42 von 324 ≈ 13,0 % ≈ 13 %
      Gesangunterricht: 20 von 324 ≈ 6,2 % ≈ 6 %
      Sonstige Instrumente: 69 von 324 ≈ 21,3 % ≈ 21 %
   b) Bei einer Streifenlänge von 10 cm betragen die einzelnen Längen 40 mm, 20 mm, 13 mm, 6 mm und 21 mm.

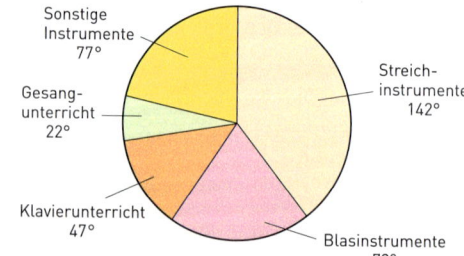

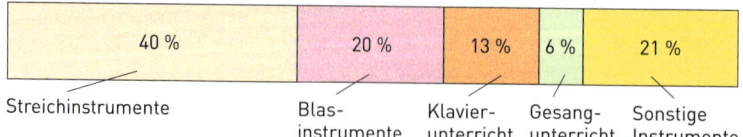

Lösungen zu Bist du fit?

Seite 176

7. $\frac{148+28}{148} \approx 1{,}19$ oder $\frac{28}{148} \approx 0{,}189$
   Die Wohnfläche wurde um etwa 19 % vergrößert.

8. 169,10 € : 0,95 € = 178 €; 178 € – 169,10 € = 8,90 €
   Sie hat 8,90 € gespart.

9. Warengruppe A: 22,80 € : 0,19 = 120 €
   Warengruppe B: 12,95 € : 0,07 ≈ 185 €
   Rechnungsbetrag ohne Mehrwertsteuer: 185 € + 120 € = 305 €
   Rechnungsbetrag mit Mehrwertsteuer: 305 € + 35,75 € = 340,75 €

10. Preis nach der Erhöhung: 259 € · 1,20 = 310,80 €
    Preis nach der Senkung: 310,80 € · 0,80 = 248,64 €
    Da sich die Erhöhung/Senkung des Preises auf verschieden große Grundwerte bezieht, ist die Aussage falsch.

11. 7 350 € · 1,015 = 7 460,25 €

Seite 208

1. a) gerade Pyramide mit quadratischer Grundfläche

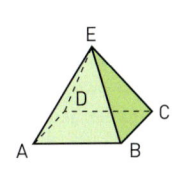 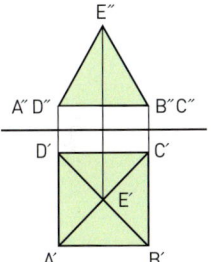

   b) dreiseitiges Prisma mit einem rechtwinkligen Dreieck als Grundfläche

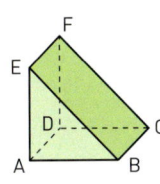 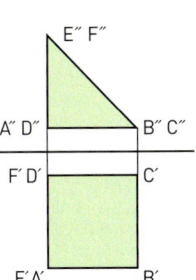

   c) vierseitiges Prisma mit einem rechtwinkligen Trapez als Grundfläche

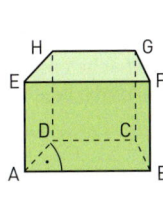 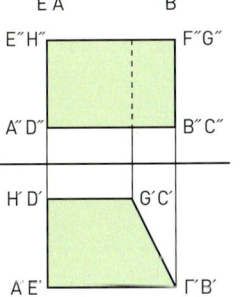

   d) dreiseitige Pyramide mit einer rechtwinkligen Dreieck als Grundfläche

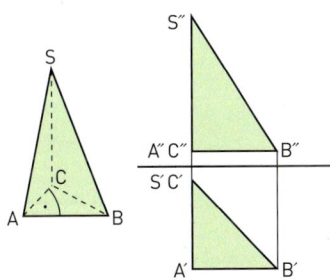

Seite 208

2. a) Dachraum: $V = \frac{1}{3} A_G \cdot h = \frac{1}{3} \cdot 73{,}96 \, m^2 \cdot 5{,}2 \, m = 128{,}197 \, m^3$
Seitenfläche: $A_S = \frac{1}{2} \cdot 8{,}6 \, m \cdot 6{,}7 \, m = 28{,}81 \, m^2$
Dachfläche: $A_M = 4 \cdot A_S = 4 \cdot 28{,}81 \, m^2 = 115{,}24 \, m^2$

b) Dachraum: $V = A_G \cdot h = 12 \, m^2 \cdot 12 \, m = 144 \, m^3$
Seitenfläche: $A_S = 5 \, m \cdot 12 \, m = 60 \, m^2$
Dachfläche: $A = 2 \cdot A_S = 2 \cdot 60 \, m^2 = 120 \, m^2$

c) *Berechnung des dreiseitigen Prismas:*
Grundfläche: $A_G = \frac{1}{2} \cdot 7{,}8 \, m \cdot 5{,}6 \, m = 21{,}84 \, m^2$
Volumen: $V = A_G \cdot h = 21{,}84 \, m^2 \cdot 8{,}8 \, m = 192{,}192 \, m^3$
Berechnung der Pyramide mit rechteckiger Grundfläche:
Größe der Grundfläche: $A_G = 7{,}8 \, m \cdot 4{,}0 \, m = 31{,}2 \, m^2$
Volumen: $V = \frac{1}{3} A_G \cdot h = \frac{1}{3} \cdot 31{,}2 \, m^2 \cdot 5{,}6 \, m = 58{,}24 \, m^3$
Dachraum: $V = 192{,}192 \, m^3 + 58{,}24 \, m^3 = 250{,}432 \, m^3$
Berechnung der Dachfläche:
Dreiecksfläche: $A_D = \frac{1}{2} \cdot 7{,}8 \, m \cdot 5{,}9 \, m = 23{,}01 \, m^2$
Trapezfläche: $A_T = \frac{1}{2} \cdot (12{,}8 \, m + 8{,}8 \, m) \cdot 6{,}8 \, m = 73{,}44 \, m^2$
Dachfläche: $A = 2 \cdot A_D + 2 \cdot A_T = 46{,}02 \, m^2 + 146{,}88 \, m^2 = 192{,}9 \, m^2$

3. a) Für das Zweitafelbild wählen wir z. B. den Maßstab 1 : 20 und bestimmen:
Höhen der Seitenflächen: $h_a = 24 \, cm$; $h_b \approx 23 \, cm$; Körperhöhe: $h \approx 21 \, cm$
Grundfläche: $A_G = 25 \, cm \cdot 20 \, cm = 500 \, cm^2$
Volumen: $V = \frac{1}{3} A_G \cdot h \approx \frac{1}{3} \cdot 500 \, cm^2 \cdot 21 \, cm \approx 3500 \, cm^3 \approx 3{,}5 \, dm^3$
Seitenflächen: $A_1 \approx \frac{1}{2} \cdot 20 \, cm \cdot 24 \, cm = 240 \, cm^2$;
$A_2 \approx \frac{1}{2} \cdot 25 \, cm \cdot 23 \, cm = 287{,}5 \, cm^2$
Oberfläche: $A_O = A_G + 2 \cdot A_1 + 2 \cdot A_2 \approx 500 \, cm^2 + 480 \, cm^2 + 575 \, cm^2 = 1555 \, cm^2$
$A_O \approx 16 \, dm^2$

b) Maßstab 1 : 10

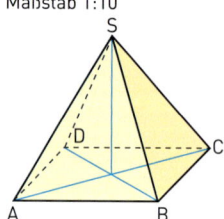

4. Die Oberfläche besteht aus den sechs Mantelflächen der quadratischen Pyramiden, also aus 24 Dreiecksflächen:
$A_O = 24 \cdot \frac{1}{2} \cdot 12 \, cm \cdot 34 \, cm = 4896 \, cm^2 \approx 49 \, dm^2$

5. Alle Sandkisten haben die Form von Prismen und werden bis zur gleichen Höhe ($h \approx 1{,}3 \, dm$) gefüllt.
(1) $V \approx (12 \, dm)^2 \cdot 1{,}3 \, dm \approx 187 \, dm^3$; $m \approx 374 \, kg$; mindestens: 15 Säcke; Mindestpreis: 97,99 €
(2) Das Sechseck wird in sechs gleichseitige Dreiecke zerlegt. Wir konstruieren ein gleichseitiges Dreieck mit der Seitenlänge $a = 6 \, cm$ und messen die Höhe $h_a = 5{,}2 \, cm$. Das sind im Sandkasten etwa 5,2 dm.
$V \approx 6 \cdot \frac{1}{2} \cdot 6 \, dm \cdot 5{,}2 \, dm \cdot 1{,}3 \, dm^3 \approx 122 \, dm^3$; $m \approx 144 \, kg$; mindestens: 6 Säcke Mindestpreis: 79,19 €
(3) Das Achteck wird in acht gleichschenklige Dreiecke zerlegt. Wir konstruieren ein gleichschenkliges Dreieck mit den Schenkellängen 6 cm und dem Winkel an der Spitze 45°. Hier messen wir die Länge der Basis $g \approx 4{,}6 \, cm$ und die dazugehörige Höhe $h_g \approx 5{,}5 \, cm$. Das sind im Sandkasten etwa 4,6 dm und 5,5 dm.
$V \approx 8 \cdot \frac{1}{2} \cdot 4{,}6 \, dm \cdot 5{,}5 \, dm \cdot 1{,}3 \, dm^3 \approx 132 \, dm^3$; $m \approx 264 \, kg$; mindestens: 11 Säcke Mindestpreis: 100,19 €

Lösungen zu Bist du topfit?

Test 1

1. a) 50 %   b) 75 %   c) $33\frac{1}{3}$ %   d) 10 %   e) 25 %

2. $-2\frac{1}{10} < -2 < -\frac{1}{2} < 0{,}03 < 0{,}3 < 0{,}31 < |-2| < \sqrt{5} < 3{,}1 < +6$

3. *Kalkspat:* Quader mit zwei aufgesetzten Prismen mit gleichseitigen Dreiecken als Grundfläche. Im gleichseitigen Dreieck sind alle Winkel 60° groß, also $\gamma = 60°$.
   Quartz: Prisma mit einem regelmäßigem Sechseck als Grundfläche mit zwei aufgesetzten Pyramiden, die als Grundflächen auch regelmäßige Sechsecke besitzen.

4. a) In der Klasse sind genau so viele Mädchen wie Jungen.
   b) In der Klasse sind doppelt so viele Jungen wie Mädchen.
   c) In der Klasse sind vier Mädchen mehr als Jungen.
   d) In der Klasse fehlt ein Junge, um doppelt so viele Jungen wie Mädchen zu haben.

5. Prismen sind:

6. Das Volumen der Pyramide halbiert sich.

7. a) Der Dampfentsafter muss mindestens sechsmal gefüllt werden.
   b) Sie erhält 20 Flaschen.

8.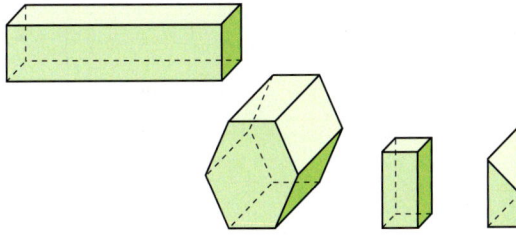
$$O = 2a^2 + 4ab \quad |-O$$
$$0 = 2a^2 + 4ab - O \quad |:2$$
$$0 = a^2 + 2ab - \tfrac{1}{2}O$$
$$a_{1,2} = -b \pm \sqrt{b^2 + \tfrac{1}{2}O}$$

Test 2

1. a) 5   b) -8 c) 36   d) $-\frac{7}{4}$

2. a) 15 min   b) 20 min   c) 10 min   d) 24 min   e) 20 min   f) 10 min

3. a) 2 Symmetrieachsen   c) 3 Symmetrieachsen   e) 1 Symmetrieachse

   b) 6 Symmetrieachsen   d) 4 Symmetrieachsen

Test 2

4. α ≈ 66°; β ≈ 90°; γ ≈ 74°; δ ≈ 130°
u ≈ 8,2 cm + 5,7 cm + 6,8 cm + 4,1 cm
 = 24,8 cm
Den Flächeninhalt des Vierecks ABCD kann man berechnen, indem man vom Rechteck EFGH die Flächeninhalte der Dreiecke ADE, FBA, BGC und CHD subtrahiert.
Also:
A = 71,25 cm² − 2 cm² − 16,25 cm²
  − 7,875 cm² − 11 cm²
 = 34,125 cm²

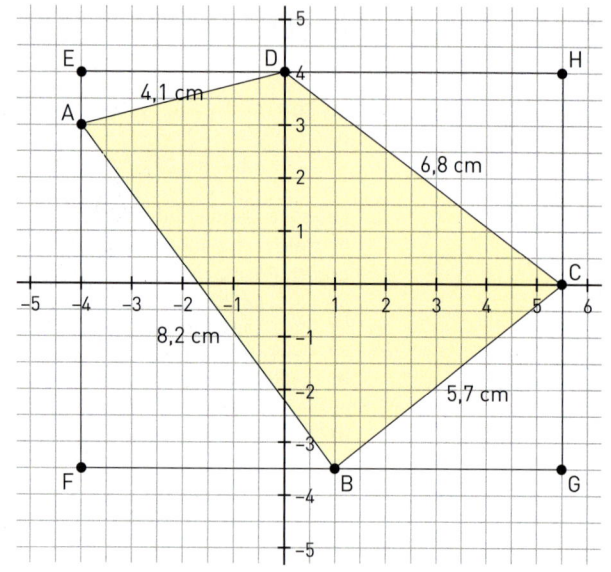

5. $A = \frac{a+c}{2} \cdot h \quad |:h$

$\frac{A}{h} = \frac{a+c}{2} \quad |\cdot 2$

$\frac{2 \cdot A}{h} = a + c \quad |-a$

$\frac{2 \cdot A}{h} - a = c$

Gleichung (1) ist richtig.

6. a)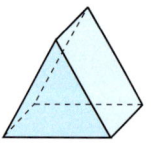

b)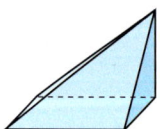

c)

d)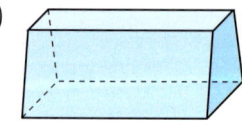

7. a)

Team	Abweichung (in m)	prozentuale Abweichung
A	−1,66	1,07 %
B	+2,85	1,8 %
C	+1,7	1,09 %
D	−1,4	0,9 %
E	+1,58	1,02 %
F	+1,35	0,87 %

b) Team F, Team D, Team E, Team A, Team C, Team B
c) 1,125 %

Test 3

1. a) 2,4 m
    b) 390 kg
    c) 24 min
    d) 0,75 €
    e) 75 Bücher
    f) 875 ha
    g) 762
    h) 9 ℓ
    i) 150 €

2. a) Das Feld wäre z. B. 2 m lang und 1 m breit, also zu klein für ein Fußballfeld.
    b) Handelsübliche Spritzen gibt es bis zu einem Volumen von 100 ml. Die Angabe kann also stimmen
    c) 3 m³ wäre zum Beispiel ein 2 m langer, 1,5 m breiter und 1 m hoher Quader.
    Die Angabe ist also unsinnig.
    d) Es gibt Rasenmäher mit einer wesentlich höheren „Flächenleistung", das ist die Fläche, die man in einer Stunde mähen kann. Die Angabe kann also stimmen.
    e) 0,008 km = 8 m. Die Angabe kann also stimmen.

3. a) Bei Anna kann man die Verteilung der Baumarten besser erkennen. Bei Ben und bei Charlotte kann man die von den Baumarten bedeckte Fläche besser ablesen, wobei die Kreise bei Charlotte nur eine ungenaue Ablesung ermöglichen. Bei Ben und bei Charlotte fehlt die Pfeilspitze an der y-Achse einschließlich der Beschriftung für die Einheit Mio. ha. Bei Charlotte ist die Beschriftung der x-Achse ohne Zusammenhang zu dem Thema.
    b) Eiche: 8 %;   weitere Laubgehölze: 25 %
    Kiefer, Lärche: 31 %;   weitere Nadelgehölze: 35 %

4. a)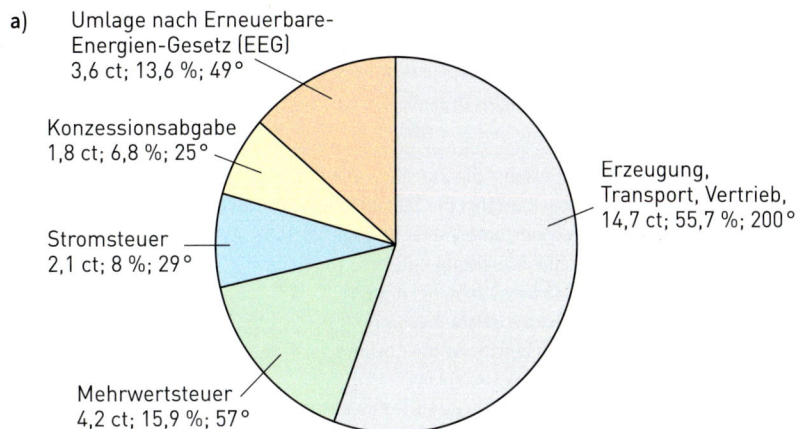

    b) Ohne Mehrwertsteuer steigt die Konzessionsabgabe um 5,277 ct − 3,6 ct = 1,677 ct, einschließlich Mehrwertsteuer also um 1,677 ct · 1,19 = 1,99563 ct ≈ 2 ct.

5. Man spiegelt den einen Schenkel des Winkels an dem zweiten Schenkel des Winkels.
    Winkel und Bildwinkel sind dann beide 75° groß, zusammen also 150°.

    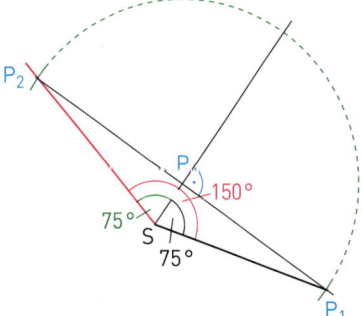

Test 4

1. a) Anhand der beiden vorgegebenen Entfernungen erkennt man, dass 1 mm Routenlänge auf der Karte etwa 12 sm in der Wirklichkeit sind. Von Genua bis Marseille und von Marseille bis Barcelona sind es dann jeweils ungefähr 160 Seemeilen. Route 2 ist also etwa 320 Seemeilen länger als Route 1.
    b) Route 2 ist 320 sm länger und 410 € teurer. Rechnet man diesen Mehrpreis auf die 320 sm um, so erhält man ungefähr 1,28 Euro pro Seemeile.
    Wenn man Proportionalität voraussetzt, wäre dann Route 1 knapp 1 000 sm lang und Route 2 ungefähr 1 300 sm lang.
    Wenn man die Routen auf der Karte misst und mit 12 Seemeilen für 1 mm rechnet, erhält man ungefähr diese Entfernungen.
    Der Katalogpreis hängt also mit der Länge der Route zusammen.
    c) Der Frühbucherpreis beträgt bei Route 1 ungefähr 68 % des Katalogpreises. Bei Route 2 sind es 75 % des Katalogpreises. Route 1 ist bei den Kunden vielleicht nicht ganz so beliebt, sodass man hier mehr Rabatt geben muss, um die Karten zu verkaufen. Es kann aber noch ganz andere Gründe geben.

2. a) Die Winkel bei C und bei D sind Peripheriewinkel über $\overset{\frown}{AB}$, also gleich groß, nämlich 41°.
    Das Dreieck ABD ist gleichschenklig. Der Winkel an der Spitze ist 41° groß, jeder Basiswinkel also 69,5°, also α = 69,5 °.
    b) Das Dreieck EFM ist gleichschenklig. Die Basiswinkel sind 37° groß, der Winkel bei M ist also 106° groß. Der Winkel β ist Peripheriewinkel über $\overset{\frown}{EF}$. Der zugehörige Zentriwinkel ist 106° groß, der Peripheriewinkel also 53°. Es gilt γ = 53°.
    c) Die Punkte K und I liegen auf dem Thaleskreis über $\overline{HJ}$, die Winkel bei K und I sind also 90° groß.
    Der Winkel bei J im Dreieck HJK ist also 180° – 19° – 90° = 71° groß:
    Im gleichschenkligen Dreieck HJL ist der Winkel bei J (180° – 90°) : 2 = 45° groß.
    Damit gilt: γ = 71° + 45° = 116°.

3. a) Tims Auto überfährt die Startlinie alle 17 s, also bei allen Vielfachen von 17 s.
    Florians Auto überfährt die Startlinie alle 20 s, also bei allen Vielfachen von 20 s.
    Das erste gemeinsame Vielfache liegt bei 340 s. Antwort (4) ist richtig.
    b) Wir stellen eine Gleichung auf:
    Anzahl der Mückenstiche bei Anja: x
    Anzahl der Mückenstiche bei Linn: 2 · x
    Anzahl der Mückenstiche bei Corinne: 4 · x
    Gleichung: x + 2 · x + 4 · x = 14
    $\qquad\qquad\quad$ 7 · x = 14 | : 7
    $\qquad\qquad\qquad$ x = 2
    Anja hat 2 Mückenstiche, Linn hat 4 Mückenstiche und Corinne hat 8 Mückenstiche.
    Antwort (3) ist richtig.
    c) Die vier Rechtecke werden jeweils halbiert. Der Flächeninhalt des mittleren Quadrats liegt also genau in der Mitte der Flächeninhalte des großen und des kleinen Quadrats, ist also 80 cm² groß.
    Antwort (3) ist richtig.
    d) Gleichung (2) entspricht genau dem Sachverhalt, aber auch Gleichung (4) gibt den Sachverhalt richtig wieder. Die Zahl gesuchte Zahl ist – 120.

Einheiten und ihre Umrechnungen

Längen
10 mm = 1 cm   1000 m = 1 km
10 cm = 1 dm
10 dm = 1 m
Die Verwandlungszahl ist 10.

Flächeninhalte
100 mm² = 1 cm²   100 m² = 1 a
100 cm² = 1 dm²   100 a = 1 ha
100 dm² = 1 m²   100 ha = 1 km²
Die Verwandlungszahl ist 100.

Volumina
1000 mm³ = 1 cm³   *Weitere Einheiten:*
1000 cm³ = 1 dm³   1 cm³ = 1 mℓ 1000 mℓ = 1 ℓ
1000 dm³ = 1 m³   1 dm³ = 1 ℓ 100 cℓ = 1 ℓ
Die Verwandlungszahl ist 1000.   100 ℓ = 1 hℓ

Massen
1000 mg = 1 g
1000 g   = 1 kg
1000 kg = 1 t
Die Verwandlungszahl ist 1000.

Zeitspannen
60 s   = 1 min
60 min = 1 h
24 h   = 1 d

Verzeichnis mathematischer Symbole

$a = b$	a gleich b
$a \neq b$	a ungleich b
$a < b$	a kleiner b
$a > b$	a größer b
$a \approx b$	a ungefähr gleich b
$a + b$	a plus b; Summe aus a und b
$a - b$	a minus b; Differenz aus a und b
$a \cdot b$	a mal b; Produkt aus a und b
$a : b$	a durch b; Quotient aus a und b
$a \mid b$	a ist Teiler von b
$a \nmid b$	a ist nicht Teiler von b
$\mid a \mid$	Betrag von a
a^n	a hoch n; Potenz aus Basis a und Exponent n
$p \%$	p Prozent
$p \text{‰}$	p Promille
$\{1; 5; 8\}$	Menge mit den Elementen 1, 5, 8
$\{\ \}$	leere Menge
$\mathbb{N}\ [\mathbb{N}^*]$	Menge der natürlichen Zahlen [ohne null]
$\mathbb{Z}$	Menge der ganzen Zahlen
$\mathbb{Z}_+\ [\mathbb{Z}_+^*]$	Menge der nicht negativen ganzen Zahlen [ohne null]
$\mathbb{Q}$	Menge der rationalen Zahlen
$\mathbb{Q}_+\ [\mathbb{Q}_+^*]$	Menge der nicht negativen rationalen Zahlen [ohne null]
AB	Verbindungsgerade durch die Punkte A und B; Gerade durch A und B
$\overline{AB}$	Verbindungsstrecke der Punkte A und B; Strecke mit den Endpunkten A und B; Länge der Strecke $\overline{AB}$
$g \parallel h$	g ist parallel zu h
$g \nparallel h$	g ist nicht parallel zu h
$g \perp h$	g ist senkrecht zu h
$g \not\perp h$	g ist nicht senkrecht zu h
ABC	Dreieck mit den Eckpunkten A, B und C
$ABCD$	Viereck mit den Eckpunkten A, B, C und D
$A(a \mid b)$	Punkt mit dem x-Wert a und dem y-Wert b. a ist die 1. Koordinate, b die 2. Koordinate von A.
$h_a\ [h_b; h_c]$	Höhe eines Dreiecks zur Seite a [Seite b; Seite c]
$w_\alpha\ [w_\beta; w_\gamma]$	Länge der Abschnitte der Winkelhalbierenden im Dreieck
$s_a\ [s_b; s_c]$	Länge der Seitenhalbierenden eines Dreiecks

Stichwortverzeichnis

A
Abnahmefaktor 164, 175
Additionsregel 73
Adressierung
- absolute 167
- relative 167
äquivalent 121
archimedische
 Körper 213ff.
Assoziativgesetz 78f., 92f., 113
Aufriss 184, 197, 207

B
Berührungspunkt 12, 48
Betrag 61, 113, 138
Betragsgleichung 138, 144

D
Distributivgesetz 104, 113
Divisionsregel 120
Dodekaeder 209ff.
Dreieck
- Mittelsenkrechte 15, 17, 48
- Inkreis 18, 48
- Umkreis 17, 48
- Winkelhalbierende 15, 18, 48
Dreitafelprojektion 197
Durchmesser 11, 48

E
entgegengesetzte Zahl 61, 113
Erhöhung 161, 175

G
Gleichung
- Umformungsregeln 120, 144
Grundriss 187, 197, 207
Grundwert 148, 154, 175

H
Hexaeder 209ff.

I
Ikosaeder 209ff.
Inkreis 18, 48

J
Jahreszinsen 172, 175

K
Kehrwert 95
Klammern 78, 85f. 113,
Kommutativgesetze 78, 92, 113
Koordinatensystem 67
Kreis
- bogen 27
- durchmesser 11, 48

L
Lösungsmenge 118, 127, 143
- Sonderfälle 130, 143

M
Maßstab 50ff.
Mittelsenkrechte 15f., 48
Multiplikationsregel 88

N
negativ 60, 88, 113

O
Oberflächeninhalt
- Prisma 178, 207
- Pyramide 188, 207
Oktaeder 209ff.

P
Passante 12
Peripheriewinkel 28, 48
Peripheriewinkelsatz 28, 48
Peripherie-Zentriwinkel-
 Satz 29, 48
Platonischer Körper 209
Polyeder 209ff.
Polyedersatz 212
positiv 60, 113
Prisma
- Oberflächeninhalt 178
- Volumen 178
Prozent
- punkt 169
- satz 148, 175
- wert 150, 175
prozentuale
- Abnahme 164, 175
- Erhöhung 161, 175
- Zunahme 161, 175

Pyramide
- gerade
- Grundfläche 118, 207
- Höhe 118, 207
- Oberflächeninhalt 188, 207
- schiefe
- Schrägbild 191,
- Volumen 199, 207
- Zweitafelbild 193, 207

Q
Quadrat 109
Quadrieren 109

R
rationale Zahl
- Addieren 73ff., 78f.
- Multiplizieren 87ff, 92
- Subtrahieren 82
- Dividieren 95f.
Rechengesetze 77ff., 92ff., 113
Rechenklammern 78, 102
Reziprokes 95, 113
Rissachse 187, 207

S
Schrägbild
- Prisma 178
- Pyramide 191
Sehne 11, 48
Sehnen-Tangentenwinkel-
 Satz 34
Sehnenviereck 32, 48
Seitenriss 197
Sekante 12, 48
Senkung 164, 175
Subtraktionsregel 82, 120

T
Tangente 12, 48
Teilmenge 61, 113
Term 86, 102, 113
- Vorrangregeln 102
Tetraeder 209ff.
Thales, Satz des 22, 26, 48

U
Umfangswinkel 28
Umkreis 17, 48

V
Vertauschungsgesetz 78, 92
Verteilungsgesetz 104
Vorrangregeln 102
Vorzeichen 60

W
Wachstumsfaktor 161
Winkelhalbierende 15, 18, 48
Wurzel 109

Z
Zahl 109
- entgegengesetzte 61, 113
- irrationale 110
- negative 60, 88, 113
- positive 60, 113
- rationale 60ff,
Zinsen 172, 175
Zinssatz 172, 175
Zustandsänderung 69f.
Zweitafelbild
- Prisma 184, 207
- Pyramide 193, 207

Bildquellenverzeichnis

|123RF.com, Hong Kong: Jordan McCullough 3.1, 9.1. |A. & R. Adam, Verlag + Agentur, Dresden: 55.2. |A1PIX - Your Photo Today, Ottobrunn: 96.1. |akg-images GmbH, Berlin: 212.1, 212.2, 212.3, 213.1. |Alamy Stock Photo (RMB), Abingdon/Oxfordshire: imageBROKER/ Bilski, Jacek 158.2. |alimdi.net, Deisenhofen: Alexander Schnurer 216.2. |Altmeyer, Thomas Dr., Münster: 182.3. |Bildagentur Geduldig, Maulbronn: 218.2. |Bildagentur Schapowalow, Hamburg: Sandra Raccanello/SIME 55.1. |Blickwinkel, Witten: G. Rentsch 5.2, 217.1. |bpk-Bildagentur, Berlin: 26.1; Münzkabinett, SMB/ Lübke & Wiedemann 58.3. |Caro Fotoagentur, Berlin: Muhs 215.1. |Das Luftbild-Archiv, Biere: 80.3, 80.4. |Deutsches Museum, München: 211.1. |eisele photos, Walchensee: 50.1. |F1online, Frankfurt/M.: Aflo 141.2. |Fabian, Michael, Hannover: 11.1, 20.1, 30.1, 42.1, 59.1, 71.1, 86.1, 90.1, 100.1, 100.2, 103.1, 141.1, 160.1, 160.2, 199.1, 199.2, 210.1, 210.2, 210.3, 210.4, 210.5, 210.6, 210.7, 210.8, 210.9, 210.10, 210.11, 210.12, 210.13, 210.14, 210.15. |fotolia.com, New York: Klein, Ralph 72.1; leroy131 172.1; paradoxdes 225.1; scarlett 162.2; Schuppich, M. 173.1; vlabo 75.1; Volker Werner 69.1; © Jenifoto 58.2. |Gerhard Launer WFL-GmbH, Würzburg: 101.1. |Getty Images, München: Chris Hondros 10.2; Peter Dennen 81.1; Ryan McVay 4.1, 115.1. |Getty Images (RF), München: daniel reiter 13.1; Dorling Kindersley 33.1, 62.1, 65.1, 66.1, 66.2, 74.1, 75.2, 86.2, 97.1, 102.1, 105.1, 111.1, 122.1, 127.1, 128.1, 131.1, 131.2, 137.1, 138.1, 140.1, 152.1, 158.1, 163.1, 166.1, 180.1, 189.1, 190.1, 195.1, 230.2, 231.1, 232.1; iStockvectors 61.1, 79.1, 148.1; iStockvectors/Tom Nulens 8.1, 10.1, 10.3, 31.1, 32.1, 58.1, 58.5, 67.1, 116.1, 116.2, 146.1, 146.2, 172.2, 172.3, 172.4, 182.1, 182.2, 191.1, 191.2, 218.1, 218.3. |Goetz, Dr. Beate, Wedel: 81.2. |Herrnhuter Sterne GmbH, Herrnhut: 214.1. |iStockphoto.com, Calgary: Zoonar RF Titel. |Klein-Erzgebirge Oederan, Oederan: 56.2. |Langner & Partner Werbeagentur GmbH, Hemmingen: 80.1, 159.1. |Marcus Sommer SOMSO Modelle GmbH, Coburg: 56.3. |mauritius images GmbH, Mittenwald: Gilsdorf, Marc 4.2, 145.1; Klaus Hackenberg 181.2; Vidler 204.1. |Microsoft Deutschland GmbH, München: 156.1, 156.2, 156.3, 156.4, 157.1, 157.2, 157.3, 167.1, 167.2, 167.3, 167.4, 167.5, 168.1. |Neumeister Photographie, München: 181.3. |Nordic-Photos, Berlin: Chad Ehlers 228.1. |OKAPIA KG - Michael Grzimek & Co., Frankfurt/M.: NAS/M. Abbey 50.2; Photo Researchers 230.1. |PantherMedia GmbH (panthermedia.net), München: Stefan Stendel 170.1; Tono Balaguer 174.1. |Picture-Alliance GmbH, Frankfurt a.M.: ZB 55.3, 56.1, 215.2. |Schlimmer, Florian, Braunschweig: 43.1, 47.2. |Shutterstock.com, New York: homydesign 47.1; muzsy 162.1. |stock.adobe.com, Dublin: Picture-Factory 149.1. |Suhr, Friedrich, Lüneburg: 185.1. |Texas Instruments Education Technology GmbH, Freising: 63.1, 132.2, 132.3, 132.4, 136.1; Redaktion 168.2. |The M.C. Escher Company B.V., Baarn: M.C. Escher's "Stars" © 2014 The M.C. Escher Company-The Netherlands. All rights reserved. www.mcescher.com 209.1. |Thinkstock, Sandyford/Dublin: 3.2, 57.1; hfng 5.1, 181.1. |TopicMedia Service, Mehring-Öd: Silvestris 169.1; Wolfgang Diederich 80.2. |ullstein bild, Berlin: Archiv Gerstenberg 58.4. |wikimedia.commons: http://www.datamath.org / Joerg Woerner/CC-Lizenz 3.0 Unported (CC-BY-SA 3.0) 132.1; Janericloebe/gemeinfrei nach wikimedia.org 19.1. |wolterfoto.de, Bonn: Jörn Wolter 112.1. |Zoonar.com, Hamburg: Boensch, Barbara 216.1.